JN296082

高分子ゲルの動向
―つくる・つかう・みる―

Advances in Polymer Gels
―Preparation, Characterization, and Application―

監修：柴山充弘，梶原莞爾

シーエムシー出版

はじめに

　約150年前のゴムの硫化（架橋）現象の発見は，自動車産業の隆盛をもたらし，さらには他の分野の産業のあり方を一変させた。ゴムはまさしく形状記憶という機能性高分子ゲルである。イオン交換樹脂は，半世紀以上の歴史をもつ機能性高分子ゲルである。当初は発電所や工場のボイラー給水処理などに用いられていたが，現在では食品，医薬，触媒，さらにはLSI製造に不可欠な超純水の製造などに広く用いられている。1960年代に開発されたHEMAと呼ばれているソフトコンタクトレンズも最近，その基本特許が切れるまでチェコアカデミーの財政を支えてきたヒット商品である。このように機能性ゲルは一旦，社会に受け入れられると非常に長い寿命をもつ材料となる。1970年代に生まれた高吸水性樹脂も例外ではない。これらに加えて，近年，芳香剤，整髪料，インク，吸水剤など，ゲルという名の付く日用品が多く現れるようになった。これらはゲルの持つ保水性や薬品保持能，徐放性などを生かした商品で，ゲルの高付加価値化が進んでいる。

　ゲル研究は1940年代のFloryやStockmayerのゲル化の理論に始まると考えられるから，日本の高分子研究の歴史そのものとほぼ重なる。ゲル研究の特徴は，高分子科学の中においても，合成，構造，物性，応用，といった非常に幅広い分野にまたがること，さらにはソフトマターとしての物性物理から，高分子加工，生物学，医・薬学，食品科学などにも深くかかわる学際領域的色彩ももっているところにある。特に，ここ20年ほどのゲル研究の歴史は，高吸水性ゲルの開発から，体積相転移，刺激応答を利用した基礎・応用研究に総括される。

　このように学問的にも応用面でもゲルに対する関心が深まる中，新しい概念や分子設計に基づく新規ゲルの創成が相次ぎ，これまでには実現が難しいとされていたスーパーゲルが次々と開発されつつある。たとえば，ゲルとは思えないほど強靱な高強度ゲル，驚くほど摩擦係数が小さい低摩擦ゲル，大容量電池・キャパシタ用電解質ゲル，化学薬品や生体物質に鋭敏に応答する環境応答性ゲル，多量の有機溶媒を固化するオイルゲル化剤など，枚挙にいとまがない。さらに，ゲルのナノファブリケーションに基づく高性能センサーゲル，キラル選択性カラム充填剤，知的ドラッグデリバリーシステムなど，ますますゲル機能の進化が進んでいる。その一方で，ゲルの振動現象や選択分離能，運動などの研究は，生物機能の再構築をめざす意味で，次世代の高機能性ゲルや知的ゲルへのブレークスルーとも考えられる。

　このような状況下，ゲル研究の第一線で活躍している高分子学会ゲル研究会を中心としたメンバーにより，高分子ゲルの最新動向をまとめた成書を出版することとなった。本書の特徴は，こ

れまでの解説書で多く取られていた,基礎編と応用編と分けるのではなく,各章の著者が研究のバックグラウンドを説明する「つくる,みる」の部と,それを応用した最新動向の紹介「つかう」部から構成される形式を取っている。そのため,各トピックの最新動向について基礎から応用・発展まで把握することが容易にできる。その一方,「ゲルの科学」に必要な化学,物理学,材料学,食品科学,薬学,医学などの広い学問領域にわたる知識を各章の「つくる,みる」部に配置した。つまり本書は,ゲルの科学的基礎を「縦糸」に,高付加価値ソフトマテリアルとしての高分子ゲルについての最新動向(「つかう」)を「横糸」とした実用性の高い技術書である。この本から新たな長寿命ヒット商品となるゲルが一つでも開発されることを祈念している。

2004年2月

第10期高分子学会ゲル研究会委員長(2002-2004)
東京大学物性研究所 柴山充弘
第4期高分子学会ゲル研究会委員長(1992-1994)
大妻女子大学 梶原莞爾

普及版の刊行にあたって

本書は2004年に『高分子ゲルの最新動向』として刊行されました。普及版の刊行にあたり，内容は当時のままであり加筆・訂正などの手は加えておりませんので，ご了承ください。

2009年10月

シーエムシー出版　編集部

執筆者一覧(執筆順)

柴山 充弘	(現)東京大学　物性研究所　教授
梶原 莞爾	大妻女子大学　家政学部　被服学科　教授
青島 貞人	(現)大阪大学大学院　理学研究科　教授
金岡 鍾局	(現)大阪大学大学院　理学研究科　准教授
杉原 伸治	(現)福井大学大学院　工学研究科　講師
川口 春馬	慶應義塾大学　理工学部　教授
英　 謙二	(現)信州大学大学院　総合工学系研究科　教授
鈴木 正浩	(現)信州大学大学院　総合工学系研究科　生命機能・ファイバー工学専攻　准教授
青木 隆史	(現)京都工芸繊維大学大学院　工芸科学研究科　生体分子工学部門　准教授
龔　 剣萍	(現)北海道大学大学院　理学研究院　教授
原口 和敏	(現)㈶川村理化学研究所　所長
伊藤 耕三	(現)東京大学大学院　新領域創成科学研究科　教授
桜井 敬久	(現)㈱タイカ　次世代商品開発室　室長
宮田 隆志	関西大学　工学部　教養化学　助教授
	(現)関西大学　化学生命工学部　化学・物質工学科　教授
青柳 隆夫	鹿児島大学大学院　理工学研究科　ナノ構造先端材料工学専攻　教授
	(現)㈳物質・材料研究機構　生体材料センター　生体材料研究領域コーディネーター
平谷 治之	(現)㈱メニコン　新規事業統轄企画管理部　部長
吉井 文男	(現)㈳日本原子力研究開発機構　高崎量子応用研究所　産学連携推進部　産学連携コーディネータ

足立 芳史	(現)㈱日本触媒　吸水性樹脂研究所　アシスタントリサーチリーダー	
光上 義朗	(現)㈱日本触媒　吸水性樹脂研究所	
大本 俊郎	(現)三栄源エフ・エフ・アイ㈱　第一事業部　次長	
池田 新矢	大阪市立大学大学院　生活科学研究科　食・健康科学講座　助手	
金田 勇	(現)酪農学園大学　酪農学部　食品科学科　教授	
竹岡 敬和	(現)名古屋大学大学院　工学研究科　准教授	
明石 量磁郎	(現)富士ゼロックス㈱　研究技術開発本部　研究主査	
吉田 亮	(現)東京大学大学院　工学系研究科　准教授	
古川 英光	(現)山形大学大学院　理工学研究科　准教授	
浦山 健治	(現)京都大学大学院　工学研究科　材料化学専攻　准教授	
西成 勝好	(現)大阪市立大学大学院　生活科学研究科　特任教授	
安藤 勲	東京工業大学大学院　理工学研究科　物質科学専攻　教授　(現)東京工業大学名誉教授	
黒木 重樹	東京工業大学大学院　理工学研究科　物質科学専攻　助手　(現)東京工業大学大学院　理工学研究科　有機・高分子物質専攻　特任准教授	
兼清 真人	東京工業大学大学院　理工学研究科　物質科学専攻　研究員	
小泉 聡	東京工業大学大学院　理工学研究科　物質科学専攻	
山根 祐治	東京工業大学大学院　理工学研究科　物質科学専攻	
上口 憲陽	東京工業大学大学院　理工学研究科　物質科学専攻	

執筆者の所属表記は，注記以外は2004年当時のものを使用しております．

目次

第1編　つくる・つかう

第1章　環境応答

1 温度応答性ゲルの合成
　………青島貞人，金岡錘局，杉原伸治…3
　1.1 序 ……………………………………3
　1.2 温度応答性ポリマーおよびゲルの合
　　　成（LCST型）……………………4
　　1.2.1 NIPAMポリマー系 ……………4
　　1.2.2 オキシエチレン側鎖を有する
　　　　　ビニルエーテルポリマー………6
　　1.2.3 その他の温度応答性ポリマー，
　　　　　ゲル…………………………………8
　1.3 温度応答性ポリマーおよびゲルの合
　　　成（UCST型）…………………………10
　　1.3.1 有機溶媒中でのUCST型相分離
　　　　　を利用した刺激応答性ゲル ……11
　1.4 その他の刺激応答性ポリマーおよび
　　　ゲル：まとめにかえて ………………12
2 微粒子合成・微粒子………川口春馬…16
　2.1 はじめに ……………………………16
　2.2 物理架橋で形成されるゲル微粒子…17
　　2.2.1 ミセル………………………………17
　　2.2.2 生体系のミクロゲル………………18
　2.3 化学架橋ゲル微粒子…………………18
　　2.3.1 化学結合で分子鎖が束ねられ
　　　　　たミクロゲル …………………18
　　2.3.2 凝集後架橋して得られるミクロ
　　　　　ゲル …………………………………19
　　2.3.3 微粒子生成重合で得られるミク
　　　　　ロゲル ………………………………19
　2.4 ゲル粒子結晶 …………………………24
　2.5 おわりに ……………………………24
3 オイルゲル化剤・ヒドロゲル化剤
　………………………英　謙二，鈴木正浩…27
　3.1 はじめに ……………………………27
　3.2 オイルゲル化剤 ……………………28
　　3.2.1 低分子化合物のオイルゲル化剤
　　　　　…………………………………………28
　　3.2.2 アミノ酸系オイルゲル化剤 ……30
　　3.2.3 環状ジペプチド型オイルゲル化
　　　　　剤 ……………………………………33
　　3.2.4 シクロヘキサンジアミン誘導体
　　　　　のオイルゲル化剤 ………………34
　　3.2.5 双頭型アミノ酸誘導体のオイル
　　　　　ゲル化剤 …………………………35
　　3.2.6 all-powerfulなゲル化能をもつ
　　　　　オイルゲル化剤 …………………35
　3.3 ヒドロゲル化剤 ……………………36

3.3.1 アミノ酸誘導体のヒドロゲル化
剤 ……………………………36
3.3.2 糖を含むヒドロゲル化剤 ……40
3.3.3 その他のヒドロゲル化剤 ……40
4 キラルゲル ……………青木隆史…45
4.1 はじめに ……………………………45
4.2 天然高分子ゲル ……………………45
4.2.1 透明セルロースゲル(TCG) ……46
4.2.2 微小な温度変化を電気信号に変
換する糖タンパク質ゲル ………46
4.3 合成高分子キラルゲル ………………47
4.3.1 不斉炭素を有する合成高分子
からなるキラルゲル ……………47
4.3.2 不斉炭素を有する合成高分子から
なる感温性キラルゲル(その1)…48
4.3.3 不斉炭素を有する合成高分子から
なる感温性キラルゲル(その2)…49
4.3.4 ヘリックス構造を形成するキラル
合成高分子が作るキラルゲル …51
4.4 おわりに ……………………………52

第2章 力学・摩擦

1 高分子ゲルの摩擦・低摩擦ゲル
………………………龔 剣萍…54
1.1 はじめに ……………………………54
1.2 固体の摩擦と流体潤滑 ……………54
1.3 ゲルの滑り摩擦 ……………………56
1.3.1 ゲル摩擦の特異的な挙動 ………56
1.3.2 ゲル摩擦の吸着・反発モデル …58
1.3.3 理論モデルと実験との比較 ……64
1.3.4 表面自由鎖の摩擦低減効果 ……65
1.4 おわりに ……………………………69
2 力学:ナノコンポジットゲル
………………………原口和敏…71
2.1 はじめに ……………………………71
2.2 有機架橋ゲルの課題 ………………72
2.3 ナノコンポジット型ヒドロゲル
(NCゲル)の創製 …………………75
2.3.1 NCゲルの合成とネットワーク
構造 ……………………………75
2.3.2 NCゲルの機能性 ………………77
2.4 NCゲルの力学物性とその制御 ……79
2.4.1 NCゲルの力学的特徴 …………79
2.4.2 NCゲルの力学物性制御(その1)-
有機/無機成分種による変化-
…………………………………82
2.4.3 NCゲルの力学物性制御(その2)-
ゲル組成による物性制御- ……84
2.5 おわりに ……………………………89
3 膨潤理論・トポロジカルゲル
………………………伊藤耕三…92
3.1 はじめに ……………………………92
3.2 ゲルの膨潤理論 ……………………92
3.2.1 Flory-Rhener理論 ………………92
3.2.2 田中理論 ………………………94
3.3 トポロジカルゲル ……………………95
3.3.1 トポロジカルゲルとは …………95
3.3.2 環動ゲルの作成法 ………………95
3.3.3 応力-伸長特性 …………………98
3.3.4 小角中性子散乱パターン ………99

3.3.5 準弾性光散乱 ……………100
3.3.6 環動ゲルの応用 …………101
4 ゲルダンピング材 ………桜井敬久…103
 4.1 はじめに ……………………103
 4.2 防振 …………………………103
 4.3 シリコーンゲルダンピング材の特徴
    …………………………………105
 4.4 シリコーンゲルダンピング材の粘弾性
    …………………………………106
4.5 シリコーンゲルダンピング材の用途
    …………………………………109
 4.5.1 各種防振材 …………………109
 4.5.2 複合型防振材 ………………109
 4.5.3 光ピックアップアクチュエーター
    用ダンピング材 ………………110
 4.5.4 ステッピングモーターダンパー 111
4.6 今後の課題 ……………………113

第3章 医　用

1 生体分子応答性ゲルの合成
    …………………………宮田隆志…114
 1.1 はじめに ……………………114
 1.2 生体分子機能を利用したグルコース
    応答性ゲル ……………………115
 1.3 完全合成系のグルコース応答性ゲル
    …………………………………118
 1.4 抗原応答性ゲル ………………119
 1.5 糖タンパク質応答性ゲル ……123
 1.6 おわりに ……………………126
2 医用におけるゲル・医用，DDS応用
    …………………………青柳隆夫…129
 2.1 はじめに ……………………129
 2.2 バイオチップとハイドロゲル …129
 2.3 生体適合性とハイドロゲル …131
 2.4 再生医学用材料としてのハイドロ
    ゲル ……………………………133
 2.5 生分解性材料を用いた医用，DDSの
    ためのゲルの合成 ……………134
2.6 DDSのためのゲル ……………136
2.7 おわりに ……………………138
3 ソフトコンタクトレンズの物性と機能
    …………………………平谷治之…140
 3.1 はじめに ……………………140
 3.2 コンタクトレンズの分類 ……140
 3.3 コンタクトレンズの物性 ……142
  3.3.1 機械的強度 …………………142
  3.3.2 透明性 ………………………144
  3.3.3 酸素透過性 …………………145
  3.3.4 表面親水性 …………………146
 3.4 最近のコンタクトレンズの開発動向…147
  3.4.1 屈折矯正手術とカスタムメイドCL
    …………………………………147
  3.4.2 遠近両用コンタクトレンズ …147
  3.4.3 治療用ソフトコンタクトレンズ
    …………………………………147
 3.5 おわりに ……………………148

第4章 産　業

1　放射線合成ハイドロゲルの応用
　　　　　　　　　　　　　吉井文男…150
　1.1　はじめに …………………………150
　1.2　PVA，PEO及びPVPのハイドロゲル
　　　　合成 …………………………151
　　1.2.1　固体，水溶液及び溶融相での
　　　　　放射線橋かけ ………………151
　　1.2.2　ハイドロゲルの創傷被覆材への
　　　　　応用 …………………………152
　　1.2.3　ハイドロゲルの多糖類添加効果
　　　　　 ………………………………154
　1.3　多糖類誘導体ハイドロゲル合成 …156
　　1.3.1　ペースト状放射線橋かけ ……156
　　1.3.2　多糖類誘導体ハイドロゲルの応
　　　　　用 ……………………………159
2　高吸水性樹脂の用途展開-農工業資材
　　及び生分解性高吸水性樹脂の開発動向-
　　　　　　………足立芳史，光上義朗…164

2.1　はじめに …………………………164
2.2　高吸水性樹脂の製法と特性 ………164
2.3　衛生材料用途の高吸水性樹脂 ……167
2.4　止水材（水膨潤ゴム・光ケーブル
　　 止水材・水のう）…………………168
2.5　低摩擦材料 …………………………170
2.6　加泥材・滑材・廃泥処理剤 ………170
2.7　空隙充填材 …………………………171
2.8　消火剤・耐火材 ……………………172
2.9　農園芸保水材 ………………………173
2.10　吸着剤 ……………………………175
2.11　生分解性高吸水性樹脂の開発動向
　　　 ……………………………………175
　2.11.1　多糖類 …………………………176
　2.11.2　ポリアミノ酸 …………………176
　2.11.3　ポリビニルアルコールおよび
　　　　　ポリエチレングリコール ……177
2.12　おわりに …………………………178

第5章　食品・日用品

1　食品（多糖類）………大本俊郎…180
　1.1　はじめに …………………………180
　1.2　主な多糖類の製造方法 ……………182
　1.3　食品への応用のための多糖類の使用
　　　方法と効果 …………………………192
　1.4　食品への応用例 …………………196
　　1.4.1　増粘剤に使用される主な多糖類
　　　　　と食品への応用 ………………196
　　1.4.2　ゲル化剤に使用される主な多糖

　　　　　類と食品への応用 ……………199
　　1.4.3　安定剤に使用される主な多糖
　　　　　類と食品への応用 ……………201
2　食品（タンパク質）………池田新矢…205
　2.1　はじめに …………………………205
　2.2　つくる ……………………………206
　2.3　つかう ……………………………211
3　レオロジー・化粧品………金田　勇…216
　3.1　はじめに …………………………216

3.2 レオロジー ……………………216
  3.2.1 流動性（粘性）……………217
  3.2.2 粘弾性 ……………………220

3.3 化粧品開発研究におけるレオロ
    ジーの活用……………………222
3.4 おわりに ……………………225

第6章 光

1 ゲルを用いて光を操る～構造色ゲル～
  ………………………竹岡敬和…227
1.1 はじめに ……………………227
1.2 構造色の発現メカニズム …………228
  1.2.1 光の性質 ……………………228
  1.2.2 身近な構造色の例 …………229
1.3 構造色を示すゲルの作り方 ………232
  1.3.1 オパール構造とその光学物性…233
  1.3.2 逆オパール構造を有するゲル
      の調製……………………234
1.4 構造色を示すゲルの応用 …………235

2 光の吸収, 反射・調光性材料
  ………………………明石重磁郎…242
2.1 はじめに ……………………242
2.2 調光性高分子材料 ………………242
2.3 色素細胞と調光のしくみ …………243
2.4 つくる（高分子ゲル調光材料の合成
    と評価）……………………244
2.5 つかう（高分子ゲル調光材料の応用
    検討）………………………247
2.6 おわりに ……………………249

第7章 開放系としてのゲル－リズム運動　　吉田 亮

1 開放系物質としてのゲル ……………251
2 ゲルの機能化 ……………………251
3 ゲルの運動機能 …………………252
4 開放系が生み出すゲルの時間的リズム
  ………………………………253
4.1 外部環境とのカップリングによる
    ゲルのリズム運動……………253
4.2 ゲルの自励振動 ………………255
  4.2.1 周期的リズム運動を生み出す

      化学／力学共役システムの設計
      ………………………………256
  4.2.2 振動リズムの制御 …………257
  4.2.3 ゲルが生み出す蠕動運動 ……258
  4.2.4 自励振動ゲルの微細加工による
      マイクロアクチュエータ（人工繊
      毛）の作成………………258
5 おわりに ………………………260

第2編 みる・つかう

第8章 光散乱によるゲルの構造解析とジャングルジム状ポリイミドゲルの合成　　古川英光

1 はじめに ……………………265
2 ゲルの動的光散乱に関する最新動向 …265
  2.1 光散乱の原理 ……………265
  2.2 希薄高分子溶液の光散乱 ………266
  2.3 準希薄溶液・ゲル系の光散乱 ……267
  2.4 不均一性をもつ化学架橋ゲルの静的光散乱 ……………267
  2.5 不均一性をもつ化学架橋ゲルの動的光散乱 ……………268
  2.6 逆ラプラス変換による緩和モードの解析 …………270
3 みる－ゲルの動的光散乱で測定できること …………271
  3.1 網目サイズとその分布 …………271
  3.2 静的不均一性 ……………272
  3.3 ゲル化点 …………………273
  3.4 臨界緩和現象 ……………274
4 つかう－動的光散乱を活用した均一なポリイミドゲルの合成 ……………274
5 まとめ－現状と今後の発展 ………275

第9章 X線でゲルを見る：小角X線散乱によるゲル構造解析　　梶原莞爾

1 はじめに ……………………277
2 小角X線散乱 ………………278
3 メチルヒドロキシプロピルセルロースの場合 ……………282
4 有機無機ハイブリッドゲル …………285
5 糖鎖ゲルの場合 ………………289
6 おわりに ……………………295

第10章 中性子散乱　　柴山充弘

1 はじめに ……………………297
2 観る …………………………297
  2.1 中性子散乱の基礎 ………297
    2.1.1 中性子 ………………297
    2.1.2 中性子散乱の測定原理と得られる情報 …………298
    2.1.3 散乱理論 ……………299
    2.1.4 装置 …………………301
3 使う：最新動向 ………………302
  3.1 水溶性ブロック共重合体の物理

ゲル化 …………………302
3.2　放射線架橋ゲルと化学架橋ゲル …304
3.3　オイルゲル化剤 ………………306
3.4　その他のゲル ………………307
3.5　おわりに ……………………308

第11章　液晶ゲル・相転移挙動を中心として　　浦山健治

1　はじめに ………………………310
2　みる …………………………310
　2.1　液晶ゲルの合成 ……………310
　2.2　液晶ゲルのキャラクタリゼーション ……………………312
3　つかう ………………………312
　3.1　液晶相転移に伴う液晶エラストマーの自発変形 ……………312
　3.2　液晶相転移に伴う液晶ゲルの体積相転移 ………………313

第12章　熱測定・食品ゲル　　西成勝好

1　はじめに ………………………319
2　ゲル－ゾル転移の熱力学的解析法 ……319
　2.1　ジッパーモデル ……………319
　2.2　多重架橋モデル ……………322
3　熱可逆性ゾル－ゲル転移の実験データ …………………………322
　3.1　ジェランガム ………………322
　3.2　アガロース，ゼラチンゲルのゲル－ゾル転移のジッパーモデルによる解析 …………………………323
　3.3　ポリビニルアルコールゲルのゾル－ゲル転移のジッパーモデルおよび田中プロットによる解析 ……326
　3.4　その他の多糖および蛋白質のゾル－ゲル転移 ………………327

第13章　NMR　　安藤　勲，黒木重樹，兼清真人，小泉　聡，山根祐治，上口憲陽

1　はじめに ………………………330
2　固体NMRによるアプローチ ………330
　2.1　パルスNMR法 ……………330
　2.2　固体高分解能NMR法 …………332
3　磁場勾配NMRによるアプローチ ……335
　3.1　磁場勾配NMRによる自己拡散係数の解析 …………………………335
　3.2　ゲル中の溶媒の拡散過程 ……337
　3.3　ゲル中のプローブ分子の拡散過程とネットワーク構造 ……………338
4　NMRイメージングによるアプローチ …339
5　おわりに ………………………340

第1編
つくる・つかう

第 1 編

いくつ・いくら

第1章　環境応答

1　温度応答性ゲルの合成

青島貞人[*1]，金岡鍾局[*2]，杉原伸治[*3]

1.1　序

　ほとんどの高分子合成研究者にとって，少し前まで，「ゲル」という言葉は可溶性ポリマーができないという意味で，どちらかというと失敗した時に使うことが多かった（ゲルになってしまった，ゲルった，など…）。また，「ゲルを設計・合成する」積極的な試みも非常に少なく，単に二官能性モノマーを重合系に添加して共重合する方法のみが長年行われてきた。なぜその様な状態だったかを考えると，まず，①モノマーや合成方法が限定されていたこと，そして，②生成したゲルをキャラクタリゼーションすることが困難で，しかも，③合成したゲルを有効に使うことができなかった為であった。しかし，最近②，③に関しては，本書の他の章にもあるように，新しい測定法や様々な分野での利用が開発されており，急速に解決の方向へ向かっている。特に，温度応答性を含む「刺激応答性（スマート）ゲル」[1]の分野の進歩はすさまじい。

　刺激応答性ゲルは，生体中で多くの割合で存在することが知られている。しかも，それらが生命を維持していく上で極めて重要な役割をしていることに驚かされる。しかし，残念ながらこれまでの合成ゲルには，生体のように多様な刺激に高感度に応答する材料は見あたらない。そこで最近は，このような材料の創製のために，世界中の研究者が①の合成方法に関して多くの検討を行うようになっている。一般に，刺激応答性ゲルの分子設計には，まずどのような幹ポリマーを選択するかという点と，三次元化（ゲル化）の方法を考える必要がある。前者では，様々なセグメントの溶解性（刺激応答性）や機能性を有するユニットの導入など一次構造の検討が必要であり，ブロックやグラフトポリマーをはじめとする様々なアロイも候補にあがってくる。後者では，共有結合のような化学結合（化学ゲル）がよいか，可逆的にゾル―ゲル転移をする水素結合のような分子間結合（物理ゲル）が適当か，目的や機能によって異なってくる。幸いなことに最近は，種々のリビング重合[2]やブロックポリマー合成法が見いだされており，それらを積極的に利用し

　[*1]　Sadahito Aoshima　大阪大学大学院　理学研究科　教授
　[*2]　Shokyoku Kanaoka　大阪大学大学院　理学研究科　助教授
　[*3]　Shinji Sugihara　大阪大学大学院　理学研究科　日本学術振興会　特別研究員；
　　　　現　福井大学　工学部　助手

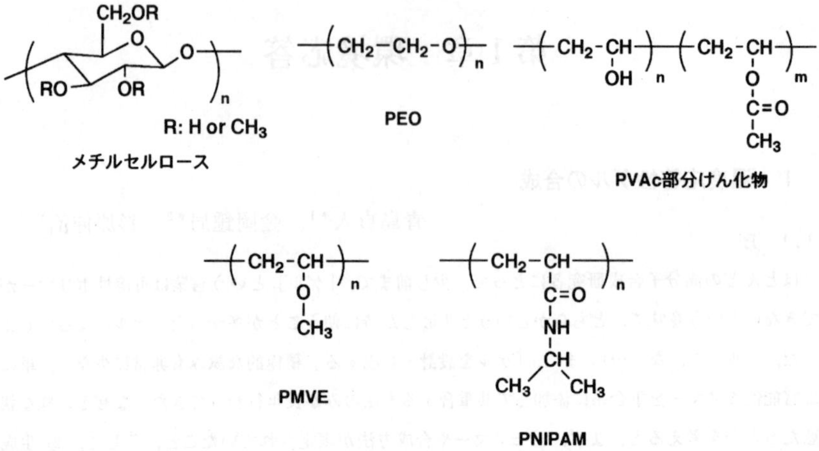

図1 種々の熱応答性ポリマー例（LCST型）

て，これらの両者を制御した新しいゲルの設計や合成法が検討され始めている．本節では，このような刺激応答性ポリマーの合成法に絞って概略を述べる．また，刺激応答性ゲル材料の一つの分野として，微粒子や表面に関する膨大な研究例もあるが，今回は紙面の関係上割愛させていただく．次節（1章2）や他の総説[3]をご参照頂きたい．

1.2 温度応答性ポリマーおよびゲルの合成（LCST型）

高分子の中には，低温では水に溶解しているが，ある臨界温度以上で相分離する，いわゆるLCST（下限臨界溶液温度）型相分離現象を起こす高分子がある．この現象は，水和により引き延ばされ，大きく広がりを持った構造で溶解しているポリマーが，ある臨界温度以上になると急激な脱水和を起こし，疎水性相互作用により凝集し不溶化する現象である．ポリマーとしては，メチルセルロース，ポリエチレンオキシド（PEO），ポリ酢酸ビニル部分けん化物，PMVE，PNIPAMなどが比較的古くから検討されてきた（図1）．この中で，最も詳しく合成や物性が検討されているポリマーはPNIPAMである．そこで，まず1.2.1項でPNIPAMの研究動向に関して述べ，1.2.2項ではリビング重合を用いて検討している当研究室のオキシエチレンを側鎖に有するビニルエーテルポリマーの研究例を，1.2.3項では前2項以外で最近検討されているポリマー系の例を示す．

1.2.1 NIPAMポリマー系

NIPAMポリマーは，ラジカル重合により比較的容易に合成が可能で，また得られたポリマー

第1章 環境応答

の相分離が非常に高感度で,体温付近で起こるため,基礎的な溶液物性から応用まで詳しく検討されている[4]。特に応用としては,いろいろな刺激に応答して,形,溶解性,表面状態を変化させたり,ゾル―ゲル転移,複合体や自己組織体を形成するポリマーが注目されている。重合の方法としては,AIBNや過酸化物開始剤を用い,有機溶媒中で50〜70℃で行われるか,水中で種々の活性化剤存在下,APSやKPS開始剤を用いるレドックス重合により合成されることが多い。ごく最近,層状剥離した粘土鉱物(クレイ)存在下でラジカル重合を行うことにより,従来のNIPAMゲルに比べ優れた透明性,膨潤性,力学物性を有するナノコンポジット型ヒドロゲルが生成されている[5]。一方,RAFT法などによるリビングラジカル重合により,構造や分子量の制御された高分子の合成も徐々に可能になりつつあり[6],今後の展開が楽しみである。

またNIPAM系の特徴として,他のモノマーや二官能性モノマーとの共重合により,様々な置換基の導入やゲルの合成が比較的簡単にできることがあげられる。前者の例としては,様々な生理活性物質を導入するための前駆体[7]や蛍光ラベル用の置換基[8]が導入されている。末端への官能基の導入によるマクロモノマーの合成[9]や,無機粉体表面などへのグラフト反応[10]も検討されている。また,DNA鎖を導入したPNIPAMコンジュゲートミセルを合成することにより,SNPs解析(ナノ診断)の試みも行われている[11]。

ブロックポリマーの合成はテロメリゼーションなどにより末端官能基を導入し,カップリング反応やラジカル重合開始により種々の合成がなされている。例えば,疎水性のポリスチレン[12]ないし親水性のPEOセグメント[13]との組み合わせが検討されている。前者の水溶液では,低温で多分子ミセル,相転移温度以上で可逆的に凝集,後者では,低温では均一溶液,相転移温度以上で多分子ミセル形成が確認された。また,UCST型相分離可能な双性イオンを有するセグメントとの組み合わせのブロックポリマーは,温度変化によりコアとコロナが逆転する[14]。PNIPAM-b-PEO$_n$型の星型ポリマーも合成され,ポリマー水溶液の温度応答性やゲル化が検討されている[15]。一方,PNIPAMの主鎖にPPOやPEOの枝を持つグラフトポリマーの合成も行われ,その水和に関して詳細に検討された[16]。例えば,PNIPAMに水溶性のPEOをグラフトしたポリマーの水溶液が,温度変化によりナノサイズの微粒子を形成することがわかった[17]。この系では,昇温により主鎖が親水性から疎水性に変わるため,疎水性主鎖の分子内相互作用及び分子間会合が起こる。

さらに,最近のNIPAM系の研究動向としては,①基礎的な研究による相分離の機構解明,②構造と性質の関係に基づいた分子設計,③生物医学分野への応用が注目されている[4]。①では,相分離へ及ぼすポリマーの分子量や濃度の影響を検討した研究[18]や,蛍光プローブを用いた方法などにより相分離の際のポリマー鎖と水分子との水素結合に関する研究[19]が行われた。また,ポリマーを直接観察しようという研究として,AFM[20]や共焦点レーザ顕微鏡を用いた例[21]があげ

高分子ゲルの最新動向

られる。②としては，NIPAMの誘導体を用いたり，親水性モノマーや疎水性モノマーとの共重合により相分離温度を変化させるなど，種々の構造やトポロジーのポリマーまたはゲルを合成してその影響が調べられている。例えば，いくつかのブロックポリマーの溶液挙動やゲルへのグラフト鎖導入による膨潤―収縮挙動の加速化[22]は，今後の分子設計に大きな影響を与えると考えられる。また，モノマーの設計としてはNIPAMにカルボキシ基を導入することにより収縮速度が著しく向上した系[23]や，不斉炭素を導入して温度応答挙動を大きく変化させた例[24]が興味深い。一方，NIPAMとカチオン性モノマーとの共重合により熱応答性ゲルが合成され，温度変化により多点相互作用（多点認識）によるアニオン性化合物の吸脱着を制御できることが報告されている[25]。③に関しては，最も多くの研究が集中しており（例えば，生体認識，細胞培養，種々の酵素との複合体形成）大きな展開がみられるが，本節では紙面の関係上省略する。他の章をご参照いただきたい。

1.2.2 オキシエチレン側鎖を有するビニルエーテルポリマー

筆者らが検討しているオキシエチレン側鎖を有するビニルエーテルポリマー（POEVE）は，図2に示すように比較的簡単な構造を有しており，カチオン重合でのみポリマーが得られる。さらに重合反応の詳細な検討の結果，有機ハロゲン化アルミニウムなどの一般的なルイス酸触媒を用いても，添加塩基を加えることにより室温付近でリビング重合が可能になり，分子量分布の極めて狭いポリマーが得られるようになった[26]。また，様々な形態を有するポリマーが精密合成できるようになり，例えば，ランダムポリマーや末端官能性ポリマーに加え，ブロックやグラフトポリマー[27]，さらにはリビング重合以外では合成困難と考えられる星型ポリマー[28]やグラジエン

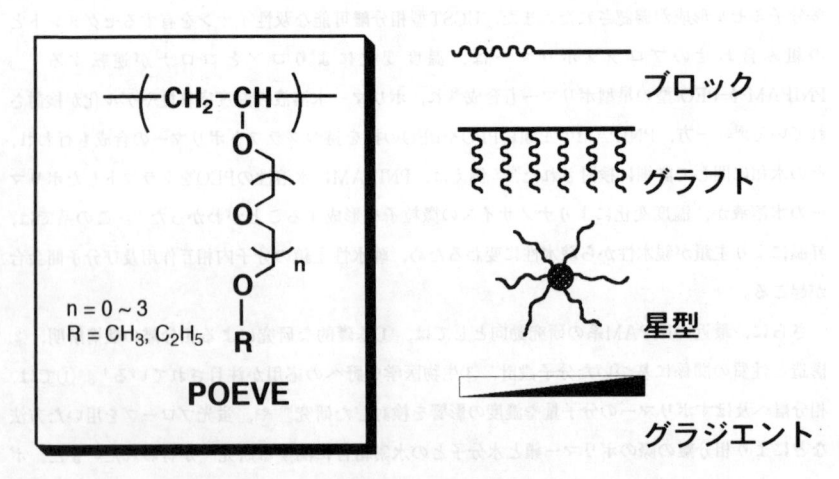

図2　オキシエチレン鎖を有するポリビニルエーテル（POEVE）

第1章 環境応答

トポリマー[29]までが選択的に合成された。これらは後述するように、シークエンスの違いのみで刺激応答挙動が全く異なってくる。

これまで、刺激応答性ポリマーがリビング重合で自由に合成された例はPEOの例などに限られており、その特徴的な水溶液の温度応答挙動は極めて興味深い。そこで、側鎖構造から始まり、分子量、分子量分布、組成分布、末端基やブロックセグメントの影響などを系統的に検討した[30]。その結果、①側鎖置換基の構造（オキシエチレン鎖、ω-アルキル基）により相分離する温度が変化する、②分子量依存性がある、③分子量分布の狭いポリマーが極めて高感度な刺激応答性を示す、④種々の共重合により温度応答性が変化することなどがわかった。

以上の知見に基づいて種々のブロックポリマーの検討を行うと、様々なパターンの物理ゲル化や自己組織化が可能なこともわかった。例えば、温度応答性ポリマーと親水性ポリアルコールのブロックポリマー水溶液を昇温すると、温度応答性ポリマーの相分離温度でゲル化した[31]。このゲル化挙動は高感度かつ可逆的であり、相分離温度以下に戻すと瞬時に元の溶液状態に戻った（物理ゲル）。この現象は組成や分子量（分布）の同じランダムポリマーでは全く起こらず、ブロック型シークエンスの重要性が示された。一方、異なる相分離温度を有するセグメントを用いると、対応する温度でゲル化がみられた。また、SANS, DLS, TEM, SAXSなどの測定の結果、これらのゲルは大きさの揃った数十〜百nmの球状ミセルがbcc型超格子構造をとっていることがわかった[32]。すなわち、まず温度応答性セグメントが不溶化し（コア部になり）大きさの揃った球状ミセルが生成し、生成したミセルのパッキングまたはミセル間の相互作用によりゲル化が起こっていることが確認された。

これらのセグメントを組み合わせることにより、さらに複雑な温度応答制御も可能になった。例えば、異なる温度で相分離するセグメントを組み合わせたジブロックポリマーは、生成したミセルのパッキングによりゲル化し、ミセルの大きさが減少することによりゾル化する、ゾル—ゲル—ゾル転移が起こり[33]、ABC型トリブロックポリマーは、ミセル間の分子間物理架橋が選択的に起こることにより二段階で系の粘度が上昇するようになった[34]。また、リビング重合の特徴を利用して合成した星型、グラジエントポリマーの温度応答挙動を調べると、さらに特異的な挙動を示すことがわかった。星型ポリマーは鎖状のポリマーと同様の高感度の相分離をするだけでなく、有機化合物の捕捉能に優れていることがわかった。例えば、鎖状ポリマーでは全く捕捉しないアゾベンゼンを、取り込みの際の温度制御により50〜400分子（星型ポリマー1分子あたり）捕捉することがわかった[35]。一方、グラジエントポリマーでは、温度上昇とともに疎水部の割合が変化していき、ジブロックポリマーとは異なる領域でゾル—ゲル—ゾル転移することもわかった[36]。また、末端に長鎖アルキル基（アンカー）を導入した温度応答性ポリマーを用い、温度応答性リポソームの合成も検討した[37]。温度刺激により非常に高感度に内包物質を放出することが

観測された。

一方,筆者らはLCST型相分離を示す新しいポリマーの分子設計も行った。設計指針としては,水溶性ポリマーの親水性/疎水性のバランスが相分離のためには重要であると考え,疎水基がヒドロキシ基に隣接するポリアルコールの設計[38]と親水性モノマーと疎水性モノマーのランダム共重合体の検討[39]を行った。後者について概説すると,側鎖置換型モノマーを用いなくとも,OH基を有する親水性モノマーと様々な疎水性モノマーの共重合体が鋭敏な温度応答性を示すことがわかった。この結果は従来の系とは異なり,特殊な構造のモノマーの合成が必要なく,汎用モノマーの組み合わせでの刺激応答性ポリマー合成の可能性を示しており,今後の展開が楽しみである。ただし,この温度応答性には均一なランダム組成分布が重要であり,ブロック的な連鎖が続くと急激に感度が鈍くなりヒステリシスを示すようになることもわかった。

1.2.3 その他の温度応答性ポリマー,ゲル

まず,従来から研究されているポリマーの例を簡単にまとめる。セルロース誘導体に関しては,相分離挙動またはゾル―ゲル転移が古くからよく知られているが,温度応答が鋭敏でないことが多い[40]。PEO単独ポリマーは100℃付近ではじめて曇点を示すので,疎水性モノマーとの組み合わせによる研究が多い[41]。PMVEは38℃付近に相分離温度を有し[42],放射線架橋により得られた種々の形態のゲルを人工筋肉の材料などとして検討している例が特徴的である。また,酢酸ビニルポリマーの部分けん化物は,タクチシチーや結晶性,組成分布などを制御することが困難で相分離挙動が複雑になっている[43]。

一方,最近検討されているLCST型相分離を示すポリマーとしては,図3に示すPNVIBA[44],

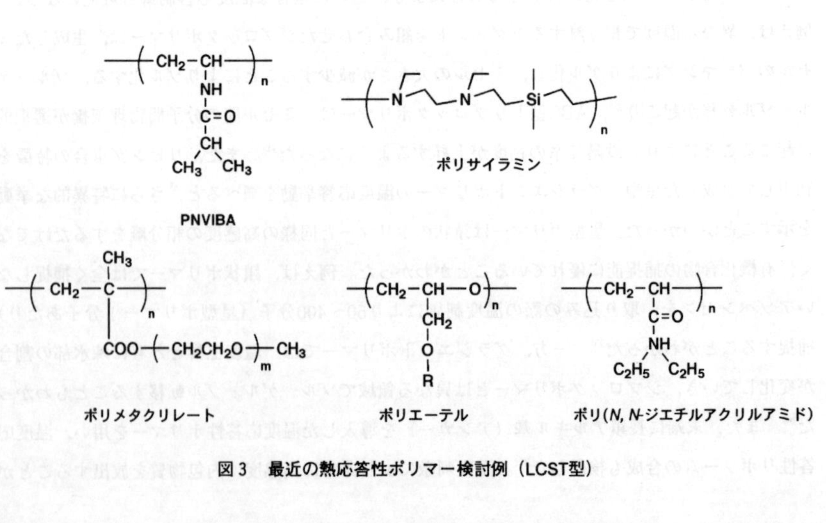

図3 最近の熱応答性ポリマー検討例(LCST型)

第1章 環境応答

ポリサイラミン[45]，ポリ（L-プロリン），ポリオキサゾリン，オキシエチレン側鎖を有するポリメタクリレート[46]やポリエーテル[47]，N,N-ジエチルアクリルアミド[48]などがある。また，温度応答で液―液相分離（コアセルベート型）するポリマーとしては，ラジカル重合で合成されたDMAやN-ビニルアミドの各種ランダムポリマー[49]などがある。例えば，GTPにより合成されたDMAEMA-b-MAAブロックポリマーが，pH=9.5の条件において温度に応答して可逆的にミセル化することがわかった[50]。後者の例としては，DMAとグリシジルメタクリレートの共重合体が温度に応答して相分離することが見いだされ，ジアミンの添加により架橋してマイクロ微粒子が合成されている[51]。

また，温度変化によりゾル―ゲル転移するポリマーとして，中性界面活性剤として知られるPEOの種々のブロックポリマーも系統的に検討されている。典型的な例としては，PEO-PPO-PEO（プルロニック）[52]，PEO-PLLA-PEO[53]，PEO-PBO[54]がある（図4）。いずれもPPOやPEOの疎水性や親水性に温度依存性があるため，低濃度では温度によりユニマー，球状ミセル，棒状ミセル，混濁状態へと凝集状態が変化し，高濃度状態では昇温により透明ゲルを生成する。SANSなどの測定結果，ゲルは球状ミセルが最密充填した立方格子により形成されていることがわかった。また，その他の温度応答物理ゲル化の例として，側鎖にオキシエチレン鎖を有するホスファゼンポリマー[55]や超分子を利用した系[56]の研究が進んでいる。

一方，タンパク質を利用した温度応答性ゲルの研究も行われている。例えば，組換えDNA法による合成例として，両末端にロイシンジッパー，中央にフレキシブルな高分子電解質［(Ala-Gly)$_3$PEO]$_{10}$を有するトリブロック型人工タンパク質は，両末端のセグメント間がコイルドコイル型で可逆的に結合可能であり，ある特定pHや温度条件下で三次元網目を形成することがわかった[57]。また，金属配位結合を利用してタンパク質をゲル内に導入することにより，タンパク質の高次構造の変化を利用した温度応答性バイオハイブリッドゲルも合成されている[58]。

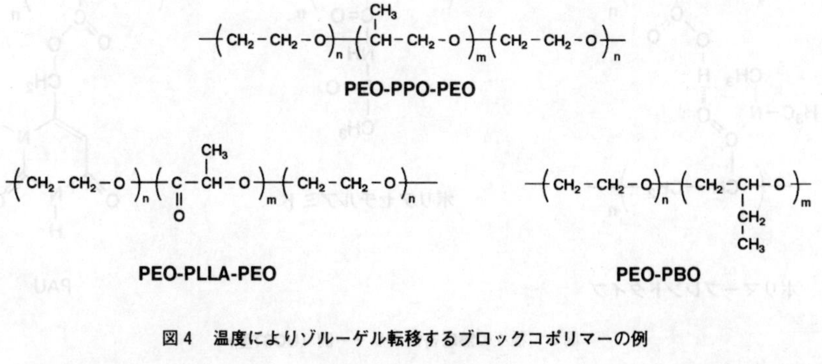

PEO-PPO-PEO

PEO-PLLA-PEO

PEO-PBO

図4 温度によりゾル―ゲル転移するブロックコポリマーの例

1.3 温度応答性ポリマーおよびゲルの合成（UCST型）

非極性高分子―極性溶媒（貧溶媒）の系では通常，UCST（上限臨界共溶温度）型相分離が観測される。前述のLCST型相分離とは逆の挙動である。例えば，ポリスチレン類では古くから多数の研究[59]があり，これを利用したスチレンとブタジエンのジブロックポリマーのデカリン／デカン溶媒中での温度応答性ミセル化／ゲル化は，ポリスチレンセグメントのUCST型相分離挙動をうまく用いた例である[60]。

一方，水系でUCST型相分離を示すポリマーは，最近までごく限られていた。古くは，ポリアクリル酸[61]またはアクリル酸とアクリルアミドの共重合体[62]やスルホベタイン系[63]（ポリソープの一つ）でのみ見出された特異的な挙動であり，水との水素結合よりも相互作用の強い結合，例えば，カルボン酸間の水素結合や，両性イオン間の分子内または分子間イオン結合の温度依存性を利用したものであった。これらの挙動を利用して，水溶性UCST型IPNゲル[64]や，選択的コンプレックスを引き起こすポリマーとのブレンド系による温度誘起ゾル―ゲル転移に応用した例[65]

ポリアクリル酸

スルホベタイン系

ポリマーブレンドタイプ

ポリアセチルアミド

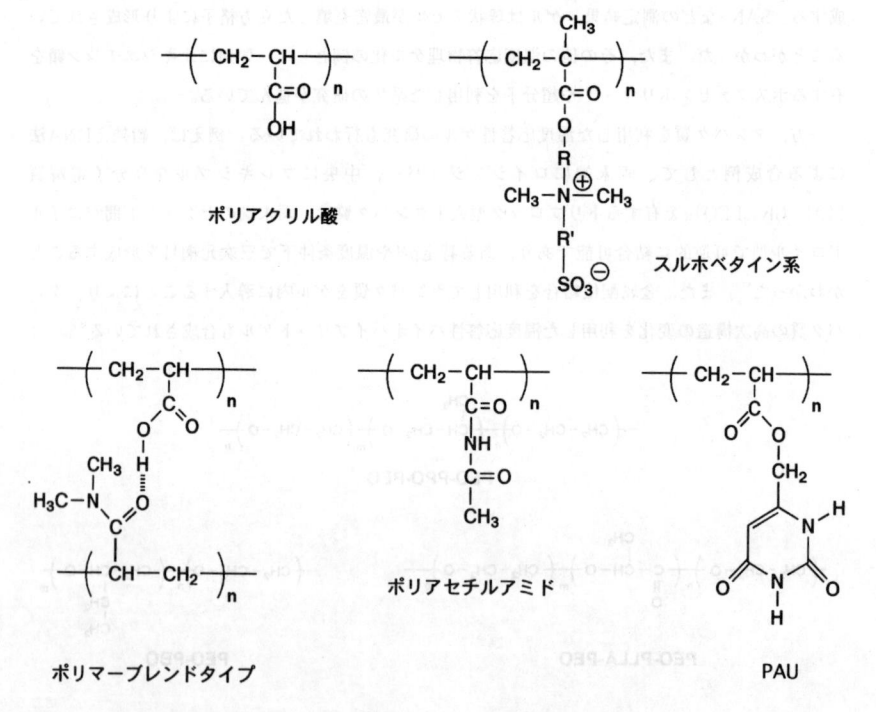

PAU

図5　種々の熱応答性ポリマー例（UCST型）

第1章 環境応答

もある。UCST型相分離を引き起こすためのもう一つのコンセプトは，酵素と基質，抗原と抗体などの生体高分子間コンプレックスの非共有結合性相互作用を利用した系である。例えば，ユニット内でのシス－トランス異性化を利用したポリアセチルアクリルアミド（あるいはビオチン誘導体との共重合体）[66]，DNAのチミンの一部であるウラシルを側鎖に有するポリアクリレート (PAU)[67] などは，このコンセプトを満たすようにうまく設計されたポリマーであり，磁性微粒子[68]，ドラッグキャリア，化粧品材料としての利用が提案されている。

Taylar らの熱力学的な考察によると，非イオン性ポリマーでは，常圧下において水溶性UCSTを発現させるのは難しいとされてきた[69]。しかし，近年のLCST型相分離を示すポリマー水溶液の研究の発展により，逆の挙動を示すUCST型相分離の利用価値が再注目され，いくつかの興味深い研究が見られるようになってきた。

1.3.1 有機溶媒中でのUCST型相分離を利用した刺激応答性ゲル

筆者らの研究の例を示す。1.2.2項で示したPOEVEをはじめとするビニルエーテル類は，側鎖の置換基により異なる極性の有機溶媒中でUCST型相分離を示した[70]。このようなUCST型相分離自体は特殊な現象ではないが，その感度が高感度なことと以下に示すいくつかの特徴があり，興味深い系になった。例えば，POEVEはアルカン中で相分離挙動を示すが，その相分離温度は溶媒のアルカンの炭素数に対応して大きく変化した[71]。また，この挙動を利用すると，他のビニルエーテルとのジブロックやトリブロックポリマーはアルカン中で温度を下げるとゲル化することがわかった。

一方，UCST型相分離挙動を示すポリマーの中で，長鎖アルキル基（例えばオクタデシル基）を有するポリマーは他のポリマーとは全く異なる温度応答挙動を示し，様々な極性の溶媒中で相分離を示すことがわかった[72]。特に，他のモノマーとの共重合体もあわせると，研究室にあるほとんどの溶媒中（ヘキサンからメタノールまで）でUCST型相分離挙動を示すことがわかった。このポリマーの場合，側鎖の結晶－アモルファス転移がその重要な要因であることも示されている。このポリマーを用いた温度応答性ゲル化も検討されており，ブロック，ランダムいずれのポリマーからも温度応答性ゲルが得られた[73]。しかし，得られたゲルの形態や性質には大きな違いがみられ，特に動的粘弾性の温度依存性，周波数依存性が顕著な違いを示した。解析の結果，前者が典型的な「ゲル」であるのに対し，後者は「絡み合いによる（擬）ゲル」であることがわかった。また，ランダムポリマーにおけるシークエンス分布の検討から，均一なランダムシークエンスを有するポリマーから得られたゲルは，不均一なものに比べG'が一桁以上上昇することもわかった[74]。

1.4 その他の刺激応答性ポリマーおよびゲル：まとめにかえて

以上，刺激応答性ポリマーおよびゲルの分子設計，精密合成，およびその特異的な性質について，温度変化という刺激に絞って概説してきた。この温度変化による応答挙動は，同様な戦略で他の刺激に応用することが可能であり，例えば筆者らの研究室では，pH変化[75]，特定波長の光照射[76]，ごく微量の水添加[77]や特定の有機化合物添加[78]による刺激応答性ポリマーも多数見いだされている。もちろんそれらは，ブロックポリマーをはじめとする様々な共重合体を合成することにより，温度応答性と同様なミセル化や物理ゲル化などの自己組織化を行うことも可能である。

このように，序で述べた，「生体に多く存在する，多様な刺激に高感度に応答する材料」まで道程は遠いものの，徐々に刺激応答性ポリマー（ゲル）の分子設計や精密合成，自己組織化研究の方法論が見えてきたように感じる。さらなる展開のためには，高分子合成研究が鍵をにぎっており，その大きな進展は必要不可欠である。筆者も含めて，今後のますますの精進が必要と思われる。

文　献

1) 例えば，青島貞人，高分子，**46**, 497 (1997); 高分子，**50**, 446 (2001)
2) 総説として例えば，K. Matyjaszewski, "Controlled/Living Radical Polymerization", Washington, DC, American Chemical Society (2000)
3) N. Nath, A. Chilkoti, *Adv. Mater.*, **14**, 1243 (2002)
4) 総説として，H. G. Schild, *Prog. Polym. Sci.*, **17**, 163 (1992); B. Jeong, A. Gutowska, *Trends in Biotechnology*, **20**, 305 (2002)
5) K. Haraguchi, T. Takehisa, S. Fan, *Macromolecules*, **35**, 10162 (2002)
6) F. Ganachaud, M. J. Monteiro, R. G. Gilbert, M. Dourges, S. H. Thang, E. Rizzardo, *Macromolecules*, **33**, 6738 (2000); N. Niwa, T. Fukuda, M. Minoda, *Polym. Prep. Jpn.*, **49**, 1737 (2000)
7) A. Pollak, H. Blumenfeld, M. Wax, R. L. Baughn, G. M. Whitesides, *J. Am. Chem. Soc.*, **102**, 6324 (1980)
8) F. M. Winnik, *Macromolecules*, **23**, 1647 (1990)
9) For example, S. Takeuchi, M. Oike, C. Kowitz, C. Shimasaki, K. Hasegawa, H. Kitano, *Makromol. Chem.*, **194**, 551 (1993)
10) N. Tsubokawa, *Bull. Chem. Soc. Jpn.*, **75**, 2115 (2002)
11) T. Mori, M. Maeda, *Polymer J.*, **34**, 624 (2002); T. Mori, M. Maeda, *Langmuir*, **20**, 313 (2004)
12) S. Cammas, K. Suzuki, C. Sone, Y. Sakurai, K. Kataoka, T. Okano, *J. Control. Release*, **48**,

第1章 環境応答

157 (1997)
13) M. D. C. Topp, P. J. Dijkstra, H. Talsma, J. Feijen, *Macromolecules*, **30**, 8518 (1997)
14) M. Arotçaréna, B. Heise, S. Ishaya, A. Laschewsky, *J. Am. Chem. Soc.*, **124**, 3787 (2002)
15) H. Lin, Y. Cheng, *Macromolecules*, **34**, 3710 (2001)
16) Y. Maeda, M. Tsubota, I. Ikeda, *Macromol., Rapid Comm.*, **24**, 242 (2003)
17) Y. Kaneko, S. Nakamura, K. Sakai, T. Aoyagi, A. Kikuchi, Y. Sakurai, T. Okano, *Macromolecules*, **31**, 6099 (1998)
18) Z. Tong, F. Zeng, X. Zheng, T. Sato, *Macromolecules*, **32**, 4488 (1999)
19) P. Kujawa, F. M. Winnik, *Maclomolecules*, **34**, 4130 (2001)
20) H. M. Zareie, E. V. Bulmus, A.P. Gunning, A. S. Hoffman, E. Piskin, V. J. Morris, *Polymer*, **41**, 6723 (2000)
21) Y. Hirokawa, H. Jinnai, Y. Nishikawa, T. Okamoto, T. Hashimoto, *Macromolecules*, **32**, 7093 (1999)
22) R. Yoshida, K. Uchida, Y. Kaneko, K. Sakai, A. Kikuchi, Y. Sakurai, T. Okanao, *Nature*, **374**, 240 (1995)
23) T. Aoyagi, M. Ebara, K. Sakai, Y. Sakurai, T. Okanao, *J. Biomater. Sci., Polym. Ed.*, **11**, 101 (2000)
24) T. Aoki, M. Muramatsu, T. Torii, K. Sanui, N. Ogata, *Macromolecules*, **34**, 3118 (2001)
25) T. Oya, T. Enoki, A. Y. Grosberg, S. Masamune, T. Sakiyama, Y. Takeoka, K. Tanaka, G. Wang, Y. Yilmaz, M. S. Feld, R. Dazari, T. Tanaka, *Science*, **286**, 1543 (1999)
26) S. Aoshima, T. Higashimura, *Macromolecules*, **22**, 1009 (1989); S. Aoshima, E. Kobayashi, *Macromol. Symp.*, **95**, 91 (1995)
27) S. Aoshima, M. Ikeda, K. Nakayama, E. Kobayashi, H. Ohgi, T. Sato, *Polym. J.*, **33**, 610 (2001)
28) T. Shibata, S. Kanaoka, S. Aoshima, *Polym. Prep. Jpn.*, **52**, 1328 (2003)
29) S. Aoshima, T. Kikuchi, *Polym. Prep. Jpn.* **49**, 1225 (2000)
30) S. Aoshima, H. Oda, E. Kobayashi, *J. Polym. Sci., A: Polym. Chem.*, **30**, 2407 (1992); 高分子論文集, **49**, 933 (1992)
31) S. Aoshima, K. Hashimoto, *J. Polym. Sci., A: Polym. Chem.*, **39**, 746 (2001); S. Sugihara, K. Hashimoto, S. Okabe, M. Shibayama, S. Kanaoka, S. Aoshima, *Macromolecules*, **37**, 336 (2004)
32) S. Okabe, S. Sugihara, S. Aoshima, M. Shibayama, *Macromolecules*, **35**, 8139 (2002); **36**, 4099 (2003)
33) S. Aoshima, S. Sugihara, *J. Polym. Sci., Part A: Polym. Chem.*, **38**, 3962 (2000); S. Sugihara, S. Kanaoka, S. Aoshima, *Macromolecules.*, submitted.
34) S. Sugihara, S. Kanaoka, S. Aoshima, *J. Polym. Sci., Part A: Polym. Chem.*, in press.
35) T. Shibata, S. Kanaoka, S. Aoshima, *Polym. Prep. Jpn.*, **52**, 3599 (2003)
36) I. Tsujimoto, S. Aoshima, *Polym. Prep. Jpn.*, **51**, 194 (2002)
37) K. Kono, T. Murakami, T. Takagishi, T. Yoshida, S. Aoshima, *Polym. Prep. Jpn.*, **52**, 3793 (2003)
38) S. Sugihara, K. Hashimoto, Y. Matsumoto, S. Kanaoka, S. Aoshima, *J. Polym. Sci., Part A:*

Polym. Chem., **41**, 3300 (2003)
39) S. Sugihara, S. Kanaoka, S. Aoshima, *Macromolecules*, **37**, 1711 (2004)
40) E. Heymann, *Trans. Faraday Soc.*, **31**, 846 (1935); S. Fujishige, K. Kubota, I. Ando, *J. Phys. Chem.*, **93**, 3311 (1989)
41) N. Chakhovsky, R. H. Martin, R. Neckel, *Bull. Soc. Chim. Belges*, **65**, 453 (1956)
42) R. A. Horne, J. P. Almeida, A. F. Day, N.-T. Yu, *J. Colloid Interface Sci.*, **35**, 77 (1971)
43) F. F. Nord, M. Bier, S. N. Timasheff, *J. Am. Chem. Soc.*, **73**, 289 (1951); 桜田一郎, 坂口康義, 伊藤順夫, 高分子化学, **14**, 41 (1957)
44) M. Akashi, S. Nakano, A. Kishida, *J. Polym. Sci., Part A: Polym. Chem.*, **34**, 301 (1996)
45) Y. Nagasaki, E. Honzawa, M. Kato, K. Kataoka, T. Tsuruta, *Macromolecules*, **27**, 4848 (1994)
46) S. Han, M. Hagiwara, T. Ishizone, *Macromolecules*, **36**, 8312 (2003)
47) S. Aoki, A. Koide, S. Imabayashi, M. Watanabe, *Chem. Lett.*, **31**, 1128 (2002)
48) M. Kobayashi, T. Ishizone, S. Nakahama, *J. Polym. Sci., PartA: Polym. Chem.*, **38**, 4677 (2000)
49) K. Yamamoto, T. Serizawa, M. Akashi, *Macromol. Chem. Phys.*, **204**, 1027 (2003)
50) A. B. Lowe, N. C. Billingham, S. P. Armes, *Chem. Commun.*, 1035 (1997); *Macromolecules*, **31**, 5991 (1998)
51) X. Yin, H. D. H. Stöver, *Macromolecules*, **36**, 9817 (2003)
52) as a review, see: K. te Nijenhuis: *Adv. Polym. Sci*, **130**, 1 (1997)
53) B. Jeong, Y. H. Bae, D. S. Lee, S. W. Kim, *Nature*, **388**, 860 (1997)
54) H. Li, G.-E. Yu, C. Price, C. Booth, E. Hecht, H. Hoffmann, *Macromolecules*, **30**, 1347 (1997)
55) B. H. Lee, Y. M. Lee, Y. S. Sohn, S. Song, *Macromolecules*, **35**, 3876 (2002)
56) R. J. Thibault, P. J. Hotchikiss, M. Gray, V. M. Rotello, *J. Am. Chem. Soc.*, **125**, 11249 (2003)
57) W. A. Petka, J. L. Harden, K. P. McGrath, D. Wirtz, D. A. Tirrell, *Science*, **281**, 389 (1998)
58) C. Wang, R. J. Stewart, J. Kopecek, *Nature*, **397**, 417 (1999)
59) 例えば, Y. Izumi, Y. Miyake, *Polym. J.*, **3**, 647 (1972)
60) T. Kotaka, J. L. White, *Trans. Soc. Rheol.*, **17**, 587 (1973); H. Watanabe, T. Kotaka, *Polym. Eng. Rev.*, **4**, 73 (1984); H. Watanabe, T. Kotaka, T. Hashimoto, M. Shibayama, H. Kawai, *J. Rheol.*, **26**, 153 (1982)
61) A. Ikegami, N. Imai, *J. Polym. Sci.*, **56**, 133 (1962); R. Buscall, T. Corner, *Eur. Polym. J.*, **18**, 967 (1982)
62) O. V. Klenina, E. G. Fain, *Polym. Sci. U. S. S. R.*, **23**, 1439 (1981)
63) D. N. Schulz, D. G. Petiffer, P. K. Agarwal, J. Larabee, J. J. Kaladas, L. Soni, B. Handweker, R. T. Garner, *Polymer*, **27**, 1734 (1986)
64) T. Aoki, M. Kawashima, H. Katono, K. Sanui, N. Ogata, T. Okano, Y. Sakurai, *Macromolecules*, **27**, 947 (1994)
65) L. Chen, Y. Honma, T. Mizutani, D.-J. Liaw, J. P. Gong, Y. Osada, *Polymer*, **41**, 141 (2000)
66) N. Onishi, H. Furukawa, K. Kataoka, K. Ueno, *Polym. Prepr. Jpn.*, **47**, 2359 (1998); N. Onishi, H. Furukawa, K. Kataoka, K. Ueno, *Polym. Prepr. Jpn.*, **49**, 3075, 3077 (2000)

第 1 章 環境応答

67) T. Aoki, K. Nakamura, K. Sanui, A. Kikuchi, T. Oakano, Y. Sakurai, N. Ogata, *Polym. J.*, **31**, 1185 (1999)
68) H. Furukawa, N. Onishi, K. Kataoka, K. Ueno, *Polym. Prepr. Jpn.*, **49**, 3079 (2000); 大西徳幸, 古川裕考, 近藤昭彦, 応用物理, **72**, 909 (2003)
69) L. D. Taylaor and L. D. Cerankowski, *J. Polym. Sci. Part A: Polym. Chem.*, **13**, 2551 (1975)
70) M. Inaoka, S. Kanaoka, S. Aoshima, *Polym. Prep. Jpn.*, **52**, 1239 (2003)
71) M. Inaoka, S. Kanaoka, S. Aoshima, T. Sato, *Polym. Prep. Jpn.*, **52**, 442 (2003)
72) K. Seno, S. Kanaoka, S. Aoshima, *Polym. Prep. Jpn.*, **52**, 139 (2003)
73) K. Seno, S. Kanaoka, S. Aoshima, *Polym. Prep. Jpn.*, **52**, 1238 (2003)
74) T. Yoshida, S. Kanaoka, H. Watanabe, S. Aoshima, to be submitted.
75) T. Tsujino, S. Tsubouchi, T. Shibata, S. Kanaoka, S. Aoshima, *Polym. Prep. Jpn.*, **52**, 3513 (2003)
76) T. Yoshida, S. Kanaoka, S. Aoshima, *Polym. Prep. Jpn.*, **52**, 3242 (2003)
77) S. Tsubouchi, S. Kanaoka, S. Aoshima, *Polym. Prep. Jpn.*, **52**, 1325 (2003)
78) S. Sugihara, S. Matsuzono, H. Sakai, M. Abe, S. Aoshima, *J. Polym. Sci., A: Polym. Chem.*, **39**, 3190 (2001)

2 微粒子合成・微粒子

川口春馬*

2.1 はじめに

　高分子が溶媒と親和性をもっていれば溶解する。しかし，高分子が化学的にせよ物理的にせよ架橋されて"微粒子"の形態をとっていれば，それは溶媒に溶けずに溶媒を吸収して相似形に膨らむ。こういう物質をゲル微粒子（図1）という。ゲル微粒子は，ドラッグデリバリーの担体やセンサー，マイクロリアクター，光学素子などとして注目されている。

　ゲル微粒子は，起源，架橋の様式，膨潤媒体の種類，サイズで分類されるが，前3者はマクロゲルにおける分類と変わりがない。すなわち，起源が天然か合成かという点からの分類，架橋が化学的か物理的かという点からの分類，ゲルが水に膨潤するか有機溶媒に膨潤するかという点からの分類はマクロゲルでもゲル微粒子でも共通である。分類上，ゲル微粒子とマクロゲル間で大きく異なるのはサイズだけであるが，サイズの違いが両者の特性を大きく変える。

　ゲル微粒子は，ナノからミクロンオーダーの大きさのゲルを指す。ミクロゲルという言葉がゲル微粒子とほぼ同義語として使われてきたが，さらに小さなゲルはナノゲルと呼ばれるようになった。ゲル微粒子が外部刺激に応答する速度は粒子径のマイナス2乗に比例する[1]。例えば，ゲル微粒子の直径が1ミクロンから100nmになると溶媒の吸収速度は100倍になる。粒子径が小さくなるに従って拡散速度も大きくなり分散系では沈殿が起こりにくくなり分散性が向上する。裏返せば，粒子が小さくなると，回収が難しくなり取り扱いにくくなる。応答の速さと扱いやすさとの兼ね合いで，サブミクロンから10ミクロン程度までの，いわゆるメゾスコピックオーダーのゲル粒子が実用上は重用される。

　水を吸収して膨潤するゲル粒子をヒドロゲル粒子という。代表的なものが，オムツに使われている高吸水性樹脂である。有機溶媒，あるいは油を大量に吸収するゲル粒子はヒドロゲル粒子ほど普及していない。本稿ではヒドロゲル粒子に焦点を絞って，その基礎から応用までを概説する。

　微粒子の作製法には，塊を砕いていくトップダウン式と，分子を集積化させたりモノマーを重合したりするボトムアップ式との二様がある。粉砕法は得られる微粒子の大きさが揃いにくく扱う環境を汚染しやすいことなどメゾスコピックオーダーの粒子を再現性よく得るためには不向きであ

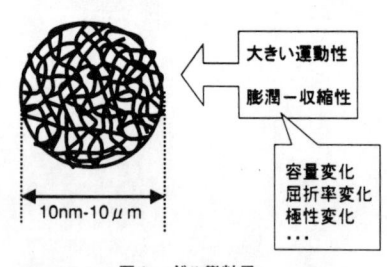

図1　ゲル微粒子

＊　Haruma Kawaguchi　慶應義塾大学　理工学部　教授

第1章　環境応答

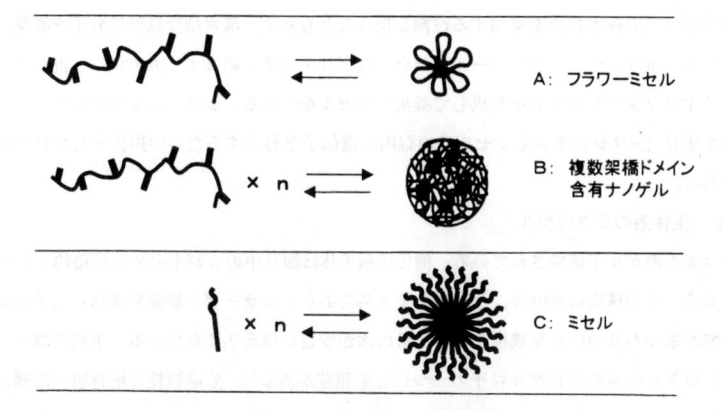

```
                              A: フラワーミセル

                   ×n         B: 複数架橋ドメイン
                                含有ナノゲル

                   ×n         C: ミセル
```

図2　疎水結合で物理架橋した膨潤性粒子

る。学術的にも議論しにくく，本稿では取り上げない。以下では，ボトムアップ式で得られる小さなゲルからより大きなゲルについて述べていき，さらにゲル微粒子結晶について記す。

2.2　物理架橋で形成されるゲル微粒子
2.2.1　ミセル

　ゲル微粒子として本稿で取り上げる種々の微粒子を図1に示す。まず，典型的なゲル微粒子とはいえないが，球状を維持し膨潤・収縮を起こし得るミクロゲルのいくつかを取り上げる。フラワーミセルは，図2Aに示すように，分子内の疎水部が疎水結合によりコア部を形成し親水部が花びら状に水和しているミセルであるが，架橋点が中心部に局在したミクロゲルと見ることができる。このミセルは単分子で構成されるものに限定されない。また，コアが1個であるとは限らない。1粒子中に複数の物理架橋ドメインを含むナノゲル[2,3]がいくつか提案されている。秋吉らのナノゲルは，親水性であるプルランのような多糖に適量の疎水性のコレステロールをぶら下げたものを調整しコレステロールの凝集ドメインを作らせ図2Bに示すようなナノ構造体を形成させたものである[2]。いわばフラワーミセルを会合させたものに近い構造といえるかもしれない。そのナノゲルがさらに集積して大きな組織体を構築することもでき，各階層で機能材料として活用し得る。疎水化プルランナノゲルは，たんぱく質を個別に取り込み分子鎖の立体構造を調整する機能，いわゆる分子シャペロンとしての機能において特に注目されている。

　フラワーミセルでなくても両親媒性ブロック共重合体からなる高分子ミセル（図2C）も疎水結合で作られるコアを物理架橋点とみれば一種のナノゲルの範疇に含められる。両親媒性ブロック共重合体からなるミセルはDDS用の担体として注目されている[4,5]。このとき，担持される疎

水性薬剤はコアの疎水結合を補強する役割を担うこともある。疎水結合以外に分子を凝集させる様式がある。ポリエチレングリコールに結合したポリアニオン鎖はポリカチオンと混合されたときポリイオンコンプレックスを形成して凝集しミセルをつくる。ポリアニオンがDNA，ポリカチオンがポリ-L-リシンであるミセルは細胞内に遺伝子を導入するための担体として使われる可能性がある。

2.2.2 生体系のミクロゲル

生体は多くのゲルで構成されている。例えば硝子体は眼球中の8割を占める体積約4 mlのゲル粒子である。その構成は水98%，生体高分子2%である。コラーゲン繊維を骨格としそれにヒアルロン酸がまつわりついた架橋構造中に大量の水が安定に抱え込まれている。本稿で取り上げているミクロンレベルの生体ゲル粒子の一つに分泌顆粒がある[6]。分泌顆粒は細胞膜の内側に張り付いて存在している小胞で，刺激に応じて神経伝達物質や成長因子，ホルモンなど生体機能物質を分泌する。分泌顆粒は100nm以下から5ミクロンを超えるものまで細胞の種類によりまちまちであるが，いずれにもヘパリン硫酸プロテオグリカンのネットワークで構成されていて，カルシウムやヒスタミンなど2価カチオンにより収縮状態を維持している。2価カチオンが1価カチオンと入れ替わると膨潤する。変化は不連続で可逆的であり，この応答性により生体機能物質の放出が制御される。

2.3 化学架橋ゲル微粒子
2.3.1 化学結合で分子鎖が束ねられたミクロゲル

化学架橋ミクロゲルといわず回りくどい表題をつけたが，ここでは先ずそういう言い回しにふさわしいミクロゲルについて述べる。ミクロゲルを初めて合成したのは高分子化学の祖Staudingerであった。1950年代のことであり，当時は架橋の概念がなく，その生成物はスターポリマーとして扱われた。スターポリマーは図3Aに示すようにコア部分を極限まで小さくした高分子ミセルである。スターポリマーもナノスケールの球状体でありナノゲルの一種であるともいえる。スターポリマーが架橋点を一点に集中させたナノゲルであるのに対して，スターポリマーを階層化させた形のナノゲルとしてデンドリマーをあげることができる。図3Bに示すように，デンドリマーは中心部分にスペースを持ち薬剤の担体として利用される。骨格を選択すると金属イオンなどを段階的に導入でき，エネルギー変換材料や選択的触媒としての可能性が期待されている[7]。糖を最外層に持つデンドリマーはシュガーボールと命名された[8]。シュガーボールにおける糖の役割は，デンドリマーの水に対する溶解度を上げることに加え，細胞膜タンパクの認識を行うことである。カチオン性シュガーボールはターゲット機能をもつDNA送達担体として注目される。

第1章　環境応答

A：スターポリマー　　B：デンドリマー

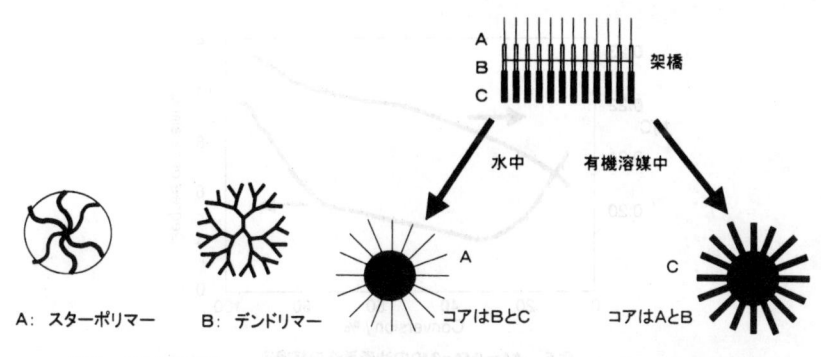

図3　分岐球状ポリマー　　　図4　トリブロック共重合体から得られる構造可変ゲル

　変わったミクロゲルを図4に示す[9]。Aが親水性、Cが疎水性、Bが中庸の親疎水性で架橋されている。これは水中ではAを外側にしたミセル、有機溶媒中ではCを外側にしたミセルを形成する。AとかCの親疎水性が温度やpHによって変わるものであれば、ミセルのジオメトリーを溶媒でなく温度やpHで変えることができると考えられる。

2.3.2　凝集後架橋して得られるミクロゲル

　下限臨界共溶温度をもつ高分子は低温で溶解し転移温度以上の温度では凝集する。例えばヒドロキシプロピルセルロースは約42℃以下では水に溶解しているが、42℃以上に温度を上げると凝集してくる。希薄溶液中では凝集物はサブミクロンの粒子として生成する[10]。この微粒子をpH10程度の雰囲気中でジビニルスルフォンで処理すると架橋したゲル粒子になる。この後は低温に戻しても高分子は溶解せずゲル微粒子の形状を保つ。

2.3.3　微粒子生成重合で得られるミクロゲル

　ナノゲルからミクロゲルまで多くのヒドロゲルを以下に示す微粒子生成重合で得ることができる；逆相懸濁重合[11]、逆相乳化重合、逆相マイクロエマルション重合[12]、沈殿重合、分散重合など。逆相懸濁重合を除けば他はいずれも不均一系重合である。不均一系重合では反応が成長粒子中と分散媒中との少なくとも2箇所で起こり得ることを想定しなければならない。重合の速度論と生成物の性状は、複数の反応場へのモノマーの分配に影響される。分散重合や沈殿重合は均一溶液からスタートする重合であり、モノマーも媒体の構成成分である。ポリマーの生成とともにモノマー濃度が減少し媒体の特性も変化し、それが重合反応に影響を与える。不均一系重合では、粒子中と媒体中に加え、さらに粒子・媒体界面というエネルギー状態が異なる場が存在するため、厳密な反応の解析や制御が難しい。

　共重合系ではモノマーの反応性と親疎水性が重合挙動と生成粒子の構造に影響を及ぼす。共重

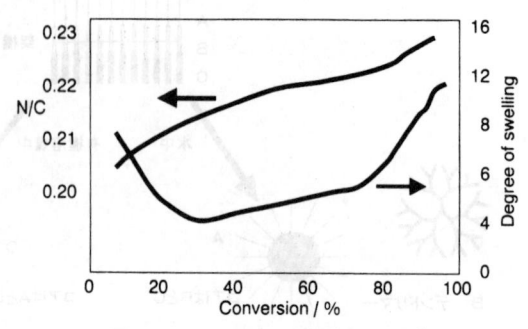

図5　AAm/MAc/MBの沈殿重合の経過[13]

合では，重合の進行に伴って時々刻々生成ポリマーの組成が変化するばかりでなく，狭い粒子内で組成の偏りが生じることが少なくない。すなわち，時間と空間において変化を考慮する必要がある。架橋モノマーを一成分とする不均一系共重合では微粒子内の架橋の分布も一様でないことが多い。ヒドロゲル粒子中の架橋の粗密は粒子の膨潤性を支配するがその制御は至難である。

(1) アクリルアミド（AAm）系サブミクロン単分散粒子[13]

ここまで述べたことを，AAm／メタクリル酸（Mac）／メチレンビスアクリルアミド（MB）のエタノール中での重合を例に検証する。上記の3モノマーのエタノール溶液を穏やかに攪拌しながら共重合すると均一溶液からポリマーが析出しサブミクロンから1ミクロンの直径を持つ単分散ヒドロゲル粒子が得られる。MAcの存在は重要で，粗大粒子の生成を阻止するためには必須である。重合初期に生じるMAcリッチのセグメントがその場生成分散安定剤として働いていると考えられる。梶原らは粒子が30から50オングストロームの球状の高架橋ドメインとそこから発する数オングストロームの太さのポリマー鎖の束で構成されると結論した。この構造は粒子生成の過程と次のように関わっている。すなわち，重合は単調に進むのではなく図5に示すようにMAcの重合が先行し，また転化率30％付近で架橋密度が最大に，膨潤性は最低になる。前述の高架橋ドメインがこの時期までにでき揃い，それ以降の重合では，ドメイン間を穏やかに埋めるように線状ポリアクリルアミドの生成が進行していくものと考えられる。

このヒドロゲル粒子はカルボキシル基を含むためその膨潤性がpHに依存する。弱イオン性ヒドロゲル粒子の膨潤性については，ジビニルベンゼンを架橋剤としてアゾビスアミジノプロパン塩酸塩を開始剤として得られたポリ（2-ビニルピリジン）ゲル粒子を用いて厳密に検討されている[14]。この粒子はpKaが異なる2つの塩基を持つ（ピリジンのpKa：5，アミジノ基のpKa：10）。ポリ（2-ビニルピリジン）ヒドロゲル粒子の種々の環境での膨潤性は，Flory-Hugginsの熱力学式にイオン基／カウンターイオンの浸透圧の項を加えることで説明できるという。

第1章 環境応答

ヒドロゲル粒子が高度に膨潤すると，溶媒のす抜けを許す物質となり，分散媒の粘度や電気泳動挙動が硬質粒子系のそれらと全く異なってくる。硬質粒子分散系の粘度ηは分散質の体積分率Φの関数としてEinsteinの式（$\eta = \eta_0 (1 + 2.5\Phi)$（$\eta_0$は溶媒の粘度））で示されるが，膨潤したヒドロゲル粒子の分散液の粘度は上式では表せない。また硬質粒子の電気泳動移動度がSmolchowskyの式で表されるのに対し，膨潤ヒドロゲル粒子のそれは大島の式[15]で表されることになる。

先のAAm系粒子の作製にあたりAAmをp-ニトロフェニルアクリレートに代えても単分散のサブミクロン粒子が得られる。ただしこの粒子は反応性ゲル微粒子で，アミノ基をもつ化合物と容易に結合する。たんぱく質のアミノ基を結合に利用すればたんぱく質固定化粒子ができる。エチレンジアミンを反応させると両性ヒドロゲル粒子が得られ，等電点付近の狭いpH領域でのみ収縮するユニークな特性を示す[16]。藤本らはp-ニトロフェニルアクリレートを含む粒子を平面に並べ片面だけを改質して異方性粒子を得た[17]。

(2) N-イソプロピルアクリルアミド（NIPAM）系ヒドロゲル微粒子

ポリNIPAM（PNIPAM）は水中で32℃に転移温度を持ち，それ以下の温度では疎水性水和水を抱えて膨潤し，それ以上の温度では脱水和して疎水部間の疎水結合により不溶化する。転移温度以上の水中でモノマーは可溶，ポリマーは不溶という原理を重合にいかすと沈殿重合が成り立つ。これを利用して，1986年 Peltonらが，70℃のNIPAMとMB水溶液に過硫酸塩を加え，サブミクロンのポリNIPAM（PNIPAM）ゲル粒子を得て[18,19]以来，鋭い温度応答性を示すこのヒドロゲル粒子の研究が急展開をみせた。得られる粒子の希薄分散液を動的光散乱装置にかけ水力学的粒子径を測定すると，転移温度を挟む粒子体積の変化は10倍を超えることがわかる。PeltonらはPNIPAMゲル粒子の作製に架橋剤MBを利用したが，MBは不可欠ではないとも報告している。2003年Friskenらは沈殿重合を詳細に検討し，重合温度が50℃以上でNIPAM濃度，および過硫酸塩／NIPAMモノマー比が一定の値以上であれば，NIPAMユニットの三級炭素での連鎖移動反応を介して自己架橋が起こることを示した[20]。架橋剤存在下のNIPAMの沈殿重合で，架橋構造が形成されていく過程も調べられている。Guillermoらは，NMRの測定で，架橋がコア部に高密度になっていると報告している[21]。

PNIPAMゲル粒子の温度応答性は，前述のように水力学的粒子径で評価できる。転移温度以下での粒子の膨潤度の架橋密度依存性も水力学的粒子径測定で解明できる。水／有機溶媒の混合貧溶媒系でのPNIPAMゲル粒子の膨潤挙動も動的光散乱法で求められた水力学的粒子径から検討された。混合貧溶媒効果は，温度変化がもたらす効果を溶媒の組成変化で生み出すもので，例えば，系の温度を32℃に上げることを，室温の水にエタノールを10%混ぜることで代替できる。エタノール以外に，ジメチルホルムアミドやテトラヒドロフランなどが混合貧溶媒系を構成する[22,23]。

室温　　　　　　　70℃

\+ (NIPAM+MB)
重合

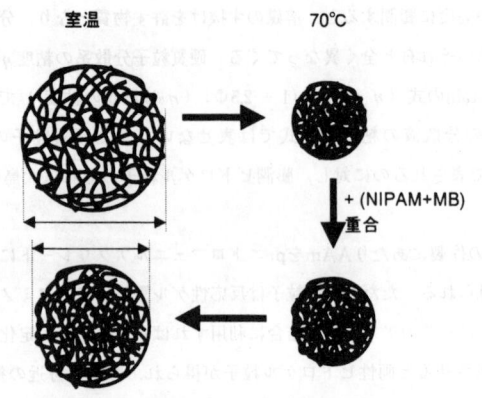

図6　PNIPAMミクロゲルをシードとするNIPAMのシード重合

LyonはNIPAMとAAcの共重合体ゲルをコア，NIPAMホモポリマーゲルをシェルとするゲル粒子を作製し，シェルがコアの膨潤性に及ぼす影響を検討した[24]。コアが収縮した状態でシェルを作製し，コアシェル粒子形成後室温で粒子を膨潤させるとシェルはコアの膨潤を妨げ，極端な場合，コアシェル粒子はコア粒子より大きく膨らむことができなかった（図6）。この研究は機能性ゲル粒子の設計に一つの指針を与えるものといえる。

NIPAMに少量のアクリル酸（AAc）を混ぜて作製したゲル粒子は，NIPAMホモポリマーゲル粒子と著しく異なった温度応答性を持つ。AAc量の割合の増加とともに，低温での膨潤率が高くなることに加え，転移温度が高温側にシフトする。この当然とみなせる結果以外に，Kratzらは，図7に示す意外な現象を報告している[25]。図7は，塩を含まないPNIPAMゲル粒子分散液を昇温していったときのゲル粒子の収縮の様子と系のpH変化を示している。注目すべきことに収縮が2段階で起こっている。Kratzらは順を追ってこの挙動を解析した。それによれば，最初の収縮はゲル粒子が水を吐き出す段階で，そのとき粒子内部の局所的誘電率が低下する。そのため，アクリル酸ユニットに由来する負電荷の遮蔽効果が弱まる。そのことが，次の収縮の駆動力となる。収縮に伴って粒子内の静電的斥力が減少することは水素イオンの粒子内への拡散・カルボキシルイオンとの会合によって補償される。このようなスキームは塩添加系では実現しない。

これまで述べてきたように，ゲル微粒子の温度応答性は体積変化や粒子径変化から評価するのがもっとも直接的である。ただ，転移温度を境に水和量が激変することからゲル微粒子の微環境の親疎水性が変わるので，親疎水性のバロメータである蛍光物質の蛍光強度や蛍光波長シフトからもゲル粒子の温度応答性を知ることができる[26]。また，親疎水性の変化はたんぱく質の吸着にも反映される。ただし，たんぱく質の吸着を制御する因子は親疎水性だけではないので，たんぱく質の吸着・脱着が転移温度を境に不連続に変化するとは限らない。

第1章 環境応答

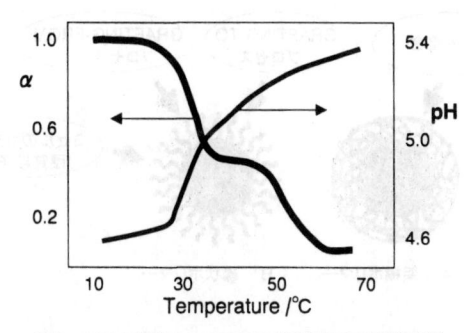

図7 イオン基をもつPNIPAMゲル粒子のpH応答性[27]

(3) シェルがゲルであるコアシェル粒子

PNIPAMの特性を保持する微粒子をより効率的に得たいときに適用される方法は，シード重合により，コアが硬質微粒子でシェルがゲルであるコアシェル粒子（図8A）を作ることである。具体的には，先ずわずかのNIPAMを含むスチレンのソープフリー乳化重合を行ってシード粒子を作製する。その後，その粒子の分散液中でNIPAMと架橋剤をシード重合すればよい。膨潤時の厚さが300nmにまでなるシェル層を作ることが可能である。厚い溶媒和層をもつ高分子微粒子が溶媒和層の立体反発力で安定な分散状態を保つことはよく知られている。したがって，PNIPAMゲルのシェル層をもつコアシェル粒子は低温の水中では安定に分散状態を保てる。しかし，転移温度以上になると，シェル層が脱水和し粒子の立体反発力が失われ，粒子は凝集する。低温に戻せばシェル層の水和状態が復元され粒子は再分散する。このような温度応答性粒子の温度に依存する分散安定性は，PNIPAM粒子に先立ち，他のアクリルアミド誘導体ポリマー粒子についてまず報告されている[27]。

シェルがゲルであるコアシェル粒子の弱点は，応答性の鈍さである。例えば，水中のゲル粒子を加温したとき粒子の収縮が転移温度を挟む広い温度域にわたって緩慢に進む。これは，主として，架橋による束縛が環境変化に対するゲルの瞬発的な応答にブレーキをかけるためである。ミクロゲルについても同じことがいえる。コアシェル粒子の場合この弱点を解消する手立ては，シェル層の架橋や分子鎖の絡み合いをなくすことである。換言すれば，シェルが伸張した分子鎖からなるヘア粒子（図8B）にすればよい。事実，NIPAMとごく少量のイオン性モノマーを用いてコア粒子からのグラフト重合を行うと，粒子の温度応答性は驚異的にシャープになる[28]。グラフト重合をリビング重合で行うと容易にブロック共重合体ヘアを生やすことができる。転移温度が異なる2つのブロックを繋げたヘアをもつ粒子は2段階の温度応答性を示す[29]。また，温度応答性のブロックとpH応答性のブロックを繋げたヘアを持つ粒子は2つの刺激に対応できる。

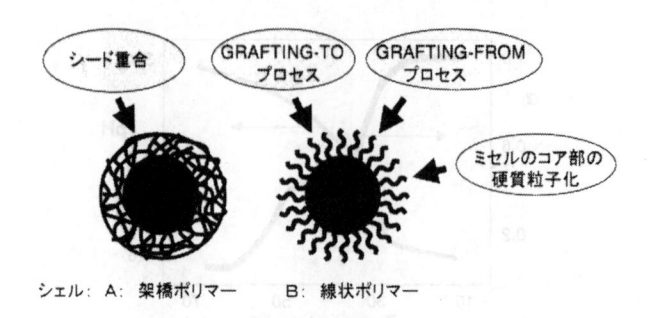

図8 シェルが膨潤性のコアシェル粒子

2.4 ゲル粒子結晶

高分子微粒子を3次元に並べる研究,およびそれを工学素子やセンシングデバイスに利用しようとする研究が盛んである。Asherらは,高密度に電荷を持つPNIPAMゲル微粒子を作製し,その分散液を徹底的に脱塩して,ゲル粒子の固定電荷による斥力のみで粒子間距離が規制されたコロイド結晶を得た[30]。このときの粒子間距離はデバイ長に相当する。このコロイド結晶の温度をPNIPAMの転移温度以上に上げると,ゲル粒子は収縮するが粒子間距離は変わらない。すなわち,温度変化は,結晶格子点にあたるゲル粒子の膨潤度,ひいては粒子の屈折率を変化させる因子として働く。したがって,このコロイド結晶に光を当てたとき,回折光強度が温度で制御できることになる。

PNIPAMゲル微粒子を3次元に並べ,隣接する粒子の接点を結合すると,バラけることの無いコロイド結晶が得られる[31]。飽和膨潤させたコロイド結晶を容器に封入したものは,オパール様の輝きを見せ,温度によってその色調の変化を楽しませてくれる。同様のものは,大きさの揃った空気泡が互いにつながりながら3次元に配列している鋳型を用いても得られる[32]。鋳型の泡中にNIPAMを注入し重合した後,鋳型を溶かしてPNIPAMコロイド結晶を取り出せばよい。最初の鋳型は,例えば,単分散ポリスチレン粒子を3次元に並べその空間をゾルゲル法によりシリカで固め,ポリスチレンを有機溶剤で溶かしだして得る。このような機能性コロイド結晶は,温度応答性のものに限定されない。pH,光,イオン,化学物質,生体物質などさまざまな刺激に応答するセンサーが開発されてくると考えられる。

2.5 おわりに

ゲルの特性,微粒子の特性,その双方を併せ持つ材料であるゲル微粒子の最近の動向について述べた。それらの合成から応用まで,どの分野も展開がめまぐるしく目が離せない。また,応用

第1章 環境応答

に関しては学際化が進んでいることが特徴で,異分野研究者の連携がブレークスルーをもたらすものと期待される。

文　献

1) S. Yusa, A. Sakakibara, T. Yamamoto, Y. Morishima, *Macromolecules*, **35**, 5243 (2002)
2) K. Akiyoshi, S. Deguchi, N. Moriguchi, S. Yamaguchi, J. Sunamoto, *Macromolecules*, **26**, 3062 (1993)
3) K. Akiyoshi, S. Deguchi, H. Tajima, T. Nishikawa, J. Sunamoto, *Macromolecules*, **30**, 857 (1997)
4) K. Kataoka, *Drug Delivery System*, **15**, 421 (2000)
5) Y. Kakizawa, A. Harada, K. Kataoka, *Biomacromolecules*, **2**, 491 (2001)
6) P. Verdugo, *Adv. Polym. Sci.*, **110**, 146 (1993)
7) K. Yamamoto, M. Higuchi, S. Shiki, M. Tsuruta, H. Chiba, *Nature*, **415**, 509 (2002)
8) K. Aoi, K. Tsutsumiuchi, A. Yamamoto, M. Okada, *Macromol. Rapid Commun.*, **19**, 5 (1998)
9) S. Liu, J. V. M. Weaver, M. Save, S. P. Ames, *Langmuir*, **18**, 8350 (2002)
10) X. Lu, Z. Hu, J. Gao, *Macromolecules*, **33**, 8698 (2000)
11) P. J. Dowding, B. Vincent, E. Williams, *J. Colloid Interface Sci.*, **221**, 268 (2000)
12) J. Berton, S. Kawamoto, K. Fujimoto, H. Kawaguchi, *I. Capek, Polym. Int.*, **49**, 358 (2000)
13) Y. Kamijo, K. Fujimoto, H. Kawaguchi, Y. Yaguchi, H. Urakawa, K. Kajiwara, *Polym. J.*, **28**, 309 (1996)
14) A. Fernandez-Nieves, A. Fernandez-Barbero, B. Vincent, F. J. des las Nieves, *Macromolecules*, **33**, 2114 (2000)
15) H. Ohshima, K. Makino, T. Kato, K. Fujimoto, T. Kondo, H. Kawaguchi, *J. Colloid Interface Sci.*, **159**, 512 (1993)
16) M. Kashiwabara, K. Fujimoto, H. Kawaguchi, *Colloid Polym. Sci.*, **273**, 339 (1995)
17) K. Fujimoto, K. Nakahama, M. Shidara, H. Kawaguchi, *Langmuir*, **15**, 4630 (1999)
18) R. H. Pelton, P. Chibante, *Colloids Surfaces*, **20**, 247 (1986)
19) R. Pelton, *Adv. Colloid Interface Sci.*, **85**, 1 (2000)
20) J. Gao, B. J. Frisken, *Langmuir*, **19**, 5212 & 5217 (2003)
21) A. Guillermo, J. P. Cohen Addad, J. P. Bazile, D. Duracher, S. Elaissari, C. Pichot, *J. Polym. Sci., B. Polym. Phys.* **38**, 889 (2000)
22) P. W. Zhu, D. H. Napper, *Chem. Phys. Lett.*, **256**, 51 (1996)
23) H. M. Crowther, B. Vincent, *Colloid Polym. Sci.*, **276**, 46 (1998)
24) C. D. Jones, L. A. Lyon, *Macromolecules*, **36**, 1988 (2003)
25) K. Kratz, T. Hellweg, W. Eimer, *Colloids Surf.*, **170**, 137 (2000)

26) K. Fujimoto, Y. Nakajima, H. Kawaguchi, *Polym. Intl.*, **30**, 237 (1993)
27) F. Hoshino, T. Fujimoto, H. Kawaguch, Y. Ohtsuka, *Polym. J.*, **19**, 241 (1991)
28) H. Matsuoka, K. Fujimoto, H. Kawaguchi, *Polym. Gels Networks*, 7 (1999)
29) S. Tsuji, H. Kawaguchi, Langmuir, Web publication, January 23, 2004
30) J. M. Weissman, H. B. Sunkara, A. S. Tse, S. A. Asher, *Science*, **274**, 959 (1996)
31) Z. Hu, X. Lu, J. Gao, *Adv. Mater.*, **13**, 1708 (2001)
32) Y. Takeoka, M. Watanabe, *Langmuir*, **18**, 5977 (2002)

3 オイルゲル化剤・ヒドロゲル化剤

英　謙二[*1], 鈴木正浩[*2]

3.1 はじめに

　ミョウバンを熱水に溶かして飽和溶液を作り室温に放置すると，溶解度の差に相当するミョウバンが結晶化して析出する。これは再結晶というプロセスでありミョウバンの結晶化はかなり早い。一方，化合物によっては溶媒に易溶で結晶化しないものもある。このように低分子化合物を溶媒に加熱溶解させ冷やすと，結晶化するかあるいは溶液のままかの何れかに落ち着くのが普通である。しかし，ごく稀に結晶化もしないし溶液にもならないで，系全体が固化（ゲル化）してしまう場合がある。このような現象が「ゲル化」であり，ゲルは溶質（ゲル化剤）に対して溶媒が多量に存在している固体様の軟体物であり，寒天ゼリー，プリン，ういろう，コンニャクなどがそれに該当する。

　ゲルは加熱すると流動性のある溶液（ゾル）になり冷却すると元のゲルにもどる熱可逆的ゲルと，いったんゲル化してしまえば加熱してもゾルにはもどらない熱不可逆的ゲルの2つに分類される。たとえば海ソウのテングサから作った寒天はゼリーとよばれる前者の熱可逆的ゲルを形成する。一方，アクリルアミドを架橋剤のメチレンビスアクリルアミドで架橋重合して作ったポリアクリルアミドゲルは後者の熱不可逆的ゲルである。熱可逆的ゲルは，水素結合・ファンデルワールス相互作用・疎水性相互作用，静電的相互作用などの弱い二次的結合により架橋し網目状のゲル構造を形成するため，加熱により二次的結合が容易に切れ流動性のあるゾルにもどる。他方の熱不可逆的ゲルは強固な共有結合により網目構造を形成するため，加熱しても共有結合は切れることはなく，いったん形成されたゲルはゾルへと変化しない。このような理由から熱可逆的ゲルは物理ゲル，熱不可逆的ゲルは化学ゲルともよばれている。ここでは，添加するかあるいは加熱・放冷という単純な操作で有機溶媒や溶剤，水などの液体をゲル化できる化合物を「ゲル化剤」と呼ぶ。

　物理ゲルを形成するのは寒天に代表される高分子化合物だけではなく，その数は極めて少ないが低分子化合物も物理ゲルを形成する。低分子系化合物のゲル化剤は比較的少量の添加で液体をゲル化できる，加熱時に速やかに溶け放冷時に容易にゲル化する，形成されたゲルは熱可逆的ゲルであり加熱と放冷により溶液とゲルの変化を繰り返すなどの特徴があり，ゲル化剤としては低分子化合物のほうがふさわしい。

---

　*1　Kenji Hanabusa　信州大学大学院　工学系研究科　教授
　*2　Masahiro Suzuki　信州大学大学院　工学系研究科　助手

3.2 オイルゲル化剤
3.2.1 低分子化合物のオイルゲル化剤

まず，有機溶剤をゲル化できる代表的なオイルゲル化剤について述べる。それらを列挙すると，1,3；2,4-ジベンジリデン-D-ソルビトール (**1**)[1]，12-ヒドロキシステアリン酸 (**2**)[2]，N-ラウロイル-L-グルタミン酸-α，γ-ビス-n-ブチルアミド (**3**)[3]，スピンラベル化ステロイド (**4**)[4]，コレステロール誘導体 (**5, 6**)[5,6]，ジアルキルリン酸アルミニウム (**7**)[7]，フェノール系環状オリゴマー (**8**)[8]，2,3-ビス-n-ヘキサデシロキシアントラセン (**9**)[9]，環状デプシペプチド (**10**)[10]，部分フッ素化アルカン (**11**)[11]，シスチン誘導体 (**12**)[12]，ビス（2-エチルヘキシル）スルホコハク酸ナトリウム (**13**)[13]，トリフェニルアミン誘導体 (**14**)[14]，ブチロラクトン誘導体 (**15**)[15]，4級アンモニウム塩 (**16**)[16]，フッ素化アルキル化オリゴマー (**17**)[17]，尿素誘導体 (**18**)[18]，ビタミンH誘導体 (**19**)[19]，グルコンアミド誘導体 (**20**)[20]，コール酸誘導体 (**21**)[21] などである。

もっとも古いゲル化剤であるジベンジリデン-D-ソルビトール (**1**) は広範囲の有機溶媒をゲル化できる優れたゲル化剤である。現在では，**1** はゲル化剤として使用されるほかポリプロピレンの造核剤としても使われている。**2** は廃てんぷら油のゲル化剤として利用されている。**3** は化粧品原料として実用化されており，流出原油のゲル化剤として原油の流出事故に備えて港湾に配備されている。

第1章 環境応答

構造式 1－10

29

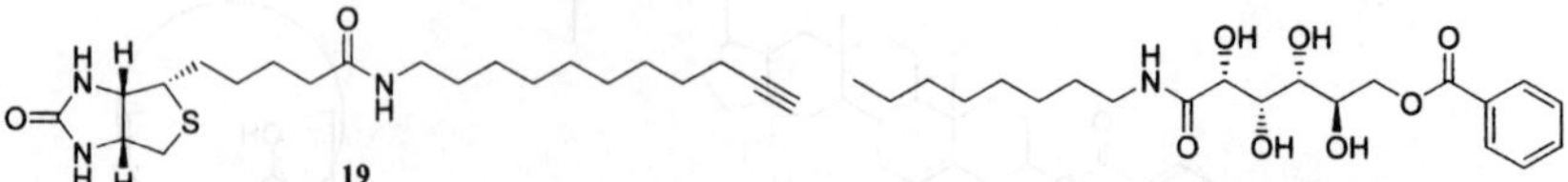

構造式11-20

コレステロール骨格を有する5はその合成が煩雑であるが，プロパノール以上の炭素数をもつ各種アルコールや飽和炭化水素，エステルなどをゲル化できる。

N-オクチル-D-グルコンアミド-6-ベンゾエート（**20**）はグルカノラクトンを原料として図1のスキームで容易に合成できる。**20**はメタノール・エタノール・アセトニトリル・アセトン・酢酸エチル・ジオキサン・ジクロロメタン・ベンゼン・トルエン・キシレンなどのゲル化が可能である。

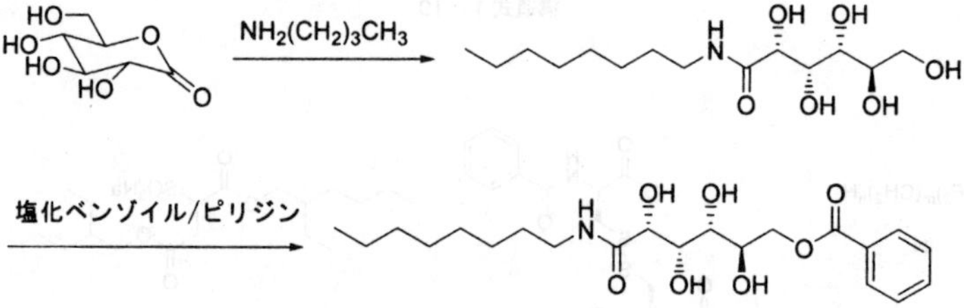

図1　20の合成スキーム

3.2.2　アミノ酸系オイルゲル化剤

　一般的なゲル化テストの要領は，まずゲル化剤を適当量精秤して蓋つき試験管にいれる。次に溶媒をメスピペットで量りとり蓋つき試験管に加え，ゲル化剤が溶けるまで，この蓋つき試験管を加熱する。完全に溶解したら25℃の恒温槽に2時間静置した後，取り出し様子を観察する。試験管を逆さまにして軽くたたいても溶媒が流れ出ず，しかもゲルが崩れない状態をゲル化と判定している。生成するゲルの外見は完全に透明なゲル，半透明なゲル，不透明なゲルに分けられる。ゲル化剤と溶剤の組み合わせにもよるが，普通は形成されたゲルは安定で数カ月を経ても結晶化してこない。

　L-イソロイシン誘導体（**22**）[22)]やL-バリン誘導体（**23**）[23)]をはじめとする一連のアミノ酸化合物に極めて強いゲル化能が見出されている。特に**22**の合成は簡便でL-イソロイシンを出発原料

第1章 環境応答

構造式21-33

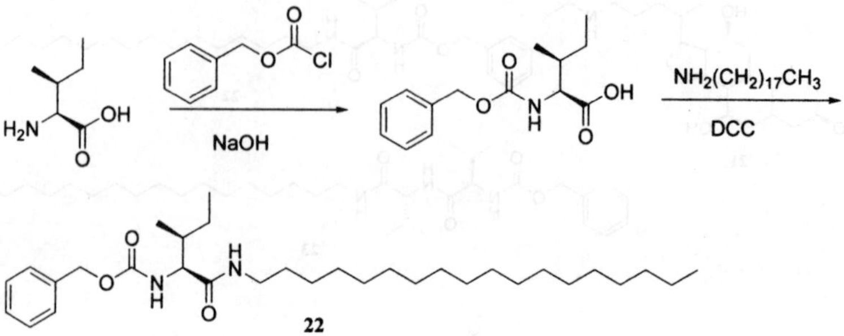

図2　22の合成スキーム

にして図2のスキームに従い合成できる。

　22と23は炭化水素・各種アルコール・ケトン・エステル・DMF・DMSO・ジオキサン・四塩化炭素・芳香族化合物・鉱物油・植物油・シリコンオイルなど広範囲の溶剤をゲル化する。たとえば，22を7g添加すれば1リットルのアセトンやアセトニトリルをゲル化でき，シリコンオイルは5gの添加で固化できる。しかし22のような構造のすべてのアミノ酸誘導体にゲル化能があるわけではなく，アミノ酸成分が Gly, L-Ala, ラセミ体のD,L-Val, L-Leu, L-tert-Leu, L-Phe, L-Proなどは結晶化するのみでゲル化はしない。

　アミノ酸誘導体によるゲル化の主な原動力は水素結合の形成である。23の灯油ゲルのFT-IRスペクトルはNH伸縮振動が3296cm^{-1}に，ウレタンのC=O伸縮振動が1688cm^{-1}に，アミドの伸縮振動が1646cm^{-1}にあらわれウレタン結合とアミド結合のNHとC=O間で水素結合が形成されており，非水素結合型のNHやC=Oはほとんど存在しない。一方，23のゲル化できないクロロホルム溶液ではNH伸縮振動が3437cm^{-1}に，ウレタンのC=O伸縮振動が1714cm^{-1}に，アミドの伸縮振動が1671cm^{-1}にあらわれ非水素結合型である。

　一般に低分子オイルゲル化剤のゲル化は温度依存性を示し，高温の液体をゲル化するにはより多くのオイルゲル化剤の添加を必要とする。各温度における最小ゲル化濃度をプロットして作成したゾル・ゲル相図よりゾルからゲルへの転移時の熱力学的パラメーターを求めると，ゲル化はエントロピー的に不利な現象であるが，それをエンタルピー変化が補うエンタルピー支配的現象であることがわかる。

　ゲル化剤の形成する分子集合体は電子顕微鏡で容易に観察できる。22や23の希薄ゲルをオスミック酸の蒸気でネガティブ染色して観察したTEM写真では，最小幅が10～30nmの繊維状会合体が無数に集まり束になった巨大会合体がみられ，またところどころでこの巨大会合体は連結

第1章　環境応答

している様子が観察された。実は**22**や**23**のC-末端のオクタデシル基もゲル化にとって重要であり、このアルキル鎖長がヘキシル基のように短くなるとゲル化能が著しく低下することがわかった。長鎖アルキル基間の相互作用（ファンデルワールス力）は分子間水素結合をとおして形成されたひも状の分子集合体を寄せ集めて、ゲル化に必要な連結した構造を作るために必要である。

　アミノ酸系化合物のゲル化の機構を次のように考えている。分子間水素結合により会合体を形成し、それが巨大会合体へと成長する。そしてファンデルワールス力などの相互作用によりそれらが束になって網目状に絡まり相互に運動を妨げあって流動性を失い、その中に溶媒を抱き込んでゲル化が起こる。

3.2.3　環状ジペプチド型オイルゲル化剤

　低分子化合物のゲル化剤の開発のためには、①水素結合などの分子間相互作用による巨大繊維状会合体の形成、②ファンデルワールス力などによる繊維状会合体間の結合・三次元化、③準安定状態であるゲルを安定化させ結晶化を妨げる何らかの要因を有することの3つを満たす化合物を見つける必要がある。

　上記のゲル化剤としての必要条件①～③を満たす化合物として環状ジペプチド誘導体が考えられる。環状ジペプチド（2,5-ジケトピペラジン誘導体）は6員環構造をしており2個のアミド結合があるため、分子間水素結合を通して条件①の分子集合体を形成すると考えられる。また水素結合に欠陥点が生じれば②の繊維状会合体の三次元化をひきおこすであろう。そしてR^1基とR^2基のランダム配列は結晶化を妨げ、ゲル状態が安定化され③を満たすことになる。

　実際、環状ジペプチド誘導体の**24**～**26**などにゲル化能があることがわかった[24)]。一般に、L-バリン、L-ロイシン、L-フェニルアラニンのような中性アミノ酸とL-グルタミン酸-γ-エステル、L-アスパラギン酸-β-エステルのような酸性アミノ酸という性質の異なる二つのアミノ酸からなる環状ジペプチドがゲル化剤である。中でも、人工甘味料のアスパルテームを原料として

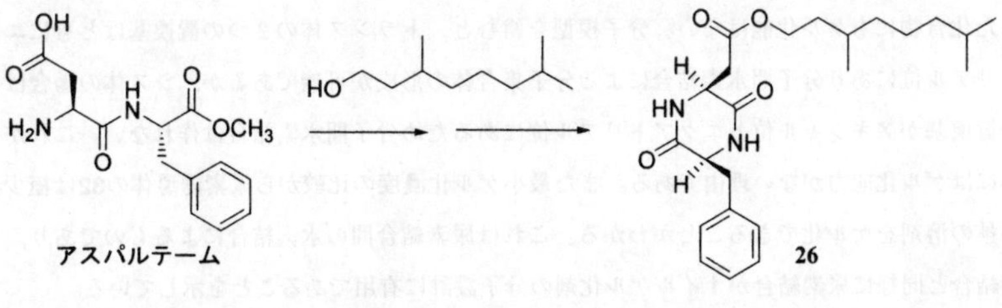

図3　**26**の合成スキーム

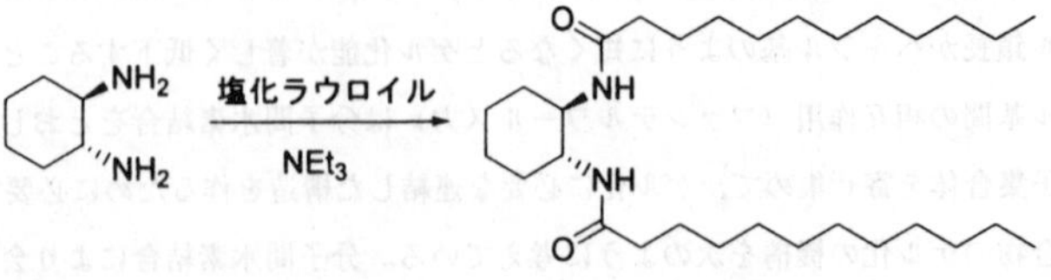

図4　27, 28の合成スキーム

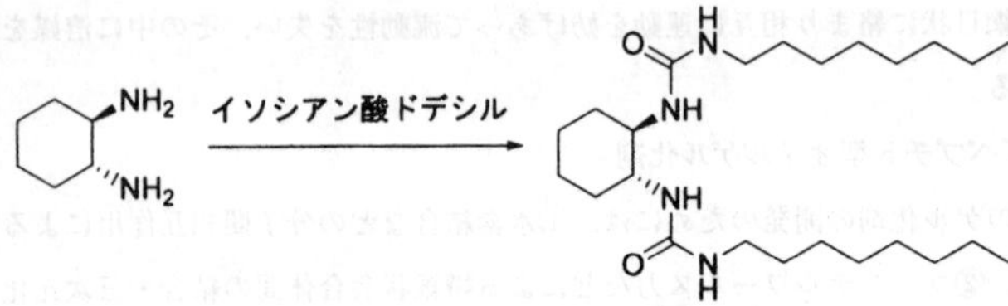

図3のスキームで合成できるcyclo（L-Asp（OR）-L-Phe）の26はアルコール・エステル・ケトン・芳香族化合物・大豆油・トリオレインなどをゲル化する優れたオイルゲル化剤である。

3.2.4　シクロヘキサンジアミン誘導体のオイルゲル化剤

trans-1,2-シクロヘキサンジアミンから合成したジアミド27[25]とジ尿素誘導体28[26]は，前述のペプチド誘導体の22, 23に匹敵する極めて優れたオイルゲル化剤であり少量の添加で広範囲の有機溶剤をゲル化できる。27と28はともにtrans-1,2-シクロヘキサンジアミンから図4のスキームで1段階の反応で合成できる。

1,2-シクロヘキサンジアミンには絶対配置が（1R,2R）と（1S,2S）の2つのトランス体のほかにシス体の合計3個の異性体があるが，シス体から合成したジアミドとジ尿素誘導体にはゲル化能力はなかった。また1,3-シクロヘキサンジアミンや1,4-シクロヘキサンジアミンから合成した化合物にもゲル化能はない。分子模型を組むと，トランス体の2つの置換基はともにエクアトリアル位にあり分子間水素結合による分子集合体の形成が可能であるが，シス体の場合は2つの置換基がアキシャル位とエクアトリアル位にあるため分子間水素結合は作れない。これがシス体にはゲル化能力がない理由である。また最小ゲル化濃度の比較から尿素誘導体の32は極少量で各種の溶剤をゲル化できることがわかる。これは尿素結合間の水素結合によるものであり，アミド結合と同様に尿素結合がオイルゲル化剤の分子設計に有用であることを示している。

27のゲルをTEM観察したところ，ナノ繊維状のらせん会合体が見られた。trans（1R,2R）から合成した27では左巻きのらせん会合体が形成され，trans（1S,2S）から合成した27では右巻き

のらせん会合体が観察された。27は非対称な分子間水素結合を作るため，アルキル基のついている片側が立体的にこみあうため，会合体が曲がりその結果，らせん状会合体に成長すると考えられる。分子レベルでの不斉が巨大会合体の不斉を決定していることになる。

3.2.5 双頭型アミノ酸誘導体のオイルゲル化剤

ゲル化剤は，2のようにてんぷら油の凝固剤としての使用や3のように流出原油などのゲル化剤としての用途の他，産業廃棄溶剤の処理・化粧品・食料品・医薬品分野などに利用できる。しかし，使用後の環境におよぼすゲル化剤の影響を考えねばならない。たとえば1，5，14，20，22，23などはゲル化能が高く優れたゲル化剤であるが，ベンゼン環を含んでおり生態系に優しいとは思えない。そこで筆者らは「環境に優しいオイルゲル化剤」として，まずベンゼン環を含まないアミノ酸誘導体のゲル化剤を開発した[27]。たとえば，双頭型L-イソロイシン誘導体の29や双頭型L-バリン誘導体の30はさまざまな溶媒をゲル化できた。29は各種アルコール・アセトニトリル・酢酸エチル・各種ケトン・環状エーテル・芳香族溶媒・DMF・DMA・DMSO・四塩化炭素・鉱物油・植物油をゲル化する。デカメチレンセグメントの代わりにエチレンセグメントを含む30もまた29に匹敵する強いゲル化能を示す。

3.2.6 all-powerfulなゲル化能をもつオイルゲル化剤

低分子オイルゲル化剤によるゲル化は，静電相互作用・水素結合・ファンデアワールス力・π-π相互作用などの弱い2次的結合を原動力としている。これらの非共有結合的な相互作用の強弱は溶媒の極性に強く依存するため，プロチックな溶媒からアプロチックな溶媒まで，あるいは極性溶媒から非極性溶媒にいたる広範囲の溶媒をゲル化できるall-powerfulなゲル化剤はあまり多くない。文献記載のデータをもとにすると，下記の化合物などがall-powerfulなゲル化剤に該当すると考えられる。1,3；2,4-ジベンジリデン-D-ソルビトール（1），N-ラウロイル-L-グルタミン酸-α,γ-ビス-n-ブチルアミド（3），ベンゾイルグルコンアミド誘導体（20），L-イ

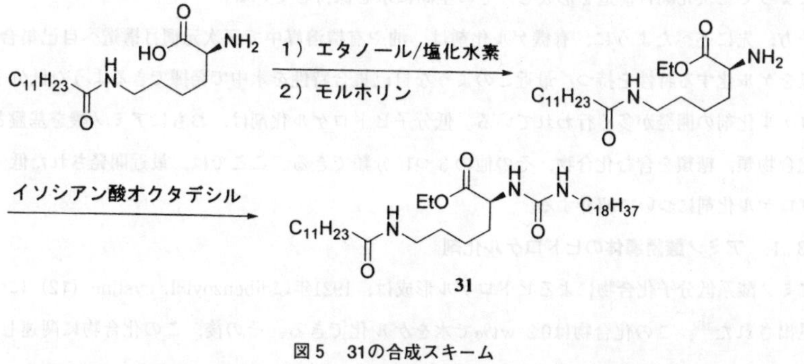

図5　31の合成スキーム

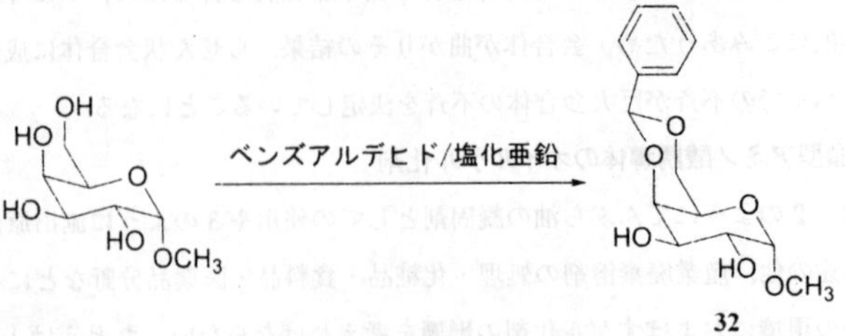

高分子ゲルの最新動向

図6 32の合成スキーム

ソロイシン誘導体（**22**），L-バリル-L-バリン誘導体（**23**），trans-1,2-シクロヘキサンジアミンから合成したジアミド（**27**）とジ尿素誘導体（**28**），双頭型アミノ酸誘導体（**29**, **30**），L-リシン誘導体（**31**）[28]，O-メチル-4,6-ベンジリデン-D-ガラクトース（**32**）[29]，2,3-O-イソプロピリデングリセルアルデヒド誘導体（**33**）[30]である。31と32は図5，6に従い合成される。

オイルゲル化剤22，23，27，28，31の種々の溶媒に対するゲル化テストの結果を表1に示す。表中の数値は，1Lの溶媒をゲル化するために必要なゲル化剤の最小添加量（g／L；ゲル化剤／溶媒）である。上記の化合物はいずれも極性溶媒から非極性溶媒にいたる様々な溶媒のゲル化が可能である。

3.3 ヒドロゲル化剤

ヒドロゲルは，衛生用品，生活日用品，食品，医薬・医療，農業，土木や電子・電気工業など非常に多くの分野で応用されている[31]。一般的に，ヒドロゲルは寒天やゼラチンに代表される天然高分子やポリアクリルアミドやポリビニルアルコールなどの合成高分子が，化学架橋や物理架橋によって三次元網目構造を形成し，その空間に水を保持している。

一方，先に述べたように，有機ゲル化剤は，油や有機溶媒中で三次元網目構造へ自己集合し，溶媒をゲル化する特性を持つ。最近このような自己集合特性を水中で発揮できるような低分子ヒドロゲル化剤の開発が多く行われている。低分子ヒドロゲル化剤は，おもにアミノ酸を基盤とした化合物類，糖類を含む化合物，その他の3つに分類できる。ここでは，最近開発された低分子ヒドロゲル化剤について紹介する。

3.3.1 アミノ酸誘導体のヒドロゲル化剤

アミノ酸系低分子化合物によるヒドロゲル形成は，1921年にdibenzoyl-L-cystine（**12**）について見出された[32]。この化合物は0.2 wt%で水をゲル化できる。その後，この化合物に関連して，

第1章　環境応答

表1　各種溶剤を固化するのに必要な22, 23, 27, 28, 31の最小ゲル化濃度（g・L^{-1}）（ゲル化剤／溶剤）

溶剤	22	23	27	28	31
シクロヘキサン	9	2	11	2	30
メタノール	19	12	20	3	30
エタノール	13	15	33	4	70
2-プロパノール	10	19	40	5	80
アセトニトリル	7	8	5	12	25
酢酸エチル	18	8	8	不溶	25
アセトン	7	5	10	不溶	40
2-ブタノン	結晶化	8	15	2	45
シクロヘキサノン	35	12	11	2	50
1,4-ジオキサン	40	18	12	3	23
ベンゼン	10	4	20	9	27
トルエン	36	14	12	7	30
クロロベンゼン	30	4	22	13	30
DMF	20	18	12	2	40
DMSO	10	3	12	5	25
四塩化炭素	20	18	23	5	80
灯油	11	4	7	11	30
軽油	10	3	8	15	20
シリコンオイル	5	4	2	溶液	3
サラダ油	15	3	6	30	6
大豆油	23	2	7	溶液	6

22, 27, 28, 31は25℃, 23は20℃の溶媒に対するゲル化テストの結果

種々のL-シスチン誘導体（**34**）が合成され，水に対するゲル化能が報告された[33]。これらの化合物もまた非常に優れたヒドロゲル化剤であり，ゲル化剤濃度が0.1wt%以下でさえも30秒から10分以内で水を固化することができる。グルタミン酸モノエステルをジイソシアネートで架橋した双頭型化合物（**35**）[34]については，これらの化合物がジカルボン酸型であるため通常の水には溶解しないが，リン酸緩衝液（pH = 6-8）中では溶解し，特定のpHになるとヒドロゲルを形成する非常に興味ある化合物である。L-ロイシン，L-バリン並びにL-フェニルグリシンをシュウ酸で架橋した双頭型アミノ酸誘導体（**36-38**）もまたヒドロゲル化剤として機能する[35]。さらにこれらの双頭型アミノ酸誘導体は，種々の有機溶媒とくにアルコール類に対して良いゲル化能を示し，水および有機溶媒に対してゲル化能を示す。

L-リシンを基盤とした有機ゲル化剤（**31**）へ正電荷あるいは負電荷を導入することによって**39-46**のヒドロゲル化剤へ変換できる[36〜38]。これらの化合物は市販のNε-ラウロイル-L-リシンを出発物質として，高収率で得ることができる（図7）。負電荷を持つ化合物（**44-46**）が2wt%

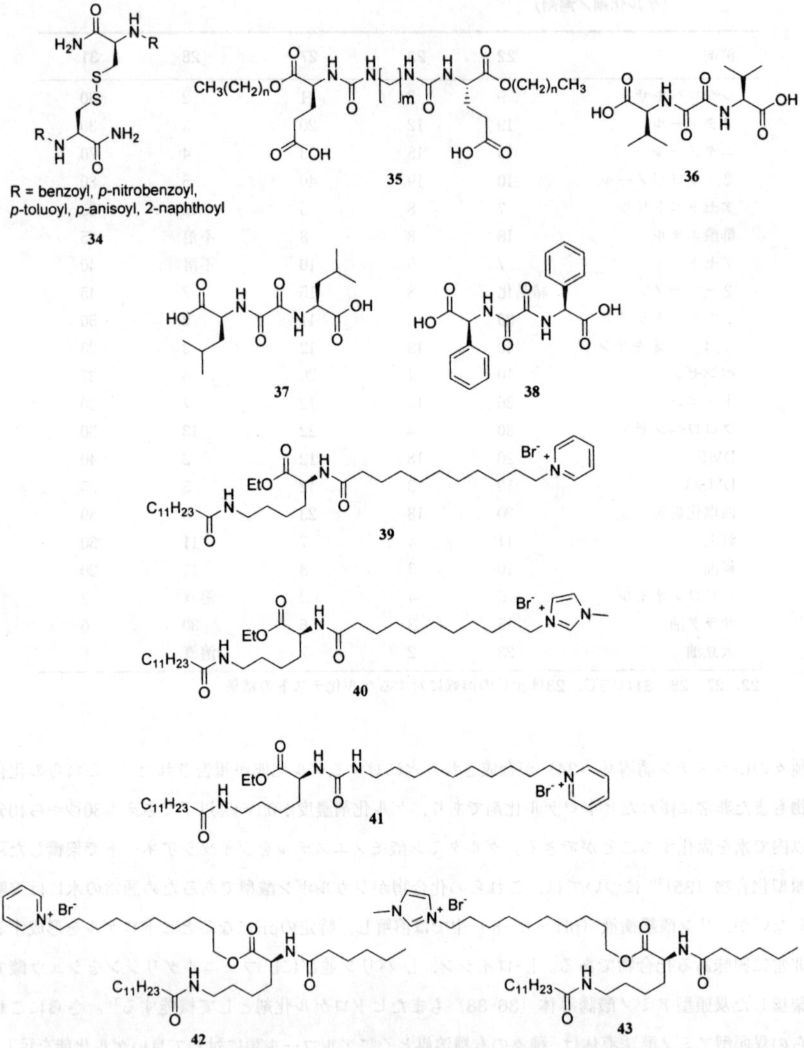

高分子ゲルの最新動向

R = benzoyl, *p*-nitrobenzoyl, *p*-toluoyl, *p*-anisoyl, 2-naphthoyl

構造式34-43

第 1 章　環境応答

図 7　39 の合成スキーム

でヒドロゲルを形成できるのに対して、正電荷をもつ化合物（39-43）は 0.3 wt%でヒドロゲルを形成できる効果的なゲル化剤である。様々な pH の水溶液をゲル化するために必要な 39 と 41 の添加量を図 8 に示す。図 8 から、39 や 41 は幅広い pH 範囲でヒドロゲルを形成できることがわかる。また、ピリジン基を持つ 39 と 41 は生理食塩水、各種無機塩・酸を含む水溶液でさえも比較的低濃度でゲル化でき、アルカリイオンやアルカリ土類金属イオンおよびプロトンを含むヒドロゲルを形成できた（表 2）。さらに、42 は他の化合物がゲル化できない 4 M 塩酸水溶液を 0.7wt%でゲル化できる。一方で負電荷を持つ化合物類は、各種有機溶媒に対してもゲル能を示し、有機ゲル化剤とヒドロゲル化剤の両機能を有した機能性

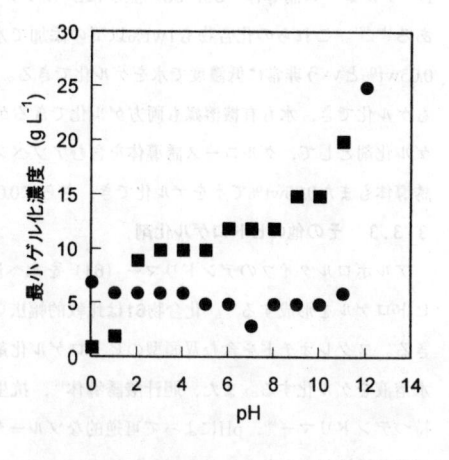

図 8　pH の異なる水溶液に対する最小ゲル化濃度

(●)；39，(■)；41
pH = 1 − 6 は HCl の添加量，pH = 8 − 13 は NaOH の添加量から計算。pH = 7 は純水中。

39

表2　種々の水溶液に対するヒドロゲル化剤39, 41のゲル化特性[a]

	水	生理食塩水	塩酸	硫酸	酢酸	NaCl[b]	KCl[b]	MgCl$_2$	CaCl$_2$
39	0.3	0.4	0.7	0.6	0.2	0.4	0.3	0.5	0.4
41	1.2	0.7	0.1	0.1	1.2	0.4	0.4	0.6	0.9

数字は最小ゲル化濃度（wt%）.[a]25℃. [b][塩] = 0.1M

ゲル化剤である。L-セリンを基盤としたヒドロゲル化剤（**47-51**）の分子量は300以下であり，ヒドロゲル化剤としては最も分子量の小さい化合物類である[39]。

3.3.2　糖を含むヒドロゲル化剤

糖類は水酸基を多く持ち水溶性であるため，多くの研究者が糖を含むヒドロゲル化剤を開発している。例えば，D-ラクトースやD-マルトース誘導体（**52, 53**）はヒドロゲル化剤として作用する[40]。52や53によるヒドロゲル形成には，良溶媒として少量の有機溶媒の混入を必要とするが，1wt%以下で水溶液をゲル化できる。D-グルコース誘導体（**54**），D-マンノース誘導体（**55**），D-グルコース誘導体（**56, 58**）並びにD-ガラクトース誘導体（**57, 59**）もヒドロゲル化剤である[41, 42]。これらの化合物も1wt%以下の添加で水をゲル化する。驚くべきことに，**58**や**59**は0.05wt%という非常に低濃度で水をゲル化できる。さらにこれらの化合物はいくつかの有機溶媒もゲル化でき，水も有機溶媒も両方ゲル化できるゲル化剤である。同等なゲル化能をもつヒドロゲル化剤として，グルコース誘導体を含むアゾベンゼン化合物（**60**）が報告されている[43]。この誘導体もまた0.05wt%で水をゲル化でき，さらに0.02wt%で部分的なヒドロゲルを形成する。

3.3.3　その他のヒドロゲル化剤

アルボロルタイプのデンドリマー（**61**）を水へ添加し80℃で加熱溶解後に室温へ冷却すると，ヒドロゲルを形成する[44]。化合物**61**は比較的幅広いpH範囲（pH 2 - 11）でヒドロゲルを形成できる。ヌクレオチドを含む双頭型のヒドロゲル化剤（**62**）[45]は，0.2wt%で中性から弱アルカリ性水溶液をゲル化する。また，胆汁酸誘導体[46]，抗生物質であるバンコマイシン[47]，中心にリンを持つデンドリマー[48]，pHによって可逆的なゾル-ゲル転移を起こすカリクサレン誘導体[49]，双頭型界面活性剤からなるヒドロゲル[50]並びにバンコマイシンに応答するヒドロゲル[51]などが報告されている。また，対イオンとしてナフタレンスルホン酸を持つカチオン性グルタミン酸化合物（**63**）もヒドロゲル化剤である[52]。さらに，ヒドロゲル化剤を医療関係へ応用するための種々の研究が行われている[53]。また，p-エチルベンジルトリアゾールを結合した2'-デオキシウリジン（**64**）が0.2wt%で水をゲル化できる[54]。

このように低分子ヒドロゲル化剤の研究は，有機ゲル化剤の研究と比べて少ないが，溶媒が水

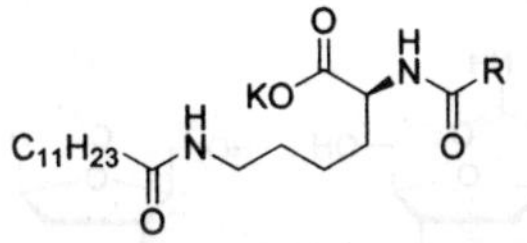

第 1 章　環境応答

44; R = C$_{11}$H$_{23}$
45; R = 3,5,5-trimethylpentyl
46; R = cyclohexyl

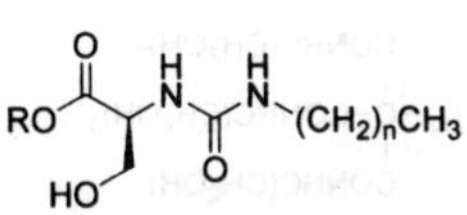

47; R = Me, n = 5
48, 49; R = Et, n = 4 or 5
50, 51; R = benzyl, n = 2 or 3

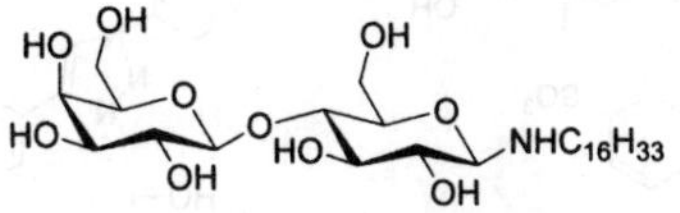

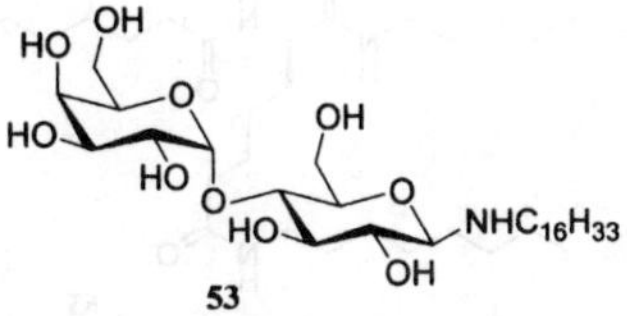

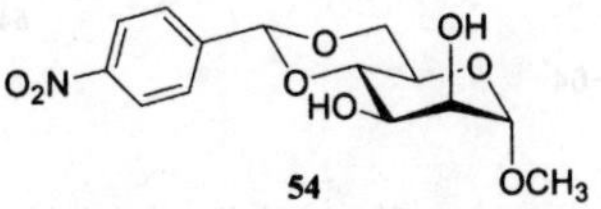

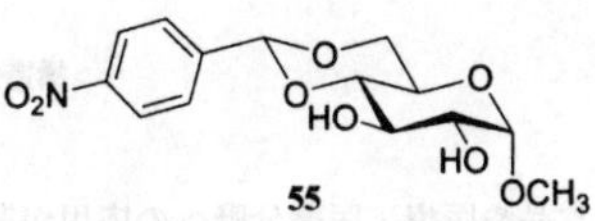

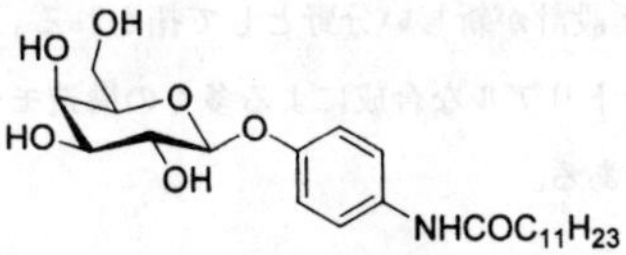

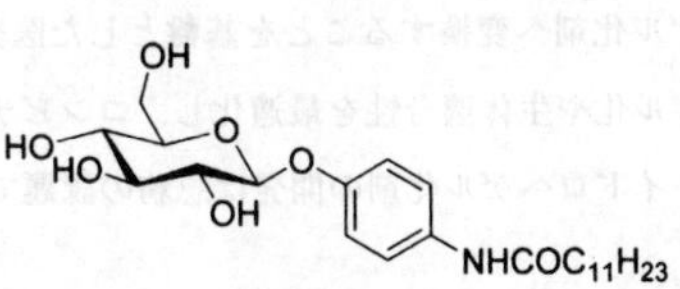

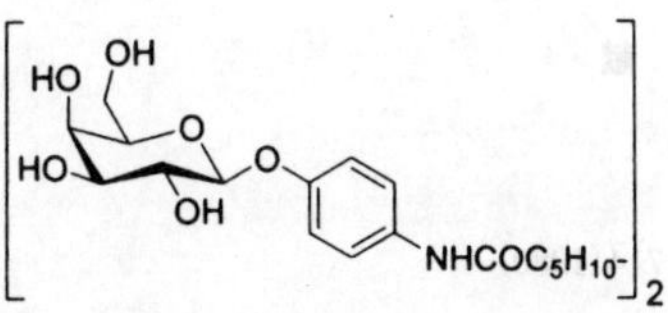

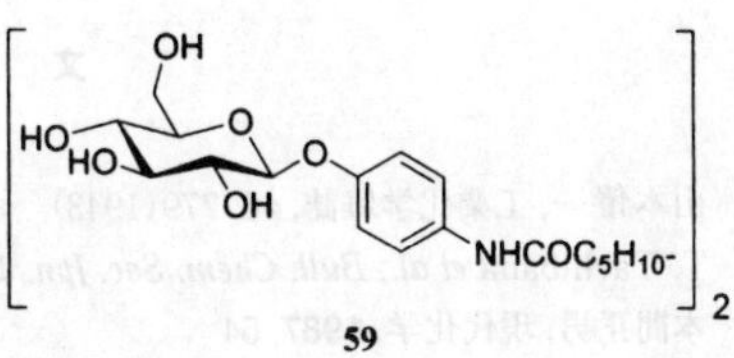

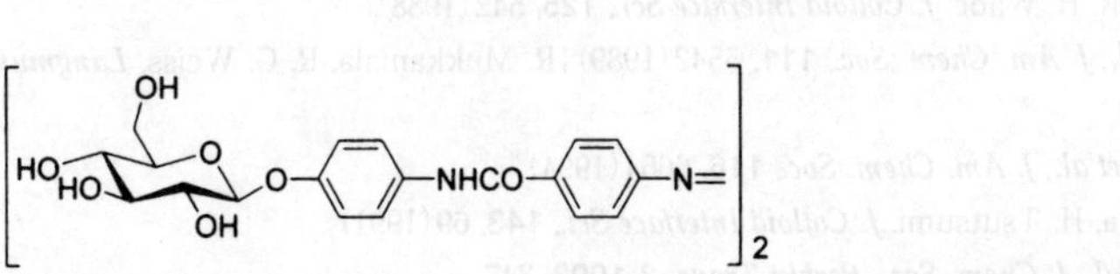

構造式 44－60

構造式61-64

であるため食品や医療・医薬分野への応用が期待されている。特に，効率よく生体活性試薬をヒドロゲル化剤へ変換することを基盤とした医薬設計が新しい分野として拓かれる。そのために，速いゲル化や生体適合性を最適化し，コンビナトリアルな合成による多くの構造モチーフを持つ新規ハイドロヘゲル化剤の開発は急務の課題である。

文献

1) 山本倬一, 工業化学雑誌, **46**, 779(1943)
2) T. Tachibana et al., *Bull. Chem. Soc. Jpn.*, **53**, 1714(1980)
3) 本間正男, 現代化学, **1987**, 54
4) P. Terech, R. H. Wade, *J. Colloid Interface Sci.*, **125**, 542(1988)
5) Y. Lin et al., *J. Am. Chem. Soc.*, **111**, 5542(1989); R. Mukkamala, R. G. Weiss, *Langmuir*, **12**, 1474(1996)
6) K. Murata et al., *J. Am. Chem. Soc.*, **116**, 6664(1994)
7) J. Fukasawa, H. Tsutsumi, *J. Colloid Interface Sci.*, **143**, 69(1991)
8) M. Aoki et al., *J. Chem. Soc., Perkin Trans. 2*, **1993**, 347
9) T. Brotin et al., *Chem. Commun.*, **1991**, 416
10) E. J. Vries et al., *Chem. Commun.*, **1993**, 238

11) R. J. Twieg et al., *Macromolecules*, **18**, 1361 (1985)
12) F. M. Menger et al., *Angew. Chem. Int. Ed. Engl.*, **34**, 585 (1995)
13) M. Tata et al., *J. Am. Chem. Soc.*, **116**, 9464 (1994)
14) Y. Yasuda et al., *Adv. Mater.*, **8**, 740 (1996)
15) C. S. Snijder et al., *Chem. Eur. J.*, **1**, 594 (1995)
16) L. Lu, R. G. Weiss, *Chem. Commun.*, **1996**, 2029
17) H. Sawada et al., *Bull. Chem. Soc. Jpn.*, **70**, 2839 (1997)
18) J. van Esch et al., *Chem. Eur. J.*, **3**, 1238 (1997)
19) G. T. Crisp, J. Gore, *Synthetic Commun.*, **27**, 2203 (1997)
20) R. J. H. Hafkamp et al., *Chem. Commun.*, **1997**, 545
21) 菱川幸雄, 佐田和己, 宮田幹二, 高分子学会予稿集, **46**, 2323 (1997)
22) K. Hanabusa et al., *Chem. Mater.*, **11**, 649 (1999)
23) K. Hanabusa et al., *Chem. Commun.*, **1993**, 390
24) K. Hanabusa et al., *Chem. Commun.*, **1994**, 1401
25) K. Hanabusa et al., *Angew. Chem. Int. Ed. Engl.*, **35**, 1949 (1996)
26) K. Hanabusa et al., *Chem. Lett.*, **1996**, 885
27) K. Hanabusa et al., *Adv. Mater.*, **9**, 1095 (1997)
28) K. Hanabusa et al., *Chem. Lett.*, **2000**, 1070
29) K. Yoza et al., *Chem. Commun.*, **1998**, 907
30) V. P. Vassilev et al., *Chem. Commun.*, **1998**, 1865
31) 長田義仁, 王　林ほか, 機能性高分子ゲルの開発技術, シーエムシー出版 (1995); 長田義仁, 梶原莞爾ほか, ゲルハンドブック, エヌ・ティー・エス (1997)
32) R. A. Gortner et al., *J. Am. Chem. Soc.* **43**, 2199 (1921)
33) F. M. Menger et al., *J. Am. Chem. Soc.* **122**, 11679 (2000)
34) L. A. Estroff et al., *Angew. Chem. Int. Ed.* **39**, 3447 (2000)
35) J. Makarević et al., *Chem. Eur. J.* **7**, 3328 (2001)
36) M. Suzuki et al., *Chem. Eur. J.* **9**, 348 (2003)
37) M. Suzuki et al., *New J. Chem.* **26**, 817 (2002)
38) M. Suzuki et al., *Helv. Chim. Acta*, in press
39) G. Wang et al. *Chem. Commun.* 310 (2003)
40) S. Bhattacharya et al., *Chem. Mater.* **11**, 3504 (1999)
41) S. Shinkai et al., *J. Chem. Soc., Perkin Trans. 2*, 1933 (2001)
42) S. Shinkai, T. Shimizu et al., *Chem. Eur. J.* **8**, 2684 (2002)
43) S. Shinkai, D. N. Reinhoudt, *Org. Lett.* **4**, 1423 (2002)
44) G. R. Newkome et al., *J. Am. Chem. Soc.* **112**, 8485 (1990)
45) R. Iwamura, T. Shimizu et al., *Langmuir* **14**, 3047 (2002)
46) U. Maitra et al., *Angew. Chem. Int. Ed.* **40**, 2281 (2001)
47) B. Xing et al., *J. Am. Chem. Soc.* **124**, 14846 (2002)
48) C. Marmillon et al., *Angew Chem. Int. Ed.* **40**, 2626 (2001)
49) S. R. Haines et al., *Chem. Commun.* 2846 (2002)

50) F. M. Menger et al., *J. Am. Chem. Soc.* **125**, 5340 (2003)
51) I. Hamachi, S. Kiyonaka et al., *J Am. Chem. Soc.* **124**, 10954 (2002)
52) T. Nakashima, N. Kimizuka, *Adv. Mater.* **14**, 1113 (2002)
53) J. C. Tiller, *Angew. Chem. Int. Ed.* **42**, 3072 (2003)
54) S. M. Park et al., *Chem. Commun.* 2912 (2003)

4 キラルゲル

青木隆史[*]

4.1 はじめに

1960年代に発生した「サリドマイド事件」が,社会に与えた衝撃は大きかった。妊婦が服用していたサリドマイドが,この事件発生の原因とされた。その構造に不斉炭素を持つサリドマイドは,1979年にS-(L)-thalidomideに催奇形性を誘発する可能性が報告され,それ以降,追加試験などの再確認をする報告の無いまま,このS-(L)-thalidomideの混入が原因とされて,社会的にも受け入れられてきた。その後,S-(L)-,R-(D)-thalidomideの間に催奇形性の誘引に差が認められないこと,また,もしR-(D)-体のみを服用していたとしても,体内で容易にラセミ化が生起してしまうことなどが報告され,この惨事における因果関係はいまだに定かではない[1,2]。

しかし,この「右手」と「左手」の関係は,この事件を機に科学的にもより一層重要な分野として認識されるようになった。われわれの身体を支えるタンパク質,DNA,そして多糖などの高分子が光学活性な構成ユニットから成り立っている。また,例えば,L-グルタミン酸がうま味調味料として利用されているが,D-グルタミン酸は苦味を感じることなど,不斉分子に対する区別を生体が行っている。こうした事実から,体内に存在する高分子が,光学活性体間の差異を識別して情報として受け取り,ある生化学的な過程を経て生体が応答していることは明らかである。もっとも,スクロースなどは,両者とも甘味を感じるので,全ての光学活性分子に当てはまることではない。いずれにせよ,光学活性化合物が生体にどのように作用するかを慎重に検討し,適切に利用する必要がある。こうした観点から,薬理ならびに生理活性を有する化合物のみを分離する光学分割の技術は非常に重要である。また,バイオミメティックな機能を人工的に実現させるための要素としても,光学活性な性質は重要な位置を占めている。

本節では,「キラル」と「ゲル」の2つのキーワードを意識し,最近の話題を紹介したい。また,これらのキーワードから,HPLCのカラム担体としてのゲルが容易に想像できるが,すでに,カラム担体としての「ゲル」と「キラル」に関しては,詳細な総説[3]があるので,これらを参照頂きたい。

4.2 天然高分子ゲル

天然高分子から構成されたゲルは,その性質上,キラルゲルである。その用途は,コンニャク,豆腐,ゼリーなどに代表されるような食品に,そして,その安全性から医療用に利用される。これらの内容は,第3章(医用)と第5章(食品・日用品)に詳しく述べられているので,これら

---

[*] Takashi Aoki 京都工芸繊維大学 繊維学部 高分子学科 助教授

の章では述べられていない天然高分子ゲルについて,ここでは記したい。

4.2.1 透明セルロースゲル (TCG)[4]

天然高分子の中で最も多く存在するセルロースは,繊維やフィルムとして,われわれの日常生活のあらゆる面において活躍している。しかし,その一次構造の性質上,高分子鎖間で水素結合を形成して結晶性を有するため,汎用の溶媒に溶解することは困難で,さらに多くの分野で利用する際には大きな障壁となる。旭化成の小野らは,セルロースを官能基で新たに化学修飾することなく,水に溶媒和してゲル化する透明セルロースゲル (Transparent Cellulose Gel (TCG)) の調製に成功している。

低温下,60 wt.%の硫酸水溶液に天然セルロースを溶解した後,水に注ぎ再沈澱操作によりスラリーを作製する。さらに,加水分解を行うために一定時間加温し,その後,洗浄することにより水に分散した半透明のゲル状物質が生成する。この分散体を粉砕処理することで透明ゲル状物質 (TCG) を得ることができる。平均粒径が$0.16\mu m$であるTCGは,そのレオロジー特性がおもしろい。ゲル化状態を示す2 wt.%でずり応力に対する粘度変化を調べてみると,ある粘度(ゲル状態)を維持していたTCGが,高いずり応力下で,急激に粘度を低下させる。セルロース粒子間で強固なネットワークを形成していた会合体が,高いずり応力により破壊され流動性を示す。いわゆる,チキソトロピー性を備え持っている。すなわち,例えば,スプレーの中でゲル化状態であるTCGが,スプレーを押してノズルから均一に噴霧され,再びゲル化する。噴霧した基材の表面には,乾燥したTCGが強固な塗膜を形成することから,全く新しいコーティング材としても利用可能である。また,このTCGは,油成分などを安定に分散させることのできる分散剤としての機能もある。ゲルは,高温や低いpH下においても安定であり,増粘剤,保湿剤の成分として機能も発揮し,多くの分野で利用できる可能性を秘めた材料である。このユニークな特性を持つTCGが,汎用な原料から,特殊な試薬や操作を使わずに簡便な操作で得られるところに,特筆すべき点がある。

4.2.2 微小な温度変化を電気信号に変換する糖タンパク質ゲル[5]

生物体を支える高分子ゲルの中には,微小な温度変化を電気信号に変換する機能を持ったゲルがある。通常,五感などの「感じる」ために働く神経は,神経細胞の細胞膜を介した膜電位の瞬間的な変化によるもので,イオンの膜透過性がこれを左右する。すなわち,細胞膜に存在するイオンチャネルが,細胞内外の主にNa$^+$,K$^+$の濃度分布を制御する。ところが,サメは,そうしたイオンチャネルを介さずに温度変化を「感じている」らしい。サメの表皮から体内の神経に続いているampullaという器官内に存在するゲルを取り出し,これに温度勾配をかけると,温度勾配をかけた2点間で電位差を生じる。Black-tip reef shark由来のゲルで370±60μV/℃,White-shark由来で240±50μV/℃であり,これらから計算すると,0.1℃の温度勾配に対してゲル内に

第1章 環境応答

約30μVの電位差が生じる。つまり，温度変化を電気信号に変換する機能をこのゲルが持っていることを意味する。ゲルの正体は20〜200 kDaの硫酸化された糖タンパク質のようであるが，物理的，もしくは化学的に架橋されているのかどうかは不明である。この糖タンパク質がゲル状態でampulla内に詰まっていて，体内に電気信号を送っていることになる。水の中で獲物を狙うサメにとっては微小で急激な温度変化は大切な情報であり，その重要な部分をこのゲルが担っている。イオンチャネルが関与しないゲル材料自身の特性であるというから大変に興味深い。

このゲル材料が温度変化をどのような機構で電気的な信号に変換しているのかは，まだ明らかではないが，この硫酸化糖タンパク質の構造が解り，そのエネルギー変換機構が理解されれば，そうした変換機能を備えた全く新しい素子材料が，将来，出現することが期待される。

4.3 合成高分子キラルゲル

4.3.1 不斉炭素を有する合成高分子からなるキラルゲル

不斉炭素をもつ光学活性な合成高分子の研究は，古くから行われてきた[3a, 6〜9]。また，HPLCカラム担体に関わる研究[3]の中で，例えば，疎水化したキトサンゲルをアミノ酸水溶液に浸漬して，ゲルへの選択的吸着を評価している[10]。Tryptophane (Trp)，Tyrosine (Tyr) は，いずれもL-体の吸着が顕著に認められ，天然高分子の光学分割媒体としての有用性が報告されている。HPLCが早くから利用されているのは，D，L-体間の吸着剤への僅かな差を上手く利用して増幅し，光学分割を実現しているからである。

一方，膜を隔てた供給側から透過側への膜輸送過程において，光学異性体の関係にある対掌体の間で吸着もしくは拡散の違いを提供できる場を備える高分子設計を目指して，高分子ゲル膜による光学分割に関する検討が行われた。これは，両親媒性の側鎖を有するpoly(benzyl-L-glutamate) (PMLG) 誘導体から構成された高分子膜が，アミノ酸の光学分割に有効であることが報告されたことを受けて行われた[11]。すなわち，この研究ではPMLG誘導体の主鎖が形成するヘリックス構造が，光学分割発現に寄与していることが考えられている。光学分割を実現する高分子膜を設計する要因として，そうした高分子鎖が織り成す三次元立体構造の他に，光学活性基間での相互作用が挙げられた。そこで，側鎖にL-alanine (L-Ala) を有するポリアクリルアミド誘導体（図1）の架橋体を合成し，このゲル膜のアミノ酸に対する膜輸送能を評価した[12]。透過開始後2時間は，D-Trpのみの輸送が観察されたが，その後はL-体，D-体ともに輸送された。透過開始直後は，高分子ゲル膜へのL-Trpの選択的吸着が生起し，その後，吸着サイトが飽和に達することにより両者が同様

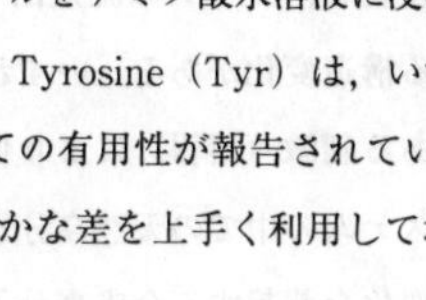

図1 Poly(acryloyl-(L)-alanine)

に透過したものと考えられた。この透過挙動は,その他の疎水性を有するアミノ酸においても同様に観察された。溶質分子とゲル膜内の架橋点間のそれぞれのサイズを考えると,2時間だけでもD-Trpのみが透過したことは驚きであったが,光学分割を高分子膜で実現するためには,さらに「一捻りした」要素を導入する必要があると考えられた。

4.3.2 不斉炭素を有する合成高分子からなる感温性キラルゲル (その1)[13]

Poly(N-isopropylacrylamide) (PIPAAm) に代表される感温性高分子は,その転移温度で,疎水性水和からの急激な脱水和をともなった疎水性凝集により,水からの相分離状態を生起する。このようなcoil-globule転移挙動を有する高分子に光学活性基を導入して,光学活性基間の相互作用と感温性高分子鎖が持つ疎水性相互作用の協同的な作用により光学分割の実現を目指した。

また,この研究に関して,以下のような観点からも重要である。感温性高分子は,タンパク質の示す熱変性のモデルとしても見なされる。すなわち,天然高分子の性質の1つとして構造変化がある。これには,熱,pHなどのような物理的な環境変化にともなう構造変化の他に,例えば,細胞膜に存在する受容体タンパク質のように,リガンド分子との相互作用によりタンパク質の構造が変化し,イオンの流入出や触媒活性などの機能を発現する,言わば,化学的な刺激(情報)による構造変化がある。いずれにおいても,ある一定の条件では定常状態である構造が,外部からのある刺激(情報)により他の異なった構造をとる。この構造変化を生起することが,生体系のシステムの中での天然高分子の性質として重要である。こうした情報(条件)変化に対応して構造変化を惹起する合成高分子を調製することは,人工的にバイオミメティックな機能を発現する材料を作製できることを意味する。天然高分子様の合成高分子を調製するにあたり,例えば,タンパク質の持っている性質を参考にすると,①分子量分布がない,②アミノ酸の配列はランダムである。しかし,1つのタンパク質に限ればその配列は一定である,③構成アミノ酸は,グリシンを除いて光学活性な性質を持っている,などが挙げられる。これらの性質を合成高分子鎖の中に移入することが,目的を達成するために肝要なことと思われる。こうした性質の中で,光学活性な性質を合成高分子鎖に導入することを考えた。

水溶性の合成高分子で,タンパク質のように光学活性なモノマーから構成され,そして,構造変化(変性)を起こす2種類の高分子の合成を行った。1つは,IPAAmと光学活性な sec-butylacrylamide (sec-BAAm) との共重合体(図2)である[13]。sec-BAAmは,IPAAmの構造と比較して側鎖のアルキルの炭素数が1つだけ多い単純な構造の光学活性体であるが,水に不溶で疎水性の高いユニットであるため,共重合体中の含率を増やすことにより,水和状態から脱水和状態に変化を起こす転移温度が,低温へと変化する。この時の変化は,sec-BAAmがR体であっても,S体であっても,RS体(ラセミ体)であっても同じだけ変化する。すなわち,ポリマー単独水溶液では,sec-BAAmは光学活性としてではなく,疎水性のコモノマーとして働いている。

第1章 環境応答

しかし,例えば,光学活性なTrpを共存させた場合,(S)-sec-BAAmを含む共重合体はL-Trpにより,(R)-sec-BAAmを含む共重合体はD-Trpにより,それぞれの転移温度を大きく高温側へ変化させ,不斉分子識別能を付与した高分子であることがわかった。転移温度以上で形成された沈殿を,濾過して得られた濾液のUV吸収から沈殿形成時に取り込まれたアミノ酸の量を調べると,(S)-sec-BAAmを含む共重合体はL-Trpを,(R)-sec-BAAmを含む共重合体はD-Trpをそれぞれ多く取り込んだ[14]。これらの結果は,アミノ酸による高分子の転移温度の変化と同様の傾向を示した。Alaのようなアミノ酸では,変化を示さなかったこと,そして,PIPAAm(ホモポリマー)は,Trpを添加してもその転移挙動に変化が認められなかったことから,(S)-sec-BAAmとTrpとの間でCH-π相互作用が働いて不斉識別が起こったものと考えられた。この高分子はキラル分子に対する吸着剤として利用できるものと考えられる。

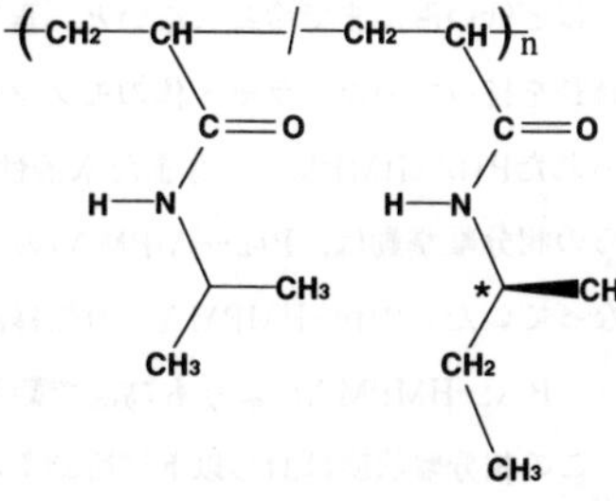

図2 poly(N-(S)-(sec-butylacrylamide)-co-N-isopropylacrylamide)

その後,このような感温性高分子によるキラル相互作用に関する研究は,Sugiyamaら[15]がmethacryloyl-s-phenylalanine methyl esterコポリマーを使い,Kurataら[16]はpoly(acryloyl-L-valine)誘導体を使い,それぞれDrug Delivery SystemsとHPLCの分野で報告している。また,不斉炭素の利用に関しては積極的で明確な記述が含まれていないものの,Yoshida[9,17]らが,poly(acryloyl-L-proline methyl ester)からなるハイドロゲルが,PIPAAmのような温度変化に対する膨潤度変化を示すことを報告している。

4.3.3 不斉炭素を有する合成高分子からなる感温性キラルゲル (その2)[18]

光学活性なsec-BAAmとIPAAmからなる高分子では,sec-BAAmユニットが,R-体,S-体,そしてラセミ体であることによって高分子としての相転移挙動に変化は見られなかった。これは,アミノ酸などの光学活性化合物が共存しない限り,sec-BAAmユニットは,光学活性ユニットとしてよりも,むしろ疎水性コモノマーとしての性質しか現さない。

高分子を構成するユニットの光学活性な性質が,その高分子の転移挙動そのものに影響を与える光学活性で感温性を示す高分子に関する研究を行った[18]。これは,側鎖に水酸基を有する光学活性なメタクリルアミド誘導体から構成されたpoly(N-(L)-(1-hydroxymethyl)propyl methacrylamide)(P(L-HMPMA))(図3)である。(P(L-HMPMA)は,水溶性であるが約30℃に転移温度を持ち,この温度以上では沈殿を形成して水から相分離を起こす。この沈殿は,沈殿を形成した温度より

約9℃ほど低い温度まで冷却しないと，再び水に溶解しない特長を持っていた。ラセミ体のモノマーから重合して得られたP(DL-HMPMA)もまた水溶性であったが，水からの相分離挙動は，P(L-HMPMA)のそれとは大きく異なっていた。P(DL-HMPMA)の転移温度は約34℃であり，P(L-HMPMA)よりも高温で観察された。さらに，この相分離状態は34℃以下に冷却することにより容易に解消され，均一に溶解した。構成ユニットがラセミ体であることから立体障害性を生じ，コンパクトに折り畳まれずに水和サイトが水和したままで，充分に脱水和できない相分離状態をもたらしたものと考えられる。

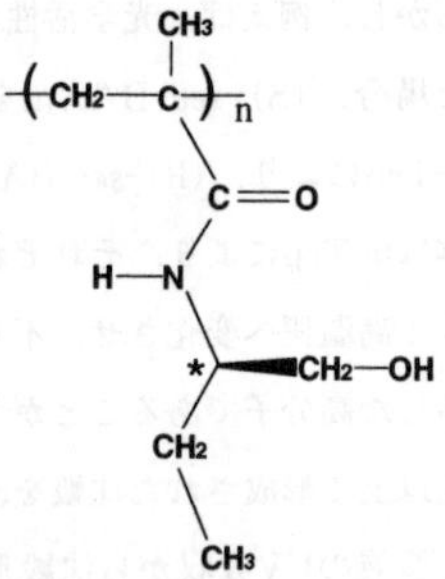

図3 Poly(N-(L)-(1-hydroxymethyl) propyl methacrylamide)(P(L-HMPMA))

P(L-HMPMA)水溶液のDLS測定では，転移温度以下の十分溶解している状態で，約90 nmの散乱強度が観察された。CDスペクトルからは，その構成ユニットの構造を持つ低分子モデル化合物のそれと比較して大きなコットン効果が観察され，側鎖の構造形成がキラリティーの増幅を引き起こしていると考えている[19]。P(L-HMPMA)鎖は，コンパクトに折り畳まれた構造を形成し，その折り畳まれた分子同士が集合体を作り溶解していることが支持された。転移温度以上でのそれぞれの水溶液の状態を光学顕微鏡で観察すると，P(L-HMPMA)では固体状態，P(DL-HMPMA)では高分子濃縮相が形成された液—液相分離状態であった。P(L-HMPMA)の沈殿形態は，タンパク質の水中での凝集状態に非常に良く似ており[20]，この光学活性な高分子が，タンパク質様の合成高分子であることがさらに確認することができる。

これらの高分子を化学架橋して得られたハイドロゲルの膨潤度の温度変化は，それぞれの高分子水溶液での濁度の温度依存性と同様であった[19]。さらに，5℃から40℃への急激な温度上昇にともなう，膨潤状態から収縮状態へのハイドロゲルの形態変化を観察したところ，P(L-HMPMA)ハイドロゲルでは，透明な膨潤ゲルが温度上昇とともに白濁し，その表面はほとんど変化せずに収縮してそのまま平衡状態となった。これに対し，P(DL-HMPMA)ハイドロゲルは5℃での膨潤時には透明であったが，温度上昇により白濁し，さらにその表面に液胞を作りながら収縮して，収縮時の平衡状態では再び透明に戻った。これらのハイドロゲルの透明と白濁の状態変化は，転移温度以上でのそれぞれの水溶液の相分離状態と相関していた。膨潤時のハイドロゲルを凍結乾燥して走査型電子顕微鏡（SEM）で観察したところ，P(L-HMPMA)では，厚さ4-5 nmの厚みを持ったひだ状の構造が規則正しく形成されたmacroporous構造を示していた。一方，P(DL-HMPMA)ハイドロゲルでは，ひだは薄く，そして不規則な構造を呈していた。これらの結果は，構成している高分子鎖の構造形成能に依存しており，P(L-HMPMA)では，水中で，側鎖

第1章 環境応答

間の相互作用によりパッキング良く折り畳まれて約90 nmの会合体を形成していることが，厚いひだ構造をもたらし，P(DL-HMPMA)では，構成モノマー間での立体障害性から充分に折り畳まれていないことから，薄いフィルム状のひだを形成するに至ったと考えられる[19]。そして，これらの構造は，5℃から40℃への急激な温度上昇によるハイドロゲルの表面状態にも影響を与え，P(L-HMPMA)の厚いひだ構造から作り出されたmacroporous構造は，収縮時の水の排出路を確保し，その表面は液胞の無い表面であったのに対し，P(DL-HMPMA)ハイドロゲルでは，温度上昇とともに，薄いひだが表面にスキン層を形成し，液胞をもたらした。

この光学活性な水溶性高分子の相分離挙動は，光学活性な性質を高分子鎖中に導入することにより出現した。そして，それは，ハイドロゲルの膨潤と収縮挙動に対しても影響を与え，個性をもたらした。しかし，P(L-HMPMA)ハイドロゲルでは，高分子鎖による構造形成のために相互作用サイトが使用され，sec-BAAm共重合体のような不斉分子に対する識別能を発現するまでには至っていない。P(L-HMPMA)水溶液での相分離挙動に対するさらに詳細な解析とこの高分子鎖の折り畳み機構の理解により，分子認識能を獲得したバイオミメティックな材料が設計できるものと考えられる。

4.3.4　ヘリックス構造を形成するキラル合成高分子が作るキラルゲル[21,22]

精密合成の分野から，ヘリックス構造を形成する高分子が作るゲルに関する研究が展開されている。

Nakano, Okamotoら[21]は，高い立体規則性を有するpolymethacrylate誘導体がヘリックス構造を形成し不斉識別能を有することを利用して，これらの高分子を鋳型分子とする分子インプリント法によってゲルを調製し，鋳型分子である高分子を除去して，そのゲルの不斉識別能を評価した。鋳型分子を除去したmethacrylic acid ゲルには，鋳型分子である(+)-poly(3-pyridyldibenzosuberyl methacrylate)((+)-poly(3 PyDBSMA))(図4)が形成するヘリックス構造を反映したキラル空間が付与され，不斉分子に対する分子識別能が発現されている。また，CH_2N_2により，その機能が消失することから，カルボキシル基が識別に寄与している。また，低分子のアミノ酸誘導体を鋳型分子として利用して，methacrylic acidからなる分子インプリントゲルを調製し，不斉識別能が発現した例もある[22]。

Yashimaら[23]は，ヘリックス構造を形成する能力を持つpoly(phenylacetylene)(図5)からゲルを調製した。この高分子は，光学活性なアミンの存在下でヘリックス構造をとる。化学架橋して得られたゲルも，同様に，例えば，(S)-phenylalaninolが共存することにより，ヘリックス構造から由来するCDシグナルの増幅が誘導され，さらに，そのゲルの膨潤度も変化する。ゲルを構成する高分子鎖の立体構造を制御した全く新しいゲルであると言える。

その他，最近，超分子を形成するアミノ酸誘導体によるゲルが報告されている[24]。糖の結合し

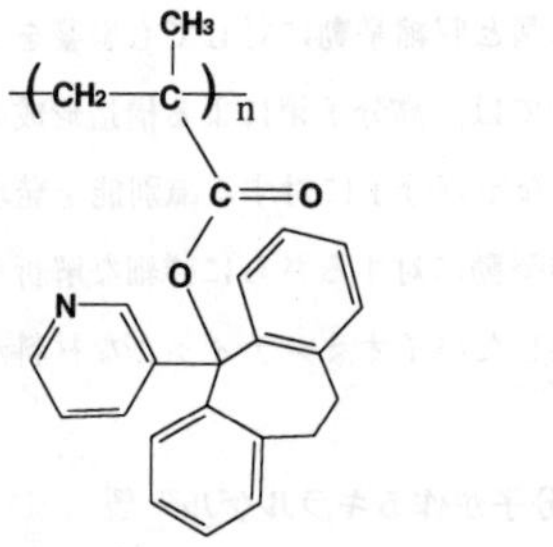

図4 （+）-poly（3-pyridyldibenzosuberyl methacrylate）（（+）-poly（3PyDBSMA））

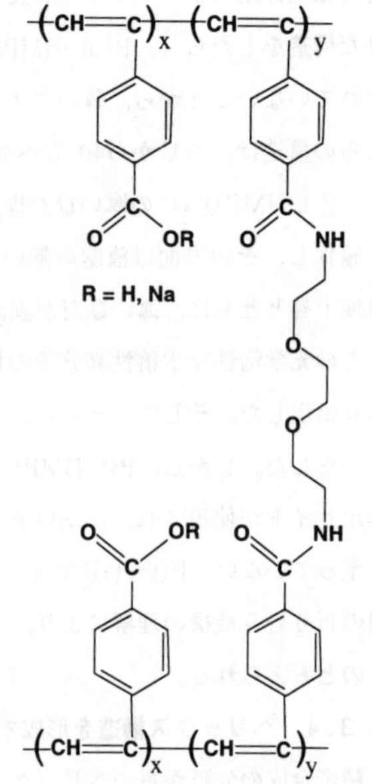

図5 Cross-linked poly［（4-carboxyphenyl）acetylene］

たアミノ酸誘導体が，非共有結合を介して架橋しゲル化する．高温に加温することにより，溶液状態となるキラルゲルである．また，低分子化合物からなるキラルゲルも，Hanabusaらによる精力的な研究により，広く知られている．これらは，第1章3節に詳しく書かれている．

4.4 おわりに

「キラル」と「ゲル」に関わる最近の研究を，とりわけ，筆者の理解できている範囲で概説した．この分野の研究は，光学分割，そしてバイオミメティックな分子識別能や，天然高分子の折り畳み機構の解明など，重要な分野で貢献するものと期待される．

文　献

1) 橋本祐一, 現代化学, 64 (2001)

第1章 環境応答

2) G. Blaschke, H. P. Kraft, K. Fickentscher, and F. Kohler, *Arzneim-Forsch.*, **29**, 1640 (1979)
3) 例えば, (a) G. Blaschke, *Angew. Chem. Int. Ed. Engl.*, **19**, 13 (1980); (b) 岡本佳男, 海田由里子, 有機合成化学協会誌, **51**, 41 (1993); (c) Jasco Report, 43, (1) (2001) など
4) H. Ono, Y. Shimaya, T. Hongo, and C. Yamane, *Trans. Mater. Res. Soc., Jpn.*, **26**, 569 (2001)
5) B. R. Brown, *Nature*, **421**, 495 (2003)
6) R. K. Kulkarni, H. Morawetz, *J. Polym. Sci.* **54**, 491 (1961)
7) C. Braud, M. Vert, M. *Macromolecules*, **11**, 448 (1978)
8) J. Moecellet-Sauvage, M. Morcellet, and C. Loucheux, *Makromol. Chem.*, **182**, 949 (1981)
9) M. Yoshida, M. Asano, M. Kumakura, R. Katakai, T. Mashimo, H. Yuasa, and H. Yamanaka, *Drug Design and Delivery*, **7**, 159 (1991)
10) T. Seo, Y. A. Gan, T. Kanbara, and T. Iijima, *J. Appl. Polym. Sci.*, **38**, 997 (1989)
11) A. Maruyama, N. Adachi, T. Takatsuki, M. Torii, K. Sanui, and N. Ogata, *Macromolecules*, **23**, 2748 (1990)
12) N. Ogata, *Macromol. Sympo.*, **98**, 543 (1995)
13) T. Aoki, T. Nishimura, K. Sanui, and N. Ogata, *React. & Functional Polymers*, **37**, 299 (1998)
14) 青木隆史, 膜, **25**, 270 (2000)
15) K. Sugiyama, S. Rikimaru, Y. Okada, and K. Shirai, *J. Appl. Polym. Sci.*, **82**, 228 (2001)
16) K. Kurata, T. Shimoyama, and A. Dobashi, *J. Chromatogr. A*, **1012**, 47 (2003)
17) A. Hiroki, Y. Maekawa, M. Yoshida, K. Kubota, and R. Katakai, *Polymer*, **42**, 1863 (2001)
18) T. Aoki, M. Muramatsu, T. Torii, K. Sanui, and N. Ogata, *Macromolecules*, **34**, 3118 (2001)
19) T. Aoki, M. Muramatsu, A. Nishina, K. Sanui, and N. Ogata, submitted.
20) 飛谷篤実, 高分子ゲル研究会レポート, P.42 (2000)
21) T. Nakano, Y. Satoh, and Y. Okamoto, *Macromolecules*, **34**, 2405 (2001)
22) A. Katz and M. E. Davis, *Macromolecules*, **32**, 4113 (1999)
23) H. Gotoh, H. Q. Zhang, and E. Yashima, *J. Am. Chem. Soc.*, **125**, 2516 (2003)
24) S. Kiyonaka, K. Sugiyasu, S. Shinkai, and I. Hamachi, *J. Am. Chem. Soc.*, **124**, 10954 (2002)

第2章 力学・摩擦

1 高分子ゲルの摩擦・低摩擦ゲル

龔　剣萍*

1.1　はじめに

　関節の滑り摩擦係数は何と（0.001〜0.03）しかない。これは，潤滑剤の助けを借りても固体の摩擦係数は0.1前後でしか得られないことと比べると，如何に小さいかは分かる。関節に限ったことではなく，組織と組織の間が実に滑らかに動くことは，生物運動の大きな特徴のひとつである。例えば，眼球を動かしても少しの抵抗も感じない。魚の遊泳は船などの人工物に比べて格段に効率が良い。数μmという極めて細い毛細血管は血液を詰まらせることなくスムーズに流しており，飲み込んだ食物はいつのまにか食道から胃，そして腸へと下っていく。これらの生体界面現象は摩擦の観点から見た場合，実に不思議であり，40億年の生命進化がもたらした成果であろう。

　では，生物のどこにその秘密が隠されているのであろうか。その答えは生物組織がゲル状態にあることに帰結される。上述の生体間の小さい摩擦はそれぞれ眼球とまぶた，食物と内臓表面，魚の体皮と水，血液と血管といったソフト＆ウェットな組織界面や生物表面で起こっている。筆者らは高分子ゲルの表面摩擦をこの10年近く系統的に研究してきた。その結果，ゲルの摩擦挙動は固体とまったく異なり，0.001という小さい摩擦係数が実現できることも明らかとなった。本節では，「ゲル」というソフト＆ウェットマターの摩擦の特異性を紹介するとともに，生体物質の超低摩擦の秘密を探る。

　ゲルは医学的，生物学的材料として重要であるだけでなく，近い将来，ゲルを低摩擦素材として応用することができるようになれば，ベアリングを使わず，それでいて生体のようにしなやかに動く機械や，今まで摩擦の問題があって作ることが出来なかったマイクロマシンの作成など工業的見地からも役立ち，次世代の超低摩擦新素材の1つになりうると確信している。

1.2　固体の摩擦と流体潤滑

　ゲルの摩擦を紹介するまえに，固体間の滑り摩擦や流体潤滑についての法則を復習しておこう。固体間の摩擦においては，摩擦力Fは荷重Wに比例して増大する。つまり，$F=\mu W$である。比例定数μは摩擦係数と呼ばれ，接触面積や滑り速度などの条件によらず各固体固有の値を示し，一

---

*　Gong Jian Ping　北海道大学大学院　理学研究科　教授

第2章 力学・摩擦

般的に，0.2-1.0である。この簡単な式は1699年にアモントンにより発表され，アモントン・クーロンの法則といわれている。それより前，かのレオナルド・ダビンチ（1462—1519）は摩擦力が上の関係にあることをノートに記述している。この式によると，固体の摩擦力は荷重には比例するが，接触面積や滑り速度には依存しないので，一見，摩擦現象が非常に単純なものに見える。しかし，よく考えてみると不思議である。なぜ接触面積や速度に依らないのだろう。この疑問に答えるのにアモントンから実に240年余りもの年月がかかり，ようやく1940年代になって，BowdenとTaborにより以下の様に説明された[1]。

それによると，固体表面はたとえ研磨してあっても分子レベルでみれば大きな凹凸があるので，固体表面同士の接触は実際には両面の凸部同士のみで起こり，それはたちまち荷重によって押しつぶされ，おしつぶされた後の真の接触面積が荷重によって決まるというのである。摩擦力とはこの凸部同士の接着を引き離す時の力であるので，摩擦力はつぶされやすさ，すなわち固体の性質と真の接触面積，すなわち荷重には比例する。しかし，真の接触面積は単純に固体の縦×横で得られる見かけの接触面積よりも遥かに小さいので，見かけの面積には比例しないのである。摩擦係数がなぜ摩擦速度に依らないのかは未だによく分かっていない。

一方，固体の表面が気体，又は液体によって完全に隔てられているときの摩擦を流体潤滑という。この場合の摩擦抵抗は2物体の凝着力をせん断する力ではなく，気体や流体の粘性抵抗そのものとなる。流体潤滑の状態では摩擦力Fは，以下のニュートンの粘性則で表される[1]。

$$F = \eta v A / h \quad (1)$$

ここでηは流体の粘性率，vは相対速度，Aは面積，hは流体膜の厚みである。

図1に固体に見られる潤滑状態への移行を表すStribeck曲線を示す[1]。Stribeck曲線の横軸，$\eta v/P$をSommerfeld数と呼び，Pは圧力を指す。摩擦相対速度が十分に遅い，または荷重が大きいとき，2固体間に存在する膜はより薄くなるため境界面の直接接触がおこる。この状態が境界潤滑であり，摩擦係数は固体と液体の性質（表面の粗さや粘性など）を反映した一定値をとる。ある速度以上になる

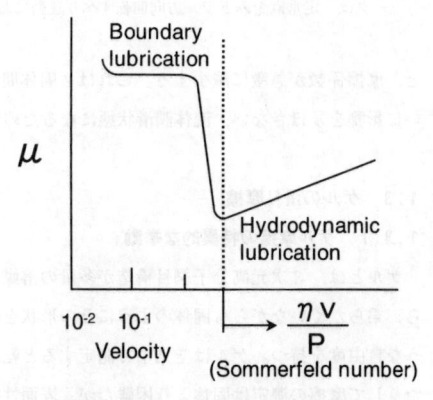

図1　潤滑液を介する固体間の滑り摩擦を表すStribeck曲線

横軸は粘度η×速度v/荷重P，縦軸は摩擦係数μである。右側の領域はまったく固体間の接触がない流体潤滑領域であり，左側の領域は固体間の接触を伴う境界潤滑領域である。2つの領域間の遷移はSommerfeld数（$\eta v/P$）によって決まる（文献1より）。

高分子ゲルの最新動向

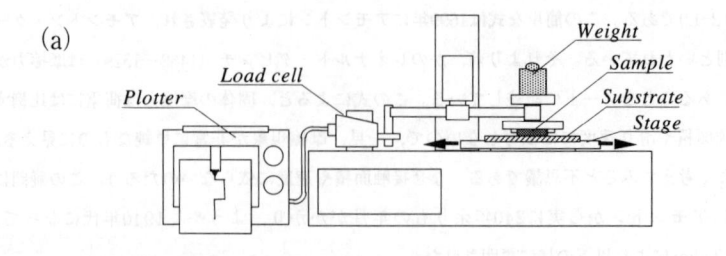

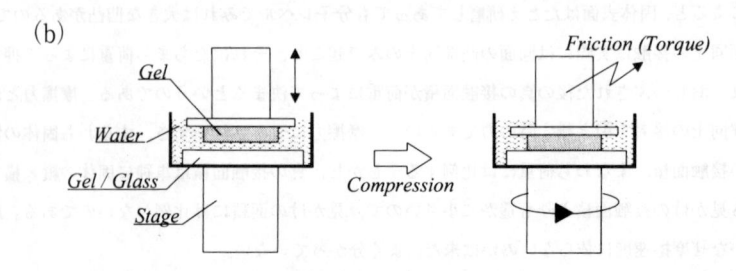

図2 ゲルの摩擦を測定する（a）表面性試験器（トライボギア），および（b）粘弾性測定器（レオメータ）
トライボギアは荷重一定で往復すべり運動をするサンプルの摩擦を測定することが出来る。レオメータは一定垂直歪み下で一方向回転すべり運動における摩擦を高精度で測定出来る（文献4, 5より）。

と，摩擦係数が急激に減少する。これは2固体間には十分な厚さの潤滑膜が存在し，接触面が互いに影響を及ぼさない，流体潤滑状態になるためである。

1.3 ゲルの滑り摩擦

1.3.1 ゲル摩擦の特異的な挙動

ゲルとは，3次元高分子網目構造が多量の溶媒により膨潤した物質である。ゲルはその構造から，柔らかくいながらも固体のようにその形状を維持しつつ，一方で内部の溶媒が液体と同じような自由度を持つ。ゲルは空気中で測定すると乾燥してしまったり，大荷重を加えると破壊されたりして摩擦の測定は固体より困難だが，表面性試験機（トライボギア（図2a））や粘弾性測定器（レオメータ（図2b））を改良することによって，水中におけるゲル摩擦を極めて精確に測定することが出来る。トライボギアは荷重一定で往復すべり運動をするサンプルの摩擦を測定することが出来るのに対して，レオメータは一定垂直歪み下で一方向回転すべり運動における摩擦を高精度で測定することができる。

様々なゲルの摩擦を測定した結果，ゲルの表面滑り摩擦が固体摩擦や流体潤滑より遥かに複雑

第2章 力学・摩擦

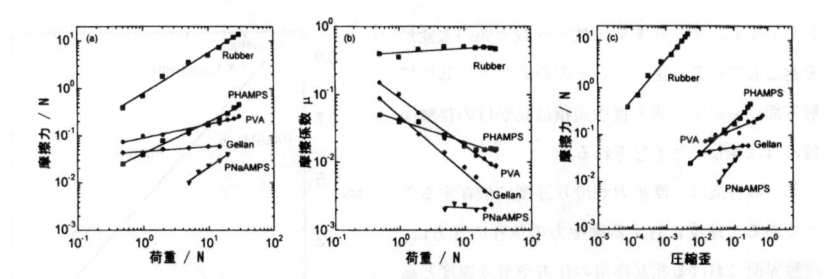

図3 種々のゲル表面が示す（a）摩擦力と荷重の関係，（b）摩擦係数と荷重の関係，および（c）摩擦力と垂直歪の関係
PVA（ポリビニルアルコール）は電荷を持たない中性ゲル，Gellanは海藻由来の多糖ゲル，PAMPS（ポリ（2-アクリルアミド-2-メチルプロパンスルホン酸））は網目に負電荷を持つゲルである。PNaAMPSは高分子イオンの対イオンがNa^+のPAMPSゲルである。滑り速度：1.2×10^{-1} m/s, 接触面積：3cm×3cm，摩擦基板：軟質ガラス板（文献4より）。

で，以下の特徴を示す[2~9]。

第一の特徴は，ゲルの摩擦力が固体と比較して圧倒的に小さく，しかも荷重に単純に比例しないということである。図3aにいろいろな化学構造を有するゲルをガラス基板上で滑らした時の摩擦力を示している。図を見ると，ゲルの摩擦力は荷重と冪則の関係$F \propto W^\alpha$（$0 \leq \alpha \leq 1$）にある。

図3bは$\mu = F/W$で定義される摩擦係数の荷重依存性を示す。図から分かるようにゲルの摩擦係数は荷重増加とともに減少していき，数N/cm^2の圧力で10^{-3}という小さな値を示すものもあれば，荷重に依存せず常に10^{-3}オーダーを示すものもある。しかし，いずれの場合も，ゲルの摩擦力は固体のそれに比べると異常なまで小さく，固体の1/10から1/100という大きさである。このような低摩擦は何時間にもわたって観察することができる。これがただ単に「ゲルが濡れているから」というような単純な理由ではないことは，濡らしたゴムやガラスなどの摩擦力が固体の摩擦力に近いことからも理解できるであろう。

第二の特徴は，ゲルの摩擦力は見かけの接触面積Aに依存することである。固体表面の場合，摩擦力は$F \propto W^1 A^0$で表され接触面積には依存しない。ところがゲルの場合は，その化学構造に依存して大きく異なっており，摩擦力を$F \propto W^\alpha A^\beta$と表現すると，$\alpha + \beta \cong 1$の関係にあるようである（図4）。ここで，単位面積あたりの摩擦力をfとすると，

$$f \propto P^\alpha \tag{2}$$

となる（$F = W/A$は圧力）。すなわち，単位面積あたりでみたときの摩擦力は圧力のα乗に比例する。固体摩擦が従うアモントン・クーロン則は$\alpha = 1$の場合に相当することが分かる。ゲルの硬さは一般的に$10^3 \sim 10^6$Paであり，固体より5〜6桁柔らかい。図3aに示すような小さい荷重範囲

においても，ゲルがすでに数％～数十％の大変形を起こしている（図3c）。そのためゲル—基板接触界面において，真実接触面積は見かけの接触面積にほぼ等しいと予想される。

第三の特徴は，摩擦力が滑り速度に依存することである。速度に対する摩擦力の依存の仕方は，接触界面における相互作用の仕方や滑り速度と高分子網目の緩和時間との大小関係によって大きく異なる（詳細は後述）。

第四の特徴は，摩擦力が相手の基板の性質によって数百倍も大きく変化することである。たとえば，負電荷を持つ高分子電解質であるポリ（2-アクリルアミド-2-メチルプロパンスルホン酸ナトリウム）（PNaAMPS）ゲルは，ガラス上では0.001程度という極めて小さな摩擦係数しか示さないが，テフロン基板上ではその100倍の摩擦係数も示すのである。また，同じ符号の電荷をもつ高分子ゲルどうしの組合せでは，摩擦力が極めて小さいのに対し，互いに異なる電荷を保持した組合せでは，ゲルが破壊してしまうほど大きな摩擦力が発生するのである。これらの結果は，接触界面における相互作用に違いがあり，ゲルの摩擦はその影響を強く受けることを示している。

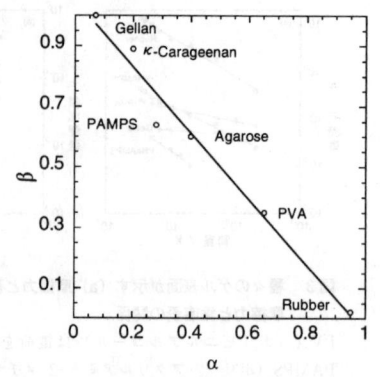

図4 ゲル表面の示す摩擦力（F）の荷重（W）・接触面積（A）依存性
αおよびβはそれぞれ，摩擦力の荷重および接触面積に対する冪則の指数である（$F \propto W^\alpha A^\beta$）。$\alpha$は接触面積3cm×3cmで，$\beta$は荷重0.98Nで測定。滑り速度は$3 \times 10^{-3}$ m/s。κ-CarrageenanおよびAgarose（寒天）は，Gellanと同様に海藻由来の多糖ゲルである（文献4より）。

1.3.2 ゲル摩擦の吸着・反発モデル

BowdenとTaborの説によると，固体の界面は，凸部同士が接触し，摩擦力とはこの凸部同士の凝着を引き離すための力である。上記のようなゲルの複雑な表面摩擦挙動は固体の摩擦説では理解できない。なぜなら，濡れたスポンジやゴムでも固体の摩擦の法則$F = \mu W$に従うからである。そこで，筆者らは含水粘弾性体の界面における相互作用の観点から，ゲルの摩擦特性を統一的に理解することを試みた[3]。

筆者らは摩擦界面における高分子鎖の反発・吸着相互作用がゲルの摩擦挙動を支配すると考えている（図5）。柔らかいゲルが固体界面に接している時，硬い固体界面と異なって，わずかの荷重や，界面相互作用の力でも，界面は高分子網目のレベルで接触していると考えられる。この場合，ゲルの高分子鎖と固体表面の間には引力が働いて吸着するケースと斥力が働いて反発するケースの2通りが考えられる。前者は高分子鎖と基板との親和性が溶媒（水）と基板との親和性より大きいことに対応し，後者はその逆である。この考えによると，高分子網目と基板との間に

第2章 力学・摩擦

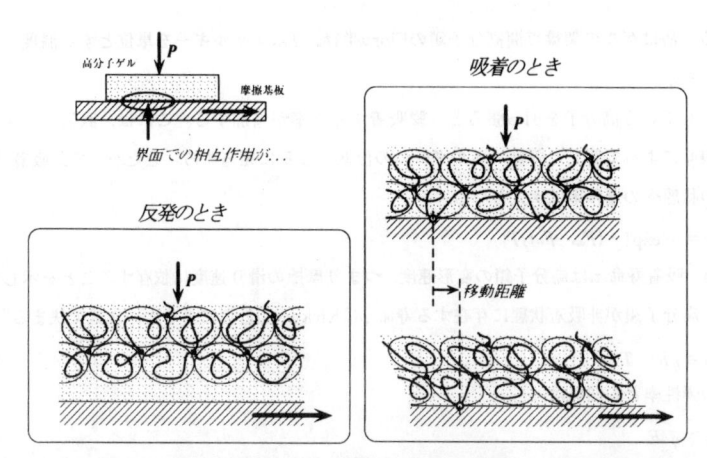

図5 高分子ゲルによる摩擦の吸着・反発モデル

基板との間に引力が働く場合，高分子鎖は吸着される。ゲルを動かすと，吸着されていた高分子鎖が引き伸ばされるが，ある程度以上になると，高分子鎖は基板表面から脱着する。高分子鎖が伸ばされる時の弾性力が摩擦力として現われる。基板との間に斥力が働く場合，高分子ゲルは基板から離れようとするために，界面では溶媒（水）層が形成される。この状態のゲルを動かすと，溶媒が潤滑層になっているため，摩擦力は小さくなる。

斥力が働く場合，ゲルは基板から離れようとするために，界面に高分子鎖の欠乏層が生じ，溶媒層が形成される。この状態にあるゲルを動かすと，基本的に流体潤滑（Hydrodynamic Lubrication）による摩擦力が生じる。一方，高分子網目と基板との間に吸引力が働いている場合，ゲルを移動すると，基板に吸着されている高分子鎖はある程度引き伸ばされてから，基板表面から脱着する。すなわち，高分子鎖が伸ばされる時の弾性力が摩擦力として現れると考えるのである。

(1) 吸着系

ゲルと基板との間に引力が働いている場合，ゲルを動かすと，基板に吸着されている高分子鎖は引き伸ばされ，ある程度動かすとついに，高分子鎖は基板表面から脱着すると考えられる（図5）。高分子鎖が伸ばされる時の弾性力は摩擦力として現れるので，摩擦力は高分子鎖と基板との吸引力の大きさ，高分子が伸ばされる速度，高分子鎖の密度などに関係する。平衡膨潤状態にあるゲルの高分子網目は高分子鎖の糸まりがびっしりと詰まっている状態にあると考えることができるので，単位面積あたりの吸着による摩擦力は

$$f \cong \frac{Tv\tau_f \, (\tau_b/\tau_f)^2}{R_F^3 \, (\tau_b/\tau_f + 1)} \tag{3}$$

で決まる。ここで，τ_b と τ_f はそれぞれ高分子が吸着状態と非吸着（自由）状態における平均寿命

である。R_Fはゲルの架橋点間高分子鎖のFlory半径，Tはエネルギーを単位とする温度，vは滑り速度である。

吸着している高分子を引っ張ると，脱吸着する確率が増加する。これは，吸着エネルギーF_{ads}は引張りによって蓄えた弾性エネルギーF_{el}の份低くなるに相当する。したがって，吸着状態から自由の状態への遷移率は次式となる。

$$\rho = \tau_f^{-1}\exp[-(F_{ads}-F_{el})/T] \qquad (4)$$

これは，吸着寿命τ_bは高分子鎖の変形速度，つまり摩擦の滑り速度に依存することを示している。一方，高分子鎖が非吸着状態に存在する寿命τ_fはKirkwood近似によると，次式で決まる[10]。

$$\tau_f \cong \eta R^3_F/T \qquad (5)$$

ゲルの弾性率との関係は

$$\tau_f \cong \eta/E \qquad (6)$$

である。ヒドロゲルの弾性率$E=10^5/Pa$，溶媒の粘性$\eta = 10^{-3}Nsm^{-2}$とすると$\tau_f = 10^{-8}s$となる。

τ_bはSchallamachのアプローチに従い，次のように求められる[11]。

$$dm/dt = -\rho m \qquad (7)$$

ここで，mは単位面積あたりに吸着しているサイトの数である。上の式を積分すると，

$$m/m_{t=0} = \exp\left[-\int_0^t \tau_f^{-1} u \exp(3v^2t^2/2R_F^2)dt\right] \qquad (8)$$

ここで，$u = \exp(-F_{ads}/T)$である。τ_bはmについての積分で求められる。

$$\tau_b = \frac{1}{m_{t=0}}\int_0^\infty m\, dt \qquad (9)$$

この積分は数値計算で求められるが，$3v^2t^2/2R^2_F \ll 1$の時に，

$$m/m_{t=0} = \exp\left[-\tau_f^{-1}u\left(t+\frac{v^2t^3}{2R_F^2}\right)\right] \qquad (10)$$

$$u\tau_b/\tau_f = \int_0^\infty \exp\left(-x-\frac{v^2\tau_f^2}{2u^2R_F^2}x^3\right)dx \qquad (11)$$

上の式は$u\tau_b/\tau_f$がパラメーター$v\tau_f/uR_F$のみに依存することを意味している。$\alpha = v\tau_f/R_F$，積分式8を$\varphi(\alpha/u)$としておくと，

$$u\tau_b/\tau_f = \varphi(\alpha/u) \qquad (12)$$

一定のuに対して，τ_b/τ_fはαの関数である。αは高分子鎖の熱揺らぎ速度で規格化された滑り速度である。したがって，吸着による摩擦力は次のように書き直すことができる。

$$f/E = \frac{\alpha\varphi^2(\alpha/u)}{u(u+\varphi(\alpha/u))} \qquad (13)$$

一定なuに対して，$\alpha \to 0$の時に$f/E \to \alpha/u$($u+1$)。また$\alpha \to \infty$の時に$f/E \to 0$。図6にf/Eとαの関係を示している。$\alpha/u<0.1$の時に，f/Eとαは線形関係にある。f/Eは吸着エネルギーF_{ads}の増加に伴って増加し，αに対して，極大値を示す。これは次のように説明できる。ゲルの高分子鎖の糸まりは熱の揺らぎでその平衡位置近傍を絶えまなく動いている。従って，引力が作用して糸まりが基板に吸着しても，それは静止しているわけではなく，熱的揺らぎのため，ある平均吸着寿命を持って自発的に吸着・脱着を繰り返している。摩擦力は高分子鎖が伸ばされる量，すなわち引き伸ばされる速度とその時間の積に比例する。その時間は高分子鎖が基板表面に吸着している時間（吸着寿命）に等しく，吸着力が大きいほど吸着寿命は長くなるが，鎖が引っ張られると脱着する確率も増え，寿命は短くなる。したがって，吸着寿命と速度の積は速度の変化に対して最大値を持つ（図6）。その結果，速度が小さい時，摩擦力は速度と共に増加するが，その速度が高分子鎖の熱運動より大きくなると，摩擦力は速度の増加によって減少する。これはゴムの摩擦挙動と同様である。しかし，ゲルの場合，界面の高分子網目の隙間に充満している低分子溶媒も摩擦力を生じる。これは速度の増加に伴って，単調に増加する。まとめると，滑り速度は高分子網目の熱運動速度より低い場合には，吸着による高分子鎖の弾性変形が摩擦力の主成分であるが，それより速い速度だと，溶媒の粘性抵抗が上回るということになる。この滑り速度による吸着―潤滑転移は図1のStribeck曲線に類似している。

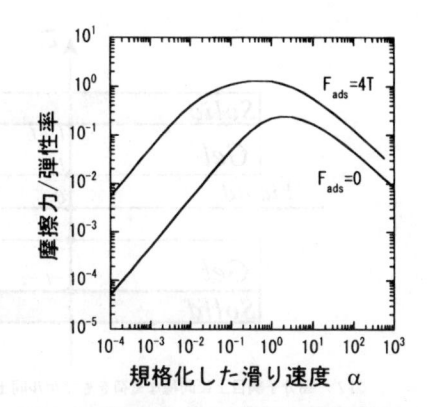

図6 高分子鎖の吸着による摩擦力と滑り速度の相関（モデル計算値）
単位面積あたりの摩擦力はゲルの弾性率で無次元化され，滑り速度は架橋点間高分子鎖の熱運動速度で無次元化されている。図中のパラメーターは高分子鎖一本あたりの吸着エネルギーである（文献2より）。

無次元パラメーター$\alpha = v \tau_f / R_F$はτ_fを通じて，実験的に測定できるパラメーターと結びつくことができる。

$$\alpha = v\eta / E^{2/3} T^{1/3} \tag{14}$$

したがって，式（13）に唯一まだ決まっていない量は$u=\exp(-F_{ads}/T)$である。ゲルと相手基板の組み合わせが一定の場合，F_{ads}は垂直圧力Pに依存する。ゲルの弾性率より小さい荷重（圧力）が加わった時には，高分子鎖の変形が小さく，基板への吸着はあまり変化しないため，摩擦力は荷重に鈍感であることが予想される。詳しくは文献を参照されたい[3]。

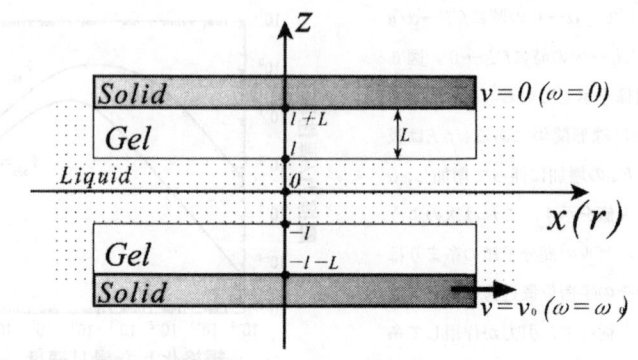

図7 高分子網目上に同種な電荷をもつゲル同士が水中で接近し，摩擦させるときの模式図
2枚の電解質ゲル界面で厚さ2lの電気二重層が形成され，この電気二重層が荷重Pを支えながら，流体潤滑を維持している（文献5より）。

（2）反発系

基板との間に斥力が働く場合，高分子ゲルは基板から離れようとするために，界面に高分子鎖の欠乏層が生じ，かわって溶媒（水）層が形成される（図5）。この状態にあるゲルを動かすと，溶媒が潤滑層になっているため，摩擦力は小さくなると予想される。

最も典型的な反発系として，高分子網目上に同種の電荷をもつゲル同士の摩擦問題が挙げられる。電解質ゲルはその高分子イオンが水中で解離するため，ゲルの表面に高分子の対イオンの拡散層が形成される。同種の電荷を持つゲル同士が水中で接近すると，二つのゲルの対イオン拡散層が重なり，対イオンの浸透圧による反発力が働く。この反発力によって荷重（圧力）に逆らってゲルとゲルの界面で電気2重層が形成される。ゲル同士が相対運動をすると，せん断応力による粘性抵抗が電気2重層を介して生じ，それは摩擦抵抗として現れる。以下は同じ電荷を持つ強電解質ゲル同士の摩擦挙動をPoisson-Boltzmannの理論とDebye-Brinkman式を用いて考察する[5]。

① 反発界面での溶媒層の厚さ

同じ電荷を持つ厚さLの電解質ゲル同士が水中で接近すると，解離している対イオンの浸透圧による斥力が働き，垂直圧力Pに逆らってゲルとゲルの界面で厚さ2lの電気2重層が形成される（図7）。帯電ゲル表面の静電ポテンシャル$\psi(z)$の分布はPoisson-Boltzmannの式によって決まる。

$$\frac{d^2\psi}{dz^2} = -\frac{en_0}{\varepsilon}\exp(-e\psi/kT) \tag{15}$$

n_0は$(d\psi/dz)_{z=0}=0$のところの対イオン密度である。対イオンによる正味の浸透圧は$\Pi = n_0/kT$

第2章 力学・摩擦

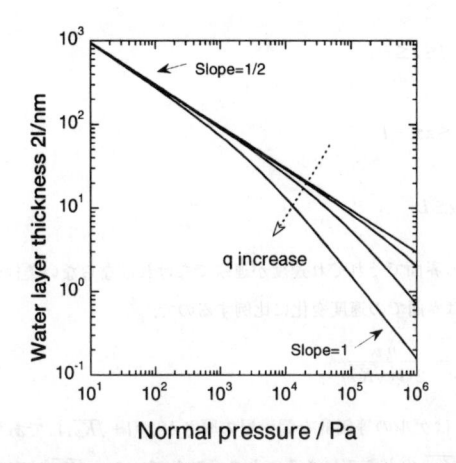

図8 水中における2枚の電解質ゲル界面で形成された電気二重層の厚さ$2l$とゲルに加えている垂直圧力Pとの相関（モデル計算値）
一定の圧力に対して，ゲルの膨潤度の増加または電荷密度の減少に伴い，電気二重層の厚さが減少する．図中の矢印に従い，膨潤度qはそれぞれ1, 10^2, 10^3, 10^4である（文献5より）．

であるため，ゲルにPの垂直圧力を加えたときには，両者が釣り合う（$P=\Pi$）．よって，電気2重層の厚さと垂直圧力との関係が得られる．

$$2l = 2\sqrt{2kT/Pr_0}\arctan(\sigma\sqrt{kTr_0/2P}) \tag{16}$$

ここで，$\sigma=(10^6 N_A/qM_w)^{2/3}$はゲルの表面電荷密度であり，ゲルの膨潤度q，高分子繰り返し単位のモル分子量Mwから求められる．$r_0=e^2/\varepsilon kT$は長さの次元を持った定数である．ゲルの電荷密度が低く，$\sigma\sqrt{kTr_0/2P} \ll 1$を満たす場合，$2l \propto P^{-1}$の結果が得られる．これはスケーリング則から導いた中性高分子ゲルの結果と一致する[3]．また，電荷密度が非常に高くて，$\sigma\sqrt{kTr_0/2P} \gg 1$を満たす場合，$2l \propto P^{-1/2}$になる．図8には式（16）による計算結果を示している．

② せん断摩擦力

ゲルが相対運動をすると，溶媒の粘性抵抗によるせん断応力が厚さ$2l$の溶媒層を介して生じ，それは摩擦抵抗として現れる．固体の界面と根本的に異なるのは，ゲルは低分子の溶媒（水）にとって透過性があることである．従って，界面でのせん断応力を受けると，ゲル中の水も網目の抵抗を受けながら流れることができる．Debye-Brinkmanの理論によると，ゲルの高分子網目が溶媒の流れに対して実質に働く抵抗力は$-\eta v/K_{gel}$で表すことができる[12]．ここで，K_{gel}はゲルの透過係数である．従って，水の流れの方程式は上，下のゲル中および溶媒層中ではそれぞれ

$$\frac{d^2v}{dz^2} = \frac{v-v_0}{K_{gel}} \quad -l \leq z \leq -l \tag{17}$$

$$\frac{d^2v}{dz^2} = 0 \quad -L \leq z \leq -l \tag{18}$$

$$\frac{d^2v}{dz^2} = \frac{v}{K_{gel}} \quad l \leq z \leq L \tag{19}$$

である。三つの領域の界面でそれぞれ速度が連続でなければならない条件から速度の空間分布が求められる。摩擦力は界面での速度変化に比例するので,

$$f = -\eta \left(\frac{dv}{dz}\right)_{z=\pm l} = \frac{\eta v_0}{2(l+\sqrt{K_{gel}})} \tag{20}$$

が得られる。式 (20) はゲルの等価的な潤滑層の厚さが $2(l+\sqrt{K_{gel}})$ であり,見かけの潤滑界面がゲル表面から深さ $\sqrt{K_{gel}}$ のところにあることを意味している。$\sqrt{K_{gel}}$ は高分子網目の大きさに相当するので,この結果はスケーリング則から誘導した結果と一致している。

レオメータで回転運動をするリング状のゲル同士の摩擦係数は

$$\mu = \frac{\eta \omega (r_2^3 - r_1^3)}{3(l+\sqrt{K_{gel}})(r_2^2 - r_1^2)P} \tag{21}$$

で求められる。図9に理論計算で得られた強電解質ゲルの摩擦係数と膨潤度との関係を示している。反発相互作用で形成された溶媒層の厚さ $2l$ とゲルの透過性による厚さ $2\sqrt{K_{gel}}$ が膨潤度変化に対して逆の依存性を示すため,強電解質ゲルの摩擦係数は膨潤度の増加に対して,緩やかに減少することが予測されている。

斥力の場合,図8に示すように,荷重が大きいと電気2重層が薄くなり,摩擦力は大きくなる。したがって,斥力が働く場合,摩擦力そのものは小さいものの,その荷重依存性は強い。

1.3.3 理論モデルと実験との比較

以上の理論モデルにより,斥力の場合,摩擦力は引力の場合のそれより低くかつ,荷重依存性が強い。これに対して引力の場合,摩擦力は荷重に

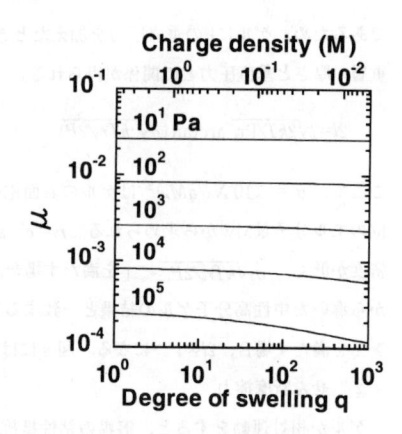

図9 同種電荷を有するゲル間の水中における摩擦係数(モデル計算値)
摩擦係数は膨潤度または電荷密度に依存する。図中の数字は垂直圧力 P である。モデル計算は外径20mm,内径10mmのリング状のゲルを用いた。回転速度は1 rad/sである(文献5より)。

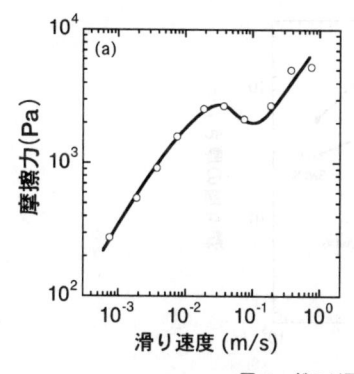

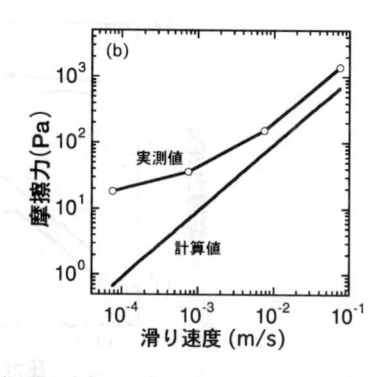

図10 ゲルが示す摩擦力の滑り速度依存性
(a) 高分子が基板に吸着する場合(PVAゲル対ガラス基板)。摩擦力の極大をもたらす速度は動的光散乱から得た高分子網目のBlob運動モードとほぼ一致している; (b) 高分子が基板に静電反発される場合(PNaAMPS対PNaAMPS)。実線は流体潤滑と仮定した場合,計算された値である。垂直圧力: (a) 8.5 kPa, (b) 1.7 kPa。水中測定(文献8より)。

あまり依存しないと予測できる。この予測を図3のPNaAMPSやPVAゲルの実験結果に適用すると,ガラス基板上のPNaAMPSゲルは摩擦力が小さくて荷重依存性が強いので斥力が作用し,PVAゲルは摩擦力が大きくて荷重依存性が小さいので引力が作用している摩擦であると判定できる。実際,原子間力顕微鏡を用いてゲルとガラスとの吸着力を測定すると,確かにPNaAMPSゲルでは強い静電的斥力が働き,PVAゲルでは引力が作用していることが実験的に確認されている[4]。さらに,引力が作用しているPVAゲルの摩擦力の速度依存を見ると,モデル予測の通り,架橋点間の高分子鎖(blobs)の緩和速度に対応しているところで摩擦力のピークが観測され,このモデルの妥当性を示している(図10a)[8]。

斥力が作用する系,特に低速度領域において,必ずしも実験結果と一致してはいない。図10bに示すPNaAMPSゲル同士の摩擦力は,数十ナノメートルの厚さの電気2重層による流体潤滑と解釈すると,図10bのような理論計算値が得られる。高速度領域においては,実験結果と理論モデルがよく一致しているが,低速度域では理論値と実験値の間に大きな違いが見られている。さらに,この系においても静止摩擦力が存在することが最近の研究で明らかとなっている[9]。電気2重層を介してゲルが静止摩擦を示す理由は明らかにされていないが,静止摩擦の温度効果や高分子網目の対イオン効果から摩擦界面における「荷電網目―水分子―対イオン」三者間の相互作用,とりわけ対イオンの水和状態が静止摩擦の発生に大きく関与していることが示唆されている[9]。

1.3.4 表面自由鎖の摩擦低減効果

ゲルの摩擦力を小さくするためには,ゲルと基板との吸着相互作用を如何に減らすかが重要で

高分子ゲルの最新動向

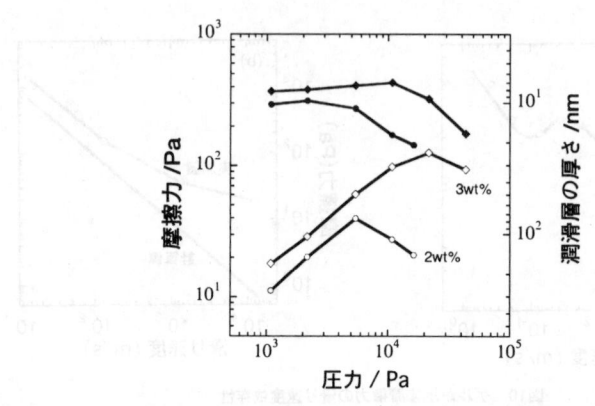

図11 多糖ゲルにみられる，摩擦力の負の荷重依存性
ある荷重を臨界とし，Gellanゲルの摩擦力が急激に減少している。右の縦軸は流体潤滑と仮定したときに算出した見かけの潤滑層の厚みである。図中の数字はGellanの濃度である。黒マークは空気中での測定値，白マークは水中での測定値である。滑り速度：3mm/s，接触面積：3cm×3cm，摩擦基板：軟質ガラス板　（文献6より）．

ある。では，どのような方法で界面の相互作用を下げて流体層を作るか。その問いに対する1つの答えを以下に提出したい。

多糖ゲルの摩擦力が荷重依存性を示さないことは図3に示す通りである。ところがより高い荷重領域でこのゲルの摩擦力を測定すると，ある点を境に摩擦力が低下しはじめ，さらに荷重をかけると摩擦力が急激に低下していくという不可解な現象が見られる（図11）[6]。これは多糖ゲル自身の特異的なゲル化メカニズムによって生じたものと考察される。すなわち，多糖ゲルは化学ゲルとは異なり，ポリマーどうしの絡み合いや相互作用によって網目が形成されるという，いわゆる物理ゲルであり，かなり弱い架橋である。この様な弱い架橋網目構造は，加熱や加圧，あるいは水に浸すだけで徐々にほどけてしまうという性質がある。そのため今回のように高い荷重が加わると，網目が解けて表面のポリマーが遊離し，これが界面の水に溶けることで，ゲルの表面は非常にヌルヌルしたものになる。その結果，潤滑作用が一段と促進され，摩擦力の減少が起きたと考えられる。この多糖ゲルに見られるような摩擦力の負の荷重依存性は，ウナギを掴もうとするとき，力を入れすぎると逆に滑って逃がしてしまうという経験を思い出していただければ分かりやすい。ちなみにウナギを掴むコツは，なるべく力を入れないことである。なぜならウナギの表面や食道の内壁の様な部分からは，刺激に対してある種の高分子が分泌され，その結果として表面がヌルヌルになり，摩擦力が下がっていくからである。このことは，ゲル状物質の表面に架橋されていない高分子鎖を存在させることによって，ゲルの摩擦力をさらに下げる事ができる可

第2章 力学・摩擦

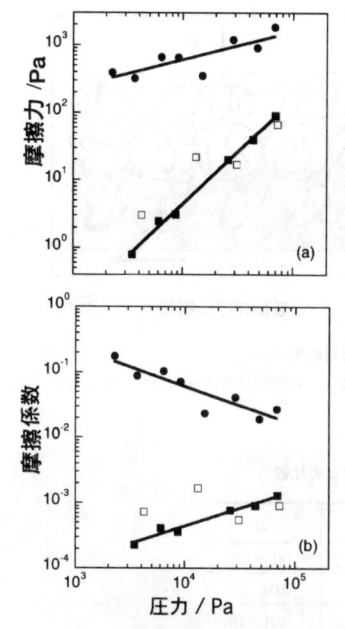

図12 表面構造の異なるPAMPSゲルの，(a) 摩擦力の荷重依存性及び (b) 摩擦係数の荷重依存性
（●）親水性基板上で重合したゲル，（■）疎水性基板上で重合したゲル，（□）リニアポリマー含有ゲル。滑り速度：0.01rad/s, 接触面積：1cm×1cm，摩擦基板：ガラス板。水中測定（文献7より）。

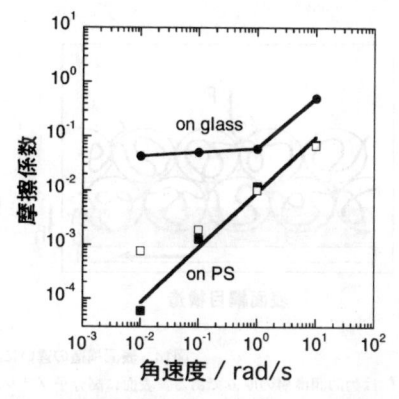

図13 表面構造の異なるPAMPSゲルの，摩擦係数の速度依存性
（●）親水性基板上で重合したゲル，（■）疎水性基板上で重合したゲル，（□）リニアポリマー含有ゲル。垂直圧力：4 kPa，接触面積：1cm×1cm，摩擦基板：ガラス板。水中測定（文献7より）。

能性があることを示している。

この仮説に基づいて，筆者らは表面をグラフト状にしたゲルを用意して，その摩擦力を測定した。グラフト状表面を作る方法としては，一つはゲルを重合する際に疎水性の鋳型の中で行った場合，ゲルの表面付近の架橋密度が疎になりグラフト状になるという基板効果を，もう一つはゲルの内部に架橋されていない直鎖状のPAMPS高分子を含有させることにより表面ではグラフト状に振舞うリニアポリマー含有ゲルを用いた[7,13,14]。グラフト表面を持ったゲルの摩擦力の荷重依存性を図12に，速度の依存性を図13に示す[7]。これを見ると，グラフト表面を持ったゲルは通常のゲルに比べてはるかに摩擦力が小さくなっていることが分かる。この様な，グラフト表面が摩擦を下げる効果は低荷重域，及び低速度域になるほど大きくなり，例えばグラフト表面を持ったゲルを荷重4kPa，速度0.01rad/sで回転させた場合におけるすべり摩擦力は，同じ条件で滑らせ

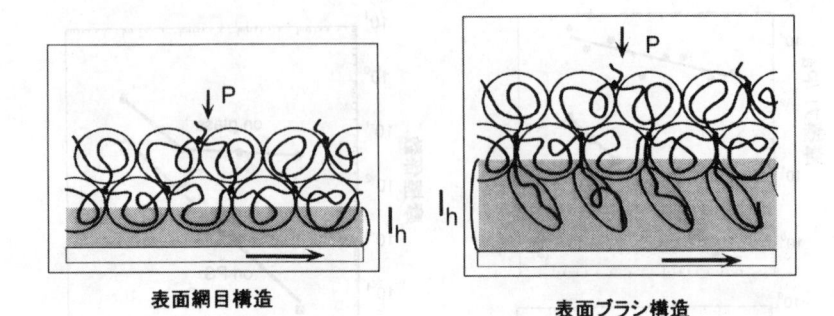

図14　表面構造の違いによる潤滑層のモデル

L_hは動的潤滑層の厚みである。表面に高分子ブラシがある場合、動的潤滑層が厚くなり、摩擦力が低減する。

表1　ゲルと固体の動摩擦係数 μ の比較

物　　質			μ
固　体	固体一般		0.1〜1.0
	テフロン		0.04
ハイドロゲル*	吸着系		0.01〜10
	反発系	親水基板	〜10^{-3}
		疎水基板	〜10^{-4}
		自由鎖含有	〜10^{-4}

*　測定条件によって異なるが、その最小値を示している。

たネットワーク表面のゲルの摩擦力に比べ約1/1000にまで低下してしまうのである。

これほどまでに低摩擦を実現できるのはどうしてだろうか。もう一度図5を見ていただきたいが、ゲル—基板表面間の相互作用が斥力である場合、高分子は基板から離れようとする。その結果、反発系における摩擦機構は溶媒（水）と基板との摩擦（流体潤滑）がメインとなる。この時摩擦界面に動きが無ければ、潤滑層の厚みは通常のゲルもグラフトゲルもほぼ同じであると考えられるが、相手基板が相対運動をすると潤滑層に流れが起き、速度勾配ができる。表面がグラフト状である場合、表面における高分子鎖の運動性が高いため、その周囲にある溶媒も動きやすい。そのため、実質の溶媒層として働く部分の厚みが通常のゲル表面に比べ格段に大きくなり、その結果摩擦力が著しく下がるものと考えられる（図14）。ここで重要になってくるのは、ニュートン粘性の式で表したときの潤滑層の厚みL_hである。式（20）で表したとおり、潤滑層が厚いほど摩擦抵抗は小さくなるのである。

第 2 章 力学・摩擦

1.4 おわりに

　様々なゲルの動摩擦係数および固体との比較を表 1 にまとめてある。今まで述べてきた理論モデル及び実験結果によると，摩擦力のより低いゲルを作るためには高い電荷密度を有するグラフト鎖が必要であるといえる。それでは実際に低摩擦を実現している生体表面の機構はどうなっているのだろうか。生体軟骨の主成分であるプロテオグリカン凝集体は，長い鎖状のヒアルロン酸にプロテオグリカンサブユニットといわれるタンパク質ムコ多糖結合体がブラシのようにたくさん結合し，分子量が 150 万以上にも及ぶ巨大な凝集体となっている。プロテオグリカンサブユニットにはさらにコンドロイチン硫酸やケラタン硫酸といったマイナス電荷を持つ糖が無数に結合しているためイオン浸透圧が高く，水を限られた体積の網目中に強く閉じ込めることが可能である。事実，軟骨細胞は自重の 70％以上が水であり，軟骨は生体内で理想的な流体潤滑を実現していると想像できる。関節に限らずこのような潤滑機構は，眼球，腸や心臓など運動・変形する臓器の摩擦などあらゆるところで機能していると予想される。

　ソフト＆ウェットマターであるゲルの表面摩擦に関する研究はまだ始まったばかりであり，そのためゲルの摩擦挙動にはまだまだ不明な点も多い。ゲルは固体や液体の特徴を同時に備えていることや緩和時間は観測し易い範囲にいることから，マイクロマシン，細胞運動，分子モーターなどにおける摩擦の共通性を見出すための良いモデル系になると考えている。そのためであろうか，この数年でゲルの摩擦を研究する理論研究者や実験研究者が増えてきているのはうれしいことである[15,16]。

文　献

1) D. F. Moore, *Principles and Applications of Tribology*, Pergamon Press, Oxford, 1975.
2) J. P. Gong, M. Higa, Y. Iwasaki, Y. Katsuyama, Y. Osada, *J. Phys. Chem. B* **101**, 5487 (1997)
3) J. P. Gong, Y. Osada, *J. Chem. Phys.* **109**, 8062 (1998)
4) J. P. Gong, Y. Iwasaki, Y. Osada, K. Kurihara, Y. Hamai, *J. Phys. Chem. B* **103**, 6001 (1999)
5) J. P. Gong, G. Kagata, Y. Osada, *J. Phys. Chem. B* **103**, 6007 (1999)
6) J. P. Gong, Y. Iwasaki, Y. Osada, *J. Phys. Chem. B* **104**, 3423 (2000)
7) J. P. Gong, T. Kurokawa, T. Narita, G. Kagata, Y. Osada, G. Nishimura, M. Kinjo, *J. Am. Chem. Soc.* **123**, 5582 (2001)
8) G. Kagata, J. P. Gong, Y. Osada, *J. Phys. Chem. B*, **106**, 4596 (2002)
9) G. Kagata, J. P. Gong, Y. Osada, *J. Phys. Chem. B*, **107**, 10221 (2003)

10) de Gennes, P. G., Scaling ConceptinPolymerPhysics, Cornell University Press, Ithaca, N.Y.,1979
11) Shallamach, A. *Wear*, **6**, 375 (1963)
12) Brinkman, H. C. *Physica* **13**, 447 (1947)
13) Kii, A.; Xu, J.; Gong, J. P.; Osada,Y.; and Zhang, X. M. *J. Phys. Chem. B*, **105**, 4565 (2001)
14) Narita, T.; Knaebel,A.; Munch, J. P.; Candau, S.J.; Gong, J.P.; and Osada, Y. *Macromolecules*, **34**, 5725 (2001)
15) T. Charitat, J. F. Joanny, *Eur.Phys. J. E*. **3**, 369 (2000)
16) T. Baumberger C. Caroli, O. Ronsin, *Phys. Rev. Lett*. **88**, 075509 (2002)

2 力学:ナノコンポジットゲル

原口和敏*

2.1 はじめに

高分子ゲルとは,「高分子のつくる三次元網目の中に多量の溶媒を安定して保持したもの」であり,溶媒が水の場合を高分子ヒドロゲル,非水溶媒を含む場合を高分子オルガノゲルまたはリポゲルと呼ぶ。このうち,高分子ヒドロゲルは既に,紙おむつ,生理用品,コンタクトレンズなど生活に不可欠な材料として実用化されている。さらに今後,細胞培養基材,ドラッグデリバリーシステム(DDS),軟骨代替材料などの医療・医薬分野を始め,機能センサー,選択膜,保湿材,振動吸収材など,電子,機械,化学,農業,建築,土木など多くの分野で機能性材料として新たな展開が期待されている[1]。しかし,水を主成分とする高分子ヒドロゲルは,実用化に際して力学的な強さや耐久性が問題になる場合が多い。高分子ヒドロゲルの示す力学的な性質,例えば,柔らかさ(弾性率),強さ(強度),伸び(延伸倍率),変形戻り(ゴム弾性),圧縮(圧縮物性),滑り(摩擦・摩耗),耐衝撃(粘弾性),靱性(破壊エネルギー)などの諸性質を解明し,それらを制御・向上させることは,今後の高分子ヒドロゲルの展開に必要不可欠である。

高分子ヒドロゲルを力学的な材料として見た場合,内部に多くの水を含んでいることから,一般の固体高分子材料や無機材料とは多くの点で異なることが予測される。例えば,硬い塩ビ材料(塩化ビニル)が可塑剤の添加により軟質塩ビに変わるのと同じ理由で,含まれる水で架橋高分子が可塑化されるため,高分子ヒドロゲルは柔らかい性質を示すであろう。しかし,含水量が多い(例えば含水率が90%近い)場合は,逆に柔らかすぎて取り扱いに困るのではないかという危惧も浮かぶ。一方,柔らかいゴムが大きく伸び縮みするように,柔らかい高分子ヒドロゲルは伸縮性に富んだ材料となるのではとも期待される。更に,水を含む水溶性高分子が濃度によってべたついたり,ぬるぬるしたり,接着したりするのと同様に,ゲル表面のタック性(粘着性)もいろいろと変化させられるのではと予測される。これらのことから,高分子ヒドロゲルに対して漠然と期待される力学的特徴としては,「柔らかく,しなやかで,伸ばしたり,縮ませたりでき,変形に対して大きな耐久性(強度,靱性)を持ち,また表面タック性がいろいろ制御された,均一で透明な材料」となる。しかし,実際の高分子ヒドロゲルは,かかる予測とは大きく異なる性状を示すものが多い。

本節では,高分子ヒドロゲルの力学物性に焦点をあて,最も一般的な(有機架橋剤を用いて合成される)有機架橋ヒドロゲルにおけるネットワーク構造上の問題とそれによる力学的課題を述べると共に,それらの課題を解決し,強靭な力学物性を達成したナノコンポジット型ヒドロゲル[2〜5]

---

* Kazutoshi Haraguchi (財)川村理化学研究所 理事

について解説する。なお，高強度を有する高分子ヒドロゲルとしては，この他に，凍結を繰り返して微結晶を形成させたポリビニルアルコールゲル[6]や，応力印可時に架橋点が滑車のように移動可能なトポロジカルゲル[7]，電解質高分子を含むIPN (Interpenetrating Network) 構造のダブルネットワークゲル[8]の報告があるが，これらについては文献を参照されたい。

2.2 有機架橋ゲルの課題

高分子ヒドロゲル（以下，簡略のために高分子ゲルと呼ぶ）の最も一般的な合成法の一つは，水溶性モノマーを重合する過程で，多官能架橋剤を共重合させる方法である。一般的には，二または三官能の有機架橋剤をモノマーの1～3モル％程度含ませて合成される。得られたゲル（以後，有機架橋ゲルまたはORゲルと呼ぶ）では，図1aに示すように，多数の架橋点がランダムに分布するため，架橋点間分子量，即ち，架橋点間鎖長は幅広い分布を有することになる。また，その平均値は架橋剤濃度と官能基数との積が大きいほど小さくなる。

今，この有機架橋ゲルを一軸方向に延伸する場合を考える。高分子鎖は全て架橋点で束縛されているため，図1bに示すように，延伸によって短い順に架橋分子鎖が伸ばされては，応力集中により次々と切断されていく。この結果，非常に限られた分子鎖のみが力を受けて破断が進行することになる。更に，含水率の高い高分子ゲルでは単位断面積当たりの架橋分子鎖総数が少なく，また，分子鎖の周りが殆ど水で占められ（水和され）ている

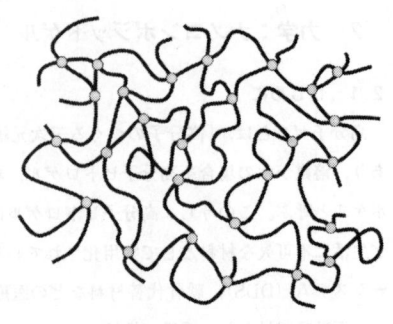

(a) 有機架橋ゲルの構造

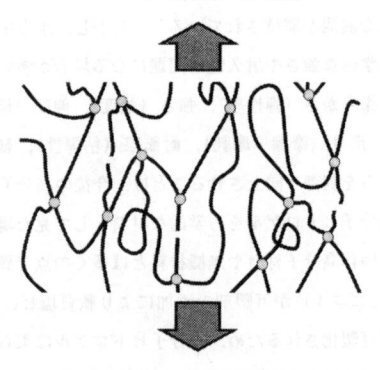

(b) 延伸時の破壊モデル

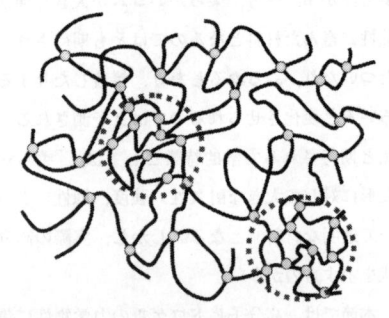

(C) 不均一架橋

図1　有機架橋ゲルのネットワーク構造

第2章 力学・摩擦

ため,固体高分子で重要な働きをする高分子鎖間の相互作用(による応力保持)が殆ど寄与しない。これらのことより,有機架橋ゲルは一軸延伸において非常に弱い力,短い歪みでマクロに破断されることになる。以上のような有機架橋ゲルの力学的に弱いという課題は,図1aのネットワーク構造を有する架橋高分子に由来する避けがたい欠点として認識されていた。

実際の有機架橋ゲルにおける引っ張り破壊の様子を図2に示す(図2a及びbは架橋剤濃度がポリマーの1及び5モル%の場合)。いずれの場合も20~50%程度の延伸により非常に小さい力で破断され,架橋剤濃度を変化させても脆弱な性質は同じであった。更に,圧縮の場合も同様で,有機架橋ゲルは脆性的に破壊される(図3a)。延伸の場合はナイフで切断したような破断面となり,圧縮の場合は粉々に崩れた状態となる。

以上のように有機架橋ゲルは力学的に脆く,取り扱い性が悪いことから,これまで正確な延伸試験を行うこと自体が困難な場合が多かった。例えば,ポリ(N-イソプロピルアクリルアミド)(以下,PNIPAと呼ぶ)は,温度,pH,溶媒組成などの外部刺激に応答してコイル―グロビュラー転移を示す刺激応答性高分子であり[9],PNIPAからなる高分子ゲルはその転移点(下限臨界共

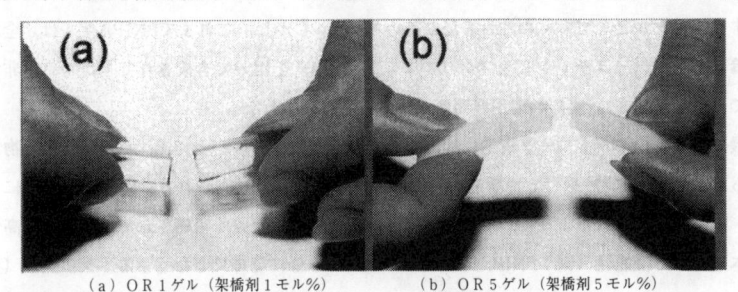

(a) OR1ゲル(架橋剤1モル%)　　　(b) OR5ゲル(架橋剤5モル%)

図2　有機架橋ゲル(ORゲル)の引っ張りによる破断

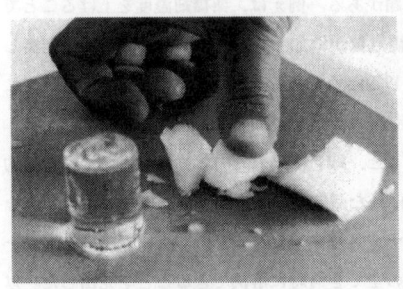

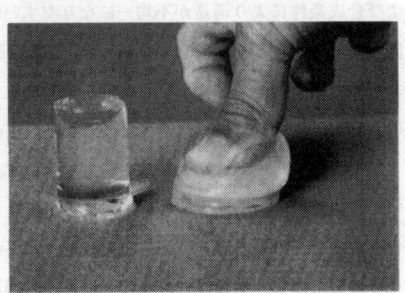

(a) 有機架橋ゲル　　　(b) NCゲル

図3　有機架橋ゲルおよびNCゲルの圧縮

73

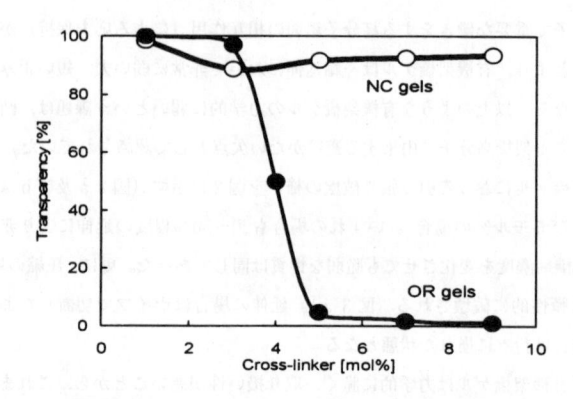

図4　有機架橋ゲル(ORゲル)およびNCゲルの透明性の架橋剤濃度依存性

溶温度：LCST）近傍において，物質の吸収／放出，体積の膨潤／収縮，また光透過性変化などを示す機能性ゲルとして多くの注目を浴びている[1,10]。しかし，これまでPNIPAゲルは，全て有機架橋剤（N,N'-メチレンビスアクリルアミド：BIS）を用いて合成されてきたため，非常に脆弱で（図2，図3），実際の応用展開において大きな問題となっていた。

有機架橋ゲルのネットワーク構造に起因する問題点（限界）は，上で述べた（a）力学物性のみならず，（b）機能性や（c）構造均一性についても同様に観測される。例えば（b）については，図1aに示されるように，多くの架橋点により分子鎖が強く束縛されているため，高分子鎖が本来有する機能性（例：PNIPAの温度応答性）が十分に発揮できなくなる。架橋点数（架橋密度）を少なくすると機能性の低下は防げるが，その場合は少ない架橋点がランダムに分布する結果，しっかりとした形状のヒドロゲルが構築されなくなる。また，（c）に関しては，組成および合成条件により構造が不均一になりやすい問題がある。例えば，架橋剤濃度を上げることで図4に示すようにゲルが白濁する[3,4]。これは架橋点数が増加することで一部の架橋点が密集した不均一架橋構造（図1c）となり，光散乱を生じるためである。有機架橋ゲルにおいては，このような不均一化は架橋剤濃度だけでなく，重合温度の変化などによっても生じる[2]。

以上の（a）～（c）の課題の全てを解決すること，即ち，優れた力学物性を有し，構造が均一で透明性が高く，かつ架橋による束縛が少なく優れた機能性を発現できるPNIPAヒドロゲルを合成することは夢の課題であった。最近，我々はナノメーターレベルでの有機／無機ネットワークの構築により，架橋高分子の持つこれらの課題の全てを同時に解決できることを見出した。以下では，従来の有機架橋ゲルの常識を超えた特性を有する，新規な有機／無機複合ヒドロゲル（ナノコンポジット型ヒドロゲル：NCゲルと呼ぶ）について説明する。

第 2 章　力学・摩擦

2.3　ナノコンポジット型ヒドロゲル（NCゲル）の創製

　NCゲルの合成は以下の三点を必須構成因子とする。即ち，①水媒体中で無機粘土鉱物（クレイ）をナノスケールで（層状剥離させて）均一に分散させること，②クレイ層を少量で効果的な超多官能架橋剤として働かせること，③分散クレイ層を連結する高分子鎖が，架橋による束縛の小さい自由なコンフォメーションを取りうること。かかるNCゲルの創製によって，有機架橋剤を一切用いず，飛躍的に優れた力学物性，構造均一性，機能性を有する新しいヒドロゲル合成の道筋が示された。以下にNCゲルの合成，構造，機能性および力学特性について述べる[2〜5]。

2.3.1　NCゲルの合成とネットワーク構造

　NCゲルの合成に用いられる膨潤性無機粘土鉱物（例：ヘクトライト）の構造を図5に示す。ヘクトライトは2：1型層構造を有するスメクタイト類に属するSi-Mgケイ酸塩であり[11]，水中で層状に剥離した後，イオン相互作用によりカードハウス構造[12]と呼ばれる構造を形成してゲル化する性質を有する。NCゲル合成に用いられるクレイ層の大きさは，厚みが約1 nm，直径が20〜200 nmまたはそれ以上である。例えば，PNIPAのNCゲルは，かかる分子状に分散（層状剥離：exfoliation）したクレイ層の存在下に，NIPAモノマーを水中で*in-situ*ラジカル重合させることにより，均一透明なゲル状物質として合成される。NCゲル合成においては，反応液中に該モノマーが共存することにより，クレイ層の構造形成による系の粘度上昇が抑制され，開始剤や触媒を含む均一な反応液が調製しやすくなることが特徴である。

　得られたNCゲルにおけるモノマーの重合収率は100%に近く，熱重量分析測定によるゲル中の粘土鉱物／ポリマー比は反応溶液の組成比と一致した。NCゲルは有機架橋剤を一切用いていないにもかかわらず，水中で溶解することはなく，一定含水率まで膨潤する。水中での平衡膨潤度（$W_{geleq.}/W_{dry}$）は数十から百以上と，従来の有機架橋ゲルと比べて，大きな膨潤性を示した。さらに，図4に示すように，有機架橋ゲルではBIS濃度の増加により透明性が低下するのに対して，NCゲルは高クレイ濃度においても透明性を保っており，架橋不均一化が生じにくい特徴を示した。

　NCゲル乾燥物から超薄切片を作成し，

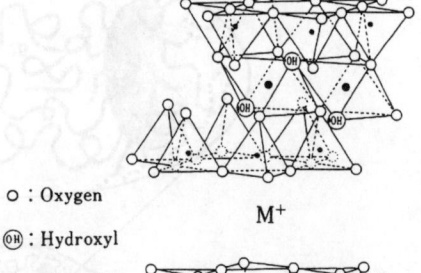

粘土鉱物(ヘクトライト)

○ : Oxygen
⊙ : Hydroxyl
● : Mg or Li
• : Si
M : 層間カチオン (Na⁺)

$\{Mg_{5.34}Li_{0.66}Si_8O_{20}(OH)_4\}Na_{0.66}$

図5　層状粘土鉱物（ヘクトライト）の構造

透過型電子顕微鏡観察を行った結果，粘土鉱物が約1nm厚×30nm直径の層状剥離した形態でポリマーマトリックス中に均一に分散していることが確認された。このことは，NCゲル（水で約10倍に膨潤）中ではさらにクレイ層が広がって分散していることを意味している。またNCゲル乾燥物の示差走査熱量分析測定から，乾燥NCゲル中のPNIPA鎖がリニアポリマーとほぼ同じガラス転移温度（T_g＝約142℃）を有し，架橋による分子的束縛が小さいことが確認された[3]。

以上のNCゲルおよびゲル乾燥物に対する分析結果に加えて，膨潤や洗浄過程においてNCゲルからリニアポリマーの溶出がみられず，全てのポリマー鎖がネットワークに組み込まれていると考えられること，NCゲル乾燥粉末のX線回折においてクレイ層間に対応した低角側の反射ピークが観測されないこと[3〜5]，また力学試験において大きくかつ可逆的な変形挙動を示すことなどから，最終的に，NCゲルは，図6に示すような有機（ポリマー）／無機（クレイ）成分からなる三次元ネットワーク構造を有するヒドロゲルであると結論された。即ち，NCゲルは均一に分散したクレイ層とそれらを結合する多くの高分子鎖からなり，クレイ層が超多官能架橋剤として働き，また架橋高分子鎖が分子的束縛の小さい屈曲鎖であることが特徴である。有機／無機ネットワークでは，架橋点間距離がクレイ層間距離（D_{ic}）に相当し，架橋密度（ν：単位体積当たりの架橋鎖数）はクレイ層間を結ぶポリマー鎖の数に相当する。従って，例えば，クレイ濃度を変化させることで架橋点間距離を，ポリマー濃度を変化させることで架橋密度を，といったように両者をほぼ独立に制御できることが特徴である。また，ネットワーク中には，完全な架橋鎖ばか

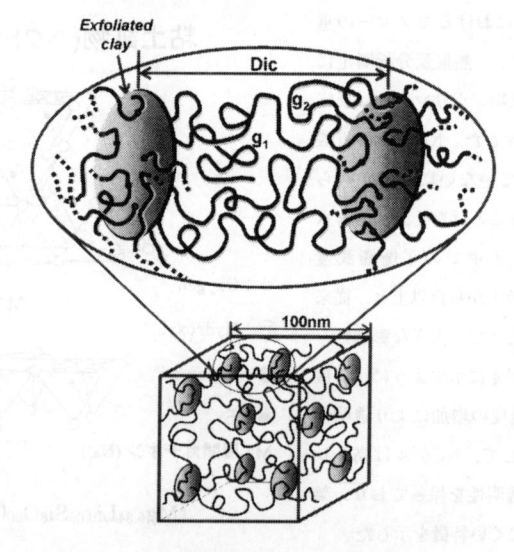

図6　有機／無機ネットワーク構造モデル

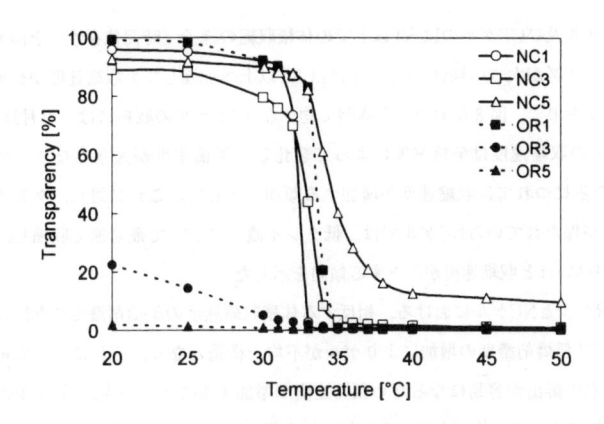

図7　NCゲルおよびORゲルの光透過率の温度依存性

りでなく，末端自由なグラフト鎖（g_1）や同一クレイに結合したループ鎖（g_2）なども含まれると推定される。これらの存在は，後で示す温度応答における急速収縮性の発現に寄与している可能性が大きい。更に図6において，クレイ層間を結合した架橋鎖の多くは，後述するNCゲルの力学物性測定（変性クレイの影響）から，引き続き，それ以外のクレイ層間架橋にも寄与していると推定された。

2.3.2 NCゲルの機能性

　NCゲルでは，クレイ層を連結する架橋分子鎖が自由なコンフォメーションを取りうる屈曲鎖であることから，分子的束縛の大きい従来の有機架橋ゲルと比較して，高分子鎖自身の持つ機能性が十分に発揮される可能性が高い。ここでは，PNIPAからなるNCゲルの示す（透明性および体積の）温度応答性を例に，NCゲルの機能性について簡単に記す。

　架橋剤濃度（クレイ濃度およびBIS濃度）の異なるNCゲルおよびORゲルについて，保持温度を変化させた場合の透明性変化を図7に示す。ORゲルは，架橋密度が低い場合（OR1）は室温で透明であり，LCSTに近い34℃近傍において透過率が急激に低下する性質を示した。しかし，架橋密度が大きくなると（OR3，OR5），ゲル合成時に形成し凍結された構造不均一性により，室温においても透明性が低下する結果，保持温度による透明性変化は観測されなくなった。一方，NCゲルでは架橋剤濃度によらず室温では全て透明であり，いずれもLCST近傍で可逆的な透明性変化を示した。ただし，クレイ濃度が大きくなる（例：NC5）と相転移後の透明性が高くなる傾向が見られた。これは，クレイ層近傍のPNIPA分子鎖が（親水性クレイ層との相互作用により）コイル―グロビュラー転移を生じにくくなったためと考察される。

次に，ＮＣゲル及びORゲルのLCST以上での体積収縮の様子（時間依存性）を図8に示す。従来から，ゲルサイズが大きい場合，ORゲルはLCST以上へ加温しても収縮速度が極めて遅いことが問題となっており[13]，図8においても透明で均一なOR1ゲルの収縮には1ヶ月以上を要した。また，ORゲルの収縮速度は架橋密度によって変化し，架橋密度が大きくなり，ゲルが不透明（不均一）になるにつれて，収縮速度が増加する傾向を示した。これに対し，クレイ濃度によらず均一透明性が保たれているNCゲルでは，低クレイ濃度において最も速く収縮し，クレイ濃度（架橋密度）が高いほど収縮速度が低下する傾向を示した。

前述したORゲルとNCゲルにおける，相反する体積収縮速度の架橋剤濃度依存性の理由としては，ORゲルでは架橋剤濃度の増加によりゲルが不均一構造となり，それによって相転移時にゲル内部からの水の排出が容易になるため収縮速度が増加すること，一方，NCゲルの場合は，クレイ濃度の増加によって，ネットワークの均一性を保ったまま架橋密度が増していくこと，それに伴い片末端自由なグラフト鎖数が減少すると考えられること，また親水性クレイ層の増加によりゲル内部からの水排出が抑制されること等により，収縮速度が減少すると考察された。

NCゲルおよびORゲルにおいて，20℃でゲルを（48時間）膨潤させた後，保持温度を変化させた場合の体積変化（膨潤／収縮）を図9に示す。LCSTより低温側では全てのゲルが膨潤するが，膨潤度はNCゲル＞ORゲルで，またいずれも架橋密度が低いほど高い膨潤度を示した。一般に，ゲル体積の収縮に要する時間（t）はゲルの大きさに依存し，ゲルサイズ（L）の自乗に比例して大きくなるため（$t \propto L^2$）[14]，特に，図9のように大きなゲルサイズを用いた場合，均一透明なORゲル（OR1）をLCST以上の各温度に8時間保持しても殆ど収縮が見られず，一方，不透明（構造不均一）なOR5ゲルでは，LCST近傍で体積収縮が観測された。これに対し，NCゲルでは，クレイ濃度によらずいずれも透明（均一構造）であるため，全てのNCゲルで明確な体積収縮が観測され，また，クレイ濃度が小さいほど大きな膨潤／収縮比が観測された。

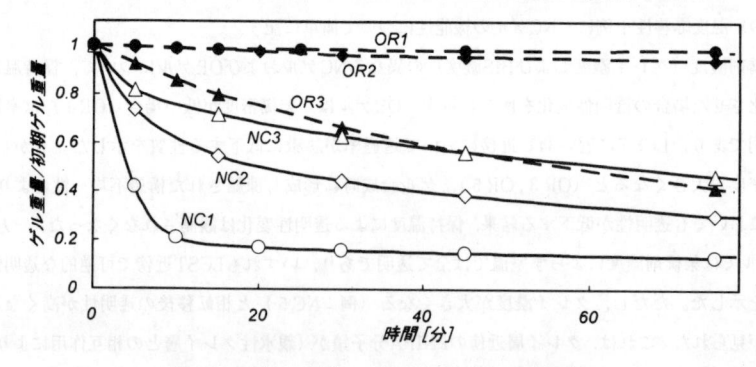

図8　ＮＣゲルおよびＯＲゲルの40℃水中での収縮挙動

第2章 力学・摩擦

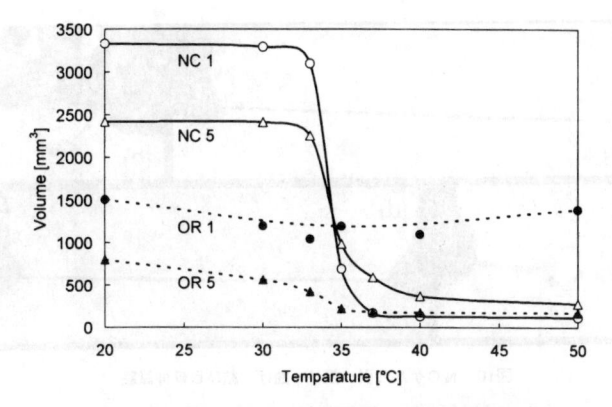

図9 NCゲルおよびORゲルの温度による膨潤／収縮挙動

2.4 NCゲルの力学物性とその制御
2.4.1 NCゲルの力学的特徴

NCゲルは，以上述べたように，透明性（構造均一性），膨潤性，機能性（温度応答性等）において優れた性質を有するが，最大の特徴は力学物性が従来の有機架橋ゲルに比べて驚異的に高く，高伸度，高強度が実現されたことにある。ORゲルが脆く，曲げや延伸により容易に破壊される（図2，図3）のに対して，NCゲルは，自由に伸ばしたり（図10a），曲げたり（図10b），圧縮したり（図3b）できる。このように高い延伸性，伸縮性，圧縮性を有することから，NCゲルは耐屈曲性にも優れ，例えばロッド状サンプルではひも結びができ，さらに，ひも結びをした後，引っ張り試験を行っても結び目で壊れない性質を示す（図10c, d）。

NCゲルの引っ張り試験の様子を図11に示す。また，図12にポリ（N, N-ジメチルアクリルアミド）(PDMAA）からのNCゲル（D-NCゲル：クレイ濃度＝3 wt%）の延伸による応力―歪み曲線を，ORゲルのそれと比較して示す。NCゲルは1500%に達する高い伸びと，優れた破断強度および破壊エネルギー（650mJ）を示した。同一ポリマー濃度（および同一含水率）のOR3ゲルと比べて，NCゲルの破断強度は約10倍，また破壊エネルギーは約500倍と大きな増加を示した。次節以降で示すようにNCゲルの力学物性はクレイ濃度やポリマー濃度を変化させることにより，高延伸性を維持したまま大きく変化させられる[3,4]。従って，ゲル組成の最適化により，破壊エネルギーをORゲルに対して1000倍以上に到達させることも可能である。かかるNCゲルの高強度，高延伸性は，図6に示す有機／無機ネットワークモデルにより説明される。このネットワークは，隣接するクレイ層とそれを結合する多数の屈曲鎖からなる分子レベルのミクロなエクスパンダー

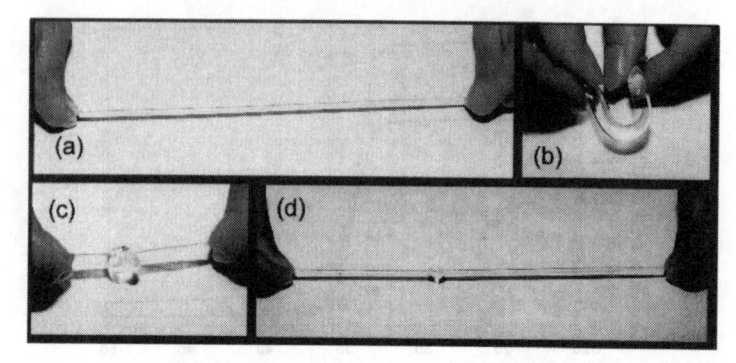

高分子ゲルの最新動向

図10 NCゲルの引っ張り，曲げ，結び目延伸試験

(a) before elongation　　　(b) during elongation

図11 NCゲルの引っ張り試験

(図13) を構成単位としており，このミクロエクスパンダーの結合鎖部分が延伸されることにより大変形が可能となり，更にそれにより生じる応力集中を超多官能架橋剤としてのクレイが保持するという機構によって，可逆的な高延伸性および大きな強度，破壊エネルギーが生まれると考察される。NCゲルの力学物性測定においては，引張り試験だけでなく，曲げ試験，圧縮試験，ねじれ試験，引き裂き試験など多くの変形モードでいずれも大きな破壊エネルギー（タフネス）

第2章 力学・摩擦

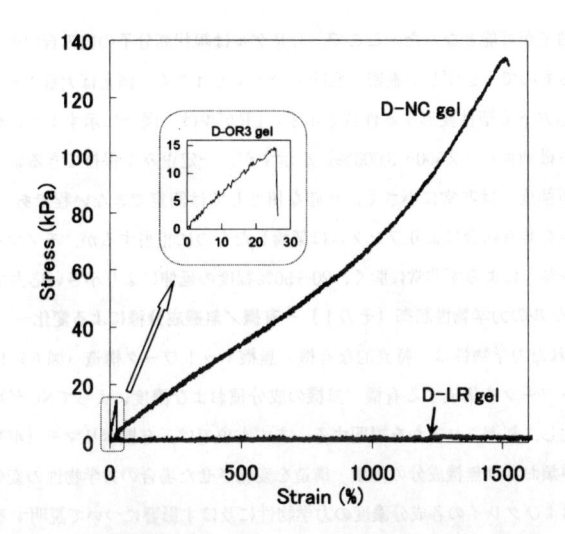

図12 DMAAから調製したNCゲル, ORゲル, LRゲルの応力一歪み曲線

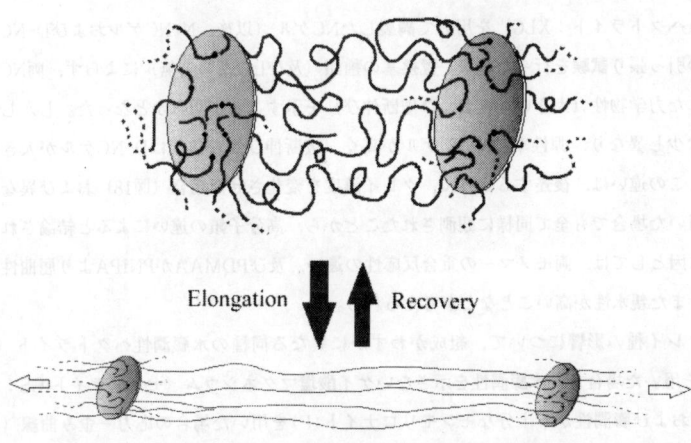

図13 分子レベルでのミクロエクスパンダーモデル

を示す結果が得られた。

これに対し有機架橋剤（モノマーに対し3モル%）を用いて調製したOR3ゲル，および架橋剤を一切含まない線状高分子からなる透明で柔らかいゲル状物（LRゲルと呼ぶ）の応力一歪み曲線を併せて図12に示す。LRゲルは非常に柔らかくかつタック性が極めて大きいため，またORゲルは力学的に非常に弱く脆いため，いずれも延伸試験測定が容易ではなかったが，保持部

の工夫により測定が可能となった。ここで，LRゲルは線状高分子の絡み合いのみによりゲル状物となっているもので，必ずしも厳密な意味でのゲルではなく，例えば大量の水溶媒中では溶解し，また外部応力下で塑性変形する性質を示す。LRゲルは，図12に示すように延伸により大きく伸びる性質（破断伸び：2,500～3,000%）を示すが，一定歪みで保持できる応力（弾性率）や最大応力（破断強度）は非常に小さく，正確な値としては測定できない程であった。一方，ORゲルはLRゲルを共有結合によりランダムに架橋したものに相当するが，モノマー種や架橋剤濃度（1～5モル%）によらず非常に脆く，20～50%程度の延伸により小さい応力で破壊された。

2.4.2 NCゲルの力学物性制御（その1）―有機／無機成分種による変化―

NCゲルの優れた力学物性は，特異的な有機／無機ネットワーク構造（図6）に由来する。ここでは，ネットワークを構成する有機／無機の成分種および濃度によってNCゲルの力学物性がどのように変化し，制御されるかを説明する。まず本項では，有機ポリマー（ポリアクリルアミド誘導体）の種類および無機成分の種類・構造を変化させた場合の力学物性の変化を示し，次項で，ポリマーおよびクレイの各成分濃度の力学物性に及ぼす影響について説明する。

置換基の異なる二種のアクリルアミド誘導体（N：NIPA，D：DMAA）モノマーを，同一無機成分（ヘクトライト：XLG）を用いて調製したNCゲル（以後，N-NCゲルおよびD-NCゲルと呼ぶ）の引っ張り試験を行った結果，置換基の種類（及びLCSTの有無）によらず，両NCゲルは共に優れた力学物性（大きい強度および破断伸び）を示すことが明らかとなった。しかし，詳細な物性は少し異なり，弾性率はN-NCゲルが高く，破断伸び及び強度はD-NCゲルが大きい値を示した。この違いは，後述するように，クレイ濃度を変化させた場合（図18）および異なるクレイ種を用いた場合でも全て同様に観測されたことから，高分子鎖の違いによると結論された。具体的な原因としては，両モノマーの重合反応性の違い，及びPDMAAがPNIPAより屈曲性が大きいこと，また親水性が高いことなどが考えられる。

次にクレイ種の影響について，組成がわずかに異なる同種の水膨潤性ヘクトライト（XLG，SWN）を用いた場合と，水膨潤性を示さないケイ酸塩マグネシウム（セピオライトIGS：平均径20μm）および膨潤性が不十分なモンモリロナイト（F）を用いた場合の応力―歪み曲線（D-NCゲル）を図14に示す。SWNを用いたNCゲルは，XLGからのゲルと同様に優れた力学物性および透明性を示した。このことから，NCゲルに特徴的な力学物性はクレイのわずかな組成の違いにはよらず，再現よく発現すると結論された。これに対して，全く膨潤性を示さないセピオライト（IGS）を用いた場合は，不透明ゲルで，絡み合いによる線状高分子ゲルに近い極めて低い応力―歪み曲線およびタック性を示した。このことはミクロンレベルの無機微粒子を単にゲル状態の高分子マトリックス中に分散しただけでは，力学補強がほとんどなされないことを意味している。一方，部分的な膨潤性を示す天然産モンモリロナイト（F）を用いた場合は，得られたNCゲル

第2章 力学・摩擦

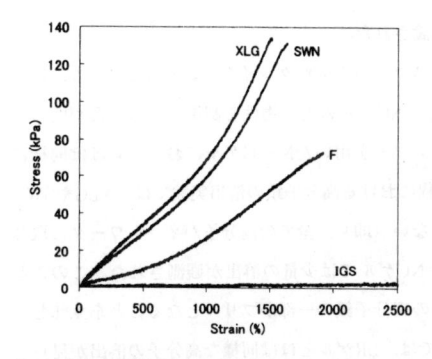

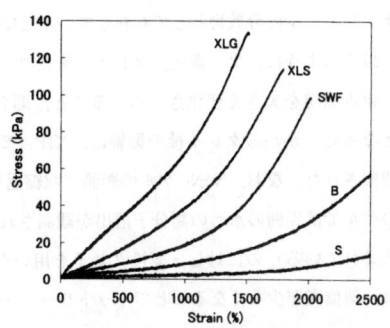

図14 異なる無機成分から調製したD-NCゲルの応力ー歪み曲線

図15 粘土鉱物の変性による応力ー歪み曲線の変化（D-NCゲル）

は不透明で，Fの結晶サイズが大きいにもかかわらず，XLGとIGSの中間の挙動を示した。応力ー歪み曲線（図14），およびX線回折，光透過率，粒度分布測定などの結果から，ゲル内部でモンモリロナイトは，層状剥離してネットワークを構築したもの，ポリマーを内部に取り込んで層間が広がったもの，ミクロンレベルで分散した微粒子状態のものの三種からなると結論された。

次に，高強度NCゲルの合成に用いられた粘土鉱物（ヘクトライト）を変性することにより，どのようにNCゲルの物性が変化するか検討した結果を，同じくD-NCゲルについて図15に示す。これより，フッ素を部分的に導入したフッ素変性クレイ（SWFおよびB）や少量の無機ポリフォスフェートを用いて変性したクレイ（XLS）を用いたNCゲルでは，いずれも応力ー歪み曲線が大きく変化する（弾性率，強度が低下し，破断伸びが増加する）ことが明らかとなった。このことは，フッ素変性クレイでは，図5に示すOH基の一部がフッ素に置換されることでクレイ表面と高分子鎖（PDMAA）との相互作用点が減少し，有機／無機ネットワークにおける有効架橋鎖数が少なくなったことを示唆している。二種のフッ素変性クレイ（SWFとB）の比較では，弾性率はフッ素変性比とほぼ同じ割合で低下することが確認された。一方，無機フォスフェート変性クレイの場合は，クレイの分散剤である無機フォスフェートとの相互作用が優先し，高分子鎖とクレイ表面との相互作用が妨げられる。その結果，有効架橋点数が減少し，フッ素変性の場合と同様に，弾性率および強度の低下が生じると考察された。更に，フッ素変性と無機フォスフェート変性を併用したクレイ（S）を用いて調製したゲルでは，両方の効果が合わさり，極めて大きな弾性率や強度の低下が観測された。一方，このゲル内では，光透過率やX線回折測定から，クレイ層がナノスケールで分散していると考えられる。従って，クレイSを用いたNCゲルの極めて低い力学物性は，クレイ表面と高分子鎖との相互作用がもはや（力学変形に耐えうる）架橋点として働かなくなるほど極めて弱く，クレイ層は重合されたポリマー間において単に不活性な

ナノスケールの分散物として存在していると結論された。

　以上のように，フッ素変性クレイや無機フォスフェート変性クレイを用いることにより，応力―歪み曲線を大きく変化させられること，即ち，NCゲルの力学物性を制御できることが明らかとなった。かかるクレイ種の影響は，NIPAモノマーを用いたN-NCゲルにおいてもほぼ同様に観察された。なお，N-NCゲルの膨潤／収縮過程における高分子鎖の溶出実験では，XLGやSWNのゲルでは周囲の水への高分子溶出が観測されない（即ち，全ての高分子がネットワークに取り込まれている）のに対し，変性クレイを用いたNCゲルでは少量の溶出が観測された。このことは，架橋点が少なくなることでネットワーク中の高分子鎖の一部がフリーとなることを意味している。なお，前項の非膨潤性IGSを用いたゲルでは，LRゲルとほぼ同様な高分子の溶出が見られた。

　図15において，クレイ変性により弾性率が低下すると共に，破断伸度が大きく増加している。このことは，図6に示す有機／無機ネットワークを構築する高分子鎖の多くは隣接クレイ間を架橋した後，引き続き周囲（または前）のクレイとの架橋鎖形成に寄与していることを示唆している。即ち，クレイ変性により単位体積当たりの架橋点数が低下すると共に，架橋鎖長が増加することになり，弾性率の低下と共に破断伸びの増加が生じたと考察される。また，応力集中点としてのクレイ表面での働きが低下するため，破断強度もそれに応じて低下することになる。

2.4.3 NCゲルの力学物性制御（その2）―ゲル組成による物性制御―

　NCゲルの力学物性に及ぼすゲル組成（クレイ濃度，ポリマー濃度，水膨潤度）の影響を以下に示す。結論として，NCゲルの力学物性は各成分濃度によって大きく変化すること，特に，高伸度特性を保持したまま，弾性率や強度を大きく変化させられる（制御できる）ことが明らかとなった。

(1) クレイ濃度による物性変化

　N-NCゲルにおいてクレイ濃度（C_{clay}）を変化させた場合（NC1～NC9）の荷重―歪み曲線（ゲル断面積＝23.7mm^2）を図16に示す。これらから，N-NCゲルの破断荷重および弾性率がC_{clay}と共に増加すること，また破断伸びは1000%前後の高い値に保持されることが明らかとなった。一方，D-NCゲルにおいてC_{clay}を変化させた場合の応力―歪み曲線を図17に示す。これら，D-NCゲルおよびN-NCゲルにおける弾性率，強度，破断伸びのC_{clay}濃度依存性をまとめて図18に示す。上述したように，D-NCゲルは，同じC_{clay}のN-NCゲルと比べて，低い弾性率と大きな破断伸びを有するが，この傾向はC_{clay}の値を変化させた場合でも同様であった（図18）。なお，NCゲルのポリマー濃度（C_p）はモル基準（水1Lに対してモノマーをmモル含有した場合をC_p＝mと定義：図18はC_p＝1）であるため，重量分率ではN-NCゲルがD-NCゲルよりわずかに含有率が高い。ポリマー濃度を重量分率で揃えた実験（図18の○）においても，上記，D-及びN-NCゲルの違い

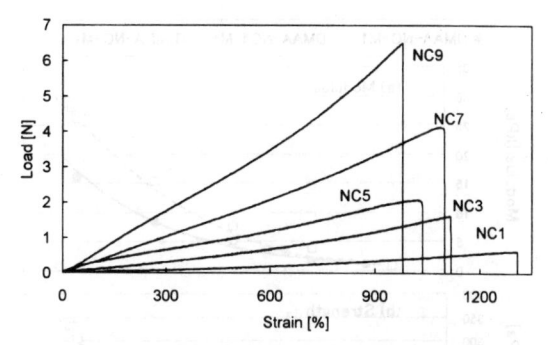

図16 クレイ濃度の異なるN-NCゲルの荷重―歪み曲線

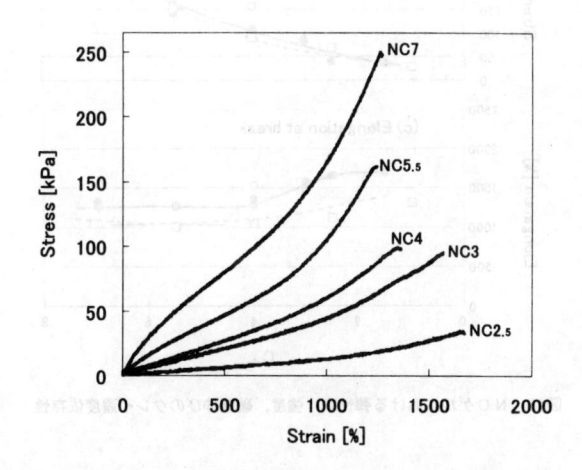

図17 クレイ濃度の異なるD-NCゲルの応力―歪み曲線

は保持された。

(2) ポリマー濃度による物性変化

D-NCゲル（D-NC2.5ゲル：$C_{clay}=1.9$重量%）において，ポリマー濃度（C_p）を$C_p=0.1$以下〜8まで変化させた場合の応力―歪み曲線変化を図19に示す。これより，D-NCゲルはC_pの増加と共に弾性率および強度が増加すること，特に$C_p>0.5$では，高い破断歪みを保持したまま，弾性率，強度が増加することが明らかとなった。図19における応力―歪み曲線のC_p依存性を詳細に見ると，まず，臨界ポリマー濃度（$C_p^*\approx0.13$）以下では，得られたNCゲルは不均一または不透明で，力学物性も脆くて測定できない場合が多かった。次いで$C_p^*<C_p<0.5$では，特にゲルの延伸性が大

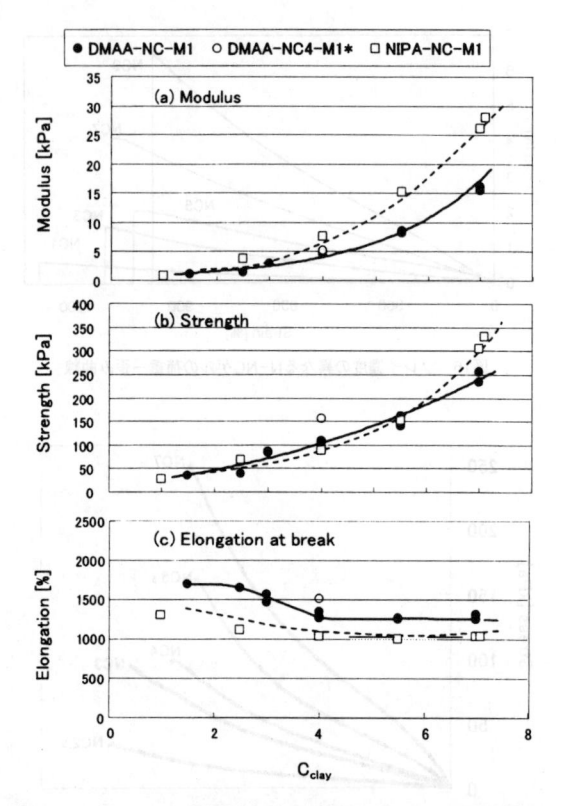

図18 NCゲルにおける弾性率,強度,破断伸びのクレイ濃度依存性

きく向上し,破断伸びがゼロに近い値から1600%までC_pの増加と共に急激に増加した。一方,この間の弾性率の増加はわずかである。このことは,この範囲のC_pにおいて図6における基本的なネットワークが完成されていくことを示唆している。次いで,更にC_pを増加させた場合,ネットワークが完成した後のC_p増加は架橋高分子鎖数の増加,即ち架橋密度の増加に対応することから,$0.5 < C_p$(<5.5)では弾性率および強度がC_pにほぼ比例して増加する。この間,クレイ層間距離は変わらないため,破断歪みは高い値(1600%)でほぼ一定に保たれている。C_pを更に高く($C_p >$ 5.5)した場合,弾性率はC_pに比例して更に増加していくが,強度および破断歪みはやや低下する傾向を示した。しかし,この低下は測定上の問題(治具との滑りや締め付けによる傷)が絡んでおり,今後,測定条件を改良することにより,$C_p > 5.5$領域でも強度の増加が測定されると考えられる。

第2章 力学・摩擦

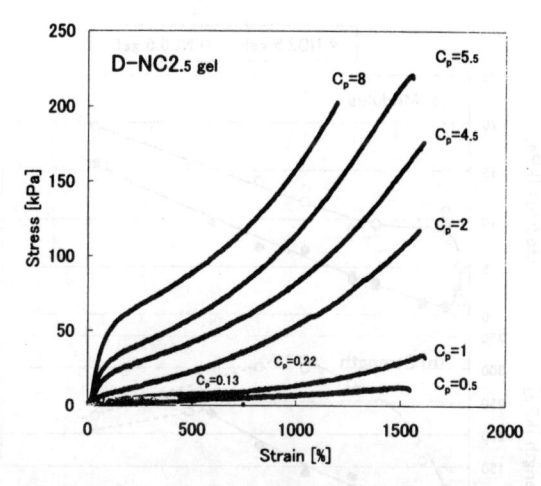

図19 D-NCゲルの応力ー歪み曲線におけるポリマー濃度依存性

以上述べた，弾性率，強度，破断伸びのC_p依存性を，異なるC_{clay}を有するD-NCゲル（NC2.5及びNC5.5ゲル）について，まとめて図20に示す。C_p増加による物性変化の全体的傾向はC_{clay}にかかわらずほぼ同様であった。ただし，小さいC_p領域（C_p＜0.5）での物性変化は，C_{clay}が大きいNCゲルほど，急峻でかつ複雑な物性変化を示した。これはC_{clay}が高いほどクレイ間距離が短くなり，ネットワーク形成がより小さいC_pにおいて完成することによると考察された。

(3) 膨潤による物性変化

NCゲルは，基本的にはクレイ，ポリマー，水からなる三成分系ゲルであるから，二成分（クレイ，ポリマー）の濃度を決定するとNCゲルの物性は決定されるようにも思える。しかし，このことは必ずしも正しくない。例えば，NC4でC_p＝2のゲルを二倍に水膨潤させたものと，NC2でC_p＝1のゲルを比較した場合，クレイ，ポリマー，水の成分割合は両者で同じであるが，合成時に決定されるネットワーク構造（例：有効架橋密度）が異なるため，明らかにこれらの力学物性は異なることに注意すべきである。標準条件で合成したNCゲルを更に膨潤させた場合，どのような力学物性を示すかを図21に示す。合成したNCゲル（膨潤度：x＝8.7）をx＝13.4およびx＝18.1まで更に膨潤させた場合，得られた各ゲルの荷重―歪み曲線は長さ，断面積を補正することにより，本質的に同じネットワーク構造による力学物性に帰結された。このことは，NCゲルのネットワーク構造は合成時に決定され，膨潤によってはそれらが体積として広がっているに過ぎないことを示している。従って，逆に，同一組成のNCゲルでも，合成時にその組成であったものと，後から膨潤させてその組成にしたものでは（ネットワーク構造の詳細が異なるため）

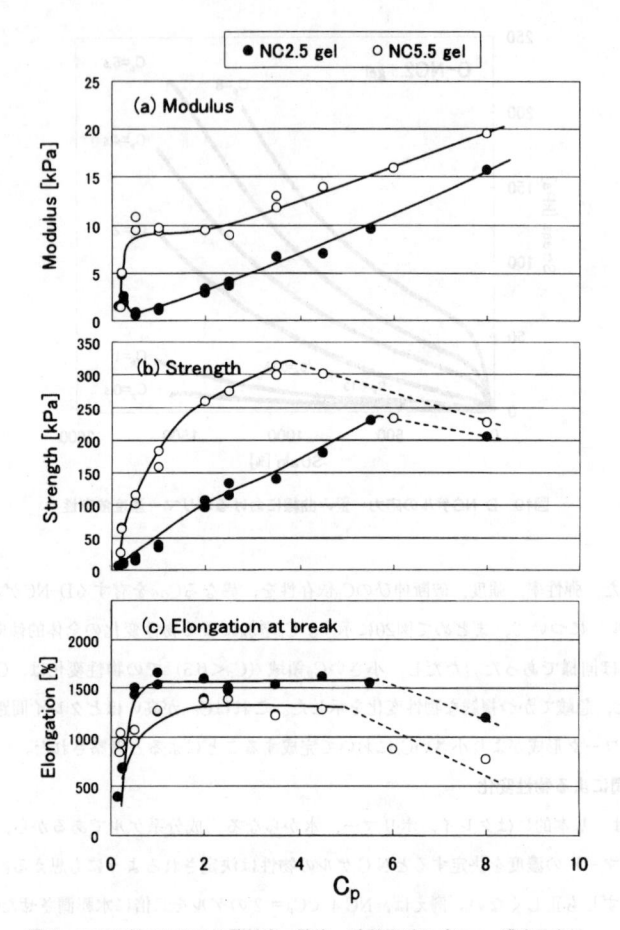

図20 D-NCゲルにおける弾性率，強度，破断伸びのポリマー濃度依存性

異なる物性を示すのが一般的である。

(4) 架橋密度の評価

ネットワークポリマーの架橋密度は，一般に溶媒中での膨潤度測定，動的粘弾性測定，応力—歪み曲線測定などから求められる。Tobolsky[15]によると，溶媒で膨潤した高分子ゲルの状態方程式は次式で表され，架橋密度N^*は，未膨潤ゲルの場合と同様に，延伸倍率（α）での応力Fから求められる。

$$F = \Phi N^* kT \ |\alpha - (1/\alpha)^2| \tag{1}$$

第2章 力学・摩擦

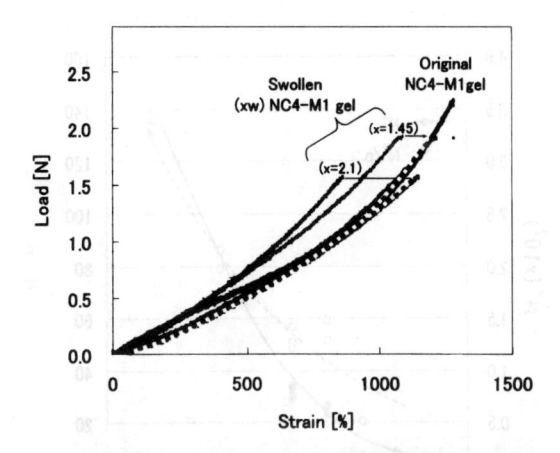

図21 D-NC 4 ゲル（$C_p = 1$）の応力一歪み曲線の膨潤による変化

ここで，Fは膨潤ゲルの初期断面積当たりの力，N^*は単位体積当たりの架橋高分子鎖数，Φは定数（≈ 1），kとTはボルツマン定数と絶対温度である。例えば，D-NC 4 ゲルの場合，（1）式と図17の$\alpha = 2$での応力から求められたN^*（$847/10^6 \text{nm}^3$）と単層分散を仮定して計算されたクレイ層数（$n = 15/10^6 \text{nm}^3$）から，クレイ層一枚当たりの架橋鎖数は56本と評価された。同様にして，C_{clay}を変化させた場合の一辺100nm立方当たりの架橋鎖数（N^*）およびクレイ層一枚当たりの架橋鎖数（N^*/n）を図22に示す。C_{clay}が比較的小さい間（$C_{clay} < 4$）は，隣接するクレイ層間に新たなクレイが配置されていくことから，N^*はC_{clay}にほぼ比例して増加すると考えられる。これに対し，C_{clay}が大きい領域では，クレイ層間距離が短くなるため一つのクレイ層のみに結合しているグラフト鎖（やループ鎖）が有効架橋鎖に変わり，その分だけN^*が更に増す可能性が高い。このことより，大きいC_{clay}領域ではN^*及びN^*/nはより急速に増加すると考察された。また，図22から，高クレイ濃度のNCゲル（$C_{clay} = 7$）でも$N^* = 3360$と評価された。これは，ORゲルの架橋密度（OR 1 = 5400，OR 3 = 16200）と比べて小さい。即ち，NCゲルの架橋密度評価からは，ORゲルの弾性率はNCゲルのそれよりかなり高いと推定される。このことは，ORゲルの延伸試験（図12）や圧縮試験結果から支持された。

2.5 おわりに

NCゲルは，従来の有機高分子100%からなるゴム材料やエラストマーと比べても遜色ない優れた力学物性を示す。一方，NCゲルは水を主成分（80〜90%）とすることから，安全で，環境や生体に優しい材料であると言える。また通常の高分子材料と比べて使用する化学成分が数分の一

89

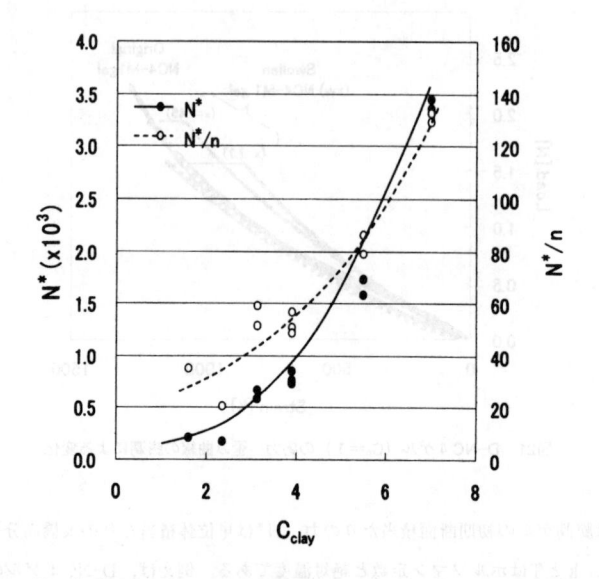

図22 D-NCゲル（$10^6 nm^3$）における架橋鎖数（N^*）とクレイ一層当たりの架橋鎖数（N^*/n）

～十分の一程度に減少させられ，省資源・省エネルギーに対応した材料とも言える．更にNCゲルは，塩素系・リン系を問わず一切の難燃剤を使用しないで不燃性を達成できる究極の難燃性を有する材料でもある．従来，弱い脆いが一般的であった有機架橋ゲルに比べて，極めて優れた力学物性を有しかつ広範囲な物性制御が可能なNCゲルの有用性が材料化学の世界で広く認識され，多くの分野で世の中に役立つ材料となることを期している．

文　献

1) a) D. DeRossi, K. Kajiwara, Y. Osada and A. Yamauchi Eds. *Polymer Gels*; Plenum: New York, 1991. b) T. Okano Ed. *Biorelated Polymers and Gels*; Academic: Boston, 1998. c) 長田義仁，梶原莞爾編，ゲルハンドブック，エヌ・ティー・エス(1997)
2) K. Haraguchi and T. Takehisa, *Adv. Mater.*, **14**, 1120(2002)
3) K. Haraguchi, T. Takehisa and S. Fan, *Macromolecules*, **35**, 10162(2002)
4) K. Haraguchi, R. Farnworth, A. Ohbayashi and T. Takehisa, *Macromolecules*, **36**, 5732 (2003)

第2章 力学・摩擦

5) K.Haraguchi, *et al*, to be submitted.
6) 特開昭57-130543, 特開昭58-36630
7) Y. Okumura and K. Ito, *Adv. Mater.*, **13**, 485(2001)
8) J. P. Gong, Y. Katsuyama, T. Kurokawa and Y. Osada, *Adv. Mater.*, **15**, 1155(2003)
9) M.Heskins, J.E.Guillet, *Macromol Sci Chem*, A2, 1441(1968)
10) P.S.Stayton, T.Shimoboji, G. Long, A. Chilkoti, G. Chen, J. M. Harris and A.S. Hoffman, *Nature*, **378**, 472(1995)
11) 粘土鉱物ハンドブック第二版, 日本土木学会編, 技報堂出版(1987)
12) J. Zou and A. C. Pierre, *J. Mater. Sci. Lett.*, **11**, 664(1992)
13) R. Yoshida, K. Uchida, Y. Kaneko, K. Sasaki, A. Kikuchi, Y. Sakurai and T. Okano, *Nature*, **374**, 240(1995)
14) Y. Hirose, T. Amiya, Y. Hirokawa and T. Tanaka, *Macromolecules*, **20**, 1342(1987)
15) A. V. Tobolsky, D. W. Carlson and N. Indictor, *J. Polym. Sci.*, **54**, 175(1961)

3 膨潤理論・トポロジカルゲル

伊藤耕三*

3.1 はじめに

高分子ゲルは，高分子がネットワークを形成し溶媒を含んだ材料であり，溶媒種・温度・イオン環境の変化に応じて膨潤収縮挙動を示す。ゲルの膨潤を記述する理論は，まずFloryとRhenerによって与えられ，溶媒種や温度によってゲルが膨潤あるいは収縮する現象が理論的に説明された。さらに田中らは，特に高分子主鎖にイオン性基を導入した場合に膨潤収縮挙動が不連続になること，すなわち体積を秩序変数としたとき1次相転移（体積相転移）が生じることを実験・理論両面から明らかにした。体積で千倍を超える相転移現象は，他の材料では見られない特異な現象であることから，多くの研究者の注目を集め，体積相転移の発見を1つの契機として高分子科学の分野でゲルの研究が劇的に盛んになり現在に至っている。本節の前半では，ゲルの膨潤収縮挙動を記述する状態方程式について解説する。

近年，分子の幾何学的構造に着目し，その特徴を生かした分子集合体いわゆるトポロジカル超分子が注目を集めている[1]。具体的には，環状分子が低分子を環内部に取りこんだ包接化合物，環状分子が互いに入れ子になったカテナン，紐状分子を環状分子に通してその両端を脱けないように留めたロタキサン（環状分子がたくさん入るとポリロタキサン[2]という）など現在までに様々な超分子が報告されている。最近，物理ゲルや化学ゲルとは異なり，このような分子の幾何学的拘束を用いてネットワークを形成する新しい種類のゲルが登場した[3]。このようなゲルはトポロジカルゲルと呼ばれている。本節の後半では，トポロジカルゲル特にその中でも架橋点が自由に動くことができる環動ゲルについて解説する。

3.2 ゲルの膨潤理論

3.2.1 Flory-Rhener理論

FloryとRhenerは高分子と溶媒の混合についての有名なFlory-Huggins理論にゲル特有のゴム弾性の項を加えることにより，ゲルの膨潤収縮を記述する理論を提唱した[4,5]。FloryとHugginsは，高分子と溶媒の混合の自由エネルギーF_mを計算する際に，エネルギーについては通常の2成分混合の問題として扱い，エントロピーの計算にのみ高分子の結合性を考慮して状態数を数え上げることにより，以下のような式を導いた。

$$F_m(\Omega, \phi) \equiv \Omega k_B T f_m(\phi) \tag{1}$$

ここで，ΩはFlory-Hugginsモデルにおける系全体の格子数，ϕは高分子の体積分率，$k_B T$は熱エ

---

* Kohzo Ito 東京大学大学院 新領域創成科学研究科 物質系専攻 教授

ネルギー，$f_m(\phi)$は1格子当たりの混合自由エネルギーを表し，以下のように与えられる．

$$f_m(\phi)=\frac{\phi}{N}\ln\phi+(1-\phi)\ln(1-\phi)+\chi\phi(1-\phi) \qquad (2)$$

ここで，Nは高分子の長さ（1本の高分子が占める格子数），χはカイパラメータと呼ばれる無次元量で2成分間の相互作用の差し引きを表す．（2）式の最初の2項は混合によって必ず得をするエントロピー項であり，第3項が混合エンタルピーを意味している．したがって，χの大小によって2成分が混合するか相分離するかが決まるのである．このとき浸透圧Πは，

$$\Pi=-\left.\frac{\partial F_m(\Omega,\phi)}{\partial V}\right|_n=\frac{k_BT}{v_c}\left[\frac{\phi}{N}-\ln(1-\phi)-\phi-\chi^2\phi\right] \qquad (3)$$

で与えられる．ここで，$V=\Omega v_c$は高分子溶液全体の体積（システムサイズ），nは溶液全体に含まれる高分子のモノマー総数，v_cは1格子（1溶媒分子に対応）の体積を表す．高分子溶液が溶媒と溶媒のみを通す膜で接しているときの膜に働く圧力が浸透圧であるから，$\Pi<0$のときには高分子溶液の体積は収縮することになり，$\Pi>0$のときには逆に膨潤することになる．前者を貧溶媒，後者を良溶媒と呼ぶ．

次に，高分子溶液を架橋してゲルにしたときを考えてみよう．高分子溶液とゲルの違いは，架橋されたために高分子が並進のエントロピーを失うこと（上式で$N\to\infty$とすればよい）と，静的物性にエントロピー弾性の寄与が入ることである．ゴム弾性の理論から，エントロピー弾性の自由エネルギーへの寄与は

$$F_r(\lambda)=\frac{3}{2}n_pk_BT(\lambda^2-1-\ln\lambda) \qquad (4)$$

で与えられる．ここで，n_pはゲル中の架橋点間高分子鎖の総数，λは伸長倍率を表す．膨潤収縮挙動の場合は3方向同じとみなすため，基準状態の体積をV_0または高分子の体積分率をϕ_0とすると$\lambda^3\equiv\alpha=V/V_0=\phi_0/\phi$の関係がある（$\alpha$は膨潤度）．混合の自由エネルギー$F_m$と弾性の自由エネルギー$F_r$を加えると高分子ゲルの自由エネルギーが得られる．これより，高分子ゲルの浸透圧Πは，

$$\frac{\Pi}{k_BT}=\frac{n_p}{V_0}\left[\frac{\phi}{2\phi_0}-\left(\frac{\phi}{\phi_0}\right)^{1/3}\right]-\frac{1}{v_c}[\ln(1-\phi)+\phi+\chi\phi^2] \qquad (5)$$

で与えられる．平衡状態では浸透圧$\Pi=0$より，Flory-Rhenerの式

$$\frac{n_pv_c}{V_0}\left[\frac{\phi}{2\phi_0}-\left(\frac{\phi}{\phi_0}\right)^{1/3}\right]=\ln(1-\phi)+\phi+\chi\phi^2 \qquad (6)$$

が得られる．ゲルが膨潤してϕが小さくなると左辺はカッコ内の第2項が主要項となる．一方，ϕが小さいので右辺は展開することができるため，上式は

$$\alpha^{5/3} = \phi_0 N_c \left(\frac{1}{2} - \chi\right) \tag{7}$$

に帰着する。ここで、N_cは架橋点間高分子鎖のセグメント数を表す。温度上昇あるいは溶媒が良溶媒に変化するとともにχ（＜0）が減少するので右辺が増加し、αが大きくなるすなわちゲルが膨潤することが説明できる。

3.2.2 田中理論

田中は、ゲルが電荷を持つ場合を考え、低分子イオンの並進エントロピーを上述したゲルの自由エネルギーにさらに加えることによって体積相転移現象を説明した[6]。低分子イオンの並進エントロピーによる浸透圧は、ゲルの体積中に理想気体が閉じ込められている場合と同じと仮定して以下の式を導いた。

$$\frac{\Pi}{k_B T} = \frac{n_p}{V_0}\left[\frac{\phi}{2\phi_0} - \left(\frac{\phi}{\phi_0}\right)^{1/3}\right] - \frac{1}{v_c}[\ln(1-\phi) + \phi + \chi\phi^2] + \frac{fn_p\phi}{V_0\phi_0} \tag{8}$$

ここで、fは架橋点間高分子鎖1本から解離したイオンの数すなわち架橋点間高分子鎖1本が持つイオン基の数を表す。平衡状態$\Pi = 0$では、換算温度τを$\tau \equiv 1 - 2\chi$で定義すると、

$$\tau = \frac{2\phi_0}{N_c\phi^2}\left[\left(\frac{\phi}{\phi_0}\right)^{1/3} - \left(f + \frac{1}{2}\right)\frac{\phi}{\phi_0}\right] + \frac{2}{\phi^2}[\ln(1-\phi) + \phi] + 1 \tag{9}$$

が得られる。ここで、前に述べたように$\phi \ll 1$とすると

$$\frac{N_c\tau}{2\phi_0}\phi^2 = \left(\frac{\phi}{\phi_0}\right)^{1/3} - \left(f + \frac{1}{2}\right)\frac{\phi}{\phi_0} - \frac{N_c}{3\phi_0}\phi^3 \tag{10}$$

を得る。左辺は2体相互作用、右辺の最初の2項は弾性、第3項は3体相互作用を表している。ここで、(10)式が極小値と極大値をそれぞれ1つ持つようなMaxwellループを描くと1次相転移が出現する。その条件は、

$$f + \frac{1}{2} > \frac{4}{3}\left(\frac{5}{3}\right)^{3/4}(N_c\phi_0^2)^{1/4} \tag{11}$$

で与えられる。すなわち、fが大きいかあるいはN_c、ϕ_0が小さいとき不連続な体積相転移になる。N_c、ϕ_0を極端に小さくするとゲルでなくなってしまうため、実質的にはfすなわち高分子主鎖上のイオン基を増やすことによって体積相転移を起こすことができる。これは実験的にも確認されている[7,8]。(9)式から明らかなように、イオン基を増やすということはゲルの弾性率の増大に相当することに注意してほしい。

第2章 力学・摩擦

3.3 トポロジカルゲル
3.3.1 トポロジカルゲルとは

ゲルは，食品，医療品，工業製品等に幅広く利用されており，用いられる高分子の種類も多様である。しかし架橋構造という視点から眺めてみると，物理ゲルと化学ゲルのわずか2種類しかない。物理ゲルは，ゼラチン，寒天などのように自然界によく見られるゲルであり，また生体組織の大半も多種多様な物理ゲルが占めている。この物理ゲルは，高分子（ひも状分子）間にはたらく水素結合や疎水性相互作用などの物理的引力相互作用により微結晶からなる架橋点によってネットワークを構成している。試料の調製が比較的容易という利点もあるが，長時間経過すると逆に収縮・結晶化し，また物理的相互作用が失われる条件（高温や溶けやすい溶媒中）では液化してしまうなどの欠点がある。

一方，化学ゲルは高分子合成が盛んになった今世紀後半になって急速に発展したゲルであり，高分子間を共有結合で直接架橋することでネットワークを形成する。化学ゲルはゲルのネットワーク全体が共有結合で直接つながった巨大な1分子であるため良溶媒中でも溶けない長所がある反面，架橋点が固定されているため架橋反応において不均一な構造ができやすく，機械強度の面で高分子本来の強度に比べ大幅に劣っている。

このような物理ゲルや化学ゲルとは異なり，分子の幾何学的拘束を用いてネットワークが形成されているゲルをトポロジカルゲル（Topological Gel）と呼ぶことにする[9]。分子の幾何学的拘束としては，紐状分子をたくさんの環状分子に通してその両端を脱けないように留めたポリロタキサンなどがよく知られており，このポリロタキサン構造を利用したポリロタキサンゲル（Polyrotaxane Gel）が現在までにいくつか報告されている[9~11]。その中でも，ポリロタキサン上の環状分子の数を抑制し，環状分子どうしを架橋して架橋点が自由に動ける構造を持たせた環動ゲル（Slide-Ring Gel）は，従来の物理ゲルや化学ゲルとは大きく異なる物性を示す点で基礎・応用両面から注目されている[9]。本節では，環動ゲルの作成法，構造・物性，応用分野などについて述べることにする。

3.3.2 環動ゲルの作成法

まず，高分子量（平均分子量2万~50万）のポリエチレングリコール（PEG）を用いα-シクロデキストリン（α-CD）との包接錯体（分子ネックレス）を形成する。高分子量のPEGを用いるとシクロデキストリンがすかすかに包接した低密度のポリロタキサンが容易に調整できる。PEGとα-CDの混合比を調整すれば充填率が5~28%の範囲で調整可能であり，このとき線状高分子は逆に72~95%がむき出しになる。図1（a）のようなポリロタキサンにおいて，α-CDが1分子当たり18個の水酸基を有するのとは対照的に，主鎖であるポリエチレングリコールは幸いにも両末端以外には官能基がないため，このポリロタキサンの溶液中に塩化シアヌルやカルボニルジイ

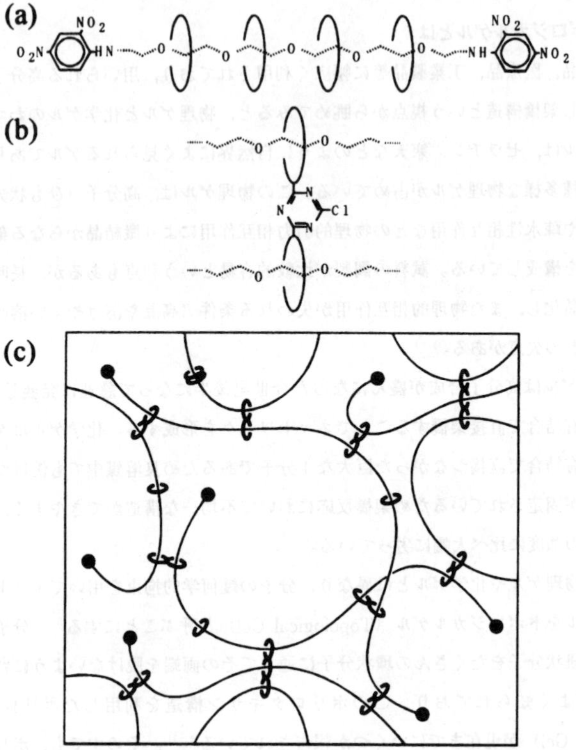

図1　(a) ポリロタキサン，(b) 8の字架橋点，(c) 環動ゲル

ミダゾールなど水酸基に反応する架橋剤を投入すると，必然的にポリロタキサンに含まれるシクロデキストリン間が化学架橋されて図1 (b) に示す「8の字架橋点」を形成し，透明で強いゲルが得られる。ゲル中において両端がかさ高い置換基でとめられた高分子鎖は，図1 (c) に示すように8の字架橋点により位相幾何学的に（トポロジカルに）拘束されることで線状高分子のネットワークを保持している。

実際にゲルのネットワークがトポロジカルな拘束で保持されていることを検証するため，以下のような実験が行われた。まず，両端がかさ高い置換基でとめられたポリエチレングリコールとα-CDをポリロタキサンと同じ組成で混合して同様の架橋反応を行ったところ，トポロジカルな拘束がないためにゲル化が起こらない。またこのゲル中の高分子鎖の末端の置換基を強アルカリ中で加熱して切断するとゲルは液化する。したがって図1 (c) のような8の字架橋点によって

第 2 章　力学・摩擦

ゲルが実際に構成されており，しかも架橋点に拘束された状態でも高分子が分子鎖に沿った方向に自由に動けることが明らかになった。このような環状分子が自由に動ける構造を持つゲルを特に環動ゲルと呼ぶことにする。

　図 2 に化学ゲルと環動ゲルを伸長させたときの比較の模式図を示す。化学ゲルでは高分子溶液のゲル化に伴って，動かない化学架橋点により本来 1 本だった高分子が力学的には別々で長さが異なる高分子に分割されている。そのため，外部からの張力が最も短い高分子に集中してしまい順々に切断されるため，高分子の潜在的強度を生かすことなく容易に破断することになる。一方，環動ゲルに含まれる線状高分子は，架橋点を大量に導入しても架橋点を自由に通り抜けることができるため，力学的には高分子は 1 本のままとして振る舞うことができる。この協調効果は 1 本の高分子内にとどまらず，架橋点を介して繋がっている隣り合った高分子同士でも有効なため，ゲル全体の構造および応力の不均一を分散し，高分子の潜在的強度を最大限に発揮することが可能だと考えられる。架橋点が滑車のように振る舞っていることから，この協調効果を滑車効果 (Pulley Efect) と呼ぶ。この効果は，線状高分子の長さの不均一性を解消し，大幅な体積変化や優れた伸長性などを生み出していると考えられ，従来の物理ゲル，化学ゲルとは大きく異なる環動ゲルの特性をもたらす要因になっている。

　膨潤収縮挙動についても，化学ゲルと環動ゲルでは大きな違いが生じる。化学ゲルでは膨潤の限界が一番短い高分子鎖で決まってしまい，長い高分子鎖は膨潤に何ら寄与しないのに対して，

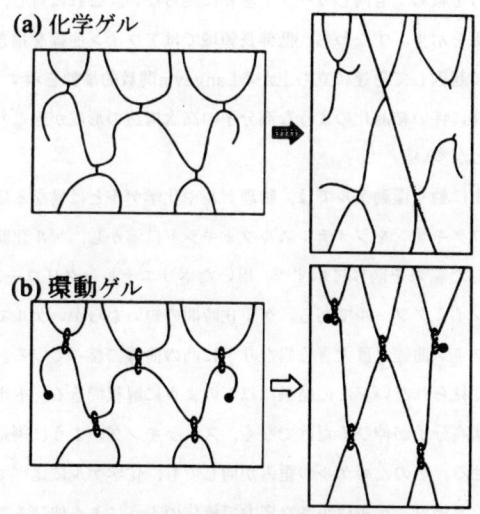

図 2　化学ゲルと環動ゲルの伸長の比較
(a) 化学ゲルの破壊と　(b) 環動ゲルの滑車効果のイメージ

環動ゲルでは滑車効果によって高分子鎖どうしで長さを互いにやり取りできるため，化学ゲルに比べて大きな膨潤収縮挙動が予想される。実際に，環動ゲルは乾燥重量の約6000倍と大幅に膨潤・収縮をすることが明らかになっている。また環動ゲルを伸長したときには，架橋の程度にもよるが最高で19倍にも伸長することも分かっている。さらに環動ゲルは透明・均一なゲルであり，長期にわたってその透明度が維持される。以上のような環動ゲルの特性は，滑車効果と密接に関連していると考えられている。

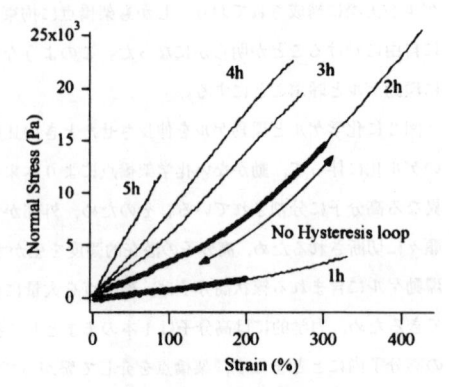

図3 異なるゲル化時間における環動ゲルの応力―伸長曲線（ゲル化時間1時間～5時間）
太線は伸長してから0%へ戻すときの履歴曲線

3.3.3 応力―伸長特性

物理ゲルの一軸応力―伸長特性は，通常のゴムでよく見られるアフィン曲線とは大きく異なり伸長とともに下に凸のカーブを描く点や，応力―伸長曲線が大きな履歴を伴う点などに特徴がある[12, 13]。物理ゲルの場合には，伸長に伴い架橋点が組み変わるために，アフィン曲線から大きく外れるだけでなく，力を緩めても同じカーブ上を元に戻らない。これに対し，化学ゲルはゴムと同様の応力―伸長曲線を示す。すなわち，低伸長領域ではアフィン曲線を描き，高伸長領域では高分子鎖の伸び切りに起因して急速に立ち上がるLangevin関数的挙動を示す[12, 13]。また，一般に化学ゲルの場合，伸長に伴い結晶化のような高分子の高次構造の形成が起こりにくいので履歴をほとんど示さないことが多い。

一方，架橋点が自由に動く環動ゲルでは，物理ゲルや化学ゲルとは異なる応力―伸長曲線が観測されている。ポリロタキサンをジメチルスルフォキシドに溶かし，ゲル化時間を変えながら応力―伸長曲線を測定した結果を図3に示す[14]。用いたポリエチレングリコールの分子量は10万，架橋剤はカルボニルジイミダゾールである。ゲル化時間の短い柔らかいゲルでは，低伸長領域で化学ゲルのようなアフィン曲線とは大きく異なり下に凸の曲線になっている。しかも，物理ゲルとも異なり履歴が全く見られない。この結果は以下のように解釈できる。トポロジカルゲルを引っ張ると，内部の線状高分子が伸びるだけでなく，ストッキングのように縦糸と横糸の比率が変わってゲルを変形させる。そのためゲルの歪みが同じでも，化学ゲルに比べて内部の線状高分子の変形は大幅に少なくて済み，ゲルは小さな応力で液体のようによく伸びることになる。逆に力を緩めるとゲル内部では逆の過程をたどり元の状態に戻る。通常の時間域の小変形では粘弾性に

第2章 力学・摩擦

周波数依存性がないため,滑車効果は十分速いスピードで機能していると思われる。ちなみにトポロジカルゲルでも,架橋剤が大過剰な場合や架橋点が凝集するような貧溶媒の条件になると弾性率が大きくなり,それとともに低伸長領域での挙動が化学ゲルに似たものになる。これらの条件では架橋点の自由な動きが阻害されて,「滑車が錆びた」状態にあると考えられている。外部刺激を用いて意図的かつ可逆的に滑車を錆びつかせることにより,ゲルの力学物性を大きく変えることができる。このように,通常の化学ゲルに比べ,架橋点の移動という自由度が多いという点が環動ゲルの最大の特徴になっており,この自由度を制御することにより化学ゲルでは得られない新規物性が期待できる。

3.3.4 小角中性子散乱パターン

ゲルのナノスケールでの構造や不均一性を調べるのに中性子散乱はよく使われる有効な手段である[15]。通常の化学ゲルを一軸方向に延伸しながら小角中性子散乱パターンを測定すると,延伸方向に伸びたパターンが観測される[16]。これをアブノーマルバタフライパターンと呼んでいる。延伸によってその方向に高分子鎖が配向すると,延伸と垂直方向に引き伸ばされたパターン(ノーマルバタフライパターン)が見られるはずであり,実際に高分子溶液やフィルムではそのようなパターンが観測されている。これに対し,ゲル中には固定した架橋点分布の不均一性が存在するため,高分子鎖の配向よりもむしろ凍結した揺らぎの影響の方が大きくなるために,アブノーマルバタフライパターンが生じるものと考えられている。しかも,延伸に伴い不均一性が増大するため,散乱強度も増加するという傾向が一般的である。

一方,環動ゲルでは,図4に示すように,ゲルとして初めてノーマルバタフライパターンが観測された。これは,環動ゲルの架橋点が自由に動くために,ゲル内部の不均一な構造・ひずみが緩和された結果であると考えられている。また,延伸に伴い散乱強度の減少が見られた。以上の

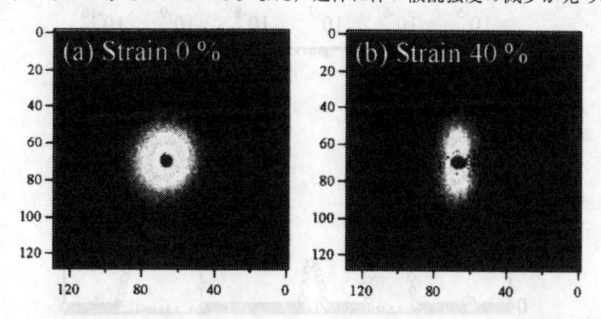

図4 (a) 伸長していない(Strain 0%)環動ゲルの散乱パターンと,(b) 横に伸長した環動ゲル(Strain 40%)で観察されたノーマルバタフライパターン
ゲルで観察された初めてのノーマルバタフライパターンであり,環動ゲルがきわめて均一であることを表している。

結果は,可動な架橋点を持つ環動ゲルが,架橋点が固定された通常の化学ゲルと大きく異なる特性を持つということを顕著に示している。すなわち,環動ゲルと化学ゲルの架橋点におけるナノスケールの構造の違いが,マクロな物性に大きな影響を与えている。

3.3.5 準弾性光散乱

環動ゲル中の架橋点が実際に運動していることを直接観察するために,ポリロタキサンおよび環動ゲルの準弾性光散乱が測定された。

充填率が25%程度とシクロデキストリンがすかすかに詰まったポリロタキサンの準希薄溶液(濃度10%)の準弾性光散乱を測定すると,図5のように3つのモードが観測される。それぞれのモードの角度依存性の測定から,いずれのモードも散乱ベクトルの大きさの2乗に比例するため拡散に起因することが分かる。通常,高分子の準希薄溶液の準弾性光散乱を測定すると,自己拡散モードと協同拡散モードが観測され,この2つのモードの濃度依存性が逆になることが知られている。ポリロタキサンの濃度を変化させながら準弾性光散乱が測定された結果,最も早いモードがポリロタキサンの協同拡散に対応し,最も遅いモードが自己拡散に対応することが明らかになった。濃度に依存しないモードは,ポリロタキサン中のシクロデキストリンの拡散に起因したスライディングモードであることが考えられる。これを検証するため,充填率が65%と高いポリロタキサンの準弾性光散乱が測定されたところ,2つのモードしか観測されなかった。これは,充填率が高くなるとポリロタキサン中のシクロデキストリンがほとんど動けなくなることを示している。すなわち,トポロジカルゲルで架橋点が自由に動くためには,シクロデキストリンが疎に包接したポリロタキサンを調整する必要がある。

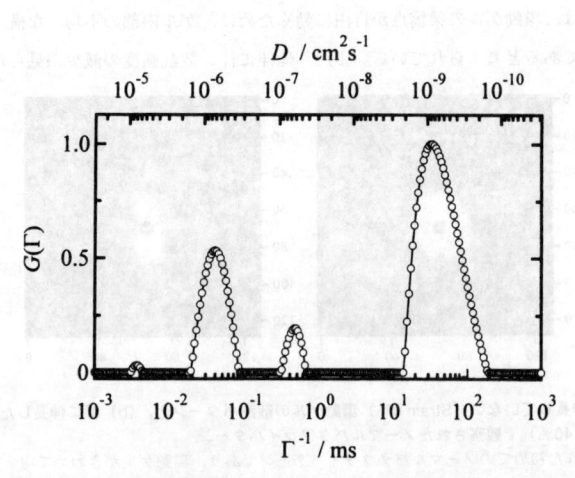

図5 ポリロタキサン溶液(充填率25%,濃度10%)の準弾性光散乱のCONTIN解析結果

次に，シクロデキストリンがすかすかに詰まったポリロタキサンを架橋してゲル化しながら，準弾性光散乱が測定された。ゲル化に伴い，通常の化学ゲルと同様に自己拡散モードが消失するが，協同拡散モード（ゲル化した後にはゲルモードと呼ばれている）およびスライディングモードはほとんど変化しない。このことは，ゲル化後も環動ゲル中の架橋点がスライディングしていることを示唆している。

3.3.6 環動ゲルの応用

ゲルの材料としての最大の特徴は，構成成分がほとんど液体でありながら液体を保持し固体（弾性体）として振舞う点である。従来の化学ゲルの材料設計では，高い液体分率と機械強度は相反するベクトル軸を形成していた。これに対して環動ゲルは，可動な架橋点を導入することで高分子を最大限に効率よく利用することにより，従来のゲル材料では実現不可能であった高い液体分率と機械強度を両立させることが可能である。以上のような理由から，環動ゲルの応用先としては，ゲルのあらゆる分野に及ぶと考えられている。

特に，ポリエチレングリコールとシクロデキストリンからなる環動ゲルは生体に対する安全性が高いことが期待されるので，生体適合材料・医療材料分野への応用が期待されている。具体的には，ソフトコンタクトレンズ，創傷被覆材，眼内レンズ，人工血管，義眼，人工関節などへの応用展開が進められている。また，化粧品や食品分野などや電池関係（リチウムイオンポリマーゲル電池，燃料電池）への応用も考えられている。さらに，環動ゲルの大量生産が可能になり作製コストが下がれば，衝撃吸収剤や建築資材などへの利用も予想されている。

今後，環動ゲルを構成する環状分子，線状高分子，架橋剤等の組み合わせを多彩に広げて，様々なニーズに応える優れた特性を提供できるようにさらなる研究が必要である。シクロデキストリンだけでも，現在10種類程度の高分子を包接することがすでに報告されている。例えばゴム材料に環動ゲルのデザインを適用した「環動ゴム」が実現すれば，従来の材料とは特性が大きく異なる優れた粘弾性体が実現すると考えられている。環動ゲルの今後の展開に期待したい。

文　献

1) 妹尾学，荒木孝二，大月穣，超分子化学，東京化学同人（1998）
2) A. Harada, J. Li and M. Kamachi, *Nature,* **356**, 325（1992）
3) 伊藤耕三，下村武史，奥村泰志，物理学会誌，**57**, 321（2002）；現代化学，**336**, 55（2001）；機能材料，**21**, 51（2001）
4) P. J. Flory, Principles of Polymer Chemistry, Cornell University Press（1953）；フローリ

一著,岡小天・金丸競共訳,高分子化学,丸善(1956)
5) 田中文彦,高分子の物理学,裳華房(1998)
6) 田中豊一,物理学会誌,**41**, 542(1986)
7) S. Katayama, Y. Hirokawa and T. Tanaka, *Macromolecules*, **17**, 2641 (1984)
8) S. Hirotsu, Y. Hirokawa and T. Tanaka, *J Chem. Phys.*, **87**, 1392 (1987)
9) Y. Okumura and K. Ito, *Adv. Mater.* **13**, 485 (2001)
10) J. Li, A. Harada and M. Kamachi, *Polym, J.*, **26**, 1019 (1993)
11) J. Watanabe, T. Ooya, N. Yui, *J. Artif. Organs*, **3**, 136 (2000)
12) 奥村泰志,伊藤耕三,日本ゴム協会誌,**76**, 31 (2003)
13) L. R. G. Treloar: The Physics of Rubber Elasticity, 3rd Ed. Clarendon Press, Oxford (1975)
14) J. E. Mark, B. Erman, Rubber Elasticity, A Molecular Primer, John Wiley, New York (1998)
15) M. Shibayama, *Macromol. Chem. Phys.*, **199**, 1 (1998)
16) C. Rouf, J. Bastide, J. M. Pujol, F. Schosseler, J. P. Munch, *Phys. Rev. Lett.*, **73**, 830 (1994)

4 ゲルダンピング材

桜井敬久*

4.1 はじめに

最近の商品はコンピュータ化され、簡単な操作で高性能を発揮するようになっている。これに伴って部品や電子回路の高集積化、高密度化が進んでおり、従来以上に振動、衝撃対策が必要とされている。しかし機器の小型化、軽量化につれ、振動や衝撃対策は難しさを増している。

従来この分野では、ゴム、熱可塑性エラストマーなどの高分子材料の防振、衝撃緩衝に適した分子構造・配合剤の選択や研究が行われ実用化されてきた。しかし従来の材料では、弾性率が大き過ぎる、振動減衰能力が低い、温度依存性が大きい、長期安定性に劣っている等の問題があり、対応が困難な問題が増えてきている。

本項では新しい振動吸収材料として実用化を行っているシリコーンゲルダンピング材について、その粘弾性発現機構の特徴と応用について説明する。

4.2 防振

防振は、振動絶縁と制振の二つに大きく分けることができる。

振動絶縁とは、外部から伝達する振動または外部に伝達される振動を防振材で反射させ、できるだけ伝えないようにすることである。一般的に使われる防振とは、この振動絶縁を示している。

例えば単純な1自由度系（図1参照）[1]で機器を振動絶縁する場合、振動の伝達率 τ（機器に伝達される振動と外部振動の比率）は次式で示される。

$$\tau = \frac{\sqrt{1+(2\xi\lambda)^2}}{\sqrt{(1+\lambda^2)^2+(2\xi\lambda)^2}}$$

$$\lambda = \frac{\omega}{\omega_n}$$

$$\xi = \frac{c}{2\sqrt{mk}} = \frac{1}{2}\tan\delta$$

$$\omega_n = \sqrt{\frac{k}{m}}$$

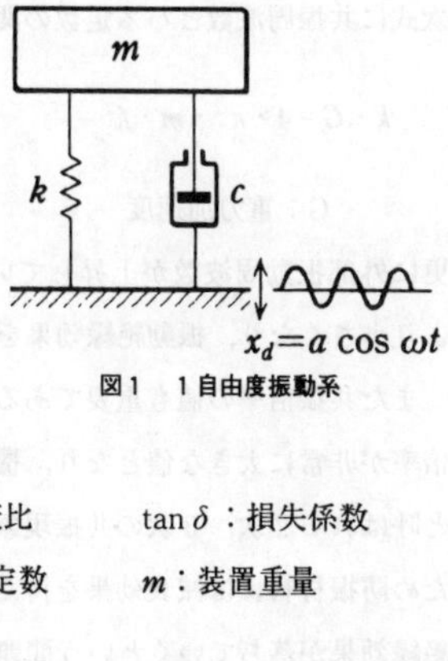

図1　1自由度振動系

τ：振動伝達率　　c：粘性減衰係数　　ξ：減衰比　　$\tan\delta$：損失係数
ω：外部角振動数　ω_n：固有角振動数　k：バネ定数　　m：装置重量

---

* Hirohisa Sakurai ㈱ジェルテック　取締役　開発部長

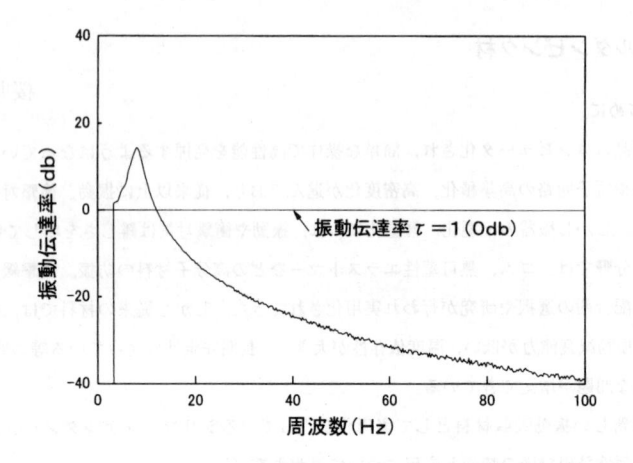

図2 シリコーンゲルの振動伝達特性

　図2にシリコーンゲルを防振材に用いた際の代表的な振動伝達特性を示す。ゲルとある装置で構成された1自由度振動系に，固有角振動数よりも十分に低い周波数の振動が入力された場合，外部振動とシリコーンゲル上部の装置は同じ動きを示し，振動伝達率 τ は1となる。外部振動の周波数が上昇していくと，外部振動よりも装置振動が大きくなる共振現象が見られ，$\omega = \omega n$ で振動伝達率が最大となりこの周波数を共振周波数（f_0），振動伝達率の大きさを共振倍率と呼ぶ。次式に共振周波数とバネ定数の関係を示す。

$$k \cdot G = 4 \cdot \pi^2 \cdot m \cdot f_0^2$$

　　G：重力加速度

　更に外部振動周波数が上昇していくと振動伝達率は小さくなり，$\omega > \sqrt{2}\omega_n$ で振動伝達率 τ は1より小さくなり，振動絶縁効果を現す。

　また共振倍率の値も重要である。金属バネのように減衰成分（c）を持たない材料では，共振倍率が非常に大きな値となり，機器の故障，誤動作につながる。また，高周波領域でサージングと呼ばれる2次，3次の共振現象が発生し，十分な振動絶縁効果が得られない場合がある。このため防振材料には減衰効果を持たせる必要があるが，減衰を大きくするに従って高周波側の振動絶縁効果が落ちていくという問題がある。防振材料は目的とする対象に最適なバネ定数（弾性率）と減衰が必要であり，従来のゴム材料ではこの設計が大変であった。

　次に制振であるが，これは振動伝達部位に直接内部減衰の大きな材料を貼り付けることにより，

振動エネルギーを熱エネルギーに変換し,振動を低減させる方法である。制振効果は振動系全体の損失係数(η)で表される。鋼板に制振材料を貼り付けたものは非拘束型制振材と呼ばれ,制振材を鋼板でサンドイッチしたものは拘束型制振材と呼ばれる。非拘束型制振材の損失係数ηは次式となる[2]。

$$\eta \fallingdotseq 14 \cdot tan\delta^2 \cdot \frac{E_2}{E_1} \cdot \left[\frac{H_2}{H_1}\right]^2$$

$tan\delta$:制振材損失係数　　E_1:鋼板圧縮弾性率
E_2:制振材圧縮弾性率　　H_1:鋼板厚み
H_2:制振材厚み

　制振効果を持たせるためには,損失係数の大きな材料を用い,鋼板に対して弾性率,厚みを大きく取ることが有効となる。弾性率の小さなゲル材料の場合には構成材料の弾性率が低く薄い小型軽量部品の制振に適している。一般的な制振材料では材料の損失係数($tan\delta$)のピークがガラス転移点付近にあることを利用し,ポリマーブレンド,充填剤の配合でガラス転移点を常温近辺に設定し高減衰材料として用いているが,温度依存性が大きく制振効果が安定しないという問題を有している。

4.3　シリコーンゲルダンピング材の特徴

　ゲルはハイドロゲルとオルガノゲルに分類されるが,ハイドロゲルでは水分子の凍結や乾燥によって物性が変化してしまうため,防振用途のゲルダンピング材に適していない。シリコーンゲルはオルガノゲルの一種であり,有機シリコーン高分子からなる低架橋密度の網目構造と内部に含まれる未反応シリコーンオイルから構成されている(図3参照)。シリコーンゲルは熱的・化学的に安定なシリコーンオイルを溶媒とするため,環境による物性変化が小さく広い温度範囲でゲル状態を維持することができる。

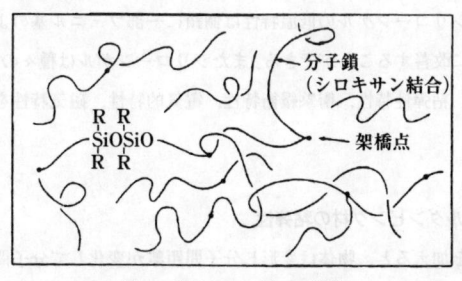

図3　シリコーンゲルの構造

ゲルは種類により，化学反応による架橋構造を有したものや凝集，高分子鎖の絡み合いによるものがある。ゲルを防振材用途に使用するためには，シリコーンゲルのように化学反応による架橋構造を持ったものが適している。架橋構造を持たないものでは外力により塑性変形が起こり，流動してしまう問題がある。シリコーンゲルは，両末端にビニル基を持つオルガノシロキサンポリマーと両末端及び側鎖にハイドロジエン基を持つオルガノシロキサンオリゴマーが，白金など微量の貴金属の基で反応し三次元網目構造を形成する。原料の構造，分子量，混合割合を変化させることによりシリコーンゲルの架橋構造，未反応シリコーンオイルの状態を変化させることができる。これにより機械的特性，粘弾性特性の調整が可能であり，ゴム状から液体状まで硬度を自由に変えることができる。反応が付加反応であるため硬化後の構造が化学的に安定であり，硬化途中で副生成物の発生がないことから，シリコーンの持つ種々の特徴を発揮させることができる。シリコーンゲルは無機のシロキサン結合とメチル基などの有機基が結合した単位からなっており，一般の有機高分子とはかなり異なる骨格を持っている。シロキサン結合と炭素結合を比較した場合，シロキサン結合は原子間距離が炭素結合より長く，結合角が140度と広い。このことはジメチルシロキサン鎖が他の高分子鎖と比べて分子鎖の広がりが大きく，結合周りの回転の自由度も高いことを示している。

　つまりシリコーンゲル骨格を形成するシロキサン結合は柔軟性が大きく，間接のような働きをする。またシリコーンゲルはゴムに比べて架橋点が少ないため構造規制ファクタが小さく，側鎖の有機基を変えることで特性を変化させることができる。熱的にも，シリコーンゲルは他の有機合成ゴムと異なる特性を有している。シリコーンポリマーの主鎖であるシロキサン結合と，有機合成ゴムの主鎖である炭素結合の原子結合エネルギーを比較すると，前者が106kcal／mol，後者が85kcal／molである。この原子結合エネルギーの差により，シリコーンポリマーは有機合成ゴムに比べ優れた耐熱性を有している。シリコーンゲルは200℃の空気中でも著しい物性の低下はなく，長時間の使用に耐えることができる。また低温側ではシリコーンゲルは－123℃付近にガラス転移点，－50℃付近に融点があり，－50～200℃の広い温度範囲で安定した柔らかなゲル状態を保持している。シリコーンゲルの低温特性は側鎖に一部フェニル基のような結晶化阻害因子を導入することに更に改善することができる。またシリコーンゲルは種々の充填剤の添加により，弾性率，機械的強度，粘弾性特性，衝撃緩衝特性，電気的特性，磁気特性を変化させることが可能である。

4.4　シリコーンゲルダンピング材の粘弾性

　物体に外から振動を加えると，物体は変形し分子間距離が変化して分子間ポテンシャルが高くなる（弾性エネルギーの蓄積）。弾性体の場合外力が物体に与えた力学的エネルギーは，弾性変

第2章 力学・摩擦

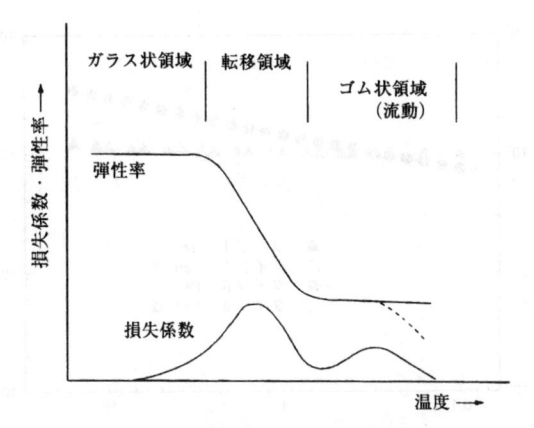

図4 高分子の粘弾性と温度の関係
(グラフ: 縦軸 損失係数・弾性率、横軸 温度、ガラス状領域／転移領域／ゴム状領域(流動)、弾性率と損失係数の曲線)

形という形で物体に伝わる。従って変形が元に戻ると，物体は受け取ったエネルギーを外界に返して元の状態となる。粘弾性体の場合は流体と同様に分子間の相互作用は固定的なものではなく，一度蓄えられた弾性エネルギーは分子が滑る際の摩擦により消費され熱エネルギーに変換されてしまう。従って振動の一周期後に変形が回復しても，受けたエネルギーの一部は外界に返されない。このようにエネルギー貯蔵とエネルギー散逸とが同時に起こることから，粘弾性体の緩和現象が観測される。粘弾性体に対してひずみ（e）を正弦的に加えた場合，そのひずみに対する応力（σ）は同時には現れないで，位相（δ）が幾分遅れて現れる。正弦波ひずみに対する応力は，ひずみと同位相の弾性による応力成分（貯蔵弾性率G'）と90度位相のずれた粘性による応力成分（損失弾性率G''）とに分けられ，復素弾性率（G^*）で表すことができる（図4参照）。

加えられたひずみと応力の時間的遅れを示す角度（δ）は損失係数（$\tan\delta$）として表される。

$$\tan\delta = \frac{G''}{G'}$$

損失係数（$\tan\delta$）は振動1サイクルの間に熱として散逸されるエネルギーと貯蔵されるエネルギー比の尺度となる。損失弾性率（G''）は1サイクル当たりに散逸されるエネルギー（ΔE）に正比例する。

粘弾性体である高分子材料の振動特性は，高分子材料の分子構造，平均分子量，分子量分布，極性構造と添加される充填剤の粒子形状，粒子径，表面構造などに大きな影響を受ける。高分子材料に応力，ひずみが加わると，高分子主鎖のミクロブラウン運動と側鎖のミクロブラウン運動による分子間の摩擦や充填剤との摩擦により振動エネルギーが熱エネルギーに変換され振動吸収現象が起きる。シリコーンゲルの場合シロキサン結合の骨格は回転の自由度が高いため，ミクロ

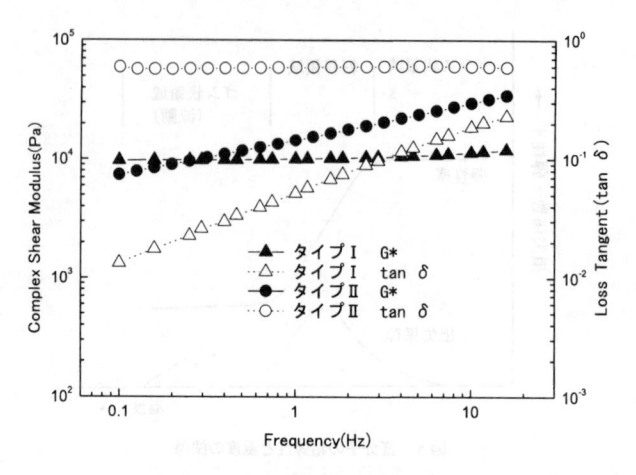

図5 シリコーンゲルの動的粘弾性の周波数依存性

ブラウン運動による摩擦が大きく他の炭素結合の粘弾性体よりもエネルギー吸収性が高い。そのため弾性成分に対して粘性成分が大きい、損失係数（tanδ）が比較的に高い構造となっている。

高分子材料の粘弾性測定で振動数，振幅を一定に保ったまま温度を下げていくとガラス転移点付近で損失係数（tanδ）のピークが現れる（図4参照）。前述の通り一般的な高減衰材料はこの現象を利用しているが，粘弾性が温度により急激に変化するため使用する環境が限定される。シリコーンゲルダンピング材はガラス転移点よりも高い温度で使用するよう設計されているため，広い温度範囲で安定したゲルを保つことができる。シリコーンゲルは架橋構造，未反応シリコーンオイルの状態により粘弾性を変化させることができる。架橋密度を高め多量の未反応シリコーンオイルで膨潤させたタイプIの場合，G^*が周波数に対してほぼ一定であり，tanδは周波数が高くなるにつれて上昇する（図5参照）。架橋密度を低くし架橋点間距離の長いタイプIIでは，tanδが周波数に対してほぼ一定でありG^*は周波数が高くなるにつれて上昇する。タイプIではしっかりとした網目構造が形成されているため，低周波領域での網目構造の変形による摩擦は小さく，周波数増加に従い未反応シリコーンオイルとのミクロブラウン運動による摩擦が発生するためtanδが大きくなると考えられる。タイプIIでは小数の架橋点と分子の絡み合いによる疑似架橋により網目構造を形成している。従って網目構造が変形しやすく，側鎖や未反応シリコーンオイルによる摩擦が周波数の低い領域から行われると考えられる。タイプIIのシリコーンゲルは荷重に対する形状保持能力がタイプIのゲルよりも若干劣るため，防振用途では金属バネ等の減衰成分を持たない弾性材料と複合して使用される。

第2章 力学・摩擦

4.5 シリコーンゲルダンピング材の用途
4.5.1 各種防振材

一般的に使用される防振材と同様に防振材料を成型加工したものや成型時に金属金具と一体成型を行った製品である（図6参照）。

広い周波数範囲で振動絶縁効果を得るには，共振周波数を下げる必要があり，このためにはバネ定数kを小さくしなければならない。従来の防振ゴムでは素材の弾性率が大きく，軽荷重の機器を防振するためには成形品の形状の工夫でこの問題を解決するしかなかったが，ゲルは弾性率が小さな材料であるため，単純形状でバネ定数を落とすことができる。

また，共振周波数を下げるためにバネ定数を小さくすると，装置重量により防振材のたわみ量が大きくなる。言い換えれば，共振周波数を下げるためにはたわみ量も大きくせざるを得ないが，従来の高分子材料では圧縮永久ひずみが大きくたわみ量（変形量）に限界があり，共振周波数を下げ難かった。シリコーン素材のゲルでは，弾性率が小さいにもかかわらず圧縮永久ひずみがJIS試験で数％の材料であり，共振周波数を下げるために有利な特性を有している。

一般的なゴム材料では防振材の共振周波数を落とすのは困難（20Hz以上）であるが，シリコーンゲルでは単純形状で共振周波数を10Hz近辺に設定することができる。

4.5.2 複合型防振材

金属のコイルバネとゲルを複合した防振材（図7参照）で，共振周波数を10Hz以下にすることができる（図8参照）。共振周波数を下げるためには，防振材に装置が載った状態でたわみ量を大きく取らなければならない。10Hz以下に共振点を設定する場合には，非常に大きなたわみが必要となるが，一般的に防振材の設置できるスペースには限界があり，防振材の高さも制約を受ける。この状況ではシリコーンゲルの成形品でもやはりひずみが大き過ぎるため，10Hz以下

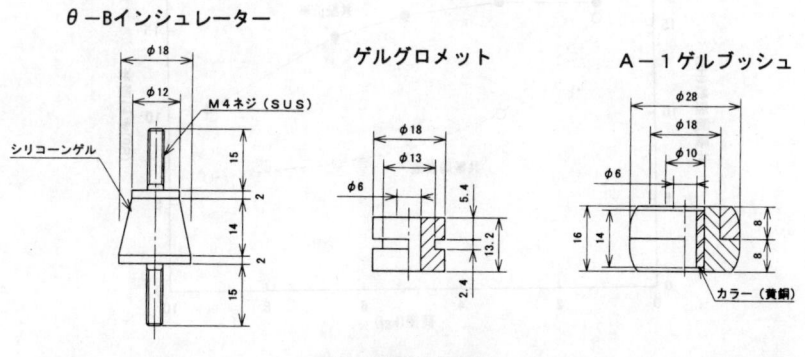

図6　各種ゲル防振材

に共振周波数を設定するのは困難である。また防振材が大きくたわむ場合には，防振材の変形のためバネ定数が上昇し，あるひずみ以上では共振周波数の減少が見られなくなる。

金属のコイルバネでは，たわみを大きく取った状態でもバネ定数の上昇が見られず共振周波数を下げることができるが，減衰性能を有していないため複合型防振材ではゲルに減衰性能を持たせている。この場合のシリコーンゲルは，G'がなるべく小さくG"の大きな材料が用いられる。

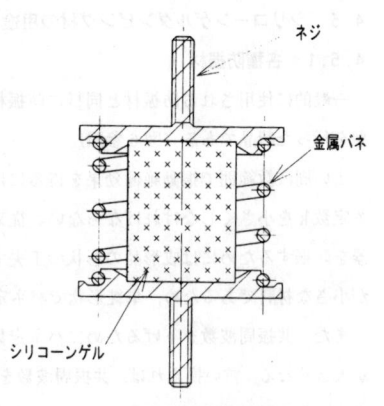

図7 複合型防振材

4.5.3 光ピックアップアクチュエーター用ダンピング材

CD，MD，DVD等の光デバイスは，レーザーをディスク上の凸凹（ピット）に反射させその反射光を読み取る構造となっている。この際レーザー光の焦点を合わせるために，小径のレンズが用いられる。このレンズはレーザーの焦点を調整するために上下方向に移動でき，またピット列をレーザーが正確にトレースできるよう左右のトラッキング方向にも移動できるようになっている。レンズにフォーカス，トラッキング方向のサーボコントロール可能な機構を設けたデバイスを光ピックアップアクチュエーター（図9参照）[3]と呼び，光メディアの普及した現在では年間数億台の光ピックアップアクチュエーターが生産されている。

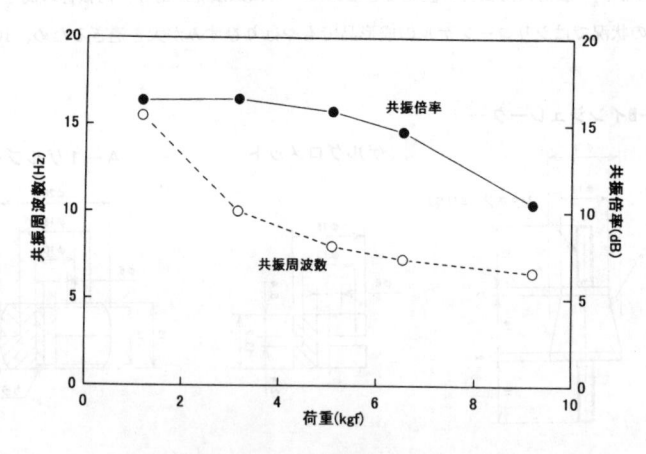

図8 複合型防振材の荷重－共振周波数，共振倍率特性

第2章 力学・摩擦

レンズはフォーカス，トラッキング方向に移動可能でなければならないが，これを実現するため図のようにレンズは細いワイヤーで光ピックアップアクチュエーターに支持されている。支持の方法としては，2本ワイヤー，4本ワイヤー等がある。この機構ではレンズが荷重となり金属の片持ちバネで支持されているため1次の主共振現象の他に，ヨーイング，ローリング，ピッチングなどのねじれ等による振動が発生する。これらを抑えるために光ピックアップでは，ワイヤーが支持されている根本付近に振動減衰材を充填する構造となっている。この振動減衰材としてシリコーンゲルを使用しており，生産性を考えこの用途にはUV硬化を用いている。

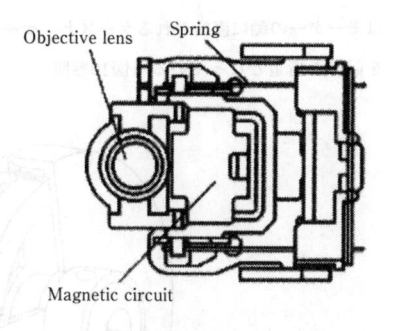

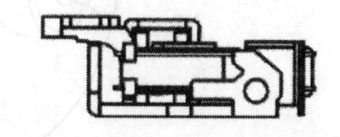

図9 光ピックアップアクチュエーターの構造

光ピックアップは各社からいろいろな製品が出されているが，それぞれが違った仕様である。また，光メディアが高速回転になるに従い，光ピックアップの振動特性も共振点が高周波側に移動するなど変化していく。この用途には厳しい振動特性が要求されるため，これに用いるシリコーンゲルも各仕様に合わせ，粘弾性の周波数依存性とG'，G''，$\tan\delta$の値の調整が必要である。

4.5.4 ステッピングモーターダンパー

ステッピングモーターはプリンター・ディスクドライブ等いろいろな箇所に使われているが，駆動パルスのある周波数において低速域共振，中速域共振と呼ばれる不安定現象を引き起こす。これらの不安定現象は振動・騒音発生の原因であり，また中速域共振はその周波数以上で運転不能のため高速化の妨げとなる。

また1ステップずつ運転をするような場合，ステッピングモーターでは1ステップの動作後に軸が振動しているため，次のステップに移るためにこの軸振動の減衰を待たなければならない。従って，1ステップ毎の軸の振動減衰時間（セトリングタイム）もやはり問題となる。

このため，ステッピングモーターの振動エネルギーを吸収するいろいろなダンパーが開発されている。従来は，ゴムダンパー，粘性結合ダンパー，磁気結合ダンパーが用いられてきた。しかし，ゴムダンパーは満足すべき性能でなく，粘性結合ダンパーはシール性，加工性，小型化に問題があり，磁気結合ダンパーは性能の経時変化が避けられない。さらにどのダンパーも減衰性，温度特性に問題があった。

この問題点を解決するため，シリコーンゲルを用いたダンパーの開発を行った。このダンパー

高分子ゲルの最新動向

はモーターの軸に直結されるケースと，ケースから分離された慣性体との間にシリコーンゲル層を設けた構造となっている（図10参照）。ステッピングモーターがステップ動作を行った場合，

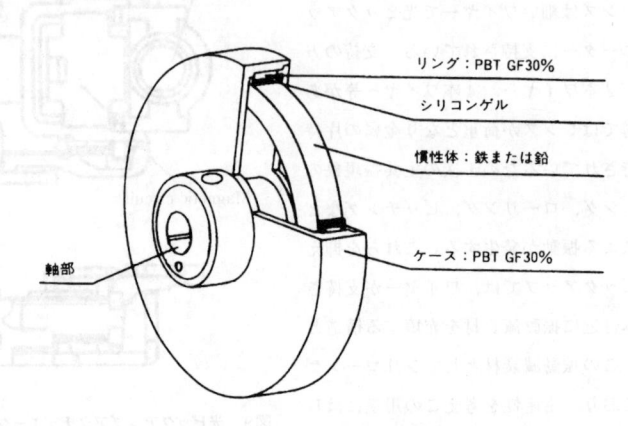

- リング：PBT GF30%
- シリコンゲル
- 慣性体：鉄または鉛
- 軸部
- ケース：PBT GF30%

図10 ステッピングモーターダンパー

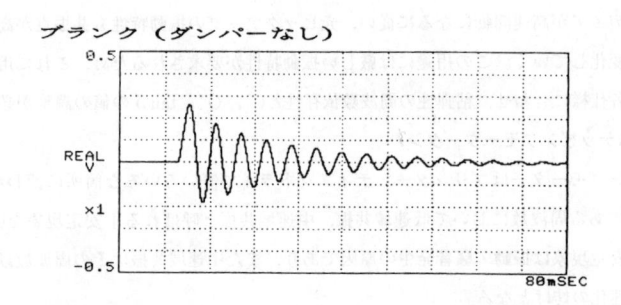

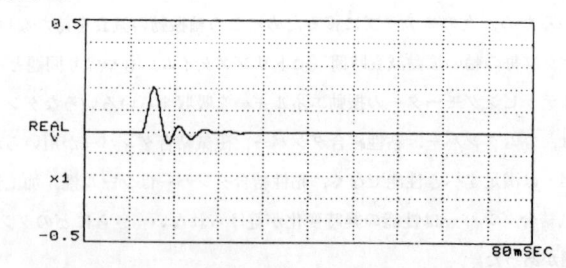

図11 ダンパー装着時のセトリングタイム短縮効果

第2章 力学・摩擦

モーターの軸とダンパーのケースはステップ終了後その位置に留まろうとするが，ゲルで保持された慣性体は回転方向に行き過ぎるため，間のゲルに剪断変形が発生する。この剪断変形によるエネルギー吸収を用いて，不安定現象の解消とセトリングタイムの短縮（図11参照）を行っている。

4.6 今後の課題

シリコーンゲルの粘弾性特性は次第に明らかになってきてはいるが，まだ十分とはいえない。またシリコーン材料だけではなく，充填剤の検討も必要である。またFEMによる設計，振動特性解析も行っているがやはり十分とはいえず，材料検討と合わせ最適設計を行うために更に新しい解析方法の開発が必要となっている。

文　　献

1) 清水伸行，パソコンによる振動解析，p.126-139，共立出版（1989）
2) 山口道征，制振材料とその適用法，合成樹脂，p.12-20（1990）
3) 田中利之ほか，シャープ技報，第72号，p.38-41（1998）
4) 見城尚志，新村佳久，ステッピングモーターの基礎と応用，総合電子出版社（1987）
5) 防振ゴム研究会，新版防振ゴム，現代工学社（1998）
6) 時田保夫，森村正直，精密防振ハンドブック，フジ・テクノシステム（1987）

第3章 医　　用

1　生体分子応答性ゲルの合成

宮田隆志*

1.1　はじめに

　高分子ゲルは，物理的あるいは化学的な架橋点を有する高分子のネットワークが水などの溶媒に膨潤した状態にあり，生体と類似の性質を示すために医用材料として幅広く利用されてきた[1,2]。例えば，紙オムツなどの衛生用品などに使用されている高吸水性樹脂やソフトコンタクトレンズは最も普及しているゲルである。また，最近では再生医療用の細胞培養などに利用されるゲルのように，生体に近い素材であるゲルは次世代の医療技術を支える医用材料として重要な役割を果たすようになってきた。さらに，このようなゲルの中で，pHや温度などの外部環境の変化に応答して急激に体積変化する刺激応答性ゲルが見出され，インテリジェントな次世代型材料としての地位を確立しつつある[3~10]。例えば，pH応答性ゲルや温度応答性ゲルに薬物を内包させることによって，pHや温度変化に応答したドラッグデリバリーシステム（DDS）が報告されている。また，温度応答性ゲルを利用した細胞培養に関する研究などは，最近の再生医工学において重要な技術を提供するようになってきた。このようにゲルは寒天やゼリーなどの食品として利用されるだけでなく，医用材料としても重要な地位を占めており，古くて新しい材料といえる。

　従来報告されている刺激応答性ゲルの多くは，pHや温度などの物理化学的変化に応答するゲルであり，特定の生体分子を認識して体積変化する生体分子応答性ゲルはほとんど報告されていない。しかしながら，生体の異常を示すシグナルはpHや温度などの物理化学的因子だけでなく，特定の生体分子が疾病などのシグナルとなる場合も数多く存在する。したがって，刺激応答性ゲルをDDSや診断センサーなどの医用材料として利用するためには，生体の異常を示すシグナル生体分子を認識して応答できる生体分子応答性ゲルの開発が不可欠である。その代表的な例としては，糖尿病患者の血糖値に応答したインスリン放出制御用のグルコース応答性ゲルが挙げられる。このように生体分子応答性ゲルはインテリジェント医用材料として高いポテンシャルを持っているにもかかわらず，これまで報告されている生体分子応答性ゲルのほとんどがグルコース応答性ゲルである[10~12]。

　本節では，インテリジェント医用材料として期待されている生体分子応答性ゲルについて，こ

---

*　Takashi Miyata　関西大学　工学部　教養化学　助教授

第3章　医　　用

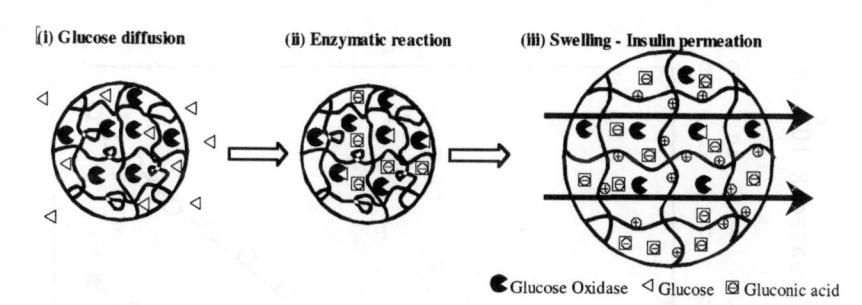

(i) Glucose diffusion　　**(ii) Enzymatic reaction**　　**(iii) Swelling - Insulin permeation**

● Glucose Oxidase　◁ Glucose　☒ Gluconic acid

図1　pH応答性ゲルにグルコースオキシダーゼを固定化したグルコース応答性インスリン放出システム

れまで報告されている重要な研究例を挙げて概説する。

1.2　生体分子機能を利用したグルコース応答性ゲル

膵臓のランゲルハンス島で生成されるインスリンは血糖値を下げる作用を持つホルモンであり，血液中の糖分を調節する役目を担っている。糖尿病は，このような膵臓の機能の中で血糖をコントロールする働きが低下して起こる病気である。そのため，糖尿病患者に対しては血糖値を測定し，その値に応じてインスリン注射することによって血糖値を常にコントロールしなければならない。したがって，血糖値に応じてインスリンを放出する自律応答型DDSシステムを構築することができれば，糖尿病患者の負担を大きく軽減することができる。このような糖尿病患者のインスリン治療用デバイスとして，グルコース応答性ゲルが比較的古くから研究されており，血糖値に応じたインスリン放出システムへの応用が期待されている。

最も古くから報告されているグルコース応答性ゲルは，酵素であるグルコースオキシダーゼ(GOD)の酵素反応とpH応答性ゲルの膨潤収縮挙動とを組み合わせたゲルである。このようなグルコース応答性ゲルを利用した自律応答型インスリン放出システムの概略を図1に示す。GODは，グルコースを酸化してグルコン酸と過酸化水素に分解する酵素である。したがって，酸性条件下で膨潤するpH応答性ゲル内にこのGODを固定化すると，ゲル内でグルコースがグルコン酸に分解されてゲル内pHが低下する。そのため，ゲルネットワークの解離基の状態が変化することによって浸透圧が変化し，結果的にゲルがグルコース濃度に応じて膨潤する。このようなグルコース応答性ゲル内にインスリンを担持させると，グルコース濃度が高い場合にゲルが膨潤してインスリンを放出し，グルコース濃度が低下するとゲルが収縮してインスリン放出を抑制する。このようなシステムによってグルコース濃度に応答したインスリン放出制御が試みられている。例えば，石原らはN, N-ジエチルアミノエチルメタクリレートと2-ヒドロキシプロピルメタクリレートとの共重合体からなるpH応答性ゲル膜とGOD固定化ポリアクリルアミドゲル膜とを組み合

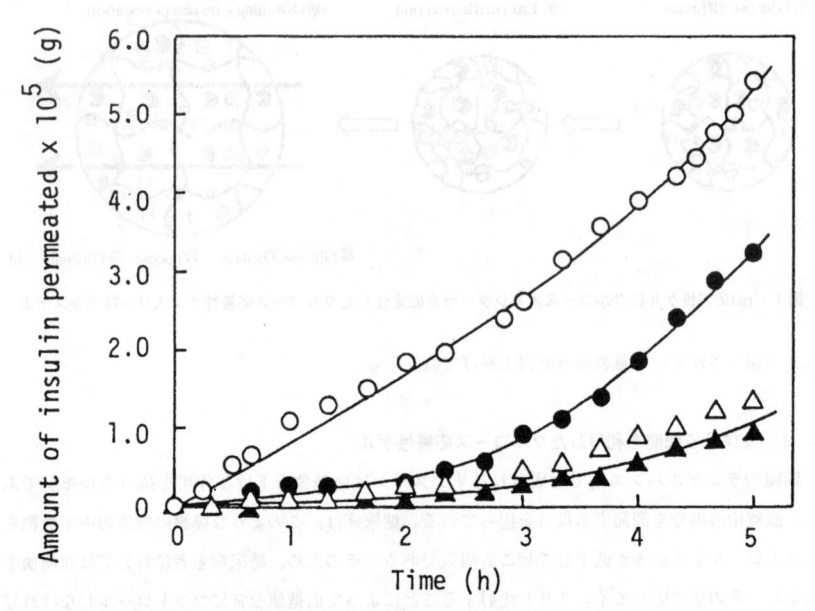

図2 グルコースオキシダーゼを固定化したpH応答性ゲルによるグルコース応答性インスリン放出挙動
グルコース濃度；（▲）0M,（●）0.1M,（○）0.2M,（△）0.2M（グルコースオキシダーゼを含まないゲル）
(K. Ishihara *et al.*, *Polym. J.*, **16**, 625（1984））

わせてグルコース応答性複合膜を調製し、外部グルコース濃度に応答したインスリン放出を実現した（図2）[13,14]。同様に、HorbettらはGOD固定化pH応答性ゲルを調製することによりグルコース応答性インスリン放出システムを構築し、GOD濃度とインスリン放出挙動との関係について実験と理論の両面から検討した[15,16]。これらの研究はいずれもpH応答性ゲルとしてアミノ基を有する高分子を利用しているが、Peppasらはポリエチレングリコール（PEG）とポリメタクリル酸（PMAAc）とのコンプレックス形成能がpHに強く影響されることを利用して、そのコンプレックスゲル内にGODを固定化することによってグルコース応答性ゲルを調製した[17]。

上記のグルコース応答性ゲルはGODの酵素活性とpH応答性ゲルの膨潤収縮特性とを組み合わせて合成されているが、よりシンプルに糖鎖結合タンパク質と糖鎖との複合体形成を利用したグルコース応答性ゲルも報告されている。レクチンは糖鎖結合タンパク質であり、特定の糖鎖を認識して複合体を形成する。その複合体形成は糖鎖—レクチン間の相互作用に依存しており、糖鎖—レクチン複合体はより相互作用の強い他の糖鎖によって阻害される。そこで、レクチンの糖鎖結合能を利用してグルコース応答性インスリン放出システムが構築されている。例えば、糖鎖を

第3章 医　用

結合させたインスリン誘導体とレクチンとの複合体がグルコース存在下で解離して，インスリン誘導体が放出されるグルコース応答性インスリン放出システムが報告されている[18~20]。このように糖鎖—レクチン複合体形成がグルコース濃度に強く影響されるので，このシステムをゲルに応用することによって新しいグルコース応答性ゲルを合成することができる。国府田らは温度応答性を示すポリ（N-イソプロピルアクリルアミド）（PNIPAAm）ゲル内にレクチンを固定化し，糖鎖応答性ゲルを合成した[21]。荷電基を有する糖鎖が溶解した水溶液にこのゲルを浸漬すると，ゲル内のレクチンがその糖鎖と複合体を形成し，ゲル内の荷電状態が変化する。そのため，PNIPAAm成分に基づく下限臨界溶液温度（LCST）が上昇し，ゲルが糖鎖に応答して体積変化を示す。

一方，筆者らは側鎖糖を有する高分子とレクチンとの複合体をゲル架橋点として利用し，特定の単糖に応答して側鎖糖含有高分子—レクチン複合体の形成・解離により単糖応答性を示す新規なゲルを合成した[22~25]。このような複合体ゲルは，側鎖にグルコースを有するモノマー（2-グルコシルオキシエチルメタクリレート，GEMA）とレクチンを複合体形成させた後に，架橋剤を入れて重合することによって合成することができる。様々な単糖の溶解した緩衝液にこの複合体ゲルを浸漬すると，ガラクトース存在下では全く変化せず，グルコースおよびマンノース存在下でゲルは次第に膨潤した（図3）[23]。このことから，GEMA—レクチン複合体ゲルは単糖の種類を認識して膨潤率を変化させる単糖応答性ゲルであることがわかった。さらに，その時のゲル弾性率を測定して架橋密度を調べた結果，外部グルコース濃度が増加するとゲル架橋密度は次第に減少することが明らかとなった。したがって，GEMA—レクチン複合体ゲルの単糖応答性膨潤挙動は，レクチンに認識されるグルコースやマンノースなどの単糖によってGEMA—レクチン複合体が解離し，ゲル架橋密度が減少することに基づくと考えられた。その際，レクチンの種類によって単糖認識能が異なっており，単糖の種類によって複合体の解離能が異なるために，ゲルは単糖を認識して異なる応答性を示す。さらに，レクチンを化学修飾することによって合成したビニル基導入レクチンとGEMAとの共重合体ゲルを合成すると，共有結合によってゲルネットワーク内にレクチンが固定化されるため，得られたゲルはグルコース濃度に応答して可逆的に膨潤収縮することが明らかとなった[25]。同様に，Parkらは架橋剤を用いずに側鎖糖を有する高分子を合成し，それとレクチンとの複合体形成を利用することによってグルコース濃度に応答したゾルーゲル相転移を実現させた[26~28]。このグルコース応答性ゾルーゲル相転移現象は，グルコースが存在しない場合には側鎖糖含有高分子とレクチンとの複合体形成によって系がゲル化するが，グルコースが存在するとそれが阻害剤として作用して複合体が解離し，ゾル状態になるというものであった。さらに，このグルコース応答性ゾルーゲル相転移現象を利用してインスリン放出のON-OFF制御が試みられている。このシステムでは，グルコース濃度が低い場合にはゲル状態の系内をインス

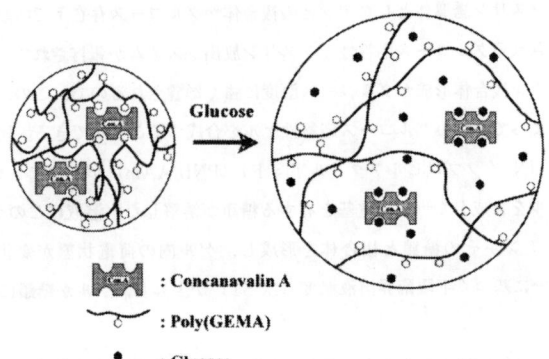

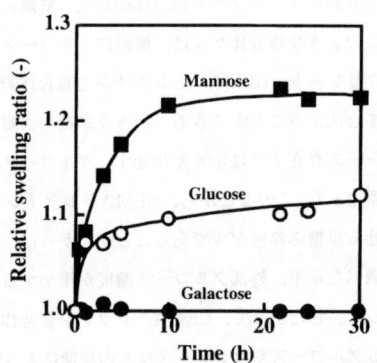

図3 架橋点としてGEMA-レクチン複合体を利用したグルコース応答性ゲルの糖認識膨潤挙動
(●) ガラクトース, (○) グルコース, (■) マンノース
(T. Miyata *et al.*, *Macromol. Chem. Phys.*, **197**, 1135 (1996))

リンは拡散できないためにその放出は抑制されるが,グルコース濃度が増加してゾル状態になると拡散性が増加してインスリンが放出される。このように生体分子の触媒機能や分子認識能を利用することによって様々なグルコース応答性ゲルが合成されており,糖尿病患者に対するインスリン治療用デバイスとしての利用が期待されている。

1.3 完全合成系のグルコース応答性ゲル

これまで紹介してきたグルコース応答性ゲルは,GODやレクチンなどのタンパク質を利用しており,それらの安定性や免疫原性などの問題を克服する必要がある。これに対して,片岡らは生体分子の機能を利用せずに,フェニルボロン酸とグルコースとの複合体形成を用いることによって,合成高分子のみからなるグルコース応答性ゲルを合成した。一般にボロン酸は多価アルコー

第3章 医　用

ルと結合し，複合体を形成することが知られている。そこで，まず片岡らはフェニルボロン酸基を有する高分子とポリビニルアルコール（PVA）との複合体形成がフリーのグルコースによって阻害されることを利用し，グルコース濃度に応答したインスリン放出システムを構築した[29, 30]。フェニルボロン酸基含有高分子はレクチン類似の機能を有するため，前に述べたようなレクチンを利用したグルコース応答性インスリン放出システムと同様の原理を用いて完全合成系のみからなるシステムを構築することができる。さらに，彼らは，グルコースに対するフェニルボロン酸基の複合体形成能とPNIPAAmの温度応答性を利用することによって完全合成系グルコース応答性ゲルを合成し，グルコース濃度に応答したインスリン放出のON-OFF制御を実現した[31, 32]。まず，このフェニルボロン酸基を有するモノマーとNIPAAmとを架橋剤と共に重合するとLCSTを示すフェニルボロン酸基含有PNIPAAmゲルが得られる。このゲル内においてフェニルボロン酸基は電荷をもたないが，グルコースとの複合体形成によって負電荷を生じる（図4）。したがって，グルコース存在下ではこのゲル中のフェニルボロン酸基とグルコースとが複合体を形成し，ゲル内の負電荷が増加するために，ゲルのLCSTが高温側にシフトする。このようなグルコース存在によるLCST変化によって，フェニルボロン酸基含有PNIPAAmゲルはグルコース存在下で急激に体積を増加させる。さらに，このゲル内にインスリンを内包させると外部グルコース濃度に応答した可逆的膨潤収縮によって，ゲルからインスリンの内包をON-OFF制御できることが明らかとなった（図4）。しかし，最初に合成されたフェニルボロン酸基含有PNIPAAmゲルは，生理条件下のpHや温度では十分なグルコース応答性を示さなかった。そこで，現在，様々な分子設計に基づいてフェニルボロン酸基のpKaや温度応答性高分子のLCSTを調節し，生理条件に近い条件下でのグルコース応答性発現に向けて研究展開されている[33]。このような完全合成系グルコース応答性ゲルが合成できれば，糖尿病患者に対するインスリン治療用デバイスとして利用でき，自律応答型インスリン放出によって患者の負担を大きく軽減できると期待される。

1.4　抗原応答性ゲル

　高分子ゲルの体積相転移現象が見出されて以来，外部環境に応答して体積変化するゲルは刺激応答性ゲルとして広範な応用を目指して研究されてきた。しかし，その刺激応答性ゲルの多くはpHや温度などの物理化学的変化に応答して膨潤収縮するゲルであり，特定の分子の存在を感知して体積変化する分子応答性ゲルは前に述べたグルコース応答性ゲルがほとんどである。しかし，グルコース以外にも生体の異常を示すシグナルとなる様々な生体分子が存在することから，医用材料として刺激応答性ゲルを利用するためには，そのようなシグナル生体分子に応答する生体分子応答性ゲルの開発が望まれる。特に，ある種のタンパク質は疾病のシグナルとなり，様々な診断マーカーとして利用されているため，特定のタンパク質に応答して体積変化するタンパク質応

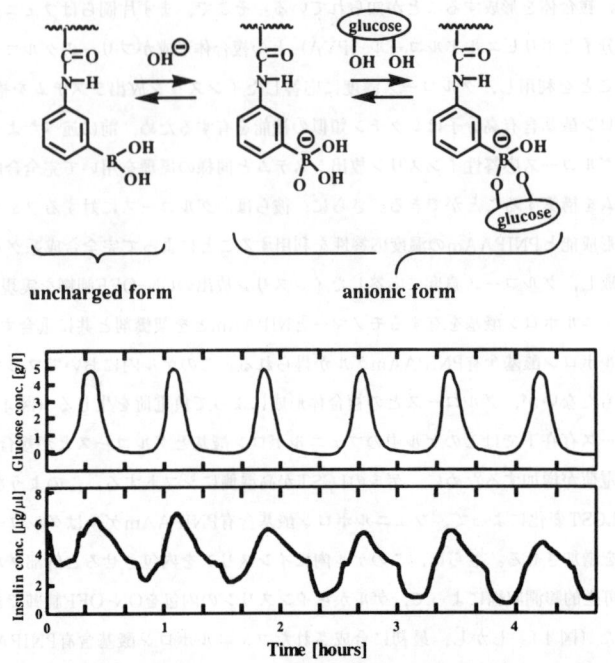

図4 フェニルボロン酸基とグルコースとの複合体形成とそれを利用したフェニルボロン酸基含有PNIPAAmゲルからのグルコース応答性インスリン放出挙動
(K. Kataoka et al., J. Am. Chem. Soc., **120**, 12694 (1998))

答性ゲルは新しいDDSやセンサー素子として高いポテンシャルを有すると考えられる。しかしながら、グルコースなどと異なってタンパク質は大きな分子量を持ち、特定のタンパク質を認識して応答するタンパク質応答性ゲルの合成が困難なため、これまでタンパク質応答性ゲルに関する研究は全く報告されていなかった。そこで、筆者らは、ゲルの膨潤挙動が高分子鎖と溶媒との親和性や荷電基の状態だけでなく架橋構造にも強く影響されることに着目して、ゲル内架橋点として生体分子複合体を用いることによって新しい生体分子応答性ゲルを合成できると考えた[34]。すなわち、図5に示すように生体分子間相互作用の使い方によって異なる二種類の生体分子応答性ゲル（生体分子架橋ゲル、生体分子インプリントゲル）を合成してきた。まず、生体分子架橋ゲルの場合には、あらかじめ架橋点として生体分子複合体を高分子ネットワークに結合させると、より強い相互作用をもつターゲット生体分子の存在によって架橋点として作用していた生体分子複合体が解離し、架橋密度が減少することによってゲルが膨潤すると期待できる。一方、生体分子インプリントゲルでは、一つのターゲット分子を認識する二種類の生体分子をリガンドとして

第3章 医　用

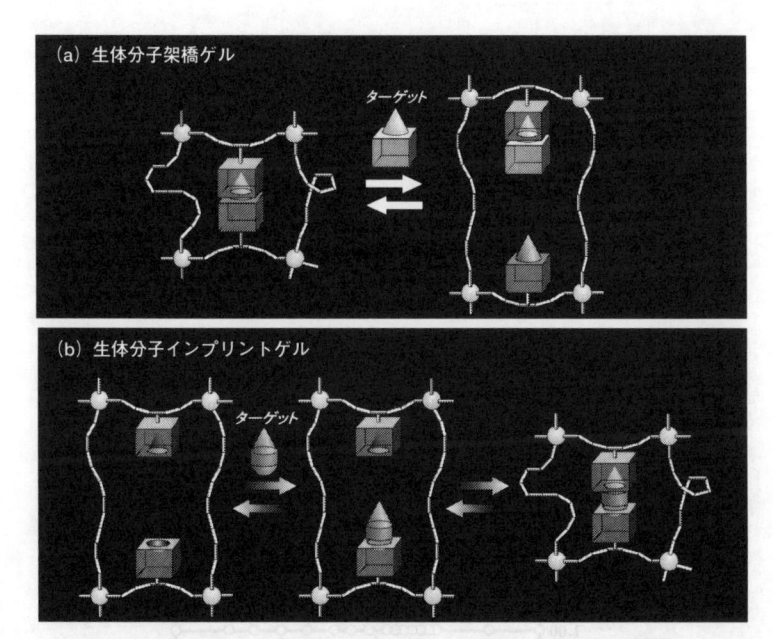

図5　生体分子複合体を架橋点として利用した生体分子応答性ゲルの概念図

高分子ネットワークに導入すると，そのターゲット分子を介して架橋点が形成され，架橋密度が増加することによってゲルは収縮すると考えられる。ここでは，まず生体分子架橋ゲルのコンセプトに基づいて合成された生体分子応答性ゲルに関する研究例を以下に紹介する。

一般に，抗体は特定の抗原を認識して抗原抗体複合体を形成し，外界からの異物侵入に対する免疫応答において極めて重要な役割を果たしている。そこで，このような抗原抗体複合体をゲル架橋点として利用することによって，全く新しい生体分子架橋ゲルを合成した[35,36]。まず，抗原およびその抗体を化学的処理することによってビニル基を導入し，その複合体を形成させた状態で主鎖となるアクリルアミドと若干量の架橋剤と共に重合させることにより抗原抗体複合体を有するゲル（抗原抗体ゲル）を合成した。この抗原抗体ゲルを抗原の溶解した緩衝液に浸漬すると次第に膨潤し，その膨潤率は外部溶液中の抗原濃度に強く依存した。さらに，図6に示すようにゲルネットワークに結合している抗体によって認識されない抗原（Goat IgG）が存在しても抗原抗体ゲルの膨潤率は全く変化しないが，その抗体によって認識される抗原（Rabbit IgG）に対しては明確に応答して膨潤した。このように抗原抗体複合体を可逆的架橋点として有する抗原抗体ゲルは，特定の抗原を認識して応答する抗原応答性ゲルであることがわかる。さらに，抗原抗体ゲルの弾性率を測定し，その架橋密度変化について検討した結果，抗原存在下で抗原抗体ゲルの

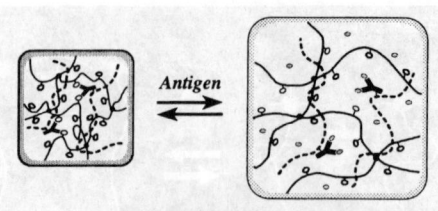

: Antibody-immobilized polymer chain
: Antigen-immobilized polymer chain
: Free antigen

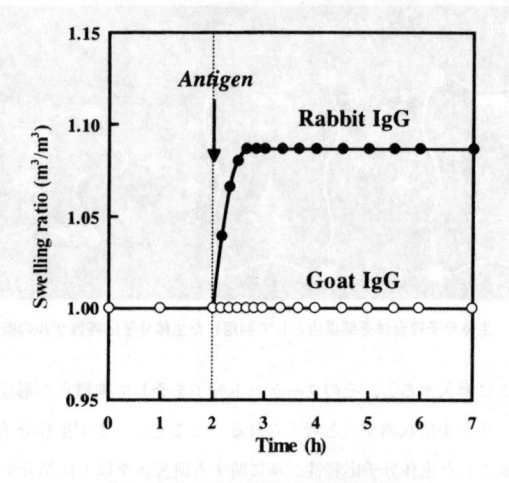

図6　抗原抗体ゲルの抗原認識膨潤挙動
（●）ウサギIgG，（○）ヤギIgG
(T. Miyata *et al.*, *Nature*, **399**, 766 (1999))

架橋密度が減少することが明らかとなった。したがって，抗原抗体ゲルの抗原応答性膨潤挙動は，ターゲット抗原がゲル内に拡散すると抗原抗体複合体が解離し，ゲル架橋密度が減少することに基づくと考えられる。また，このような抗原抗体ゲルを合成する際に，抗体を結合した直鎖ポリアクリルアミド（PAAm）と抗原の結合したPAAmのネットワークからなるsemi-IPN構造を導入すると，得られた抗原抗体ゲルは抗原存在下で膨潤するが，再び抗原濃度が減少すると収縮する可逆的抗原応答性を示した。さらに，このような可逆的抗原応答性ゲルを用いてモデル薬物の透過実験を行った結果，抗原が存在しない場合には抗原抗体ゲルはモデル薬物の透過を抑制したが，抗原濃度が増加すると膨潤によってモデル薬物を透過するようになった（図7）。したがって，抗原抗体ゲルは外部抗原濃度に応答して薬物の放出をON-OFF制御でき，特定のシグナルタンパク質に応答する薬物放出用デバイスとして有用であると期待できる。また，これらの抗原応

第3章 医　用

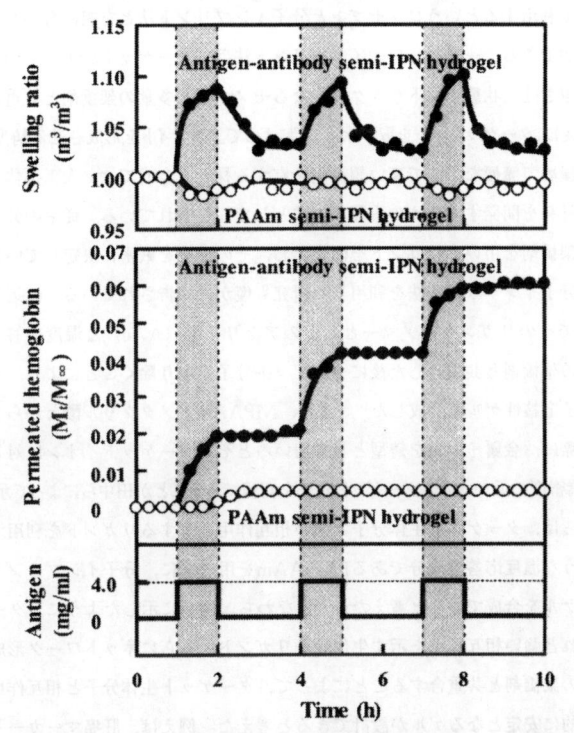

図7　抗原濃度が変化したときの抗原抗体ゲルの可逆的膨潤収縮挙動とその薬物放出制御機能
（○）アクリルアミドゲル，（●）抗原抗体ゲル
(T. Miyata *et al., Nature*, **399**, 766 (1999))

答性ゲルは抗原抗体複合体をゲル架橋点として利用した生体分子架橋ゲルであるが，最近，KopecekらによってPNIPAAmのLCSTと抗体の抗原認識能とを利用して抗原応答性ゲルが合成されている[37]。このPNIPAAmゲル内には抗体が固定化されており，ターゲット抗原が抗体に結合するとゲルのLCSTが変化するために抗原応答性膨潤変化を示した。このように生体分子の分子認識能を利用することによって，分子量の大きなタンパク質応答性ゲルが合成でき，身体の異常を示すシグナルタンパク質をセンシングするセンサーや新しい薬物放出制御デバイスとして利用できる。

1.5　糖タンパク質応答性ゲル

ここでは，図5に示した生体分子インプリントゲルのコンセプトに基づいて合成された生体分子応答性ゲルに関する研究を紹介する。この生体分子インプリントゲルは，生体分子複合体をゲ

ル架橋点として利用するというコンセプトと分子インプリント法とを組み合わせることによって合成することができる。一般に,分子インプリント法は,ターゲット分子とそのリガンドモノマーとを相互作用させた状態でマトリックスとなるモノマーと多量の架橋剤と共重合させてリガンドを固定した後に,ターゲット分子を取り除くことによって認識サイトを形成させる鋳型法である[38〜40]。この方法は,極めて簡便な方法で高い認識能を有する材料を合成でき,人工抗体などのバイオミメティックス材料を開発するための重要な方法として注目されている。従来の分子インプリント法では多量の架橋剤を用いてリガンドを固定化し,その配置を厳密に決定しているが,架橋剤の少ないゲルに分子インプリント法を利用した研究も僅かに報告されている。渡辺らは,ターゲット分子存在下でそのリガンドモノマーとしてのアクリル酸(AAc)と温度応答性のNIPAAm,そして若干量の架橋剤と共重合した後にターゲット分子を取り除くことにより,ターゲット分子に応答する分子応答性ゲルを合成した[41]。また,NIPAAmとメタクリル酸とからなる共重合体ゲルを合成する際に,金属イオンを鋳型として用いるとそのターゲットイオンに対して高い吸着特性を示し,架橋密度の低いゲルもターゲット分子を記憶できることが田らによって示されている[42]。

一方,筆者らは,ターゲット生体分子と強い相互作用を有するリガンドを利用することによって,上記のような温度応答性成分であるPNIPAAmを用いずに,分子インプリント法で新しい生体分子応答性ゲルを合成できると考えた[34]。すなわち,図8に示したように,ターゲット生体分子存在下でそれと強い相互作用を示す生体分子リガンド,さらにネットワーク形成のためのモノマーと若干量の架橋剤と共重合することによって,ターゲット生体分子と相互作用した初期構造がエネルギー的に安定となるゲルが設計できると考えた。例えば,肝癌マーカーとして知られている糖タンパク質のα-フェトプロテイン(AFP)をターゲット生体分子として選択し,その糖鎖部位とペプチド部位を認識するリガンドとして各々レクチンと抗体とを利用した生体分子インプリント法によって,肝癌マーカーに応答して収縮するゲルを合成した。まず,図9に示すように,レクチンと抗体とを化学修飾してビニル基を導入し,そのビニル化生体分子リガンドとターゲット生体分子であるAFPとを結合させた状態でAAmと僅かな架橋剤と共重合させた後,AFPを除去することによりAFPインプリントゲルを合成した。ここでは,通常の分子インプリント法とは異なって1wt%以下の架橋剤しか用いておらず,ネットワーク形成成分としてもNIPAAmを利用せずに温度やpHに対して比較的安定なPAAm鎖を主鎖として用いた。このAFPインプリントゲルをAFPの溶解した緩衝液に浸漬すると次第に収縮し,その度合いは外部AFP濃度に強く依存した。しかし,分子インプリント法を利用せず,適当に生体分子リガンドを導入したノンインプリントゲルは収縮せず,むしろ浸透圧の影響で膨潤した。このときのAFPインプリントゲルおよびノンインプリントゲルの弾性率測定によって架橋密度を調べた結果,AFP水溶液中でAFPインプリントゲルの架橋密度は次第に増加したが,ノンインプリントゲルの架橋密度はほと

第3章　医　用

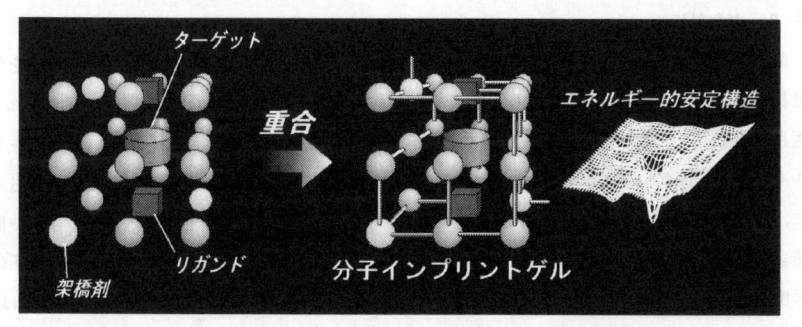

図8　分子インプリント法を利用した生体分子応答性ゲルの合成コンセプト

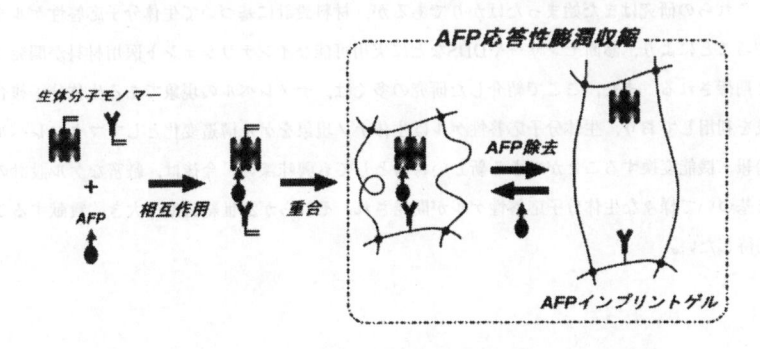

図9　肝癌マーカーインプリントゲルの合成とその肝癌マーカー応答挙動

んど変化しなかった。したがって，AFPインプリントゲルがAFP応答性収縮挙動を示したのは，リガンドであるレクチンと抗体とがターゲットAFPを認識してレクチン―AFP―抗体からなる複合体を形成してゲル架橋密度が増加するためであることがわかった。また，分子インプリント法を利用しないノンインプリントゲルでは，レクチン―AFP―抗体複合体を形成するための最適位置にリガンドが配置されていないため，AFPに応答しなかったと考えられる。さらに，AFPと同様にレクチンに認識される糖鎖を持ち，ペプチド部位が異なる糖タンパク質の卵白アルブミンに対しては，浸透圧変化のためにAFPインプリントゲルは膨潤した。したがって，AFPインプリントゲルはAFPの糖鎖部位とペプチド部位とが同時に認識された場合のみ収縮する糖タンパク質応答性ゲルであることがわかった。現在，AFPは肝癌マーカーとして診断に利用されており，その存在量だけでなく僅かな分子構造の違いによって悪性度も予測できると考えられている。それゆえ，厳密な認識能を有するAFPインプリントゲルは医療診断用の肝癌センサーなどへの応用が期待できる。

1.6 おわりに

刺激応答性ゲルは，材料そのものがセンサー機能・プロセッサー機能・エフェクター機能を併せ持っており，より生体に近い機能と性質をもつ材料といえる。特に，高度な機能が要求される医用材料として，刺激応答性ゲルは非常に大きな可能性を秘めている。それゆえ，pH応答性ゲルや温度応答性ゲルなどがインテリジェント医用材料として精力的に研究開発されている。さらに，生体の異常を示すシグナルはpHや温度などの変化だけでなく，特定の生体分子の存在や構造変化も重要なシグナルとなることが知られている。そのため，そのようなシグナル生体分子は医療診断などで利用されている生体分子マーカーとして重要な役割を果たしている。本節では，特にこのような生体分子を認識して応答する生体分子応答性ゲルについて最近の研究を紹介した。これらの研究はまだ始まったばかりであるが，材料設計に基づいて生体分子応答性ゲルを合成することにより，診断センサーやDDSなどに実用可能なインテリジェント医用材料が開発できると期待される。また，ここで紹介した研究の多くは，ナノレベルの現象である生体分子複合体形成を利用しており，生体分子応答性ゲルは生体ナノ現象をゲル構造変化としてマクロレベルへと情報・機能変換することができる新しい材料としても興味深い。今後は，厳密なゲル設計の概念に基づいて様々な生体分子応答性ゲルが開発され，それらが21世紀医療に大きく貢献することを期待したい。

文献

1) T. Miyata, Gels and Interpenetrating Polymer Networks, Supramolecular Design for Biological Applications (ed. N. Yui.), CRC Press, 95 (2002)
2) N. A. Peppas, "Hydrogels in Medicine and Pharmacy", CRC Press, Boca Raton (1987)
3) T. Tanaka, *Phys. Rev. Lett.*, **40**, 820 (1978)
4) T. Tanaka, *Sci. Am.*, **244**, 124 (1981)
5) D. DeRossi, K. Kajiwara, Y. Osada, A. Yamauchi, "Polymer Gels, Fundamentals and Biomedical Applications", Plenum, New York (1991)
6) K. Dusek, Responsive Gels: Volume Transitions I & II, *Adv. Polym. Sci.*, **109 & 110**, Springer, Berlin (1993)
7) T. Okano, "Biorelated Polymers and Gels", Academic Press, Boston (1998)
8) A. S. Hoffman, *Macromol. Symp.*, **98**, 645 (1995)
9) R. Siegel, *Adv. Polym. Sci.*, **109**, 233 (1993)
10) T. Miyata, Stimuli-Responsive Polymers and Gels, Supramolecular Design for Biological Applications (ed. N. Yui.), CRC Press, 191 (2002)

11) T. Miyata, T. Uragami, Biological Stimuli-Responsive Hydrogels, Polymeric Biomaterials (ed. S. Dumitriu), Chapter 36, Marcel Dekker, Inc., 959-974 (2002)
12) T. Miyata, T. Uragami, K. Nakamae, Biomolecule-Sensitive Hydrogels, *Adv. Drug Delivery Rev.*, **54**, 79 (2002)
13) K. Ishihara, M. Kobayashi, N. Ishimaru, I. Shinohara, *Polym. J.*, **16**, 625 (1984)
14) K. Ishihara, K. Matsui, *J. Polym. Sci., Polym. Lett. Ed.*, **24**, 413 (1986)
15) G. Albin, T. A. Horbett, B. D. Ratner, *J. Controlled Release*, **2**, 153 (1985)
16) S. Cartier, T. A. Horbett, B. D Ratner, *J. Membrane Sci.*, **106**, 17 (1995)
17) C. M. Hassan, F. J. Doyle III, N. A. Peppas, *Macrmolecules*, **30**, 6166 (1997)
18) M. Brownlee, A. Cerami, *Science*, **206**, 1190 (1979)
19) L. A. Seminoff, G. B. Olsen, S. W. Kim, *In. J. Pharm.*, **54**, 241 (1989)
20) S. W. Kim, C. M. Pai, K. Makino, L. A. Seminoff, D. L. Holmberg, J. M. Gleeson, D. E. Wilson, E. J. Mack, *J. Control. Release*, **11**, 193 (1990)
21) E. Kokufuta, Y.-Q. Zhang, T. Tanaka, *Nature*, **351**, 302 (1991)
22) K. Nakamae, T. Miyata, A. Jikihara, A. S. Hoffman, *J. Biomater. Sci., Polym. Ed.*, **6**, 79 (1994)
23) T. Miyata, A. Jikihara, K. Nakamae, A. S. Hoffman, *Macromol. Chem. Phys.*, **197**, 1135 (1996)
24) T. Miyata, K. Nakamae, *Trend. Polym. Sci.*, **5**, 198 (1997)
25) T. Miyata, A. Jikihara, K. Nakamae, A. S. Hoffman, *J. Biomater. Sci., Polym. Ed.*, submitted.
26) S. J. Lee, K. Park, *J. Molecular Recognition*, **9**, 549 (1996)
27) A. A. Obaidat, K. Park, *Pharm. Res.*, **13**, 989 (1996)
28) A. A. Obaidat, K. Park, *Biomaterials*, **18**, 801 (1997)
29) S. Kitano, K. Kataoka, Y. Koyama, T. Okano, Y. Sakurai, *Makromol. Chem., Rapid Commun.*, **12**, 227 (1991)
30) S. Kitano, Y. Koyama, K. Kataoka, T. Okano, Y. Sakurai, *J. Control. Release*, **19**, 162 (1992)
31) T. Aoki, Y. Nagao, K. Sanui, N. Ogata, A. Kikuchi, Y. Sakurai, K. Kataoka, T. Okano, *Polym. J.*, **28**, 371 (1996)
32) K. Kataoka, H. Miyazaki, M. Bunya, T. Okano, Y. Sakurai, *J. Am. Chem. Soc.*, **120**, 12694 (1998)
33) A. Matsumoto, S. Ikeda, A. Harada, K. Kataoka, *Biomacromolecules*, **4**, 1410 (2003)
34) 宮田隆志, 高分子, **52**, 476 (2003)
35) T. Miyata, N. Asami, T. Uragami, *Nature*, **399**, 766 (1999)
36) T. Miyata, N. Asami, T. Uragami, *Macromolecules*, **32**, 2082 (1999)
37) Z.-R. Lu, P. Kopeckova, J. Kopecek, *Macromol. Biosci.*, **3**, 296 (2003)
38) K. Mosbach, *Trends Biochem. Sci.*, **19**, 9 (1994)
39) K. Shea, *Trends Polym. Sci.*, **2**, 166 (1994)
40) G. Wulff, *Angew. Chem., Int. Ed. Engl.*, **34**, 1812 (1995)

41) M. Watanabe, T. Akahoshi, Y. Tabata, D. Nakayama, *J. Am. Chem. Soc.*, **120**, 5577 (1998)
42) C. A. Lorenzo, O. Guney, T. Oya, Y. Sakai, M. Kobayashi, T. Enoki, Y. Takeoka, T. Ishibashi, K. Kuroda, K. Tanaka, G. Wang, A. Y. Grosberg, S. Masamune, T. Tanaka, *Macromolecules*, **33**, 8693 (2000)

2 医用におけるゲル・医用，DDS応用

青柳隆夫*

2.1 はじめに

近年の材料科学の進展はたいへんめざましいものがあり，医学や薬学の分野での応用が大いに期待されている。例えば，人工臓器を含む臓器代用学の進歩は著しく，特に近年の再生医学の分野においては，これを支える基盤技術としてのハイドロゲルや生分解性材料などの材料研究が盛んに行われている。生体の持つ再生能力を利用し，細胞と増殖因子などのサイトカインを人工材料から構成されるマトリックスに組み込み，組織や臓器の欠損部分を回復させるというものであり，この提案がアメリカの研究グループからなされて以来，医学と工学の融合によってなし得る領域であるということもあって，多くの異分野の研究者らが研究を遂行している。一方，診断分野においては，ラボオンチップなど，わずかな採血量で様々な生化学検査を同時に実現したり，多くの検体を一度に分析するといった技術も実現しつつある。ミクロな流路を液体（検体）移動させるためのミクロポンプや経路の切り替えバルブなどに温度応答性材料をはじめとする刺激応答性材料を応用する研究が進行している。これは，機械的な駆動システムでは微小化が困難なためであり，これらの材料は微小化してもアクチュエータとしての機能を発揮できることによる。医学とはほど遠いとも思われたマイクロ・ナノテクノロジー分野の基盤技術が結集して，現代医療を大きく変化させようとしているといっても過言ではあるまい。ポストゲノム時代に突入し，まさにオーダーメード医療が本格化するこの時代に，疾病を，より効果的に予防・診断・治療する目的で，厳密に設計された材料がその進展に大きな貢献をすることが期待されているわけである。本節では，医療や薬物治療に応用されるゲルについて最近の進歩を紹介したい。ただし，ゲルという材料をハイドロゲルに限定することなく架橋物という概念でとらえ，これらの研究もあわせて紹介したい。

2.2 バイオチップとハイドロゲル

上述のように，ラボオンチップ上のマイクロメートルオーダーの流路におけるフロー制御の目的で，刺激応答性マイクロゲルをアクチュエータとして利用する試みが盛んにおこなわれている[1]。関連研究はMicro Electro Mechanical Systems（MEMS）研究の側面も持っており，高分子化学の応用研究という側面だけでなくマイクロテクノロジーの一分野としても注目されている。刺激応答性ゲルサイズの微小化はその応答速度の向上を意味しており，応答性のよいミクロアクチュエータとしての応用には大変都合がよい。例えばスタンフォード大のFrankらの研究グループは，

---

* Takao Aoyagi 鹿児島大学大学院 理工学研究科 ナノ構造先端材料工学専攻 教授

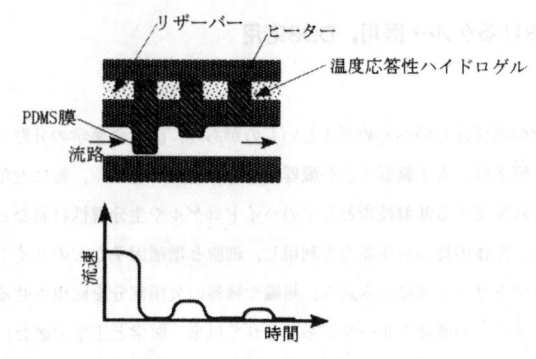

図1 体積変化によってコントロールを行える温度応答性ハイドロゲルを用いたアクチュエータの設計[2]

温度応答性高分子のポリ（N-イソプロピルアクリルアミド）のIPN (Interpenetrating Polymer Netwok) 構造を有するミクロなゲルをバルブとして利用する研究を進めている[2]。液体に含まれると予想されるイオンやpH値，様々な化学物質がゲルの膨潤収縮に影響を与えることから，彼らは流れに接する部分をシリコーンの薄膜で被覆した。このシリコーンは，膜厚が大きくなると，柔軟性に富むゲルを変形させ，流路の形状に沿った運動ができなくなることから，膜厚の検討もしている。概念図を図1に示した。ゲル内部に装着したヒーターでゲルの温度を変化させ，膨潤収縮を制御している。ゲルの動きを加速させる手法として，本研究ではIPN構造を採用しているが，刺激応答性ゲルの応答性を向上させる研究を積極的に導入することで，バルブの性能がさらに高まると考えられる。実際のラボオンチップへの装着とその性能が発表されることを期待したい。他の例としてpH応答性のハイドロゲルもフローの切り替えに利用されている[3]。図2に示したようなT字型のチャネルで，酸型の2-ヒドロキシエチルメタクリレート（HEMA）—アクリル酸（AAc）共重合体と塩基型のHEMA-ジメチルアミノエチルメタクリレート（DMAEMA）共重合体から構成されるハイドロゲルを分岐双方に固定している。フロー内のpH値が変化すると，高pHのときは酸型のゲルが膨潤し，塩基型が収縮し，塩基型へフローが行われる。低pHの時はその逆であり，フローのpHに応答してその方法が制御できる仕組みである。このシステムにおいても具体的な応用例が示されることを期待したい。

生化学的検査や薬物の活性評価を効率的に評価するバイオチップの分野でもハイドロゲルが応用されている。DNAチップはDNAの相補的な結合による厳密な配列認識を利用しているが，細胞をプローブとしてみたときに，極めて感度が高く選択性に優れた性能を発揮すると考えられる。すなわち，チップ表面上に細胞を意図した形状や大きさの場所に固定化しておけば，薬物の毒性

第3章 医　用

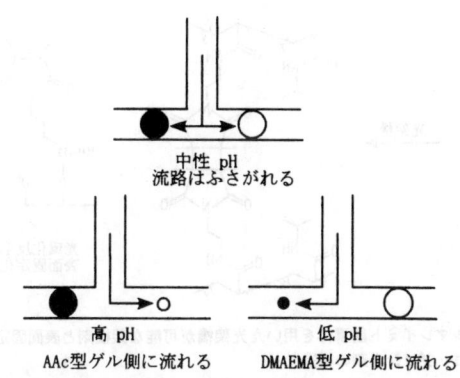

中性 pH
流路はふさがれる

高 pH
AAc型ゲル側に流れる

低 pH
DMAEMA型ゲル側に流れる

図2　流路内のpH変化に応答して流路の切り替えバルブとしてはたらくpH応答性ハイドロゲル[3]

や効果，代謝産物など短時間で正確に検出できると考えられる。Itogaらは，光反応によりポリエチレングリコールからなるハイドロゲルをガラス表面にマイクロパターニングした[4]。このような表面を作成するのに，液晶プロジェクターを改良した装置を用いており，作成法についても大変興味深い。この手法によって得られた表面において，ポリエチレングリコールの薄層ゲルがパターン化され，三次元的な凹凸が得られている。それらの形状に沿って血管内皮細胞の選択的な粘着が起こること，また，血清入り培地中で1ヶ月以上もインタクトなまま維持できることも確かめられている。この報告では，モデルとして血管内皮細胞が用いられているが，例えば新薬開発において，その一次スクリーニングのために疾病の原因となる細胞をこの手法でパターンニングしておけば，その作用の有無や強弱を短時間で観察できる細胞チップとして応用されると考えられる。

先に示した，温度応答性のポリ(N-イソプロピルアクリルアミド)のマイクロパターニングの成功例も報告されている。Kucklingらは，図3に示したように光環化反応が可能なシランカップリング試薬を設計し，これを用いてフォトリソグラフィー法でシリコンウェハー上にパターンニングし，高分子反応でポリ(N-イソプロピルアクリルアミド)を固定化した[5]。

温度変化による膨潤・収縮挙動も評価しており，サイズから予想される速度よりも高速に応答しており，これは，ゲルが多孔質構造を形成するためであると考察している。先のラボオンチップへの展開が可能であろう。

2.3　生体適合性とハイドロゲル

生体内で人工的に合成された材料を応用する場合，生体とのなじみやすさ，すなわち生体適合

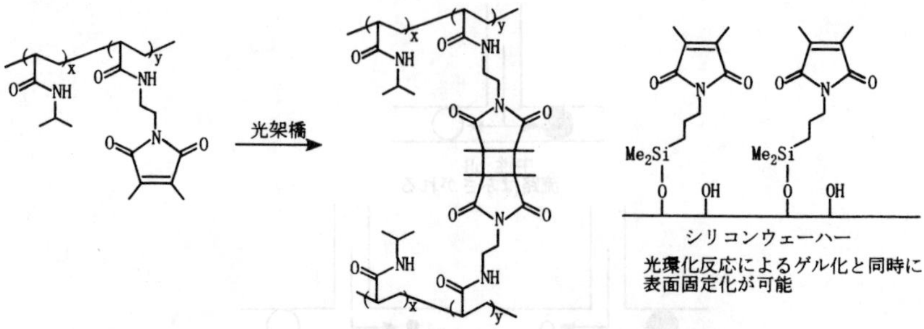

図3 ジメチルマレイミド誘導体を用いた光架橋が可能な架橋剤と表面固定化のためのシランカップリング剤の構造[5]

性の獲得が大きな問題である。なかでもハイドロゲル表面は，高含水率に基づく界面の不明確であることなどの要因で，生体の異物反応のきっかけとなるタンパク質の吸着が効果的に抑制される。生体適合性の身近な例としてはコンタクトレンズが例示できる。コンタクトレンズは敏感な粘膜に接触しても異物感がなく装着性に優れており，タンパク質の低吸着性などハードコンタクトレンズでは実現できない特徴を利用している。また，生体内においても外科的な手術後の癒着防止に利用されるなどが好例である。免疫隔離のための材料として利用される例を紹介する。肝臓や膵臓などの代謝系の臓器は，その機能を人工的に構築することは大変困難であることから，その機能を発揮する特定の細胞を取り出し，カプセル化することにより，人工臓器を作るアプローチが行われている。通常，自己の細胞が使われないことから，免疫系の細胞と隔離し，なおかつ細胞を維持する栄養やガス交換，代謝される高分子量，低分子量の化学物質の輸送も行わなければならない。この種の研究は人工膵臓の研究として歴史が古いが，最近では，Changらが生体適合性を獲得するために，加水分解によって得た低分子量のアルギン酸にポリエチレングリコールをグラフトさせたポリマーを用いて極めて親水性の高いカプセルの調製に成功している[6]。調製法を図4に示した。アルギン酸のカルシウム架橋ゲルの周りに，光反応性ポリリシンで架橋反応により被覆し，さらに先に調製したポリエチレングリコールグラフトアルギン酸でさらに被覆して，ポリエチレングリコールで覆われたカプセルを調製した。少なくとも1ヶ月は安定に生体適合性を獲得しているデータが報告されている。ポリエチレングリコールの高い運動性と親水性のために異物反応としての組織反応であるカプセル化 (encapsulation) が抑制されたためである。

生分解性は生体適合性という観点からみれば生分解性材料はそれ自身が徐々に分解され，結果として生体に無害なあるいは容易に代謝，排泄される材料であるため生体適合性材料の一つとして位置づけられる場合もある。生分解性ハイドロゲルに関する研究がいくつかの研究グループで行われており，例えば，ポリ（2-ヒドロキシエチルアスパルタミド）からなるハイドロゲルが合

第3章　医　用

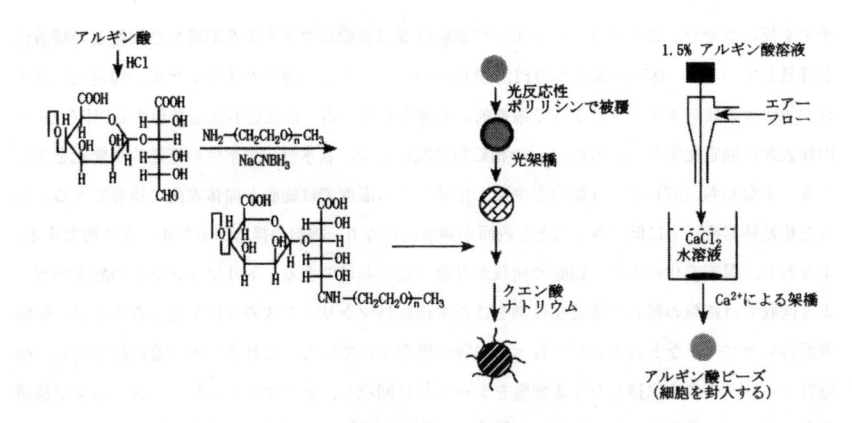

図4　ポリエチレングリコールで被覆した細胞固定化のためのハイドロゲルマイクロカプセルの調製法[6]

成され，膨潤挙動や分解性が調べられた[7]。また，国産の生体適合性材料として有名なMPC（2-メタクリロキシエチルホスホリルコリン）ポリマーもIPN化によってセグメント化ポリウレタンと組み合わされ，より優れた血液適合性を獲得している[8]。また，疎水性モノマーとの共重合によってそれ自身が物理的な架橋によってハイドロゲルになる性質を有している。報告[9]によると，ブチルメタクリレートとMPCの共重合体と，メタクリル酸とMPCとのコポリマーをプレポリマーとして両者を単純に混同すると物理ゲルが生成する。生体適合性に優れる特徴を生かした用途が報告されることを期待したい。その他の生分解性ハイドロゲルについては後述する。

2.4　再生医学用材料としてのハイドロゲル

細胞固定化，増殖のための足場材料としてハイドロゲルがマトリックスとして利用されている。多くの研究が進められるに従ってハイドロゲルに求められる特性が明確にされ，Mooneyによって整理されている[10]。彼らは，その特性として，①細胞間を埋めるいわば"空間充填"の機能と，②"増殖因子のデリバリー"および，③その三次元構造を維持できる骨格の3つをあげている。空間充填に関しては，例えば細胞接着性のRGD（アルギニン―グリシン―アスパラギン酸）配列をアルギン酸にグラフトした例[11]やコラーゲンスポンジに血管新生を促すVEGFを放出させる例[12]等があげられる。詳細は総説[10]を参考にされたい。

先に紹介したPIPAAmの再生医学への積極的な応用も行われている。マトリックスとしての利用の範疇にはいると思われるが，SmithらはPIPAAm連鎖に，N-アクリロイルスクシンイミドとの共重合によって活性化カルボキシル基を導入し細胞接着性のRGDシーケンスを含むオリゴペプ

チドを反応させた。このポリマーを用いて細胞培養皿表面にフィルムを形成させ細胞との接着性を評価している[13]。細胞培養皿へのPIPAAmへのグラフト化（薄層ハイドロゲルの固定化）は東京女子医大の研究グループによって系統的に展開されている。温度応答性を発現するPIPAAmを固体表面に固定化すると，PIPAAmの相転移温度前後で，親水性・疎水性の可逆的な変化を生起する。すなわち，37℃という細胞が生育し増殖できる温度では細胞が固体表面に接着できる。温度を相転移温度以下に低下させると，表面が親水的になり，細胞の接着が不可能になり脱着する。すなわち，温度変化のみで，細胞の回収が可能になるわけである。トリプシンなどの酵素分解による回収では細胞の接着に重要な役割をはたす細胞外マトリックスの分解が起こることや，細胞表面のレセプターなどのタンパク質への影響が懸念されていた。これまでの一連の研究から，細胞外マトリックスを保持したまま細胞をシート状に回収し，またマニピュレーションおよび積層化が可能になる技術が確立された。血管内皮細胞や肝細胞，腎臓の上皮細胞の細胞シート化に成功し，最近では心臓の心筋細胞のシート化にも成功し自立的な拍動も可能であることが報告されている[14]。同グループは，PIPAAmのパターン化した細胞培養皿も作成しており，ドメイン間で相転移温度を制御することにより異種の細胞を共培養することも成功している[15]。たとえば，肝実質細胞と血管内皮細胞との共培養では，実質細胞単独よりも高い細胞機能が確認されている。より高度な組織再生や臓器再生への組織や臓器再生への道を開く基盤技術になるものと考えられる。また，筆者らは，PIPAAm連鎖の官能基の導入法に関して研究を推進しており，モノマーの構造類似性の観点からカルボキシル基，アミノ基を有するPIPAAm共重合体を合成した。このような官能基を比較的大量に有していても明確な相転移することを見いだしている[16]。先例のような細胞接着因子の導入も可能である。また，カルボキシル基を有するIPAAm型モノマーとIPAAmコポリマーを細胞培養皿表面にグラフトさせた温度応答性培養皿を調製し，培養細胞および細胞シートの加速的な剥離に成功している[17]。細胞へのダメージを極力減少させることができ，より効率的に細胞培養，回収への応用が期待されている。

2.5 生分解性材料を用いた医用，DDSのためのゲルの合成

ハイドロゲルとは異なり，再生医学用の足場材料としてはほとんど膨潤しない材料の脂肪族ポリエステル系の材料が用いられることも多い。もちろん架橋を行わずに用いられることも多いが，本節では，DDS素材としても応用可能な生分解性架橋物を中心に紹介したい。酵素的あるいは非酵素的に分解する生分解性高分子は，エコマテリアルとして近年特に注目されてきているが，ポリグリコール酸が吸収性の縫合糸として利用されてから数十年以上も経過しており，バイオマテリアルとしての研究実績のほうがむしろ古い。DDSへの展開として武田薬品工業が開発した日本初の体内留置型長期徐放型製剤であるLEUPLIN®には，乳酸／グリコール酸共重合体からなるマ

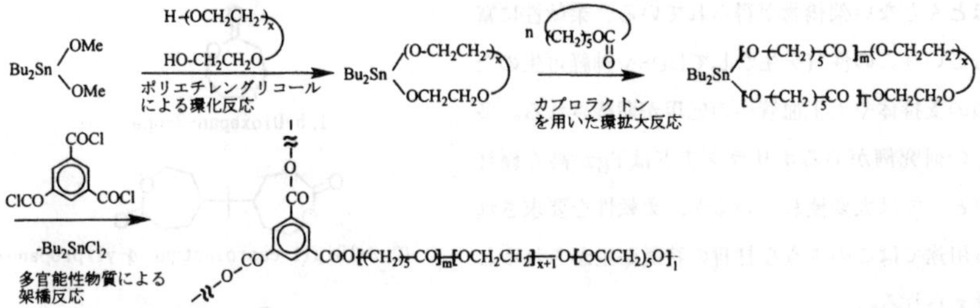

第3章 医　用

図5　ポリエチレングリコールとポリエステルブロックコポリマーからなるゲルの調製法[21]

イクロカプセルが用いられており，この医薬品はLH-RHアゴニストの長期間の徐放化によって前立腺ガン治療を達成する。1992年に発売されて以来，数多く臨床的に使用されており，最近では子宮内膜症の治療のためにも用いられている。

　ラクチドやε-カプロラクトンは脂肪族ポリエステルを合成するためのモノマーとして大変有用であり，これらを用いた研究が数多い。Kricheldorfらは三次元ネットワーク構造を有する生分解性材料の合成研究を進めている[18~21]。彼らの合成戦略は，この材料を作るための開始剤として環構造を有する有機スズ低分子量化合物を用いて，ε-カプロラクトンやラクチドを用いて環拡大反応により第一段階目として大環状の生分解性高分子を合成し，さらに第二段階目にトリメシン酸三塩化物やグリセリンを原料とした酸塩化物など多価の酸塩化物と反応させることにより，架橋させるというものである。彼らは，図5に示したように開始剤となる環状スズ化合物から大環状物合成する際に，ラクトン類を開環重合させるだけでなくポリエチレングリコールなど二官能性連鎖と組み合わせることにより，三次元構造を形成する連鎖をブロックコポリマーにすることにも成功している[21]。開始剤として用いたスズ化合物は酸塩化物として脱離し材料自身には残らないとしている。生体への応用を意図した場合は毒性の低減は必須である。さらにこの合成法の特徴は，架橋に供するプレポリマーをあえて単離することなく"one-pot"で架橋物を得られる点であるとしている。

　Albertssonらは生分解性材料に関する一連の研究を進めており，ユニークな二官能性モノマーを合成している[22]。これは図6で示したようなビスカプロラクトン誘導体である。極めて単純な構造のこの架橋剤を用いて，ホモポリマーが力学的な強度や生体適合性に優れた材料になる環状のエーテルエステル誘導体である1,5-dioxepan-2-oneの開環重合が行われ，架橋フィルムが合成された。重合の結果得られたこの材料は結晶性を示さず，-20℃から-30℃付近にTgのみを示すことから常温ではゴム上の性質を示す。反応性比も議論しており，DOXとこのビスカプロラクトンでは環構造がやや異なるにもかかわらず反応性はほぼ等しく，数モル％の導入で可溶分が

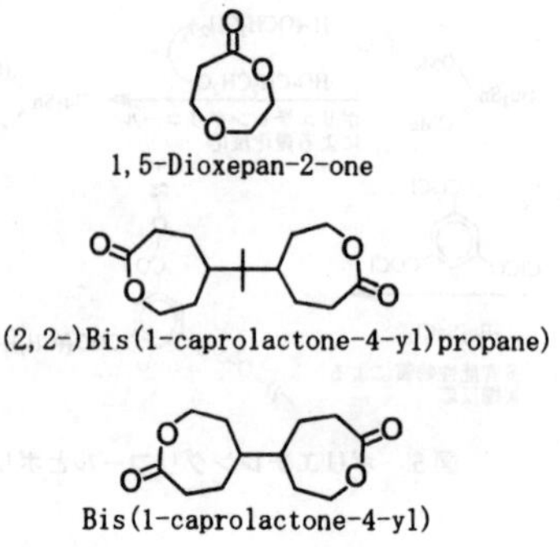
1,5-Dioxepan-2-one
(2,2-)Bis(1-caprolactone-4-yl)propane)
Bis(1-caprolactone-4-yl)

図6　脂肪族ポリエステル調製のための新しい架橋剤の構造[22]

ほとんどない架橋物が得られている。柔軟性に富むというこの性質を生かしてDDSや神経再生のための支持体や人工血管への応用が期待される。多くの研究例があるポリラクチドはTgが高く硬材料としては大変優れているが，柔軟性を要求される用途ではこのような材料の特徴が生かされると考えられる。

Matsudaらは光照射で架橋可能な生分解性ポリエステルの合成を行っている[23]。4分岐の等価な水酸基を有するペンタエリスリトールや分岐型のポリエチレングリコールを開始剤としてカプロラクトンとテトラメチレンカーボネート開環重合を行った。さらに末端の水酸基と7-クロロカルボニルメトキシクマリンと反応させてUV照射で成形できる脂肪族ポリエステルを合成した。合成スキームを図7に示した。多分岐の脂肪族のポリエステルに関してはこの手法は大変簡便であり，彼らは，さらに2-ヒドロキシエチルメタクリレートのエステル部分の水酸基を利用して先例と同反応を利用してグラフト型の光架橋性材料も合成している[24]。癒着防止剤や欠損部の形状に沿った創傷被覆剤やDDS担体など応用範囲は広い。

2.6　DDSのためのゲル

薬物治療における効果をできるだけ高め，副作用を極力低減させるのがDDSの目的である。一般的には投与回数を減らし，一定の薬物血中濃度を維持するためのゼロ次放出や病状の変化に応答した制御放出，投与経路の改善や変更，患部へのターゲティングに大きく分けられている。ハイドロゲルのDDSに応用する研究例は大変多く，なかでも長期にわたる持続的な放出を意図した研究の歴史が古い。この目的でハイドロゲルを利用するときの克服するべき課題の一つに薬物ロ

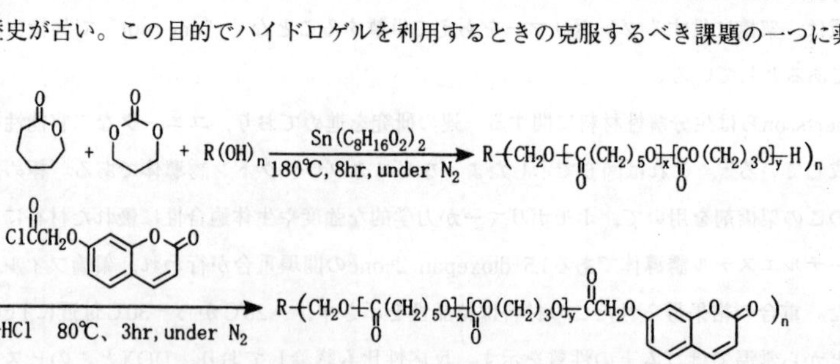
R(OH)n
Sn(C8H16O2)2
180℃, 8hr, under N2
ClCCH2O
-HCl　80℃、3hr, under N2

図7　光架橋が可能な生分解性ポリエステルの構造[23]

第 3 章 医　用

ーディングがある。あらかじめハイドロゲルを合成し未反応モノマーなどを除去後乾燥し，薬物溶液中で浸せば薬物ローディングが可能である。しかし，その煩雑さと導入の効率が悪いこと，ポリペプチドなどの高分子医薬にどう対応するかが大きな課題である。これを克服する方法が*in situ*にゲル化させる手段である。Okinoらはゼラチンのアミノ酸残基にスチレン残基をアミド結合で導入して，光架橋が可能な生分解性材料を合成している[25]。水溶性のカルボキシル基含有カンファーキノンを増感剤にしてUV光照射によってゲル化する。薬物を同時に溶解した水溶液を用いることにより，光照射でローディングとゲル化が同時に起こると考えられる。Feijanらの研究グループも生分解性が期待できるゼラチンとコンドロイチン硫酸の化学架橋ゲルを合成している。硫酸残基とのイオン的な相互作用によってリゾチームのような塩基性のタンパク質の放出速度が効果的に遅延させることを確認している[26]。筆者らは化学反応によって架橋する架橋連鎖分解型の温度応答性ハイドロゲルの合成研究を進めている[16]。化学架橋を用いた理由は，ゾル―ゲル転移に基づく物理ゲルの形成では満足するゲルの強度や架橋密度を得ることが困難であると考えたためであり，生体内でゲル化させることによって温度応答性のインジェクタブルハイドロゲルへ展開できると考えられた。温度応答性高分子として繰り返し紹介しているPIPAAmは，官能基を導入するために反応性のモノマーと共重合すると相転移温度が大きく変化したり，温度応答

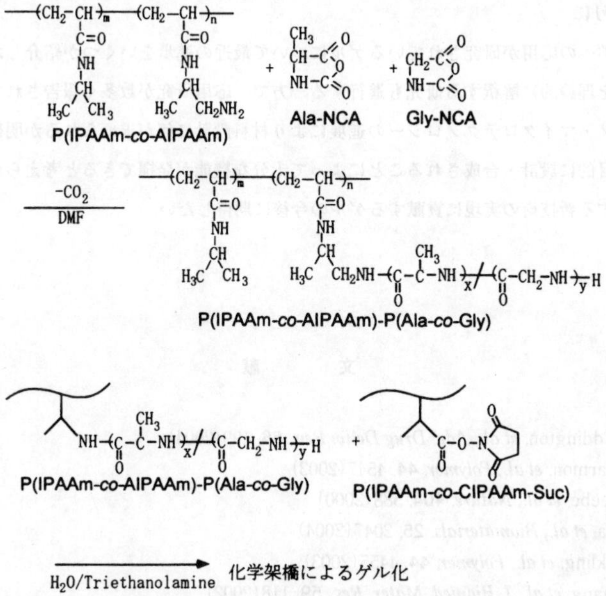

図 8　温度応答性と酵素分解性を併せ持つハイドロゲルの合成スキーム[26]

性が鈍感になることが多い。我々はPIPAAmをバイオメディカル分野で応用するために，官能基を導入しても敏感な温度応答性を維持するためのモノマーの設計を行い，IPAAmの分子構造を参考にカルボキシル基またはアミノ基を有するIPAAm誘導体を合成した。合成スキームを図8に示した。これらを含む共重合体をプレポリマーとして，互いに混合するとゲル化反応が短時間で生起した。すなわち，一方のプレポリマー溶液に薬物を混合しており両者を併せるだけで薬物ローディングとゲル化が同時に進行することから，ダブルルーメンのシリンジを用いればインジェクタブルのゲルとなり，なおかつ温度変化に応答して敏感に膨潤・収縮する新しいタイプのハイドロゲルである。

Yuiらのグループでは，デキストランゲルにグラフトさせる温度応答性高分子の相転移温度を制御し，ある特定の温度幅でのみゲルが分解するという高度に設計されたハイドロゲルの合成に成功している[27]。今後の応用例に期待したい。これらの例のように刺激応答性材料は，化学物質や温度の変化に対応して物性を変化させられるために制御放出としての応用研究例が大変多い。様々な物理刺激に応答して薬物を制御放出するDDSについて過去の例も含めてKostらやKikuchiらによって総説にまとめられているので参考にされたい[28,29]。

2.7 おわりに

医学や薬学への応用が研究されているゲルについて最近の進歩をいくつか紹介した。ゲルの興味深い挙動を理論的に解釈する研究も進行する一方で，応用研究が数多く報告されている。前述のようにナノ・マイクロテクノロジーの進展により材料設計に何が求められるか明確になってきており，合目的に設計・合成されることによって十分な機能が発揮できると考えられる。医学・薬学を革新する新技術の実現に貢献するゲルの今後に期待したい。

文　　献

1) D. T. Eddington, *et al., Adv. Drug Deliv. Rev.*, **56**, 199 (2004)
2) M.E. Harmon, *et al., Polymer*, **44**, 4547 (2003)
3) D. J. Beebe, *et al., Nature*, **404**, 588 (2000)
4) K. Itoga, *et al., Biomaterials*, **25**, 2047 (2004)
5) D. Kuckling, *et al., Polymer*, **44**, 4455 (2003)
6) S. J. Chang, *et al., J. Biomed. Mater. Res.*, **59**, 118 (2002)
7) S. W. Yoon, *et al., J. Appl. Polym. Sci.*, **90**, 3741 (2003)

8) Y. Iwasaki, et al., *J. Biomed. Mater. Res.*, **52**, 701 (2000)
9) K. W. Nan, et al., *Biomacromolecules*, **3**, 100 (2002)
10) J. L. Drury, et al., *Biomaterials*, **24**, 4337 (2003)
11) A. Loebasack, et al., *J. Biomed. Mater. Res.*, **57**, 575 (2001)
12) Y. Tanbata, et al., *J. Biomater. Sci., Polym. Ed.*, **11**, 915 (2000)
13) E. Smith, et al., *J. Polym Sci Part A: Polym. Chem.*, **41**, 3989 (2003)
14) T. Shimizu, et al., *Tissue Eng.*, **7**, 141 (2001)
15) M. Yamato, et al., *Biomaterials*, **23**, 561–567 (2002)
16) T. Yoshida, et al., *J Polym Sci Part A: Polym Chem* **41**, 779 (2003)
17) M. Ebara, et al., *Biomacromolecules* **4**, 344 (2003)
18) H. R. Kricheldorf, et al., *Macromolecules*, **33**, 696 (2000)
19) H. R. Kricheldorf, et al., *ibid.*, **34**, 3517 (2001)
20) H. R. Kricheldorf, et al., *Biomacromolecules*, **3**, 691 (2002)
21) H. R. Kricheldorf, *ibid.*, **4**, 950 (2003)
22) R. Palmgren, et al., *J. Polym. Sci., Polym. Chem Ed.*, **35**, 1635 (1997)
23) T. Matsuda, et al., *Macromolecules*, **33**, 795 (2000)
24) M. Mizutani, et al., *Biomacromolecules*, **3**, 249 (2002)
25) H. Okino, et al., *J. Biomed.Mater. Res.*, **59**, 233 (2002)
26) A. J. Kuijpers, et al., *Biomaterials* **21**, 1763 (2000)
27) Y. Kumashiro, et al., *Macromol. Rapid. Commun.*, **23**, 407 (2002)
28) J. Kost, et al., *Adv Drug Deliv. Rev.*, **46**, 125 (2001)
29) A. Kikuchi, et al., *ibid.*, **54** (2002)

3 ソフトコンタクトレンズの物性と機能

平谷治之[*]

3.1 はじめに

今日までにたくさんの高分子ゲルが合成されてきたなかで,実際に実用化されこれまでに最も多く生産されてきた製品としてソフトコンタクトレンズ(SCL)がある。SCLが誕生したのは1970年代初めのことで,当時国内では1枚20,000円前後で販売されていた。当時の大卒平均初任給が50,000円であったことを考慮すると,その付加価値性はきわめて大きかったことが容易に想像できる。しかし,その後のレンズ材料開発および製造方法の躍進的な進歩によりSCLの製造コストは大幅に下がり,1990年代に入ると毎日使い捨てるタイプのものまで登場し,SCLはもはや高価なものという印象は薄れてきたように思われる。その結果,コンタクトレンズは急速に普及することとなり,今やわが国のCL装用人口は1600万人に達する勢いである(2003年5月時点)。そのうちSCL装用者は全体の60%であり,90%以上を占める米国などと比べるとその割合はいまだ低いものの,CL新規装用者のみに限ると90%がSCLを選択しており,今後わが国においてもハイドロゲルSCLの需要が欧米なみに高まっていくことは明らかである。ここでは高分子ゲルがSCLとして応用される場合,どのような物性,機能が求められるのかについて述べる。

3.2 コンタクトレンズの分類

一般にCLは硬くて小さなハードレンズと水を吸って柔らかくなるやや大きめのソフトレンズに分類できる。ハードレンズは装用に慣れるまでにある程度時間を要する。一方,ソフトレンズは材質が柔らかいため即日から使用できるのが特徴である。また,一般にいわれるSCLとは異なるが,同じように柔らかいレンズとして水を全く吸収しない疎水性のシリコーンラバーあるいは疎水性のアクリル樹脂からなるソフトレンズもある。しかしこれらは,レンズ表面が著しく疎水性であることから装用感が悪く汚れ易い,さらにレンズが角膜に固着してしまうなどの問題が指摘され,あまり広く普及するには至っていない。表1にSCLに用いられる主な親水性モノマーおよびポリマーを示した。また参考までに国際規格(ISO)によるCLの分類および使用期間によるCLの分類をそれぞれ表2および表3に示す。CLは医療用具でありその分類は"表面接触用具","粘膜","長期的接触(30日以上)"となる。わが国では厚生労働省告示第349号「視力補正コンタクトレンズ基準」[1]ならびに「医療用具の製造(輸入)承認申請に必要な生物学的安全性試験の基本的考え方について」[2],「コンタクトレンズ承認申請ガイドライン」[3,4]にてかなり詳細に規定されており,すべてのCLはこれらの項目に適合する必要がある。大まかにまとめると表

---

[*] Haruyuki Hiratani ㈱メニコン 基礎研究部

第3章 医　用

表1　SCLに用いられる主な親水性モノマーおよびポリマー

化学式	構造式
2-ヒドロキシエチルメタクリレート （HEMA）	$CH_2=C(CH_3)-CO-O-C_2H_5OH$
メタクリル酸またはアクリル酸 （MAAc，AAc）	$CH_2=C(CH_3 \text{ または } H)-COOH$
N-ビニル-2-ピロリドン （NVP）	(構造式：N-ビニルピロリドン環)
N,N-ジメチルアクリルアミド （DMAA）	$CH_2=CH-CO-N(CH_3)_2$
ポリビニルアルコール （PVA）	$-[CH_2-CH(OH)]_n-$

表2　ISOによるコンタクトレンズの分類

1．レンズタイプ	PMMA／非含水／含水			
2．表面処理	有：m／無：―			
3．非含水レンズ （含水率＜10％）	Ⅰ	Ⅱ	Ⅲ	Ⅳ
	シリコン，フッ素成分未使用	シリコン成分使用	シリコン，フッ素成分使用	フッ素成分使用
4．含水レンズ （含水率≧10％）	Ⅰ	Ⅱ	Ⅲ	Ⅳ
	含水率＜50％ 非イオン性	含水率≧50％ 非イオン性	含水率＜50％ イオン性*	含水率≧50％ イオン性
5．酸素透過係数 (cm^2/sec) (mlO_2/ml ×mmHg)	0	1	2	3
	＜1	1〜15	16〜30	31〜60
	4	5	6	7
	61〜100	101〜150	151〜200	201〜250
				8
				251〜300

＊　イオン性モノマー1mol％以上使用したもの
例："非含水・m・Ⅱ・4"と表記されれば，フッ素成分を含まないシリコーン含有レンズで酸素透過係数が61〜100の表面処理を施したものとなる。

高分子ゲルの最新動向

表3 使用期間によるコンタクトレンズの分類

レンズタイプ	使用期間	レンズ装用サイクル
ディスポーザブルCL	1日	毎日新品レンズと交換
	1週間	1週間毎に新品レンズと交換
	2週間	2週間毎に新品レンズと交換
頻回交換CL	1ヶ月	1ヶ月毎に新品レンズと交換
	3ヶ月	最長3ヶ月間を目安に新品レンズと交換
通常CL	1年以上	ソフトレンズ：1年間
		ハードレンズ：1～3年間

表4 ソフトコンタクトレンズへの基本的要求事項

物理的要求事項	① 形状・外観　② 直径　③ 厚さ　④ ベースカーブ　⑤ 含水率 ⑥ 視感透過率　⑦ 酸素透過係数　⑧ 引っ張り強度　⑨ 屈折率 ⑩ 頂点屈折力　⑪ プリズム誤差　⑫ 円柱屈折力および円柱軸
化学的要求事項	① 残留モノマー，添加剤などの溶出物定量 ② 残留モノマー，添加剤などの抽出 ③ 煮沸消毒およびレンズ用消毒剤との適合性
生物学的要求事項	① 細胞毒性　② 感作性　③ 眼刺激　④ 家兎装用　⑤ 遺伝毒性
無菌性の保証	滅菌バリデーション基準
容器	細胞毒性など
表示	① 成分　② 有効期限

4のようになり，使用期間による臨床試験（治験）の症例数と観察期間が定められている。

3.3 コンタクトレンズの物性
3.3.1 機械的強度

　SCLは装用感が良い反面，吸水性ゆえにハードCLと比べると機械的強度が弱くレンズの耐久性に劣るという欠点がある。コンタクトレンズとして使用する場合，毎日の取り扱いで破損などの問題が生じない程度の機械的強度が最低限要求される。SCLの場合，その強度を改善するために親水性モノマーの種類，架橋密度，あるいは疎水性モノマー等の共重合成分などが広く検討されている。一般的にSCLの機械的強度は引っ張り試験により評価される。SCLの機械的強度は材料固有の強度だけでなく，端面の仕上げ状態，内外面の仕上げ状態ならびにレンズの周辺形状などの因子による影響も考慮する必要がある（図1）。従ってレンズの機械的性質を包括的に理解するために，実際のSCLを用いて引っ張り試験用試料が準備され，またレンズの乾燥を防ぐ目的から測定は水中で行われる。図2には6種類の異なる含水率からなる既存のSCLの引っ張り試験結果を示した。以前SCLの弾性率は含水率の増加に伴い低下すると言われていた。これは，ゲル中

142

第3章 医　用

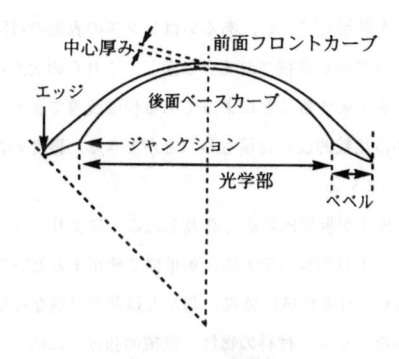

図1　SCLの断面図

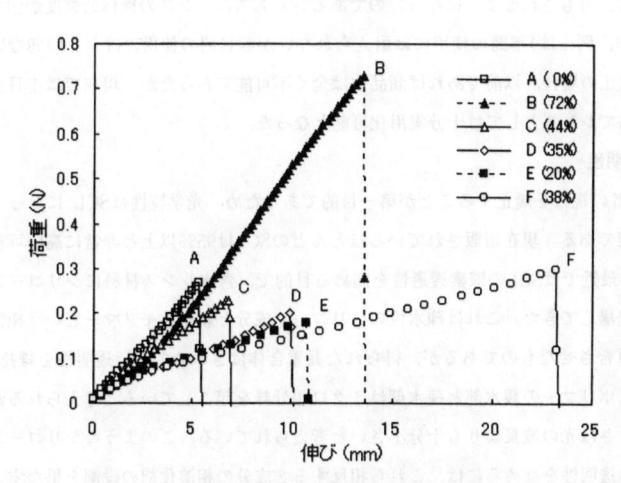

（図中ラベル：中心厚み、前面フロントカーブ、エッジ、後面ベースカーブ、ジャンクション、光学部、ベベル）

図2　含水率の異なる既存のSCLの荷重―伸び曲線
（　）はSCLの含水率

（凡例：A (0%)、B (72%)、C (44%)、D (35%)、E (20%)、F (38%)）

の水分子が高分子鎖間に働くファンデルワールス力，あるいは水素結合等の分子間相互作用を減少させるためであると説明された[5)]。しかし昨今，含水率を2倍高くしたにもかかわらず4倍高い弾性率を示すSCLなども開発され，レンズの含水率よりもむしろ疎水性モノマー等の共重合成分を検討することによりSCLの弾性率や伸び率を高くする考え方がより一般的である。特に疎水性のメタクリル酸エステルを共重合成分として加える場合，分子量の大きいものを用いたほうが強度的に有利であるとの報告もなされた[5)]。ただSCLの弾性率が高くなるにつれ，レンズ装着時に眼に感じる異物感が顕著になる傾向がみられたりあるいは瞬目を繰り返すことにより角結膜に機械的なキズを生じる可能性が高くなる。逆に弾性率が低すぎると指先にレンズを乗せた際，レ

ンズ形状を保持できずSCLを装用しにくい，あるいはレンズの表裏の判別が困難になるなど装用時の作業性が悪くなるという欠点が指摘される。しかし，これらの欠点はSCLの中心厚み，エッジ形状等のレンズデザインを工夫することによってある程度改善できることが分かっており，材料固有の弾性率の許容範囲は比較的広く見積もることができる。既存の含水性SCLの弾性率はほぼ0.3～1.3 MPaの範囲に入っている。

近年，使い捨てタイプのSCLが世界的に広く普及したことにより，以前のような（煮沸）消毒と手指洗浄を毎日繰り返し，1枚のSCLを大切に年単位で使用するという使用法が少なくなってきた。その結果，SCLに求められる機械的強度の基準も以前とは異なってきており，今日ではそれほど重要視されなくなった。レンズ材料の物性（機械的強度）に応じてSCLの使用期間を決定するという考え方もされるようになったのである。もちろんレンズの機械的強度が強いに越したことはないが，例えば1年間の使用には耐えられないが数日間の使用には全く問題ない程度の強度を有するSCLの場合，以前であれば商品化は全く不可能であったが，現在では1日あるいは1週間の使い捨てレンズとしては十分実用化可能となった。

3.3.2　透明性

CLは装用者の視力を矯正することが第一目的であるため，光学特性はSCL にとって最も重要かつ基本機能である。現在市販されているほとんどのSCLは95％以上と非常に高い可視光線透過率を示す[6]。最近ではSCLの酸素透過性を高める目的で，含水レンズ材料にシリコーン成分を加えたものが登場してきた。これは疎水性のシリコーン成分と親水性モノマーという極性の相反する成分を共重合させたものであるが，得られた共重合体はきわめて高い透明性を維持している。ここでレンズポリマーの親水部と疎水部はミクロ相分離を起こしていると考えられるが，そのドメインの大きさは光の波長よりも十分小さいと考えられている。このようなシリコーンハイドロゲルレンズの透明性を高めるには，これら相反する2成分の相溶化剤の役割を果たすような第三の成分，あるいは疎水性モノマーと比較的相溶しやすい含窒素系モノマーを親水性成分として使用するなどの工夫がなされている。

以上のようにSCLは可視領域の光透過性は高く保つ必要があるが，紫外線による眼組織への悪影響が古くから知られているため，角膜を紫外線から保護することも同時に必要になってくる。最近ではSCLに紫外線吸収機能を持たせたものもいくつか市販されている（図3）。酸素透過性のハードレンズには以前から紫外線吸収機能を有するものが多く存在しているが，ハードレンズはレンズ直径が小さく角膜全体を覆わないため，SCLに勝る紫外線吸収効果は期待できない。紫外線の眼への影響としては，角膜（上皮，実質，内皮）に組織学的変化を認めたとの報告や[7]，その他としては加齢とともに水晶体が濁ってくる病気として知られる白内障にも近年紫外線の影響が強く懸念されている。通常，SCLに紫外線吸収機能を持たせる場合，UV吸収剤を少量添加

第3章 医　用

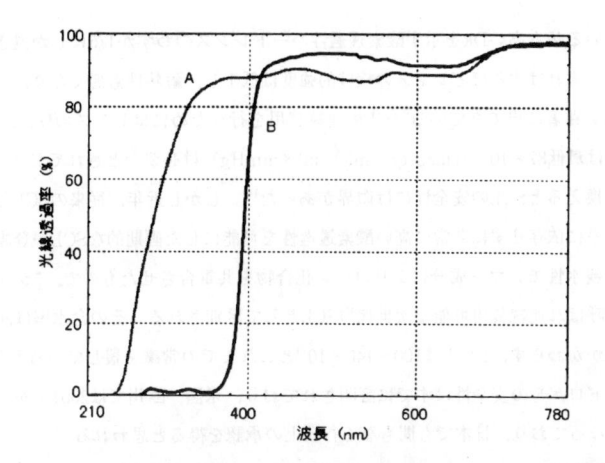

図3　コンタクトレンズの光線透過パターン
(A) 通常のCL　(B) 紫外線吸収性CL

するのが一般的である。UV吸収剤にはベンゾトリアゾール系やベンゾフェノン系のものが広く用いられている。ANSI (The American National Standard Institute) の基準に従うと，紫外線吸収性CLとは少なくともUV-B波（280〜315 nm）を95%，UV-A波（315〜400 nm）を70%吸収するものとされている[8]。これとは別に，単なる美容目的あるいはレンズの表裏認識や落とした時に容易に発見できるなどCLの取り扱いを容易にするという目的でレンズを着色したカラーコンタクトなども開発されている。

3.3.3　酸素透過性

角膜にはその優れた透明性，言い換えると良好な視力を維持するために血管が存在していない。従って角膜への栄養分（酸素）の補給は主に涙液を経由して行われる。CLの装着は角膜への酸素の輸送を阻害するため，酸素透過性の低いCLを長期間装用し続けると，角膜上皮だけでなく実質や内皮にまで影響が及び，角膜実質の浮腫，角膜内皮細胞数の減少やそれに伴う細胞形状の異常化などが起こる[9]。そのため，CLには角膜への酸素の供給を高めるために色々工夫がなされている。それには大きく2つの方向があり，1つはレンズを薄くすることで，もう1つはレンズ素材の酸素透過性を上げることである。SCLの場合，ゲル中の水を介しての酸素の溶解拡散機構が提唱されており，レンズの含水率が重要な要素となる。Fattらは以下のとおりSCLの酸素透過係数（Dk）は含水率（WC）に比例することを示した[10]。

$$Dk = 2.00 \times 10^{-11} \exp(0.0411 \times WC) \quad (cm^2/sec)(mlO_2/ml \times mmHg)$$

しかし，SCLの含水率をたとえ80%まで高くしてもそのDkは 50×10^{-11} 程度であり，この値は現

在市販されている最も高いDkを示す酸素透過性ハードレンズのわずか1/5にしか過ぎない。さらに含水率を高くすればするほどレンズの機械的強度は低下し、耐熱性も悪くなり、タンパク質付着による汚れも顕著に出てきている。CLの連続装用を行うためにはレンズのDk/L (Lはレンズの中心厚み) は最低$87×10^{-9}$ (cm/sec) (mlO_2/ml×mmHg) は必要だとされており、SCLの酸素透過性、言い換えるとSCLの安全性には限界があった[11]。しかし近年、従来のSCLとは全く異なり材料の含水率に依存せずに非常に高い酸素透過性を可能にした画期的なSCLが登場した。これらは、従来の親水性モノマー成分にシリコーン化合物を共重合させたもので、"シリコーンハイドロゲル"と呼ばれ連続装用可能な次世代型SCLとして区別される。その含水率は20〜40%と比較的低いにもかかわらず、Dk/Lは$100〜140×10^{-9}$とこれまでの常識を覆している[12,13]。これらシリコーンハイドロゲルの安全性はすでに証明されており、米国、欧州では2001年から30日間連続装用が可能になっており、日本でも間もなく行政上の承認を得ると思われる。

3.3.4 表面親水性

SCLは吸水性であるためその装用感はハードレンズと比較すると抜群に優れている。しかし昨今のシリコーンハイドロゲルの登場により、SCLにおいてもレンズ表面の親水性（水濡れ性）というものがクローズアップされるようになった。これは、レンズの装用感を良くするという目的以外にも涙液中に存在する脂質やタンパク質などのレンズへの付着を抑制するという目的もある。脂質やタンパク質がレンズ表面に付着すると、異物感、装用感の悪化や角膜にキズが発生しやすくなるだけでなく、レンズ本来の透明性や酸素透過性などの機能も低下する。さらにびまん性角膜浸潤やぶどう球菌などによるIV型アレルギー反応がその発症に関与していると考えられる角膜周辺部湿潤といった眼障害を示す症例の多くは、レンズの汚れを伴っていることが多いとの報告もなされている[14]。涙液中に存在するタンパク質の中で最も多く含まれているのがリゾチームである。このタンパク質は生理的環境下では正電荷を持つため、SCLが負の電荷をもつ場合（例えばメタクリル酸を含有するもの）、レンズへのリゾチームの付着量は電荷をもたないレンズよりも100〜1000倍高くなることが分かっている[15,16]。

以上の理由から、SCLの表面親水化あるいは耐汚染性という目的でレンズ表面にスキン層を形成させたり表面処理を別途施すなどの検討が広く行われている[17,18]。これらの多くは酸素や窒素ガスを用いた低温プラズマ処理法に関するもので、その他に親水性モノマーを用いた表面グラフト重合法なども広く検討されている。CLの表面改質技術の立場から重要なのは、言うまでもなくCL表面のみにその改質層を如何に限定して形成させ、透明性、酸素透過性などのバルク特性に影響を及ぼさないという点にある。コンタクトレンズの表面水濡れ性を調べるのに有効なのが接触角測定である。接触角測定方法には2種類あり、1つは蒸留水1滴を大気中にてCL素材の上に滴下して、その液滴と素材表面の間の角度を測定する方法（液滴法）、もう1つは材料を水

中に保存し空気の泡をCL表面に付けこれらの間の接触角を測定する方法（気泡法）がある。しかしこれら*in vitro*での接触角の結果と*in vivo*での涙によるレンズの濡れ性とは必ずしも一致しないことが指摘されている[19]。これはSCLの外面が開眼時には大気と接しており，瞬目の度に涙液で覆われるというサイクルを繰り返すため，その外部環境が常に疎水性―親水性と変化していることに起因する。この場合，界面自由エネルギーをできるだけ小さく保とうとする熱力学的要請に基づき，乾燥状態では低表面エネルギー成分がSCL表面に濃縮され，涙液媒体中（濡れた状態）では高表面エネルギー成分が表面に移行する[20]。複雑に変化する環境下で使用されるSCLの表面濡れ性を常に一定に保つには，レンズ表面の高分子鎖の運動性や環境応答のダイナミクスなどを理解することが重要である。

3.4 最近のコンタクトレンズの開発動向
3.4.1 屈折矯正手術とカスタムメイドCL

近年，レーザーを用いた屈折矯正手術，LASIK（laser in situ keratomileusis）が脚光を浴び，眼鏡やCLに加えて新しい屈折矯正手段となった。すでにアメリカではLASIKが年間150万件行われており，完全に市民権を得ている。しかし，術後の視力低下，コントラスト不良，暗所での視力低下，グレア等の欠点があるとの報告がなされた。最近，角膜形状解析装置の進歩により，これらの問題は大幅に改善されつつある。すなわち術前に患者の角膜形状を測定し，すでに存在する高次収差と術後発生する高次収差を共に軽減することにより，視力の質の低下を抑制することが可能になった。これはwavefront-guided LASIKと呼ばれ，不正乱視の補正にも有効で，さらに2.0以上のスーパーノーマルビジョン獲得の可能性も指摘されている[21]。この角膜形状解析装置をLASIKではなく，CL開発，例えば個々の角膜形状に相補的なCLのデザイン開発に応用すれば，視力2.0以上を獲得できるカスタムメイドのCLが可能になるかも知れない。

3.4.2 遠近両用コンタクトレンズ

最近の遠近両用CLは，精密加工技術と光学デザインの進歩により，以前のように物が二重ににじんだように見えることは少なくなった。ある臨床結果によると，遠近両用CL使用者の80―90％は遠近視力ともに満足していることが分かった。この理由は，レンズ光学部を鼻側へ偏位させることに特徴がある。一般に瞳孔の中心は鼻側に位置し，レンズは角膜上で耳側に安定することが多い。そこで，光学部の効果をより発揮させ見え方の質を向上させるために眼の照準線（固視点と瞳孔中心を結ぶ線）とレンズ光学中心が一致するように，光学中心を鼻側に偏位させたバイフォーカルレンズが用いられている。

3.4.3 治療用ソフトコンタクトレンズ

眼疾患治療にはその簡便さや低コストというメリットから点眼薬が主に使用されている。しか

し，涙液交換のために点眼されたほとんどの薬物は鼻腔へと速やかに洗い流されてしまい，十分な薬効は期待できない。さらにこれら洗い流された薬物は鼻粘膜より吸収され全身へと行き渡るため，場合によっては全身的副作用が懸念されるなどの欠点が長年に渡り指摘され続けている。SCLは疼痛軽減，創傷保護，乾燥防止などに加えて薬物徐放に有効であることが以前から知られており，点眼薬の代わりにSCLにあらかじめ薬物を含ませておいたものを薬物徐放システムとして使用するという試みは古くから行われていた[22]。しかし，レンズ1枚に取り込める薬物量は以外に少なく，長時間に渡り薬効を持続させることができなかった。最近，SCL高分子鎖中のモノマー配列がデザインされた高機能性SCLは，従来のSCL（モノマー配列はランダム）と比較して緑内障治療薬に対して20倍以上高い吸着親和性を示し，かつ2倍以上の薬物をレンズ内に取り込めることが明らかとなった[23〜25]。この高機能性SCLに薬物を取り込ませたものを家兎眼に装用させた場合，実際の緑内障治療の現場で用いられている点眼薬と比べてわずか1/4の投与量で3倍以上の薬物濃度―時間曲線下面積（AUC）を示すことが確認された。この結果は，最小限の投与量で最大限の薬効を発揮できることを示しており，副作用の少ない理想的な薬物徐放システムがSCLを用いて構築できることを示唆している[26]。このような機能性SCLは「分子インプリント」という方法により簡単に合成され[27〜29]，緑内障に限らず，ドライアイ，角膜疾患またはアレルギーなど用いる薬物（ゲスト化合物）に応じて個々にSCLを設計できる。これらは既存の治療用SCLとは異なり，患者の症状に応じたカスタムメイドの次世代型薬物徐放性SCLとして期待されている。

3.5 おわりに

人は外界からの情報の80％を眼を通じて取り込んでいるといわれており，CLは眼鏡と同様，患者のQOV（Quality of vision）へ果たす役割が大きい。従って，安全かつ快適に使用できるSCLを開発するためには，機械的強度，透明性，酸素透過性，耐汚染性，表面親水性などの基本物性に優れたレンズ材料を設計する必要がある。しかしこれら基本的物性を満足するだけでは十分ではなく，実際の使用時においてレンズ下涙液交換，装用感および視力などを安定して維持する必要がある。そのためには，ベベルやエッジなど最適なレンズデザインも重要となる。今後これらすべての条件を満たすような高機能性ハイドロゲルを開発していくことこそ，理想のSCL誕生の鍵となるであろう。

第3章 医　用

文　献

1) 医薬発第1097号
2) 医薬審発第0213001号
3) ISO 11539 (1999)
4) ISO 14534 (2002)
5) 水谷豊ほか, 日コ・レ誌, **22**, 255 (1980)
6) 中島章ほか, コンタクトレンズ処方マニュアル, 南江堂 (1992)
7) J.P. Bergmanson et al., *J. Am. Optom. Assoc.*, **59**, 178 (1988)
8) ANSI Z80.3 (1996)
9) D.H. Ren et al., *Ophthalmol.*, **109**, 27 (2002)
10) I. Fatt et al., *J. Br. Contact Lens Associ.*, **17**, 11 (1994)
11) B.A. Holden et al., *Inv. Ophthalmol. Vis. Sci.*, **25**, 1161 (1984)
12) J.F. Kunzler, *CL Spectrum*, **14**, 9 (1999)
13) G.L. Grobe, *CL Spectrum*, **14**, 14 (1999)
14) 小玉裕司, 日コ・レ誌, **45**, S2 (2003)
15) D.J. Keith et al., *Eye&Contact Lens*, **29**, 79 (2003)
16) A.R. Bontempo et al., *CLAO J.*, **27**, 75 (2001)
17) Y.C. Lai et al., *J. Biomed. Mater. Res.*, **35**, 349 (1997)
18) H. Hiratani et al., *J. Appl. Polym. Sci.*, **89**, 3786 (2003)
19) W.J. Benjamin et al., *ICLC*, **11**, 492 (1984)
20) 中前勝彦ほか, 高分子加工, **42**, 522 (1993)
21) 小松真理ほか, *Prac. Ophthalmol.*, **4**, 108 (2001)
22) J.S. Hillman et al., *Br. J. Ophthalmol.*, **58**, 674 (1974)
23) C.A. Lorenzo et al., *J. Pharm. Sci.*, **91**, 2182 (2002)
24) H. Hiratani et al., *J. Control. Rel.*, **83**, 223 (2002)
25) H. Hiratani et al., *Biomaterials*, **25**, 1105 (2004)
26) H. Hiratani et al., *J. Control. Rel.*, submitted
27) G. Wulff et al., *Angew. Chem. Int. Ed. Engl.*, **34**, 1812 (1995)
28) K. Mosbach et al., "Molecular and ionic recognition with imprinted polymers", p.29, ACS, Washington, DC (1998)
29) H. Hiratani et al., *Langmuir*, **17**, 4431 (2001)

第4章 産　業

1　放射線合成ハイドロゲルの応用

吉井文男*

1.1　はじめに

　工業的に使われている放射線は，使い捨て注射器やダイアライザー（人工腎臓など）の滅菌に用いられているコバルト60からの γ 線と高分子材料の改質によく用いられている加速器からの電子線がある。γ 線は透過力があることから医療用具の最終製品の滅菌に主に用いられている。日本には大型施設としてラジエ工業株式会社（群馬県），日本照射サービス株式会社（茨城県），㈱コーガアイソトープ（滋賀県）が委託照射を行っている。この他に5社が自社製品の滅菌を行うため，コバルト60 γ 線施設を所有している[1]。

　電子線は種々のエネルギーレベルのものがあり，300keV程度の低エネルギー加速器，300keV～3MeVの中エネルギー加速器，それ以上の高エネルギー加速器がある。国内には約340台の電子加速器が設置され，低エネルギー加速器では表面塗装や印刷，中エネルギー加速器ではラジアルタイヤの加工性の改善，電線の耐熱性の改善，発泡体の製造，熱収縮材料の製造など高分子（ポリマー）材料の改質に用いられている。これらの改質技術は，照射により生成した活性種（ラジカル）が再結合反応により引き起こされる橋かけ反応によるものであり高分子材料の耐熱性，強度，加工性の改善である[2]。5～10MeVの高エネルギー加速器は，医療用具を短時間で滅菌できる画期的装置であり日本でも使われ始めている。

　水に溶解した水溶性のポリマーは，放射線橋かけにより不溶性となり水を多量に包含したハイドロゲルを形成する。ハイドロゲルは，ポリマーの主鎖及び側鎖に水と親和性のよい-COOH，-NH$_2$，-SO$_3$Naなどを持ち，含有した水は少しくらいの圧力を加えても漏れ出さないという性質がある。身近なものとしては，こんにゃくや寒天もハイドロゲルである。このハイドロゲルを作る原料には，石油を原料としたポリ酢酸ビニルの鹸化反応により得られるポリビニルアルコール（PVA），ポリエチレンオキサイド（PEO），ポリビニルピロリドン（PVP）などがある。天然由来の材料としては，海藻から得られるカラギーナンやアルギン酸がある。

　放射線で合成するハイドロゲルは橋かけ助剤などの添加物を使わずに照射のみにより合成でき

---

*　Fumio Yoshii　日本原子力研究所　高崎研究所　材料開発部　環境機能材料研究グループ
　　　　　　　　　グループリーダー　主任研究員

第4章 産　業

表1　水溶性高分子の固相，溶融及び水溶液の橋かけ挙動

水溶性高分子	固体照射	溶融照射	水溶液照射	Tg	融点
PVA*	橋かけなし	橋かけ	橋かけ	90℃	-
PEO**	橋かけ	橋かけ	橋かけ	-50℃	65℃
PVP***	橋かけ	-	橋かけ	-	-

$$\{CH_2CH\}_n \qquad \{CH_2CH_2O\}_n \qquad \{CHCH_2\}_n$$
$$\quad\;\; OH \qquad\qquad\qquad\qquad\qquad\qquad N\;\;O$$

*ポリビニルアルコール　　**ポリエチレンオキサイド　　***ポリビニルピロリドン

るため純度の高いものが得られ，工業，農業，医療・福祉，化粧品分野などへの応用が期待できる。本稿では，石油を原料とした水溶性ポリマーから造るハイドロゲルの創傷被覆材への応用，デンプンやセルロースのような多糖類誘導体のペースト状放射線橋かけによるハイドロゲル合成とその応用について最新の研究結果をまとめた。

1.2　PVA，PEO及びPVPのハイドロゲル合成
1.2.1　固体，水溶液及び溶融相での放射線橋かけ

　放射線によりハイドロゲルを合成する材料には多種類あるが，比較的よく使われている材料としてはPVA，PEO及びPVPがある。これらの材料を固体（粉）状，水溶液，溶融相で照射を行った結果をまとめたのが表1である。PVAの照射橋かけは，分子鎖がリジットな室温では起こらず，分子運動が盛んになる90℃のガラス転移温度（Tg）以上で橋かけ反応が起こる。橋かけしたPVAは水に漬けると水を吸収し，ハイドロゲルとなる。PEOは室温でも橋かけし，65℃の融点よりもやや温度の高い結晶域の存在しない70℃で最も橋かけしやすい。PVPは，室温で橋かけを起こすが，高い温度で著しい着色が起こるため好ましい照射ではない。水溶液ではいずれの試料も照射橋かけが起こる。図1では，固体，溶融，水溶液のいずれの相状態で橋かけを起こすPEOについて橋かけ挙動を比較した。固体や溶融状態に比べ，水溶液照射が最も橋かけしやすいことが明らかである[3]。放射線による橋かけは，照射により生成した活性種（ラジカル）どうしの再結合反応により起こる。図2に放射線による直接効果と間接効果による橋かけを示す。固体では，放射線の照射により生成したラジカルの直接効果による橋かけのみである。溶融照射では，分子運動性が活発になりラジカルどうしが接近しやすくなるため，橋かけしやすくなる。水溶液

151

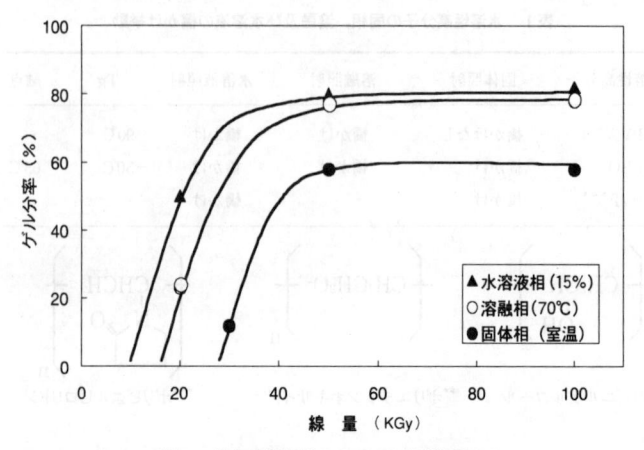

図1 異なる相条件でのPEOの放射線橋かけ

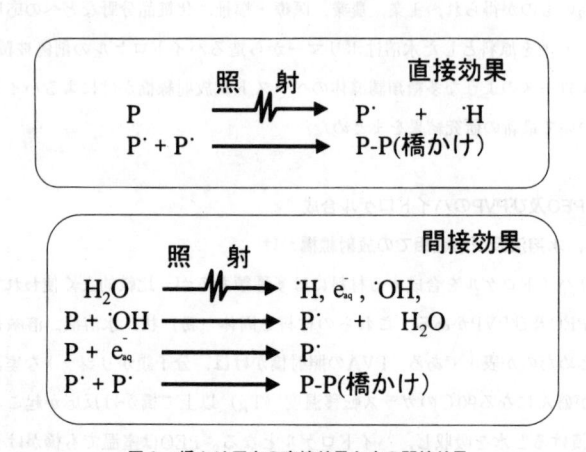

直接効果

P ―照射→ P· + ·H
P· + P· ――→ P-P(橋かけ)

間接効果

H$_2$O ―照射→ ·H, e$^-_{aq}$, ·OH,
P + ·OH ――→ P· + H$_2$O
P + e$^-_{aq}$ ――→ P·
P· + P· ――→ P-P(橋かけ)

図2 橋かけ反応の直接効果と水の間接効果

の照射では，試料中に存在する水が放射線分解し，生成した水酸基ラジカル（·OH）がPEOから水素を引抜きポリマーラジカルによる間接効果と直接効果による二つ橋かけが起こるため，効果的に橋かけが起こる。水溶液照射は低い線量で橋かけを引き起こし，高いゲルを得ることができるためハイドロゲル合成に有利である。

1.2.2 ハイドロゲルの創傷被覆材への応用

　放射線合成により得られるハイドロゲルは，添加物を使わないため，純度が高く安全であることから医用材料への応用に適している。その応用の一つに傷を覆い外部からの雑菌の混入を防ぎ

第4章 産　業

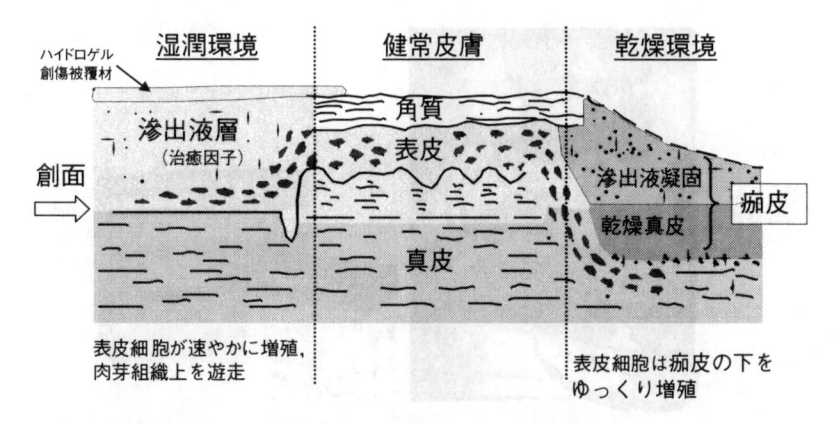

図3　湿潤／乾燥環境下での治癒比較

治療する創傷被覆材がある。これまでの傷の治療は，ガーゼなどを充て傷口を乾燥させて"かさぶた"をつくり治すのが一般的な治療法であった。模式的に表すと図3の乾燥環境での治療である。しかし，1960代年の前半にイギリスの研究者が，傷は湿潤環境で治療すると治りが早いことを提案（図3）した。乾燥環境では，治癒成分が"かさぶた"のところで固まり失活するため，治癒を遅くするが，湿潤環境では，常に創面に治癒因子が存在するため治癒が円滑に進行する[4,5]。湿潤環境をつくる創傷被覆材として用いるには，次のような条件を要する。①外からの菌の混入を防止できること，②使用中に壊れない強度と柔軟性があること，③皮膚との密着性がよいこと，④剥がした後に傷に残留しないこと，⑤滅菌できることである。放射線で合成したPVA，PEO，PVPハイドロゲルはこれらの条件を満たしており創傷被覆材に用いることができる。ポーランド・ウッジ大学のJ. M. ロジャック教授は，PVPを主成分とする放射線合成ハイドロゲルを創傷被覆材に応用し"アクワゲル"の商品名で1992年に実用化（図4の写真）し，ヨーロッパ各地に輸出している[6]。彼はこの技術を国際原子力機関（IAEA）の専門家として世界各地で普及に努め，インドやブラジルでも製造が開始されている。

筆者は，モルモットに3cm四方の傷を作り乾燥環境を与える滅菌ガーゼ創傷被覆材とPEOハイドロゲル創傷皮膚材とによる治癒を比較した[7]。図5は，治癒による創面の減少を示し，そのときの傷からの浸出液の被覆材による吸収を図6に示す。湿潤環境の方が乾燥環境に比べ治癒が速いことが明白である。乾燥環境下で2週間を要する治癒が湿潤環境下では1週間で回復する。浸出液の吸収も傷の回復と対応し，浸出液による被覆材の重量増が止まりゲル中の水の蒸発が増す。ガーゼ創傷被覆材では，治癒が遅いため，浸出液による重量増が2週間継続する。本ハイドロゲルの特長は，治癒の促進の他に透明であることから治癒の状況が観察できる，被覆材が傷口

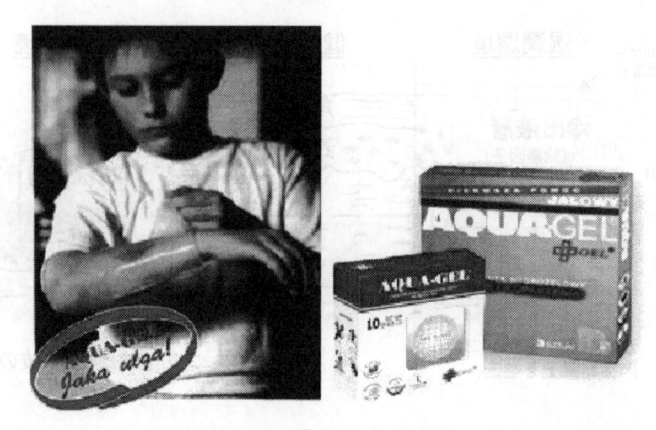

図4　商品名アクワゲル創傷被覆材

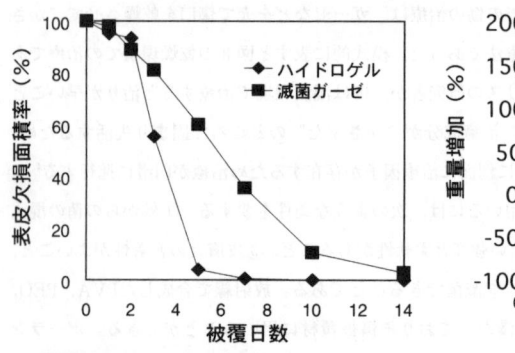

図5　動物を用いたモデル実験によるハイドロゲル及び減菌ガーゼ創傷被覆材の治癒の比較

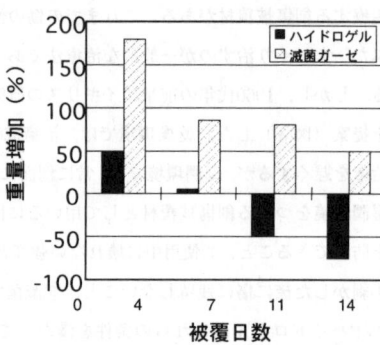

図6　治療中の創面からの浸出液の変化

に固着しないため剥がすときに痛みを与えない，傷口に残留しないことである。

最近の医学では，湿潤環境での治療が常識的になってきており，今後はハイドロゲル創傷被覆材が傷を治す新しい治療法として発展することを期待している[8]。

1.2.3　ハイドロゲルの多糖類添加効果

ハイドロゲルは，分子鎖内に多量に水を含有しているため，ゲル強度が低くシート状で用いるには改善が必要である。そこで放射線の照射では分解型と称されている多糖類をPVPやPVAなどの水溶液に添加し，ゲル分率やゲル強度を求めた。海藻から抽出され，食品の増粘剤として用いられているκ-カラギーナンは，PVPゲル強度や膨潤率の向上に有効である（図7）[9]。図8はPVAに高温度で糊状のデンプンを添加し，シート状に成形し照射した後のゲル強度である[10]。デ

第4章 産　業

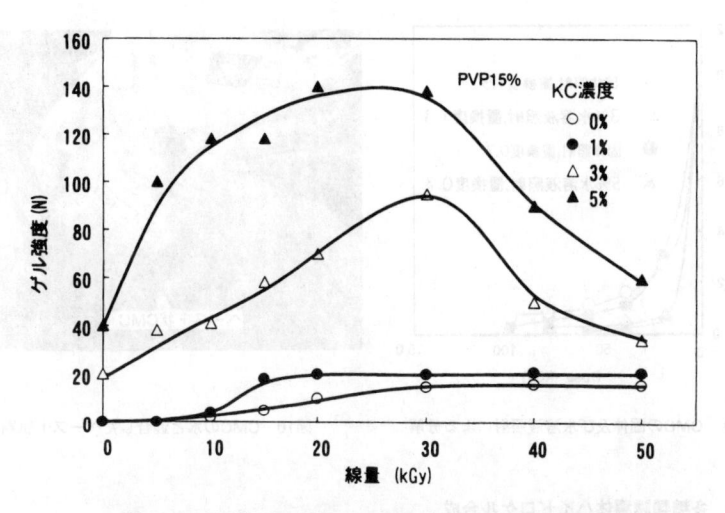

図7　κ-カラギーナン添加によるPVPハイドロゲル強度の向上

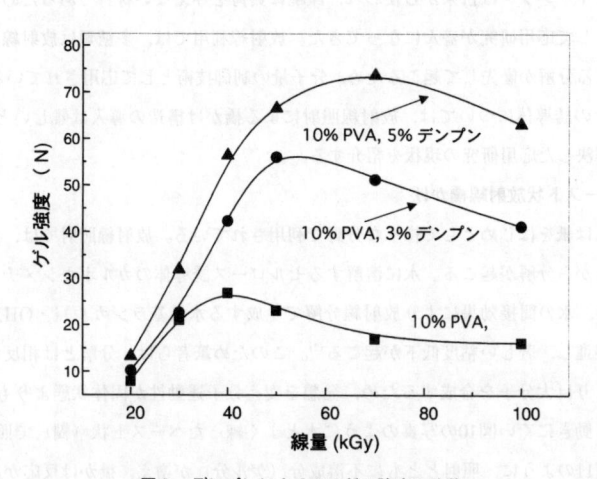

図8　デンプンによるPVAゲル強度の改善

ンプンの添加が効果的である。これについては以下のようなことが考えられる。多糖類は放射線分解型であるため，分解した多糖類が橋かけした水溶性ポリマーのPVPやPVAの網目分子と絡み合いを引き起こす。また，分解した末端がPVA分子鎖に結合しグラフト化し絡み合いを引き起こす。これがゲル強度改善の要因であると推測できる。

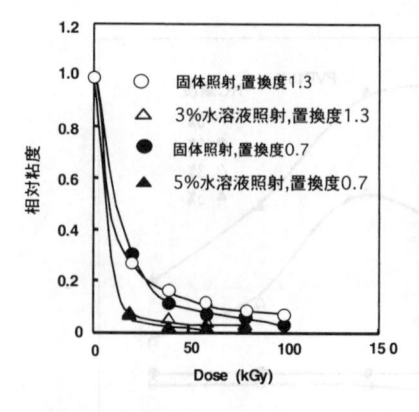

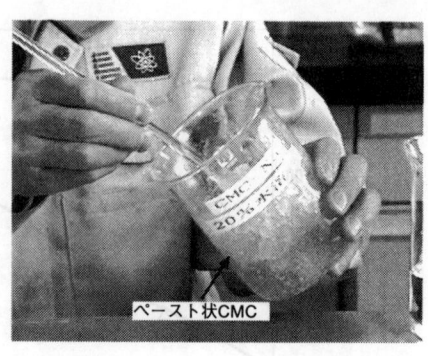

図9　CMCの固体及び水溶液照射による分解　　図10　CMCの水と混合したペースト試料

1.3　多糖類誘導体ハイドロゲル合成

　セルロースやデンプンは古来から使われ，環境に負荷を与えない材料であるため，最近古くて新しい材料として応用研究が盛んになってきた。放射線利用では，多糖類は放射線照射により分子鎖切断による分解が優先して起こるため，分子量の制御技術として応用されている[11]。しかし，多糖類及びその誘導体については，放射線照射による橋かけ構造の導入は難しいとされてきた。その難題を解決した応用研究の現状を紹介する。

1.3.1　ペースト状放射線橋かけ

　セルロースは紙をはじめとして様々な分野で利用されている。放射線照射では，誘導体を含め変色を伴いながら分解が起こる。水に溶解するセルロース誘導体のカルボキシメチルセルロース（CMC）では，水の間接効果により放射線分解で生成する水酸基ラジカル（・OH）が図9のように分解を促進し，著しい粘度低下が起こる[12]。このため筆者らは，分解とは相反する放射線橋かけ技術により巨大分子を合成するため，発想を変え分子運動性が固体状態よりも動きやすく，水溶液よりも動きにくい図10の写真のように水とよく練ったペースト状（糊）で照射を行った。その結果が図11のように，照射とともに不溶成分（ゲル分）が増え，橋かけ反応が起きる事実を初めて見出した。ゲル分率は以下のようにして求めた。

　　（Ggel／S）×100＝ゲル分率（％）
　S：照射後の試料の乾燥重量
　Ggel：照射後の所定量の試料（S）を48時間純水に漬け溶解成分を除いたゲルの乾燥重量。

　CMC試料の構造を図12に示す。CMCのカルボキシメチル基は，通常水に対する溶解性を上げるため，ナトリウム塩になっている。図11で用いた試料は，セルロースのもっている水酸基3個

第4章 産　業

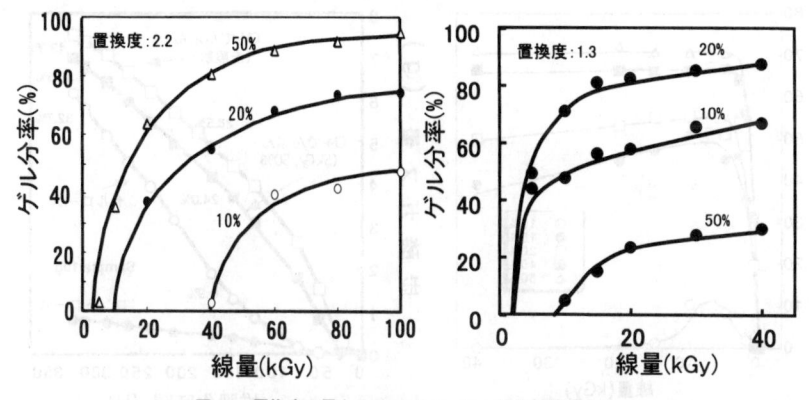

図11　置換度の異なるCMCのペースト状放射線橋かけ

図12　CMCの構造式

のうち平均1.3個と2.2個がカルボキシメチル基に置換した，置換度1.3（Degree of Substitution, DS1.3）と2.2である。現在市販されているもので最も高い置換度は，2.2である[13]。置換度が増すほど水との親和性が増し，水に溶解し易くなるため，ペースト状の橋かけの挙動も異なってくる。置換度1.3では30%，置換度2.2では，50～60%の濃度が最も橋かけしやすい。この橋かけ反応は，図2で示したように水の間接効果が大きな役割を果たしているため，置換度2.2の70%以上の濃度では，ペースト試料に水が均一に分散せずに部分的に固体照射による分解が起き，ゲル分率が低下する。ペースト状橋かけは，水がCMCの分子運動性を高め，互いのラジカルが接近しやすくなるため再結合反応による橋かけが容易になると考えられる。ペースト状放射線橋かけは，他のセルロース誘導体であるメチルセルロース，エチルセルロース，ヒドロキシプロピルセルロースでも同様に起こる[14]。

デンプンの組成はセルロースと同じであるが，構造が異なり長鎖状のアミロース30%とコイル状に巻いたアミロペクチン70%から成る。しかし，デンプンもセルロースと同様に放射線照射に

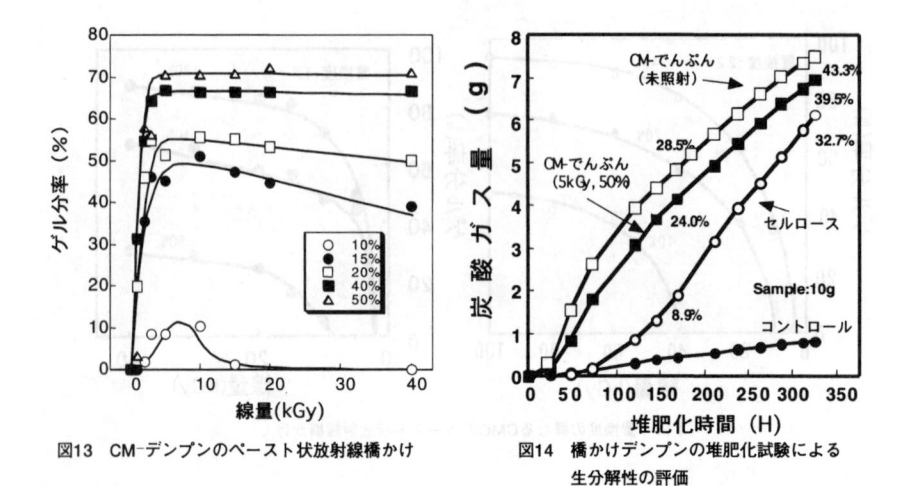

図13　CM-デンプンのペースト状放射線橋かけ

図14　橋かけデンプンの堆肥化試験による生分解性の評価

より分解する天然高分子である。セルロースと同様にエーテル型とエステル型の各種誘導体が合成されている。エーテル型のカルボキシメチルデンプン（CM-デンプン）はセルロース誘導体に比べ，水との親和性が高いため，低置換度で水に溶解する。図13は，置換度が0.15のペースト状の電子線による橋かけを示す[15]。CMCに比べ置換度は低いが，50％もの高濃度のペーストを調整することができる。10％以下の濃度ではほとんど橋かけが起こらないが，15％以上からゲルが生成しはじめる。しかし，15％及び20％の濃度では，生成したゲルが分解するため，高い線量でゲル分率が低下する。橋かけには濃度が高いペーストほど有効であることはCMCと全く同じである。CMCのペーストは透明であるが，CM-デンプンは不透明である。

CMCとCM-デンプンは，いずれも天然由来であるため，土壌中の微生物により分解する生分解性材料である。生分解性材料は微生物により炭酸ガスと水に分解するため，図14ではコンポスト化による炭酸ガス量の測定から生分解性を評価した結果である。コンポスト化時間による炭酸ガス量の増大は，生分解性の進行を示す。橋かけCM-デンプンは，デンプンとほぼ同じ分解挙動を示し，セルロースよりも分解しやすい。1週間で24％，2週間で40％生分解した。CMCは未照射であっても側鎖のカルボキシメチル基が分解を抑制し，著しく分解性が低下するが，徐々に分解は進行する。橋かけCMCも同様に生分解する。

キチンはエビやカニの甲羅をアルカリ処理により灰分を分離し，酵素分解によってタンパク質を除去することにより得られる。キトサンはキチンを脱アセチル化したものである。キチンに有効な溶剤はなく，キトサンは希薄な酸に溶解する。キトサンは健康食品として人気があり，抗菌活性を生かした添加剤として使われている。これらの材料もセルロースやデンプンと同じように

第4章 産　業

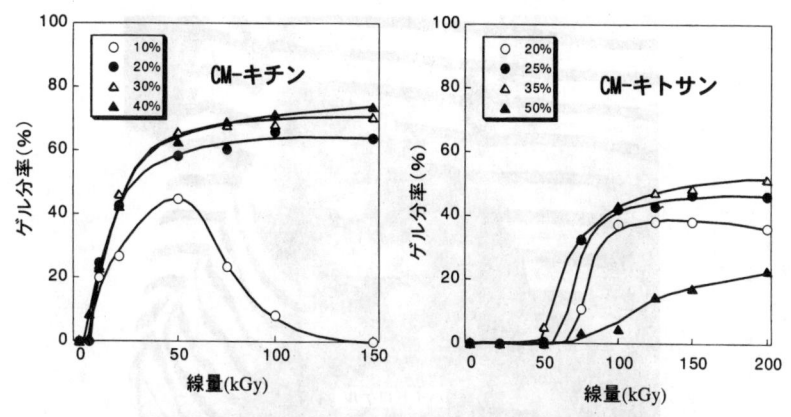

図15　CM-キチン及びCM-キトサンのペースト状放射線橋かけ挙動

放射線照射により分解が支配的に起こるため[16]，カルボキシメチル化による誘導体を水に溶解し，高濃度のペースト状で照射を行った。その結果が図15である[17]。高濃度ほど橋かけし易く，ゲルは水を吸収して透明で弾性のあるハイドロゲルが得られる。放射線橋かけでは，高分子材料の結晶化度に影響されるため，結晶化度の低いカルボキシメチルキチン（CM-キチン）の方がカルボキシメチルキトサン（CM-キトサン）よりも低い照射線量で橋かけが起こる。X線回析の結果から，CM-キチンとCM-キトサンの結晶化度は，橋かけにより結晶化が抑制されるため低下する。

1.3.2　多糖類誘導体ハイドロゲルの応用

　ペースト状で放射線により橋かけしたCMCとCM-デンプンは，いずれも多量の水を吸収する。図16の写真は，橋かけした網目構造内に水を吸収したCMCハイドロゲルであり，吸水の状況が分かる。表2は橋かけCMCとCM-デンプンの吸水性を市販品ポリアクリル酸ソーダと比較した値である。衛生用品などに応用するために必要な試験である[18]。橋かけしたCMC及びCM-デンプンは，市販品を上回る膨潤性能がある。ペースト状橋かけは，照射のみにより得られるハイドロゲルであるため，橋かけ剤が残留するようなことのない極めてクリーンな橋かけ技術である。多糖類ゲルは生分解性でもある。このためこのような特長を生かし，コンポスト化が可能な使い捨てオムツ，生理用品，化粧品，土壌改良剤などへの応用が期待できる。

　放射線橋かけCMCハイドロゲルを図17の写真のように床ずれ防止マットに応用した[19]。波型マット内に10%のCMCペーストを充填し，照射を行うと橋かけにより弾性のあるゲルになる。ゲルの柔軟性は放射線の照射線量により制御できる。このゲルマットを社会保険群馬中央総合病院手術部看護チームの協力を得て，体温程度の温度に保温し手術台に並べてから手術を行うと手術中の床ずれが防止できる好結果を得た。178名の患者に適用した結果（表3）では，19名に仙骨に

図16 CMCハイドロゲル

表2 カルボキシメチル化デンプン及びセルロースの吸水性

吸水性材料	吸水率*
カルボキシメチルデンプン (CMS-Na)	約570 g
カルボキシメチルセルロース (CMC-Na)	約420 g
ポリアクリル酸ソーダ（市販品）	約340 g

＊：1g乾燥ゲルの吸水量

発赤が生じたが手術後に手で擦ると消えた。病院内では床ずれを防止できる魔法のマットと呼ばれている。この画期的な事実を基に商品名"ノンビソール"と名づけ製品化した。このマットの効果は，保温性がよいことから手術中の患者の体温低下が起こらない，体圧分散の発現，体が多少動くことによるマッサージ効果により，血行が常に良好なため床ずれが防止できると考えられる。介護施設でも寝たきり老人の床ずれ防止に役立つと好評を得ている。マット内のCMCゲルは照射橋かけ中に滅菌もできるためカビなどが生えることなく安全であることも医療・福祉分野で応用できる重要な因子である。

ペースト状橋かけにより得たCM-キチン及びCM-キトサンは，アミン基（-NH$_2$）を持つ機能性材料であり，幅広い応用が期待できる。キチン・キトサンは，凝集剤，抗菌剤，金属捕集剤に応用できる性質を備えている。ゲル状に放射線橋かけにより加工することによりその用途は拡大できると期待している。シート状に加工したCM-キトサンゲルの最も高いゲル強度は，30%濃度，

第4章 産　　業

商品名：ノン・ビソール

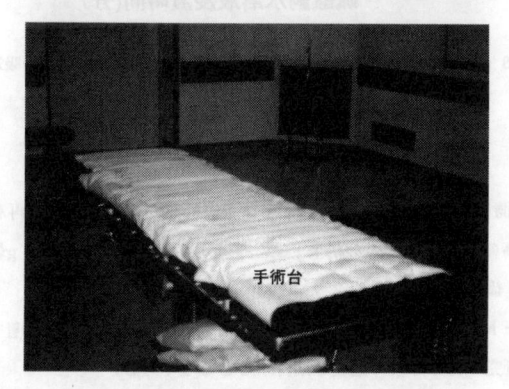

手術台

図17　床ずれ防止用ハイドロゲルマット

表3　ハイドロゲルマットを用いて手術を行ったときの床ずれの評価

評価A	評価B	評価C	計
159名	19名	0名	178名

評価A：発赤なし
評価B：発赤ができても擦ると戻る
評価C：発赤ができても擦っても戻らない

（社会保険群馬中央総合病院手術部看護チームの協力による）

50kGy照射により0.7Mpaである[17]。図18は橋かけCM-キチン及びCM-キトサンを硫酸銅の水溶液に入れたときの銅イオンの吸着を示す[20]。アミン基が銅イオンとキレートつくり捕集するため，薄い青色の水溶液が無色に変わる。吸着挙動の結果では，2時間で飽和に達する。吸着したゲル

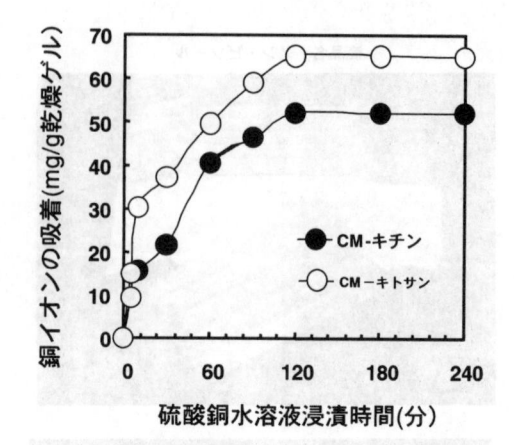

図18　CM-キチン及びCM-キトサンハイドロゲルによる銅イオンの吸着
CM-キチンハイドロゲル　30％濃度で75kGy照射,
CM-キトサンハイドロゲル　30％濃度で100kGy照射
銅イオン濃度　320ppm（0.005M), pH5.5

シートはpHを酸性側に移行させることにより金属が遊離し，ゲルシートは再利用できる。ラングミアの式から最高の吸着量を求めた結果，CM-キトサンゲルは172mg銅／g乾燥ゲル，グルタルアルデヒドにより橋かけしたキトサン[21]は60mg銅／gキトサンである。

ハイドロゲルシートは水溶液との親和性が高いため効果的に銅イオンを吸着でき，汚れた水などの浄化に役立つ研究であり今後の進展を期待するところである。

文　　献

1) 幕内恵三, 放射線加工, ラバーダイジェスト社, p.11～19 (2000)
2) K. Ueno, I. Uda, S. Tada, Radiation-crosslinking polyethylene for wire and cable application, *Radiat. Phys. Chem.*, **37**, 89～91 (1991)
3) 吉井文男, 放射線によるハイドロゲル合成と創傷被覆材への応用, 機能材料, **20**, 36～41 (2000)
4) G.M. Winter, J.T. Scales, Biology effect of air drying and dressing on the surface of a wound, *Nature*, **197**, 91～92 (1963)
5) G.M. Winter, J.Invest , a note on wound healing under dressing with special reference to perforated film dressing, *J. Invest Dermatol*, **45**, 299～302 (1965)

第4章 産　業

6) J.M. Rosiak, P. Ulanski, A. Rzeznicki, Hydrogel for biomedical purposes, Nuclear Instruments and Methods in Physics Research B 105, 335〜339 (1995), J.M. Rosiak, New aids to cure old ills, Inside Technical Cooperation Co-Operation International Atomic Energy Agency, 3 (No.1), 3 (1997)
7) F. Yoshii, Y. Zhanshan, K. Isobe, K. Shinizaki, K. Makuuchi, Electron beam crossliked PEO and PEO/PVA hydrogel for wound dressing, *Radiat. Phys. Chem.*, **55**, 133〜138 (1999)
8) 夏井睦, 消毒とガーゼは使うべからず洗浄と被覆材が創治癒を促進, Nikkei Medical, 34〜35(2002年9月)
9) Z. Maolin, H. Hongfei, F. Yoshii K. Makuuchi, Effect of kappa-carrageenan on the properties of poly(N-vinyl pyrrolidone)/kappa-carrageenan blend hydrogel synthesized by γ-radiation technology, *Radiat. Phys. Chem.*, **57**, 459-461 (2000)
10) Z. Maolin, F. Yoshii, T. Kume, K. Hashim, Syntheses of PVA/starch grafted hydrogels by irradiation, *Carbohydrate Polymer*, **50**, 295-303 (2002)
11) T.M. Stepanik, S. Rajagopal, D. Ewing, R. Whitehose, Electron processing technology : A promising application for the viscose industry, *Radiat. Phys. Chem.*, **52**, 505〜514 (1998)
12) B. Fei, R. A. Wach, H. Mitomo, F. Yoshii, T. Kume, Hydrogel of Biodegradable cellulose derivatives. I. Radiation induced crosslinking of CMC, *J. Appl. Polym. Sci.*, **78**, 278-283 (2000)
13) R. A. Wach, H. Mitomo, F. Yoshii, T. Kume, Hydrogel of biodegradable cellulose derivatives. II. Effect of some factors on radiation-induced crossliking of CMC, *J. Appl. Polym. Sci.*, **81**, 3030-3037 (2001)
14) R. A. Wach, H. Mitomo, F. Yoshii, T. Kume, Hydrogel of radiation-induced cross-linked hydroxypropylcellulose, *Macromol. Mater. Eng.*, **287**, 285-295 (2002)
15) N. Nagasawa, F. Yoshii, T. Kume, submitted in Carbohydrate Polymers.
16) L. Hai, N. Q. Hien, T. B. Diep, N. Nagasawa, F. Yoshii, T. Kume, Radiation depolymerization of chitosan to prepare oligomers, *Nulear Instruments and Methods in Pyhsics Research B*, **208**, 466〜470(2003)
17) L. Zhao, H. Mitomo, N. Nagasawa, F. Yoshii, T. Kume, Radiation synthesis characteristic of the hydrogels based on carboxymethylated chitin derivatives, *Carbohydrate Polymers*, **51**, 169-175 (2003)
18) 吉井文男, 天然高分子の有効利用, セルロース, デンプン, キトサン, Energy Review, 20-23 (2002-4)
19) 吉井文男, 放射線照射による天然高分子の橋架け技術, 原研ニュース, 2002-10 No.34
20) Long Zhao, H. Mitomo, F. Yoshii, T. Kume, Preparation of crosslinked carboxymethylated chitosan derivatives by irradiation and their sorption behavior for copper (II) ions., *J. Appl. Polym. Sci.*, **91**, 556〜562(2004)
21) W.S.W. Nagh, C.S. Endud, R. Mayanar, Removal of Copper (II) from aqueous solution onto chitosan and crosslinked chitosan beads, *React. Funct. Polym.* **50**, 181〜190 (2002)

2 高吸水性樹脂の用途展開
―農工業資材及び生分解性高吸水性樹脂の開発動向―

足立芳史[*1], 光上義朗[*2]

2.1 はじめに

高分子ゲルとは溶媒に対して溶解性を有する高分子化合物が架橋されて三次元網目構造を形成することにより,溶媒に対して膨潤するが,溶解しないという,いわゆる固体的側面と液体的側面を併せ持つ物質である。本節では,高分子ゲルの内,水に対して高い膨潤倍率を示す高吸水性樹脂の農工業資材への用途展開と近年注目されている生分解性高吸水性樹脂の開発動向について概説する。

JISによれば,高吸水性樹脂(Super-Absorbent Polymer:SAP)とは「水を高度に吸水して,膨潤する樹脂。高吸水性樹脂は,架橋構造の親水性樹脂で,水と接触することによって吸水し,一度吸水すると,圧力をかけても離水し難い特徴をもっている」と定義されている[1]。その膨潤の度合いとしては10g/g以上の吸水倍率を有するものに高吸水性樹脂の用語が適用されている。

高吸水性樹脂は水溶性ポリマーを軽度に架橋したものであり,ポリマー種としてアニオン性,カチオン性,両性,ノニオン性等多種多様なポリマーで研究されているが,吸水性能,価格の点からアニオン性とりわけポリアクリル酸塩系のものが圧倒的な主流を占める。

ポリアクリル酸塩系高吸水性樹脂が主流を占める理由は,①モノマーユニット分子量が小さく,高吸水性樹脂の電荷密度を高める事ができるため,吸水性能(吸収倍率,吸収速度)が優れている事,②重合性が高く,高分子量体が得やすい事,③モノマーの単価が安くコスト的に有利である事の3点によるものと考えられる。

高吸水性樹脂は水を吸収することのみならず,それに伴って様々な機能が発現する。表1には,発現する機能とその機能を利用した代表的用途を列挙した。

1980年代初頭に高吸水性樹脂が生理用品,紙おむつに使用され始めて以来,高吸水性樹脂の生産量は拡大しつづけ,2003年度における世界の主要メーカーの生産能力総計は124万トンにまで拡大している[2]。

2.2 高吸水性樹脂の製法と特性

高吸水性樹脂は粒子状の形態で取り扱われる事がほとんどであり,その製法は,①モノマーと架橋剤を溶解した水溶液をそのまま重合し,得られたゲルを細分化して乾燥する水溶液重合法と

---

*1 Yoshifumi Adachi ㈱日本触媒 吸水性樹脂研究所 研究員
*2 Yoshiro Mitsukami ㈱日本触媒 吸水性樹脂研究所 研究員

第4章 産　業

表1　高吸水性樹脂が持つ機能とその機能を利用した応用例

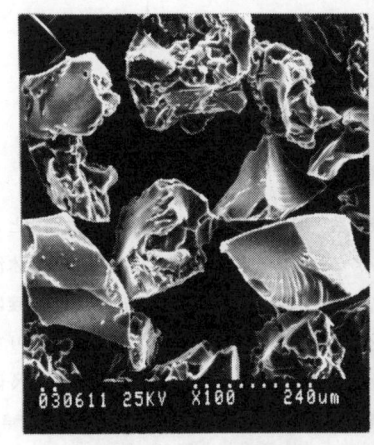

機　能	用　途
液体の保持・固定化	紙オムツ，ナプキン，食品シート，廃液固化剤，保冷剤，耐火剤，農業用保水剤，消火剤（水損防止剤），ケミカルカイロ，芳香剤
体積変化	止水材，水膨潤ゴム，光・電力ケーブル止水テープ，水のう
摩擦低減	潤滑剤，フリクションカット被覆材
流動性制御	廃泥固化剤，シールド工法加泥材，空隙充填材，消火剤（延焼抑制剤）
吸着	重金属吸着剤，消臭剤
徐放	芳香剤，農業用保水剤

①水溶液重合法における製品　　②逆相懸濁重合法における製品

写真1　製法による粒子形状の違い

②モノマーと架橋剤を溶解した水溶液を保護コロイドの存在下に疎水性溶媒中で重合する逆相懸濁重合法の2つに大きく分類される。

　得られる粒子形状は2つの方法では全く異なり，①の水溶液重合法では不定形破砕状粒子が，②の逆相懸濁重合法では球状，あるいは球状粒子の造粒物として得られる（写真1）。従って，製法の違いに基づき，①の製法では，粒子径を任意に操作でき，大きな粒子を作ることが得意であり，後述する加圧下吸収倍率，加圧下通液性の高い製品を作れる事が強みである。②の製法では粒子形状は細かく，粒度分布をシャープに制御することが得意であり，吸収速度の速い製品を作れることが強みである。従って，高吸水性樹脂の使用においては，吸収倍率と並んで，粒度，粒子形状，粉体流動性等の粉体工学的な注意深い検討が必要である。

　また，高吸水性樹脂は使用するポリマーの種類によって多彩な吸水挙動を示す。図1にはイオ

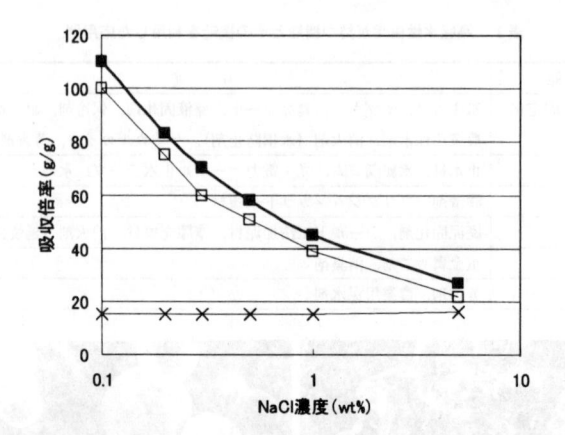

図1 塩化ナトリウム水溶液に対する吸収倍率（浸漬時間30min）
■：ポリアクリル酸塩系高吸水性樹脂，□：ポリスルホン酸塩系高吸水性樹脂
×：ポリアクリルアミド系高吸水性樹脂

ン性高吸水性樹脂として代表的なポリアクリル酸塩系，ポリスルホン酸塩系高吸水性樹脂とノニオン性高吸水性樹脂として代表的なポリアクリルアミド系高吸水性樹脂の塩化ナトリウム水溶液に対する吸収倍率を示している。ポリアクリルアミド系高吸水性樹脂の吸収倍率はNaCl濃度に影響を受けないが，吸収倍率が極端に低く，吸収速度が遅いという特徴を有する。一方，ポリアクリル酸塩系，ポリスルホン酸塩系高吸水性樹脂では，NaCl濃度上昇により吸収倍率が大きく低下するが，ポリアクリルアミド系高吸水性樹脂に比べて遥かに高い吸収倍率を得ることができる。被吸収液中のNaCl濃度上昇に伴うイオン性高吸水性樹脂の吸収倍率低下はイオン浸透圧の低下によるものである。

また，吸収倍率の経時安定性の観点から見た場合，NaClのような一価のイオンを含む水溶液中では，どの種類の高吸水性樹脂も吸収倍率の経時安定性は高い。一方，海水のように塩を3〜4wt%含有しかつ多価金属イオン（Ca, Mg等）を多量に含む水溶液中ではポリマーの種類によって吸収倍率の経時安定性は大きく異なる。図2に示すように，ポリアクリル酸塩系高吸水性樹脂は経時的に吸収倍率が低下する。これはカルボキシル基が多価金属イオンとキレートし、いわゆる「金属架橋」を形成し，架橋密度が上昇するためである（図3）。一方，耐多価金属イオン性高吸水性樹脂として知られるポリアクリルアミド系，ポリスルホン酸塩系高吸水性樹脂では多価金属イオンとの相互作用が極めて弱く，経時的吸収倍率低下はほとんど認められない。従って，高吸水性樹脂の使用を考える場合には，使用環境（海水 or 淡水），吸収させる液体の性状（（多価）金属イオン濃度，PH等）を十分把握した上で最適な高吸水性樹脂を選択する事が重要である。

第4章 産　業

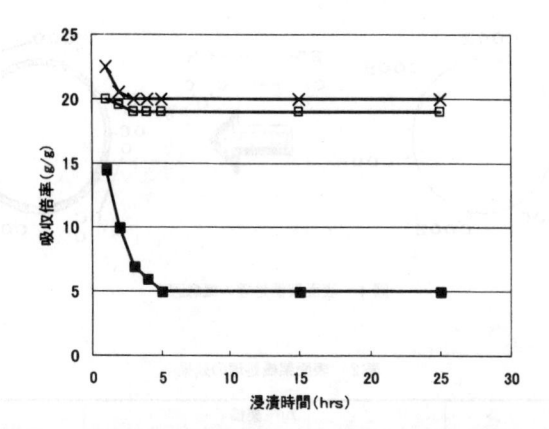

図2　多価金属イオンを含む人工海水に対する吸収倍率の経時変化
■：ポリアクリル酸塩系高吸水性樹脂，□：ポリスルホン酸塩系高吸水性樹脂
×：ポリアクリルアミド系高吸水性樹脂

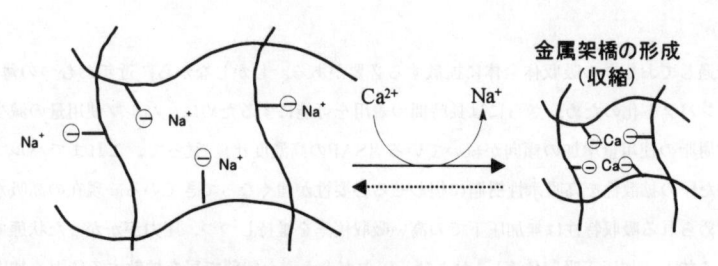

図3　多価金属イオン取り込みの概念図（カルシウムイオンの例）
⊖印：カルボキシル基

2.3　衛生材料用途の高吸水性樹脂[3]

　紙おむつ，生理用ナプキンに代表される衛生材料分野は高吸水性樹脂の最大の市場であり，最も研究の進んでいる分野と思われる。この分野に使用される高吸水性樹脂は吸収性能，価格の面からほぼポリアクリル酸ナトリウム架橋体に集約され現在にいたっている。

　紙おむつにおいては，高吸水性樹脂はパルプと混合して使用される。パルプには毛細管現象によりおむつ全体へ尿を拡散させる役割が，高吸水性樹脂には尿の固定化の役割がある。

　紙おむつの使用される状況は，直立した状態だけでなく，座った状態，寝た状態等さまざまであり，圧力がかかった状態での吸収性は極めて重要である。さらに，複数回の排尿を効率よく吸収するためには，すでに尿を吸収してゲル状になっている高吸水性樹脂とパルプの隙間を新たな

167

高分子ゲルの最新動向

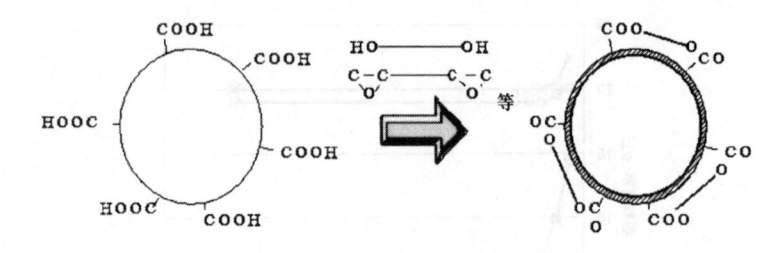

図4　表面架橋処理の概念図

表2　表面架橋処理の効果

	均一架橋		表面架橋
	架橋密度「小」	架橋密度「大」	
無加圧下吸収倍率(g/g)	35	22	35
加圧下吸収倍率(g/g)	8	20	25

尿が透過しておむつの吸収体全体に拡散する必要がある。しかしながら、近年おむつの薄型化、軽量コンパクト化のため、さらには長時間の着用を可能にするために、パルプ使用量の減少と高吸水性樹脂の使用量増加の傾向が続いている（SAPの高濃度化）。従って、これまでパルプが担っていた尿の拡散性を高吸水性樹脂に担わせる必要性が強くなってきている。現在の高吸水性樹脂に求められる吸収特性は無加圧下での高い吸収倍率を維持しつつ、圧力がかかった状態で尿を吸収する能力（加圧下吸収倍率）、および、圧力がかかった状態で尿を拡散する能力（加圧下通液性）が高いことが重要とされている。加圧下吸収倍率、加圧下通液性を高めるためには、ゲル粒子間に隙間を空け、液体の通液路を確保する事が必要であり、そのためには「ゲルの強度を向上させ、圧力に対するゲル粒子の変形を小さくすること」が重要である。高吸水性樹脂内部の架橋密度を均一に上昇させることでもある程度改良可能であるが、無加圧下の吸収倍率が低くなってしまうという欠点を有する。そこで現在では高吸水性樹脂粒子の表面部分のみ架橋密度を上昇させ、テニスボールのように改良する「表面架橋処理」が行なわれる（図4）。この処理により、無加圧下の吸収倍率の低下を極力少なくして、加圧下吸収倍率、加圧下通液性を向上させている（表2）。

2.4　止水材（水膨潤ゴム・光ケーブル止水材・水のう）

高吸水性樹脂が膨潤して体積を増大させることを利用して微細な隙間を埋め、水漏れを防ぐ止

第4章 産　業

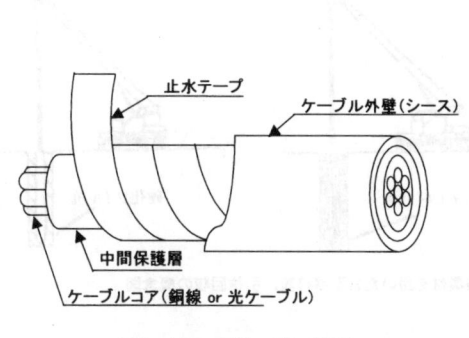

図5 電力，光ケーブルの構造

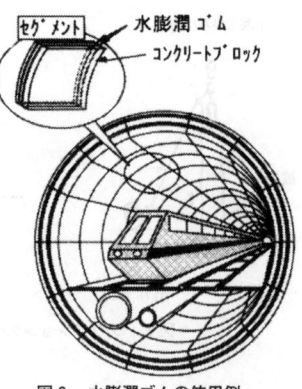

図6 水膨潤ゴムの使用例
（トンネルセグメントの止水）

水材用途での応用例も多数ある。この用途では，他の材との複合化が進んでおり，「ケーブル止水テープ」，「水膨潤ゴム」，「水のう」が代表的な例である。それぞれ，テープ状，ブロック状，袋状の形態で利用される。

　ケーブル止水テープ：高吸水性樹脂をテープ上に塗布し，光ケーブルあるいは電力ケーブルに巻くことで，ケーブルが損傷を受けた場合でも損傷箇所で水を止水する事ができ，ケーブルの大きな破損，性能低下が起こらないようにする事ができる（図5）。この用途で求められる高吸水性樹脂の特性は，液体を拡散（通液）させないことが特徴であり，紙おむつにおいてゲル層中での液体の拡散性が求められるのとは対照的である。実際に使用される高吸水性樹脂の特性は表面積が大きく吸水速度が速い事，ママコを形成し難い事，熱的，経時的安定性が高い事が求められる[4]。

　水膨潤ゴム：ゴムと高吸水性樹脂を混合・複合化する事により，水を吸収して相似的に元の体積の数倍程度にまで膨張する材料であり，土木分野での止水材として重要な材料となっている。特にシールド工法でのセグメント敷設に際しては，セグメント間からの水モレを防ぐため，ほとんどのケースで水膨潤ゴムが使用されている（図6）。水膨潤ゴムではゴムを押し広げるほどの高吸水性樹脂の高い膨潤圧力を利用したものである。この用途では経時的安定性の高さと，ゴムとの相溶性の良さが高吸水性樹脂に求められる[5]。

　水のう：都市では水害時に土のうを作成する土砂が容易には手に入らないため，災害現場で水を吸収させることで土のうと同じ働きをする「吸水性ゲル水のう」も検討されている。この用途でも，高吸水性樹脂の膨潤による体積変化を利用しているが，高吸水性樹脂だけでは比重が水に近いため，実際には珪砂等を比重調整剤として混合する等複合化が行われている。なおこの「吸

高分子ゲルの最新動向

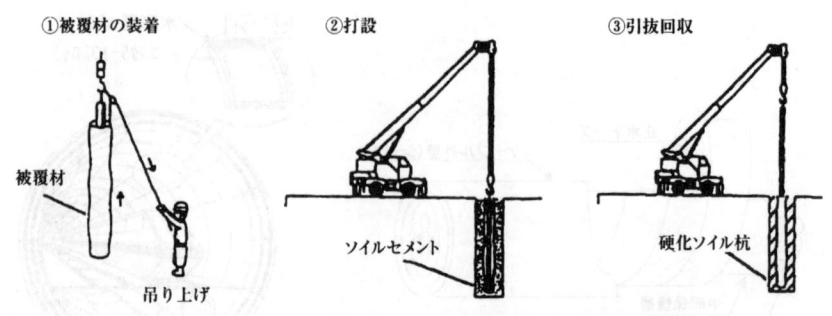

図7　フリクションカット被覆材を用いたH型鋼打設，引抜回収の概念図

水性ゲル水のう」は平成2年度より一般に普及させる取り組みが行われている[6]。

2.5　低摩擦材料

含水ゲルが低い摩擦係数を有していることは一般的に知られている[7]。その特性を利用した商品としてシート状のフリクションカット被覆材がある[8]。布上に高吸水性樹脂を塗布，固定化することでシート状あるいは袋状製品とされる。用途としては，地下掘削工事などを行う際に構築される仮設土留め壁の芯材に使用されるH鋼を工事終了後に引き抜き回収するために使用される。H鋼をセメントミルクに投入する前に本シートで包んでおくことで，鋼材とセメント硬化体の間にゲル層を生成させ，ゲルのすべり性を利用して容易に引き抜けるようになるのである（図7）。図8に示すように，引抜荷重はおよそ5分の1に低減し，引抜作業が容易になる他，H鋼の再利用も可能となり，さらに残存H鋼が将来の再掘削，次工事への障害となるという問題が解決される。また最近ではシート状，袋状の他に塗布型のフリクションカット材も開発，市販されており，今後，多用途への普及が期待される[9]。

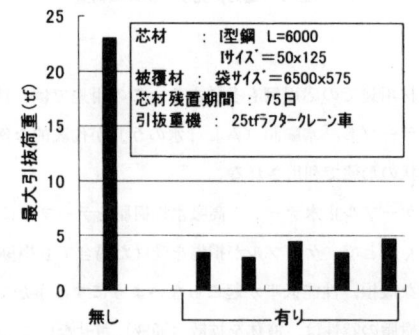

図8　フリクションカット被覆材による引抜荷重の変化
有り：フリクションカット被覆材を設置した事例
無し：フリクションカット被覆材を設置しない事例

2.6　加泥材・滑材・廃泥処理剤

横穴状に掘削し，トンネルを構築するシールド工法の内，泥土圧シールド工法[10]では，掘削機先端にある切羽（カッター）の潤滑，冷却，及び，湧出する地下水の止水，排出される掘削土の

第4章 産　　業

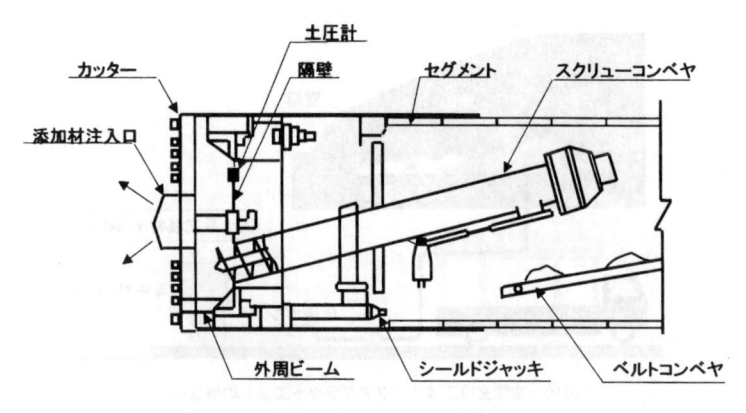

図9　泥土圧シールド略図[10]

塑性流動性改善を目的として，掘削機先端から含水した高吸水性樹脂粒子が添加される（図9）。また，類似の技術として，鋳鉄管やコンクリートヒューム管を先端の掘削機に続いて押し込んで下水管等を敷設する推進工法[10]では，推進距離が長くなるにつれて，推進抵抗が大きくなる問題があるが，含水した高吸水性樹脂を滑材として管側面に添加することにより，推進抵抗の低減が図られている。実際の使用にあたっては，粒子径の細かい，吸水速度の速い高吸水性樹脂が好んで使用され，また，高吸水性樹脂のほかに，カルボキシメチルセルロース，ベントナイト等を混合し，加泥材，滑材としてより複合的な効果が発揮されるように工夫されている[11]。これらの分野では，高吸水性樹脂の持つ，吸水性とそれに伴う低摩擦性，流動性改善効果，体積変化による止水の効果を利用している。さらに，ゲルという固体的側面を有する物質を使用することで，加泥材，滑材の地山への拡散を抑制する事が出来，効果の持続性が確保される事も特徴である。

さらに，掘削泥土を泥水として排出する泥水圧シールド工法で排出される泥水は中間処理で脱水処理されるが，さらに高吸水性樹脂を添加して余剰水を吸収固化させることにより，ダンプ積載可能な，また，処分可能な土砂に改変する操作が行われる[12]。セメント系固化剤，生石灰等の無機系の添加剤に比べて，処理土砂の強度は弱いが，PH変化が少なく，短時間で効果が発現する事，少量添加で改質が可能な点が特徴である。

2.7　空隙充填材

トンネル覆工上部に空隙がある場合，地山崩落によるトンネル覆工の破壊の危険性があるため，空洞を軽量な部材で充填しておく必要がある（図10）。従来から空隙充填材としては，エアーモルタル等のセメント系の充填材が用いられる事が多いが，セメント系充填材だけでは流動性が高

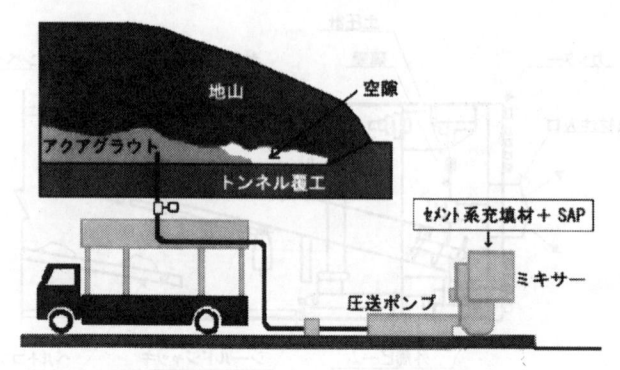

図10 空隙充填工法「アクアグラウト工法」の概念図

すぎるため，重力に抗した盛り上げ充填が難しいという問題，及び，地下水が存在した場合に充填材が流失するという問題があった。そこで，高吸水性樹脂をセメント系充填材に混合すると，充填材中の水を高吸水性樹脂が保持し，ポンプでの圧送等の高応力下では高い流動性を示し，応力が抜けた状態では高い保形性を示す，いわゆるチキソトロピックな挙動を付与する事ができ，隙間無く空隙を埋める事が可能になる。さらに，地下水が存在した場合にも地下水中への充填材流失が起こり難く，安定した施工が可能となる[13]。この工法は「アクアグラウト工法」と呼ばれ，空隙充填に利用されている。本用途で高吸水性樹脂が果たす役割は，水の保持と，ゲルが水を保持した事による流動性制御である。

2.8 消火剤・耐火材

火災現場における消火では，最も安価な水が多用されるが，その弊害として消火水が火災場所以外に広がり，水による損害（水損）が発生するという問題がある。また，従来から輻射熱による延焼を防ぐため，火災現場周辺に水を散布し，延焼を抑制する事が行われていたが，水のみの散布では水の流動性の高さゆえ，流失が大きく，常に水をかけ続けなければ，延焼抑制効果が得られないという問題があった。水損抑制，延焼抑制を目的として消火水に高吸水性樹脂を分散させて散布する方法が東京消防庁消防科学研究所により検討され，大きな成果をあげている[14]。水を高度に膨潤したゲルは，ホースでの散布等の高応力下では流動性が高く散布しやすく，応力が抜けた状態では流動性が低くなり対象物表面にゲルが付着，固定化する。従って，この用途では，高吸水性樹脂により水の流動性を調整することで，対象物表面に効率的に水の蒸発層を形成する事ができ，延焼抑制効果が発現すると共に，火災現場以外に水が広がらないようにする事ができる（水損の抑制）。

第 4 章 産　　業

　海外では，Jonasらの報告によれば，300kgのタイヤ火災へ適用した場合，高吸水性樹脂系添加剤を1％添加した消火液では消火までに要する時間は87秒，使用水量206kgであったのに対して，foam添加剤を1％添加した消火液の場合では消火までに要する時間は215秒，使用水量465kgであり，水使用量が高吸水性樹脂系消火剤の使用により50％以下になると報告されている。また，実際の火災に対する適用例としては，16000トンの砂糖ペレットが貯蔵されたサイロ火災への適用が併せて報告されている。このケースでは高吸水性樹脂系消火剤の使用により，保険会社は1000万USドル程度の負担軽減効果があったと報告している[15]。

　耐火材としては，高濃度塩化カルシウム水溶液の蒸気圧の低さと高吸水性樹脂の液体固定化能力を利用して，高濃度塩化カルシウム水溶液を吸収させた高吸水性樹脂をセメントに練りこみ，耐火構造物を得る試みが浅古らにより行われている[16]。この場合，従来の耐火セメントであるパーライトモルタルに比べて高含水率でかつ経時的な含水率変化の少ないセメント硬化体が得られ，耐火時間が約1.7倍になる事が確認されている。また，含水した高吸水性樹脂を金属箔でパック状にした吸熱剤も開発されており，建築骨材に捲きつけて使用される[17]。これらの技術は共に，高吸水性樹脂による水の固定化と，水の蒸発潜熱大きさを利用して，骨材の温度上昇を抑える効果を引き出している。

2.9　農園芸保水材

　農園芸保水材として用いられる高吸水性樹脂の機能は，水の保持と乾燥に伴う水の徐放である。高吸水性樹脂は水と接触した場合には，水を吸収，固定化するが，周囲が乾燥状態になれば，水分を蒸気として放出する徐放効果がある。自然界では，植物が寿命を終えた後，植物の主要構成要素であるリグニンが土壌に蓄積され，微生物による分解を受けて，カルボキシル基，フェノール性水酸基等の官能基富化により，フミン質へと変換される。これが土壌に保水機能を付与する効果があることが報告されている[18]。高吸水性樹脂の土壌への添加はこの自然界での行いを人工的に真似るものであるとみる事もできる。

　高吸水性樹脂に吸収された水の内，実際に植物に有効利用されうる水の割合は，およそ98％程度である事が大内らの飽和水蒸気圧法や植物法による研究で明らかになっている[19]。また，NMR，示差走査熱量計による検討でも高吸水性樹脂中の自由水の割合は同様の傾向があることが報告されている[20]。従って，高吸水性樹脂に吸収された水の大部分は通常の液体として存在する水と変わりなく，蒸発による水分の土壌への徐放が起こりうることが理解できる。

　実際の使用では，高吸水性樹脂を土壌に0.1～1％混合することにより使用される。これまで報告されている効果は，①土壌の保水性が向上し，灌水回数を減らすことが可能となること，②水分の徐放により，高吸水性樹脂は収縮するが，土壌の容積は維持されるため，土中の通気性が向

173

上すること[19]，③高吸水性樹脂の保水効果により，地温の変動が小さくなること[21]（地温の恒温化）の3点である．実際に，アクリル酸塩系高吸水性樹脂を添加した土壌に小松菜の種を撒き，初期灌水の後，水を与えずに放置した場合の土壌含水率の変化と，植物の発芽，枯死の点を調べた結果が下村らにより報告されている（図11）[22]．

それによると，高吸水性樹脂を添加することにより，水分の長期保持と，枯死までの日数が飛躍的に増大している事が分かる．一方，高吸水性樹脂無添加ではこの実験では発芽すらしなかった．

上記のように植物を育成する上で，高吸水性樹脂は灌水回数の低減等の効果をもたらすが，日本のように多雨で土壌に恵まれた国においては，比較的使用用途が限られ，法面緑化，都市での屋上緑化，流体播種，家庭園芸用途等に利用されている．

一方，世界的に広がる乾燥地の緑化，農業では，限られた水を最大限に利用する必要があり，また，得られる水の塩分濃度が高いことが多いので，塩分集積を起こしやすく，それを避けるために灌水回数を減らす必要もある．そのため，高吸水性樹脂の利用が見込まれるが，未だ大規模な実施には至っていない．この用途のためには，高吸水性樹脂のコストパフォーマンスのさらなる向上が重要であり，効果の長期化，耐塩性向上，植物の成長成分との複合化等の高機能化に併せて安価な高吸水性樹脂の開発が必要である．

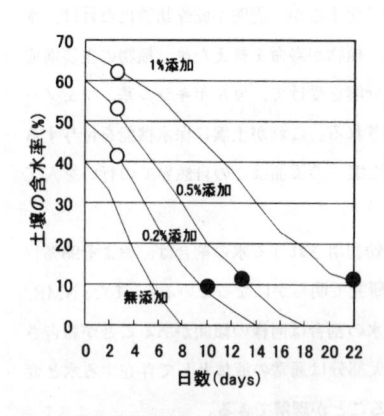

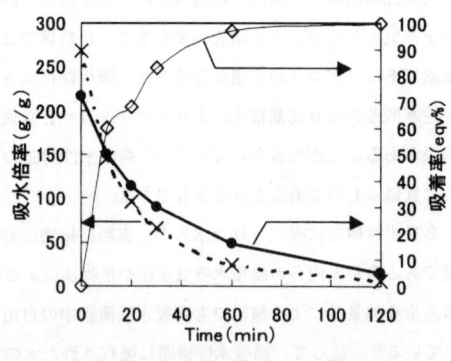

図11 高吸水性樹脂添加による土壌含水率変化
○：発芽，●：枯死

図12 ポリアクリル酸ナトリウム系高吸水性樹脂のカルシウムイオン吸着性能
◇：カルボキシル基に吸着したCaイオンの割合
●：カルボキシル基に吸着しているNaイオンの割合
×：吸水倍率の変化

第 4 章　産　　業

2.10　吸着剤

　カルボキシル基，スルホン酸基，アミノ基等のイオン性官能基を有する高吸水性樹脂は，広義にはイオン交換樹脂としてみることができる。イオン交換樹脂と一般に呼ばれるものとの違いは架橋密度の差である。特に，最も入手容易なポリアクリル酸ナトリウム系高吸水性樹脂は多価金属イオンに対して積極的な吸着を起こし，さらに，イオン交換樹脂よりも安価であるため，工業排水等に含まれる多価金属イオンの吸着材としての使用が検討されている。

　図12は，水中で飽和膨潤させたポリアクリル酸ナトリウム系高吸水性樹脂を塩化カルシウム水溶液に加えた場合のカルシウムイオン吸着能力を調べたものである。浸漬と同時に，Naイオンの放出とCaイオンの吸着が起こり，イオン交換していることが確認される。ほぼ，全てのカルボキシル基にCaイオンが吸着する（2つのカルボキシル基に対してCaイオン1つ）。また，都合のよいことに，Caイオンの吸着が進むにつれて，高吸水性樹脂の吸収倍率は低下し，飽和吸着近傍ではほぼ全ての水を放出している。この倍率の収縮現象は上述の多価金属イオンによる「イオン架橋」形成によるものである（図4）。

　このように，膨潤―収縮による体積変化が大きいため，固定床カラムには不適であるが，以下の向流型カラム，あるいは，デカンテーション法による多価金属イオン吸着分離材としての応用が考えられる。

　実際，ニッケルメッキ工業において，洗浄水に含まれるニッケルイオンをポリアクリル酸ナトリウム系高吸水性樹脂により吸着除去する例がクロディヌらにより開示されている[23]。それによると，図13に示すような向流型カラムに上方から高吸水性樹脂を，下方からニッケルイオン含有排水を流すことにより，連続的な水浄化システムを構築している。このケースにおける高吸水性樹脂のNiイオン吸着能力は，運転条件にもよるが，高吸水性樹脂1gあたり0.1〜0.2gであった。また，近年，廃棄物処理場等から流出する重金属を高吸水性樹脂により除去しようという試みも原らにより行われている[24]。

2.11　生分解性高吸水性樹脂の開発動向

　現在，最も一般的に用いられている高吸水性

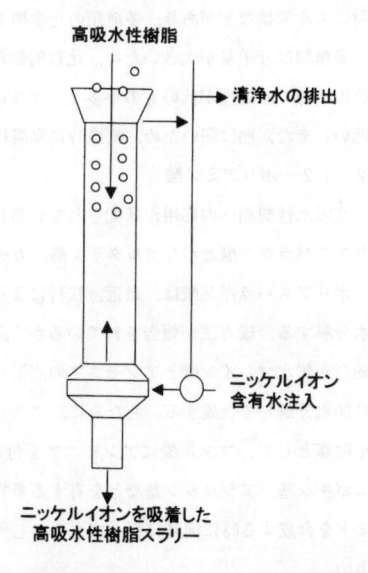

図13　向流型カラムによるニッケルメッキ処理排水の浄化の例

樹脂は前述のようにポリアクリル酸塩系であり、その主な用途は紙おむつ向けである。使用済み紙おむつは日本国内ではほとんど焼却処理されるが、外国では埋め立てられることが多い。ポリアクリル酸塩系の高吸水性樹脂にはほとんど生分解性がないとされているため、環境調和型社会の構築という近年の社会的要請から高吸水性樹脂を生分解にするための様々な試みが行われている。

生分解性が確認されているか、もしくはおそらく生分解性を有すると考えられる高吸水性樹脂は、その主成分が多糖類やポリアミノ酸である天然高分子系と、ポリビニルアルコールやポリエチレングリコールなどの合成高分子系に大別できる。ただし、ポリアミノ酸については、微生物に産生させる場合と人工的に合成する場合があり、後者は厳密には合成高分子である。以下において、それぞれの樹脂について具体的に説明する。

2.11.1 多糖類

生分解性の高吸水性樹脂として最も研究されているのが、多糖類を利用した樹脂である。ほとんど全ての水溶性多糖類が材料になるが、カルボキシメチルセルロース（CMC）[25]、アルギン酸[26]、グアガム[27]、キサンタンガム[28]、カラギーナン[29]、デンプン[30]、キトサン[31]、ヒアルロン酸[32]などが主なものである。架橋方法は、ホウ素イオン、アルミニウムイオン、チタンイオンなどの多価イオンへの配位による架橋、アミノ基やエポキシ基を有する多官能性試薬による化学架橋、γ線照射による架橋などがあり、多糖類の化学構造と架橋体に求める性質によって選択される。

多糖類は分子量が大きいため、比較的物理強度の高いゲルができるという長所がある。しかしその一方で水溶性が低いものが多く、ゲルの調製時に濃度を上げることができないので経済性が低い。また、熱に弱いため、乾燥時に高温にできないという短所がある。

2.11.2 ポリアミノ酸

高吸水性樹脂への応用が研究されている代表的なポリアミノ酸は、アニオン性ポリマーではポリアスパラギン酸とポリグルタミン酸、カチオン性ポリマーではポリリジンである。

ポリアスパラギン酸は、最近、松村によりアスパラギン酸エステルを酵素重合してアルカリ加水分解する合成方法が報告されているが[33]、一般的には図14に示すようにアスパラギン酸の脱水縮合か無水マレイン酸とアンモニアの高温での反応により得られるポリコハク酸イミドをアルカリ加水分解して合成する。ちなみに、アスパラギン酸のモノマーは、アスパルターゼという酵素を触媒として、フマル酸にアンモニアを付加させて合成する[34]。ポリマーの架橋は、アミノ基、エポキシ基、アジリジン基などを有する多官能性試薬を用いて行う。架橋反応はポリコハク酸イミドを合成する時に同時に行ってもよいし[35]、アルカリ加水分解の前[36]もしくは後[37]に行ってもよい。

納豆に含まれることで知られるポリグルタミン酸は、ポリアスパラギン酸と異なり化学的に合

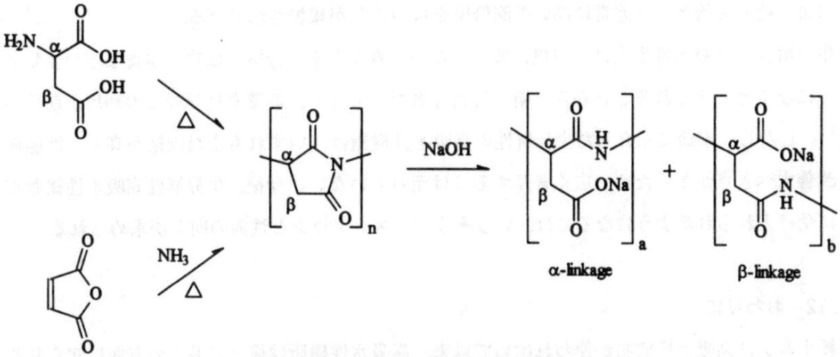

第4章 産　業

図14　ポリアスパラギン酸の合成スキーム

成するのが困難であるため，バチラス属の細菌を培養して生合成させる[38]。得られた直鎖状ポリマーを多官能性試薬[39]やγ線照射[40]で処理することにより架橋体とする。ポリグルタミン酸の架橋体の膨潤倍率は高く，数千倍に達するものもある。

ポリリジンを用いた高吸水性樹脂の検討例は少ないが，直鎖のポリリジンをＮＣＡ法で化学合成し，グルタルアルデヒドで架橋した例[41]や，微生物に産生させたポリリジンをγ線で架橋した例[42]がある。

上で紹介した3つのポリアミノ酸の中では，化学合成が比較的容易なポリアスパラギン酸についてのみ工業的規模の検討が行われている。

2.11.3　ポリビニルアルコールおよびポリエチレングリコール

ポリビニルアルコールとポリエチレングリコールは，生分解性が知られている数少ない合成高分子である。ポリビニルアルコールのゲル化については，ホウ酸の添加やジアルデヒドによる架橋など数多くの手法が知られているが，有用なものとしてけん化度と重合度が高いポリビニルアルコール水溶液を凍結し，融解させることなく真空乾燥することにより，機械的強度が高いゲルができることが報告されている[43]。しかし，ポリビニルアルコールはノニオン性であるため，吸水速度も膨潤倍率も低い。

ポリエチレングリコールについては，ポリエチレングリコールをシクロデキストリンのような環状分子の孔に通し，環状分子が脱離できないようポリマー鎖の両末端を嵩高い分子で封止したポリロタキサンという材料が近年注目を集めている[44]。ポリロタキサンは，環状分子をポリマー鎖間で化学的に結合することにより，架橋体にすることができる[45]。ポリロタキサン架橋体は架橋点が自由に動くため，荷重下ではゲル内部で応力が分散し，化学架橋されたゲルより高い破壊強度を持つ。このゲルは，ポリビニルアルコールのゲルと同じく吸水速度は低いものの，合成条

177

件により約6000倍という非常に高い膨潤倍率を持つことが報告されている。

　生分解性の高吸水性樹脂は，環境に残存しないのみならず，分解生成物が植物などの生物の栄養源になると考えられることから，衛生材料分野だけでなく，農業資材分野での利用が期待される[46]。しかし，本節で紹介した生分解性の高吸水性樹脂は，いずれもまだ価格が高く，性能面でも改善すべき点が多いため，広く普及するには至っていない。今後，生分解性高吸水性樹脂が市場に受け入れられるようになるには，いっそうのコストダウンと性能の向上が求められる。

2.12 おわりに

　紙オムツに高吸水性樹脂が使われ始めて以来，高吸水性樹脂は徐々に多くの方面に知られるようになり，用途は多岐にわたっている。また，各用途では高吸水性樹脂が単品で利用されるというよりはむしろ他の材との複合化あるいはシステム化により利用される。そのため，高吸水性樹脂に求められる機能も複雑化し，用途間で相反する性能が要求される事が多く，今後その傾向はますます顕著になるものと予想される。このような要求に応えるには，一つの製品で全ての用途をカバーすることは不可能であり，それぞれ利用される用途に併せて高吸水性樹脂の種類も多品種化の方向へと向かうと考えられる。

文　　献

1) 日本工業規格 JIS K 7223[-1996], JIS K 7224[-1996]
2) 化学工業日報 1.29.2003
3) 代表的な総説としては，和田克之,原田信幸,粉体と工業,**33**, No.5, 57 (2001)
4) M.Gourmand and Y. Taupin, *Nonwovens World*, Oct-Nov, 73 (2000)
　　特開平8-283697，特開平8-192486，特公平5-4764，特公平4-6752
5) 特開平6-1886，特公平6-49830，特公平2-38609
6) 桜井高清ほか，消防科学研究所報，**27**, 1 (1990)
7) 龔剣萍，長田義仁，科学，**69**, 672 (1999)
8) 特開2000-44973，特開平7-247549
9) 特開平2002-60695，特開平2002-322647，特開平2002-327448，特開平11-241339
10) シールド工法の概論としては：土木工法事典改定V編集委員会編，土木工法事典改定V，産業調査会，p.630-676 (2001)；推進工法の概論としては：土木工法事典改定V編集委員会編，土木工法事典改定V，産業調査会，p.677-708 (2001)
11) 特開平8-199159，特開平7-305060，特開平6-180094，特開平5-59886，特開平4-185691
12) 長田義仁，梶原莞爾編，ゲルハンドブック，エヌ・ティー・エス，p.595-600 (1997)

第4章 産　業

13) 特開平10-237446, 特開2000-280231
14) 北岡開造ほか, 消防科学研究所報, **24**, 20(1987)
    鳥井四郎ほか, 消防科学研究所報, **23**, 58(1986)
15) G.Jonas, *Nonwovens World*, Aug-Sep, 75 (2002)
16) Z.F.Jin, Y.Asako *et al.*, *International Journal of Heat and Mass Transfer*, **43**, 4395 (2000) ;
    Z.F.Jin, Y.Asako *et al.*, *International Journal of Heat and Mass Transfer*, **43**, 3407 (2000),
    特開平10-251051
17) 田中治, 工業材料, **42**, No.4, 41(1994)
18) 関範雄ほか, 高分子学会第12回ポリマー材料フォーラム講演要旨集, 62(2003)
    長田義仁, 梶原莞爾編, ゲルハンドブック, エヌ・ティー・エス, p.695-703(1997)
19) 大内誠悟ほか, 日本土壌肥科学雑誌, **60**, 1, 15(1989)
20) 増田房義, 高吸水性ポリマー, 共立出版, p.18-21(1987)
21) 遠山柾雄, 材料技術, **6**, No.10, 389(1988)
22) 下村忠生, 高吸水性高分子ワークショップpreprint, 42(1995)
23) 特表平10-505275
24) 原一広ほか, 高分子学会第12回ポリマー材料フォーラム講演要旨集, 53(2003)
25) 特開平6-25303, 肖月華ほか, 紙パ技協誌, **55**, No.8, 106 (2001)
26) S.T.Moe *et al.*, *Macromolecules*, **26**, 3589 (1993) ; Y-J.Kim *et al.*, *J. Appl. Polym. Sci.*, **78**, 1797 (2000)
27) 特開2001-226525
28) 特開2003-117390
29) 特開2003-154262
30) 特表2002-543953
31) 特開平7-96181, J.K.Dutkiewicz *et al.*, *J. Biomed. Mater. Res.*, **63**, No.3, 373 (2002)
32) 特公平6-37575, 特開2003-252905
33) 特開2000-128898, 添田ほか, 高分子加工, **52**, No.7, 35 (2003)
34) 特開平11-313694
35) 特開平11-60728
36) 特開平7-224163, 特開平7-309943
37) 特開平8-59820
38) 芦内ほか, 未来材料, **3**, No.4, 44 (2003)
39) 特開2002-128899, 特開2003-192794
40) 特開平6-322358, 特開平10-251402, H.J.Choi *et al.*, *Radiat. Phys. Chem.*, **46**, No.2, 175 (1995)
41) H.Yamamoto *et al.*, *Mater. Sci. Eng.*, **C1**, 45 (1993)
42) 特開平7-300563, M.Kunioka *et al.*, *J. Polym. Sci.*, **58**, 801 (1995)
43) 特開昭58-36630
44) 特開平6-25307, A.Harada *et al.*, *Nature*, **356**, 325 (1992)
45) 特許第3475252号, 奥村ほか, 未来材料, **2**, No.12, 8 (2002)
46) 国岡, 機能性高分子ゲルの開発と最新技術, シーエムシー出版, p.89 (1995)

第5章　食品・日用品

1　食品（多糖類）

大本俊郎*

1.1　はじめに

　食品に使用される多糖類は多種多様であり，その用途も非常に多岐にわたっている。そこで，食品に使用されている多糖類の基礎的な物性とゲルを中心とした食品への応用について紹介することにする。

　食品に使用される多糖類のほとんどは自然界から抽出・精製して得ることができる。日本で馴染み深い素材としてはトコロテンの原料である寒天がある。トコロテンは平安時代に中国から遣唐使が製法を持ち帰ったといわれており，「寒天」という呼び名はトコロテンを試食して「仏家の食用として清浄これにまさるものなし」と絶賛した隠元禅師が名付けたといわれている。寒天はテングサやオゴノリといった紅藻類から抽出して得ることができる。紅藻類から得られる多糖類として，他にはカラギナンが有名である。カラギナンは，古くはヨーロッパの主婦が家庭料理の原料として使用していたことが知られている。日本では海藻から寒天を抽出してトコロテンを作っていたのに対し，ヨーロッパではカラギナンの原料となるユーケマ藻類が身近な海岸に多く，それらを家庭で湯がいて，そこから得られた抽出液に牛乳を添加することでゲル化させ，家庭でミルクプリンを作っていたようである。

　この他に，海藻由来の多糖類としては，褐藻類から得られるアルギン酸がある。

　多糖類は海藻だけでなく，植物の種子からは，ローカストビーンガム，タラガム，グァーガム，大豆多糖類，サイリュームシードガム等が，樹液からはアラビアガム，カラヤガム，トラガントガム等が，柑橘類からはペクチンが，根茎からは澱粉やグルコマンナン等が得られる。また木材パルプを微細に粉砕した微結晶セルロースやセルロースを化学処理し，水溶性にしたメチルセルロースやカルボキシメチルセルロースなどが知られている。さらに，微生物が産出する多糖類も食品に多く使用されるようになっており，微生物由来の多糖類として，キサンタンガム，ジェランガム，カードラン，プルラン，マクロホモプシスガム等が知られている（表1）。

　これら多糖類は食品の組織を構成したり，食感を改良したり，安定性を向上させたりするために食品をはじめとして幅広い分野で使用されている。食品が「おいしい」とか「まずい」という

---

*　Toshio Omoto　三栄源エフ・エフ・アイ㈱　第一研究部　ハイドロコロイド研究室　課長

第5章　食品・日用品

表1　既存添加物名簿収載品目（増粘安定剤）

樹液に存在する増粘安定剤					
△	アーモンドガム （Almond gum）	△	エレミ樹脂 （Elemi resin）	△	ダンマル樹脂 （Dammar resin）
◎	アラビアガム （Gum arabic）	◎	カラヤガム （Karaya gum）	◎	トラガントガム （Tragacanth gum）
○	アラビノガラクタン （Arabino galactan）	○	ガティガム （Gum ghatti）	○	モモ樹脂 （Peach gum）
豆類等の種子に存在する増粘安定剤					
△	アマシードガム （Linseed gum）	△	グァーガム酵素分解物 （Enzymatically hydrolyzed guar gum）	△	タマリンド種子ガム （Tamarind seed gum）
○	カシアガム （Cassia gum）	◎	サイリュームシードガム （Psyllium seed gum）	◎	タラガム （Tara gum）
◎	カロブビーンガム＝ローカストビーンガム （Carob bean gum）	△	サバクヨモギシードガム （Artemisia seed gum）	△	トリアカンソスガム （Triacanthos gum）
◎	グァーガム （Guar gum）	△	セスバニアガム （Sesbania gum）		
海藻中に存在する増粘安定剤					
◎	アルギン酸 （Alginic acid）	△	フクロノリ抽出物 （Fukuronori extract）	△	ファーセレラン （Furcelluran）
◎	カラギナン （Carrageenan）				
果実類，葉，地下茎等に存在する増粘安定剤					
△	アロエベラ抽出物 （Aloe vera extract）	△	キダチアロエ抽出物 （Aloe extract）	◎	ペクチン （Pectin）
△	オクラ抽出物 （Okura extract）	△	トロロアオイ （Tororoaoi）		
微生物由来の増粘安定剤					
△	アエロモナスガム （Aeromonasu gum）	△	エンテロバクターガム （Enterobacter gum）	○	納豆菌ガム （Bacillus natto gum）
△	アウレオバシジウム培養液 （Aureobasidium cultured solution）	○	カードラン （Curdlan）	○	プルラン （Pullulan）
△	アゾトバクター・ビネランジーガム （Azotobactet vinelandii gum）	◎	キサンタンガム （Xanthan gum）	○	マクロホモプシスガム （Macrophomopsis gum）
△	ウェランガム （Welan gum）	○	ジェランガム （Gellan gum）	○	ラムザンガム （Rhamsan gum）
△	エルウィニア・ミツエンシスガム （Erwinia mitsuencis gum）	○	スクレロガム （Scleroglucan）	△	レバン （Levan）
△	エンテロバクター・シマナスガム （Enterobacter simanas gum）	○	デキストラン （Dextran）		
その他増粘安定剤					
△	酵母細胞膜 （Yeast cell membrane）	○	キチン （Chitin）	△	オリゴグルコサミン （Oligoglucosamine）
○	微小繊維状セルロース （Microfibrillated cellulose）	○	キトサン （Chitosan）		
◎	微結晶セルロース （Microcrystalline cellulose）	○	グルコサミン （Glucosamine）		
一般飲食物添加物					
◎	寒天 （Agar）	◎	大豆多糖類 （Soybean polysaccharides）	△	ナタデココ （Fermentation derived cellulose）
◎	澱粉 （starch）	◎	コンニャクイモ抽出物 （Konjac extract）	◎	ゼラチン （Gelatin）

◎：頻繁に使用されている多糖類　　○：使用されている多糖類　　△：あまり一般的ではない多糖類

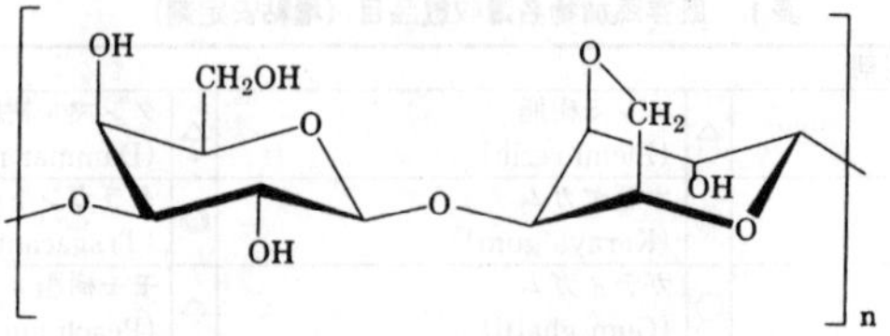

高分子ゲルの最新動向

図1　アガロースの一次構造

（D-ガラクトース　　3,6-アンヒドロ-L-ガラクトース）

総合評価には，食感の三要素である「色，味，匂い」の他に，その食品の形態を含めた，食感（テクスチャー）等，物理的な要因も大きくかかわっている。特に組織のほとんどが水分で構成されているフルーツゼリーやミルクプリン等では，食感が非常に重要である。例えば，そういったデザートにおいては，組織が荒れて不均一になってくると，「ざらざら」した食感を感じたりすることと，見た目にも美しさを欠くことになるので，商品価値がなくなってくる。これら加工食品にとって非常に重要な，組織（食感）の構築や安定性の向上といった機能のほとんどを多糖類が演じている。

1.2　主な多糖類の製造方法

食品に使用されている主な多糖類の製造方法について簡単に記載する。

(1)　寒　天

寒天は先にも述べたが中国から伝来したトコロテンが起源である。ただし，寒天の誕生には偶然も大きく関係している。すなわち，食べ残したトコロテンを野外に置いていたところ，厳冬期のためこれが凍結し，日中の日差しにより自然に解凍され乾燥するという繰り返しにより，白く美しい乾物ができたという偶然である。これを煮てみたところ，元のトコロテンよりも透明感があり，海藻臭のないおいしいトコロテンになることが発見されたというわけである。その後，寒天の製造方法が徐々に確立されていったといわれている。この製造方法は現在でも利用されている。

寒天の原藻は紅藻類に属するテングサ科とオゴノリ科に属している。寒天中の多糖類はアガロースとアガロペクチンから構成されており，アガロースはゲル化する能力が高く，アガロペクチンはマイナスの電荷が強くゲルを形成しないという特徴を持っている。アガロースはD-ガラクトースと3,6-アンヒドロ-L-ガラクトースから構成されており，アガロペクチンは寒天中のアガロース以外のイオン性多糖類を全て含んだものの総称である。アガロースの構造式を図1に示す。一般的にテングサはアガロース含量が高く，オゴノリはアガロペクチンの含量が高い。そのため，得られる寒天のゲル化能力には大きな違いが生じ，オゴノリ由来の寒天はゲル化力が弱く，

第5章 食品・日用品

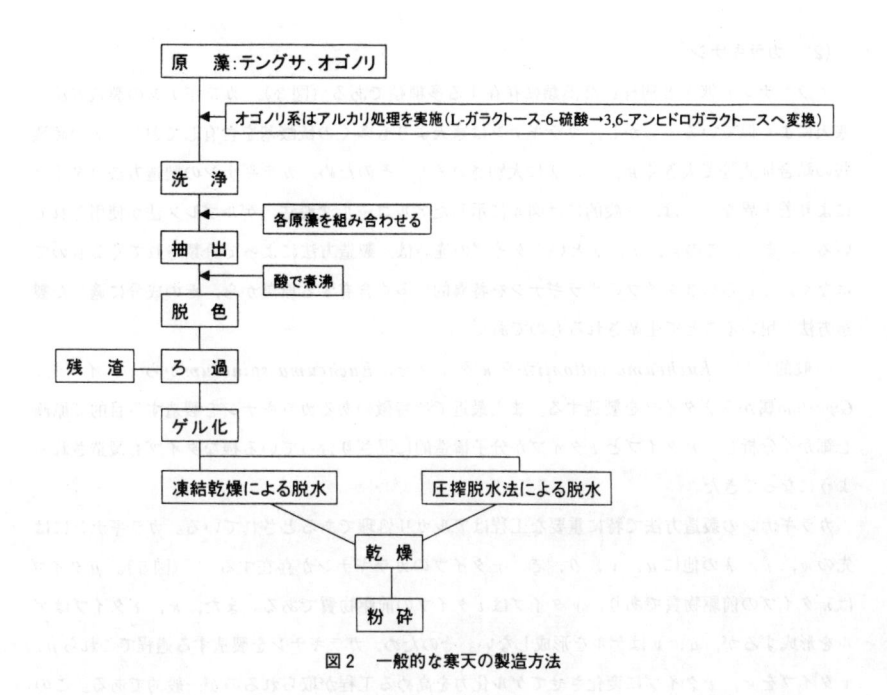

```
原　藻:テングサ、オゴノリ
   │← オゴノリ系はアルカリ処理を実施(L-ガラクトース-6-硫酸→3,6-アンヒドロガラクトースへ変換)
 洗　浄
   │← 各原藻を組み合わせる
 抽　出
   │← 酸で煮沸
 脱　色
   │
残渣←ろ　過
   │
 ゲル化
   │─────────────────┐
凍結乾燥による脱水　　圧搾脱水法による脱水
           │
         乾　燥
           │
         粉　砕
```

図2　一般的な寒天の製造方法

トコロテンの原料としての品質は好ましくないといわれていた。しかし，海藻からの多糖類抽出方法を工夫することでオゴノリ中のアガロペクチン含量を減少させアガロースの含量を増加させることができることがわかり[1,2]，オゴノリからもゲル強度の高い寒天を製造することができるようになった。製造方法を図2に示す。

　一般的には原藻を煮沸して，微酸性にして寒天質を抽出する方法がとられる。乾燥した原藻からは25～45%の重量の寒天が得られる。ただし，海藻の種類や目的とする物性を調整するために，製造工程中でのアルカリ処理や，テングサやオゴノリといった海藻類を混合して抽出することで，特徴のある様々なタイプの寒天の製造が行われている。寒天を抽出した後に，脱色，ろ過等で寒天以外の成分を除去し，冷却することでゲル化させ，この得られたゲル状物質から凍結解凍法（凍結乾燥）や圧搾脱水法等により寒天質の水分を除き，乾燥・粉砕して工業的には寒天が製造されている[3]。

　これら製造方法を工夫することで，硬くて脆い食感からある程度弾力性のある食感の寒天まで，製造することが可能となる。また，寒天は90℃以上の加熱をしないと溶解できないという欠点があったが，水への溶解性を改善した易溶化寒天等も市販されている。

(2) カラギナン

カラギナンも寒天と同様に紅藻類に存在する多糖類である（図3）。カラギナンの製造方法も寒天によく似ている。しかし、カラギナンは寒天よりも多くの硫酸基を含有しており、その硫酸基の結合様式等で大きく κ, ι, λ に大別される[4]。そのため、カラギナンの製造方法（タイプにより若干異なる）は、一般的には図4に示したアルコール沈殿法、ゲルプレス法が使用されている[5]。また、この κ, ι, λ というタイプの違いは、製造方法によって分類されてくるものではなく、これらの3タイプのカラギナンを特異的に多く含有する原藻から、その成分に適した製造方法を用いることで生産されるものである。

一般的には、*Eucheuma cottonii* から κ タイプを、*Eucheuma spinosum* から ι タイプを、*Gigartina* 属から λ タイプを製造する。また最近では特徴のあるカラギナンを製造する目的で原藻を細かく分析し、κ タイプと ι タイプが分子構造的に混ざり合っている様なタイプも製造されるようになってきた。

カラギナンの製造方法で特に重要な工程はアルカリ処理であるとされている。カラギナンには先の κ, ι, λ の他に μ, ν, θ, ξ, π タイプのカラギナンが存在する[5,6]（図5）。μ タイプは κ タイプの前駆物質であり、ν タイプは ι タイプの前駆物質である。また、κ, ι タイプはゲルを形成するが、μ, ν はゲルを形成しない。そのため、カラギナンを製造する過程でこれら μ, ν タイプを κ, ι タイプに変化させてゲル化力を高める工程が取られるのが一般的である。この処理がアルカリ処理の一つの目的であり、C-6位の硫酸基を3,6-アンヒドロ構造に変化させることで、ゲル強度とタンパク質との反応性を高めることになると考えられる。このときのアルカリ処理の違いは、最終的なカラギナンの特性に影響を与える。例えば、水への溶解性、ゲル化力等への影響である。上述のアルカリ処理の違い以外にも、硫酸基の多い場合や、3,6-アンヒドロ構造が少ないということで、水への溶解性が高くなる。一般的には、λ, ι, κ の順で水への溶解性が高いとされる。

(3) ローカストビーンガム、タラガム、グァーガム

ローカストビーンガム（カロブビーンガム）、タラガム、グァーガムはいずれもマメ科植物の種子（順に、*Ceratonia siliqua*, *Casealpinia spinosa*, *Cyamopsis tetragonolobus*）の胚乳部分から得られる多糖類である。得られる多糖類は全てガラクトマンナンであり、主鎖は $\beta-1,4$ 結合した β-D-マンノース、側鎖が主鎖に $\alpha-1,6$ 結合した α-D-ガラクトースである（図6）。ローカストビーンガムは主鎖マンノースと側鎖ガラクトースの比率が約4：1であり、タラガムは約3：1、グァーガムは約2：1と考えられている[7]。他にカシアガム（主鎖マンノースと側鎖ガラクトースの比率が約5：1）、フェヌグリークガム（主鎖マンノースと側鎖ガラクトースの比率が約1：1）等があるが、あまり一般的ではない[8]。

第5章 食品・日用品

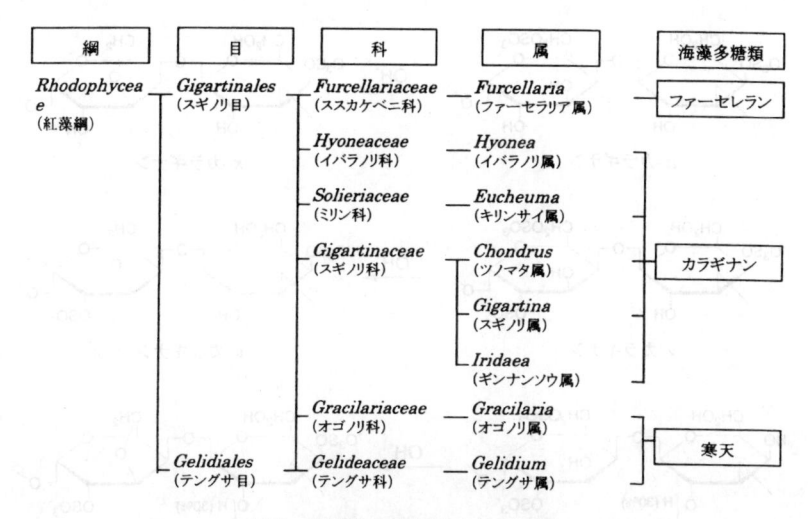

綱	目	科	属	海藻多糖類
Rhodophyceae (紅藻綱)	*Gigartinales* (スギノリ目)	*Furcellariaceae* (ススカケベニ科)	*Furcellaria* (ファーセラリア属)	ファーセラン
		Hyoneaceae (イバラノリ科)	*Hyonea* (イバラノリ属)	カラギナン
		Solieriaceae (ミリン科)	*Eucheuma* (キリンサイ属)	
		Gigartinaceae (スギノリ科)	*Chondrus* (ツノマタ属)	
			Gigartina (スギノリ属)	
			Iridaea (ギンナンソウ属)	
		Gracilariaceae (オゴノリ科)	*Gracilaria* (オゴノリ属)	寒天
	Gelidiales (テングサ目)	*Gelideaceae* (テングサ科)	*Gelidium* (テングサ属)	

図3　紅藻類から生産される主な多糖類

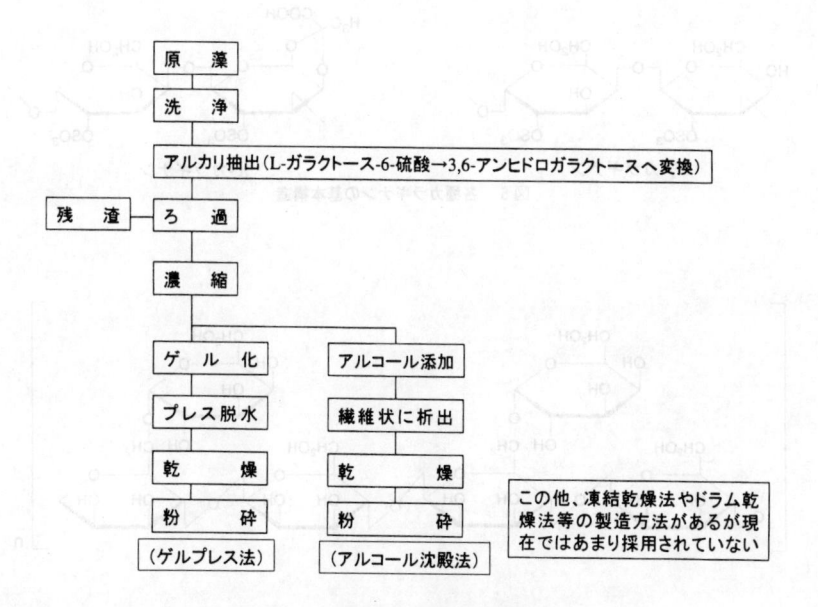

```
        原 藻
         ↓
        洗 浄
         ↓
   アルカリ抽出(L-ガラクトース-6-硫酸→3,6-アンヒドロガラクトースへ変換)
         ↓
残渣 ← ろ 過
         ↓
        濃 縮
       ↙     ↘
   ゲル化    アルコール添加
     ↓         ↓
  プレス脱水  繊維状に析出
     ↓         ↓
    乾 燥     乾 燥
     ↓         ↓
    粉 砕     粉 砕
  (ゲルプレス法) (アルコール沈殿法)
```

この他、凍結乾燥法やドラム乾燥法等の製造方法があるが現在ではあまり採用されていない

図4　一般的なカラギナンの製造方法

185

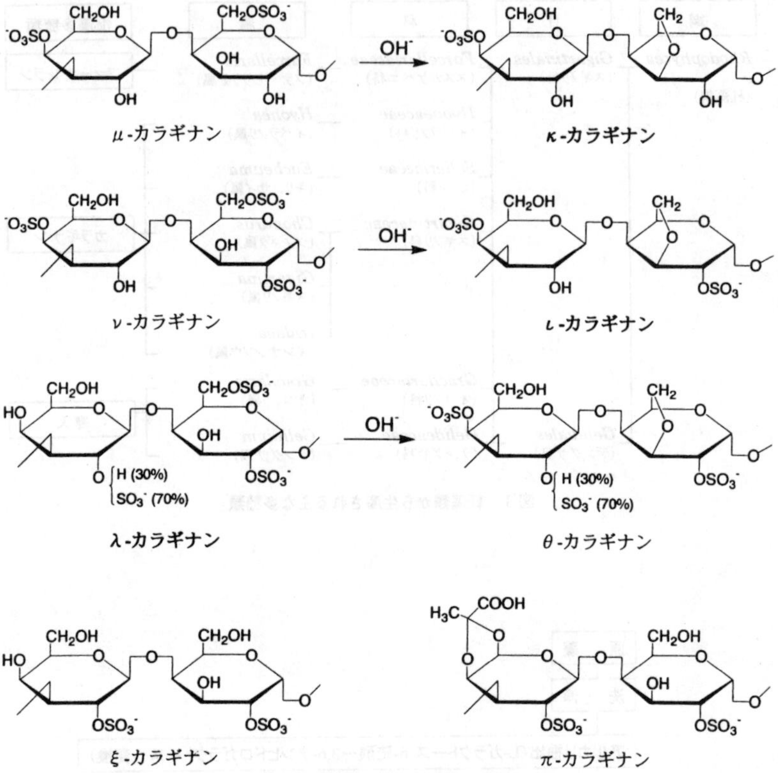

図5　各種カラギナンの基本構造

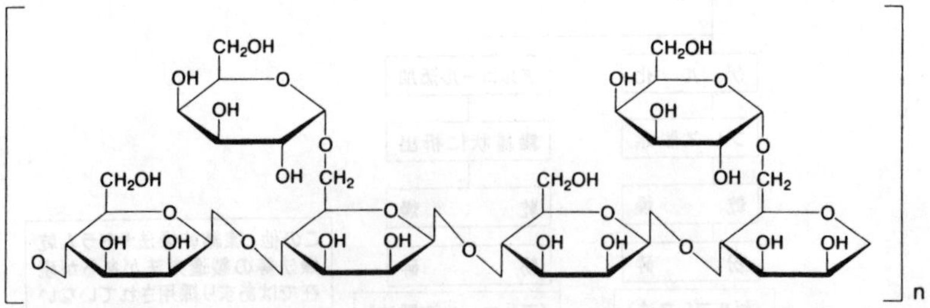

図6　ガラクトマンナン（グァーガム）の一次構造

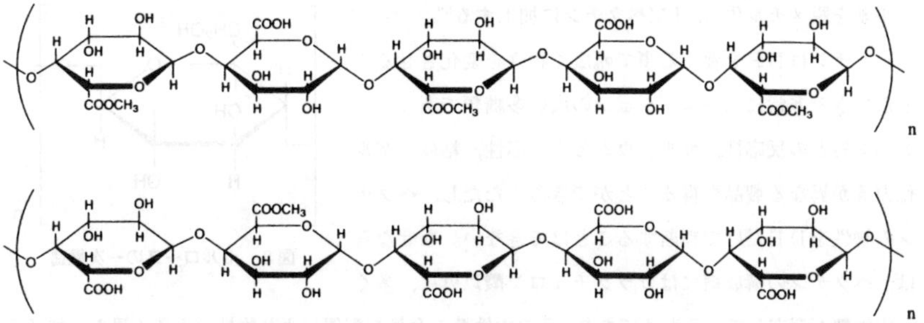

第5章 食品・日用品

図7 ペクチンの一次構造（図上：HMペクチン，図下：LMペクチン）

これら多糖類は種子の胚乳部分を粉砕したものであり，製造方法は，基本的にはほとんど同じである。一般的には種子から殻を除去し胚乳を分離し粉砕することで多糖類を製造する。以上の工程ではいわゆる未精製の製品ができあがる。続いて，上記で得られた多糖類を熱水に溶解し，ろ過することで不純物を取り除き，アルコールによって沈殿回収したものが精製タイプとなる。これら精製品は透明性の必要な用途やブラックスペック（未精製では殻が少量残存して黒い斑点が認められる場合があり，この黒点がブラックスペックと呼ばれる）があってはならない用途に使用されている。精製品ではローカストビーンガムの需要が多く，ゼリーやプリン等のゲル化剤，食感改良剤として頻繁に使用されている。またグァーガムも近年になって精製品が製造されるようになり，高い透明性とグァーガム特有の豆臭も除去されているため，様々な用途に利用されるようになってきている。

(4) ペクチン

ペクチンは野菜や果物等の細胞壁成分として幅広く存在している。ペクチンは植物中ではセルロース等と結合して水に不溶な状態で存在しているため，ペクチンを製造する過程においては，先ず原料を高温酸性下でペクチン質のみを抽出する。抽出後，不溶性成分を除去するために加圧ろ過をしてろ液を回収する。得られたろ液（ペクチン抽出液）を精製した後にアルコールを添加することでペクチンを凝集沈殿させて回収する。その後，乾燥，粉砕工程を経て，市販のペクチンが生産されている[9]。ここで得られるペクチンは，通常は，全てHM（高メトキシル）ペクチンである。ペクチンはガラクチュロン酸とそのメチルエステルから構成されている（図7）が，エステルの形で存在するガラクチュロン酸の割合（DE＝Degree of Esterification＝エステル化度）によって，HMペクチン（50％以上のDE）とLM（低メトキシル）ペクチン（50％以下のDE）に大別されている。自然界から酸性領域で抽出して得たペクチンはほとんどHMペクチンであるため，LMペクチンを製造するためには得られたHMペクチンをさらに加工することが必要である。具体的にはHMペクチンに酸，アルカリ，酵素他を用いて，ガラクチュロン酸のC-6位のメトキ

シル基を脱メチル化し，LMペクチンに加工する[10]。

ペクチンはDEを変える事で幅広く物性を変化させることができる非常にバリエーションの広い多糖類であり，タンパク質との反応性，カルシウムとの反応性，粘度，ゲル化力等が異なる製品を得ることができる。ただし，ペクチンの物性をDEだけで判断することはできない。なぜならば，ペクチンの構成糖にはガラクチュロン酸以外に，多くの中性糖が存在しているためであり，その中性糖の含量や配置により物性は大きく異なってくる。また，同じDEのペクチンでもガラクチュロン酸とそのメチルエステルの分布により最終的な物性が違ってくる。そのため，ペクチンの品質を常に一定に保つために，原料ロットの混合等を含めた標準化という作業が必要になってくる。

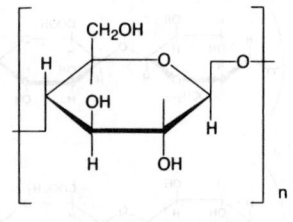

図8　セルロースの一次構造

(5) 微結晶セルロース

セルロースは自然界に最も多く分布している多糖類であり，植物の細胞壁の重要な構成成分の一つである。このセルロースの結晶領域を細かく粉砕したものが微結晶セルロースである。セルロースは，D-グルコースが$\beta-1,4$結合した直鎖状の構造である（図8）。

微結晶セルロースはパルプを原料として，酸による加水分解によって結晶領域を取り出して，高度に粉砕して乾燥したものである。繊維状のセルロースを粉砕・乾燥したものに，他の種類の多糖類とを混合して加工することで，セルロースを水溶性多糖類でコーティングした様々なタイプが製品化されている。こういったグレードは，水中に微粒子のセルロースを分散させやすくなるので，食品添加物としてのセルロースの利用範囲を大幅に広げることができる。

セルロースを粉砕しただけの微結晶セルロースは水に全く分散せず，粒子サイズも大きい。こういった微結晶セルロース粉末は，タブレット等の崩壊剤や成形性賦与剤として有効に活用できるが，水分の多い食品に添加した場合は，直ぐに沈殿してしまい，ざらついた食感の原因を作り出してしまう。粒子系は，食感に大きく影響するが，一般的に，$10\mu m$以上のサイズであればざらついた食感となり，$1\mu m \sim 3\mu m$程度ではクリーミーな食感となると言われている。それ以下の粒子であれば，人間は，食感としてあまり感じなくなる。

一方，セルロースを多糖類でコーティングした状態で粉末化した製品は，水に添加すると容易にセルロース同士が粉砕した時と同様のサイズにまで分散し，良好な懸濁安定性を示すため，コロイダルグレードと呼ばれている。セルロースのみを湿式粉砕すると約$0.2\mu m$程度の極微細な粒子にまで粉砕することができる。このまま乾燥するとセルロース同士が電気的な結合や部分的な水素結合などによりお互いに凝集してしまい，非常に大きな粒子になってしまう（紙のようなもの）。そのため，水に添加しても再分散することなく沈殿を生じ，食感もざらついたものとなっ

第5章 食品・日用品

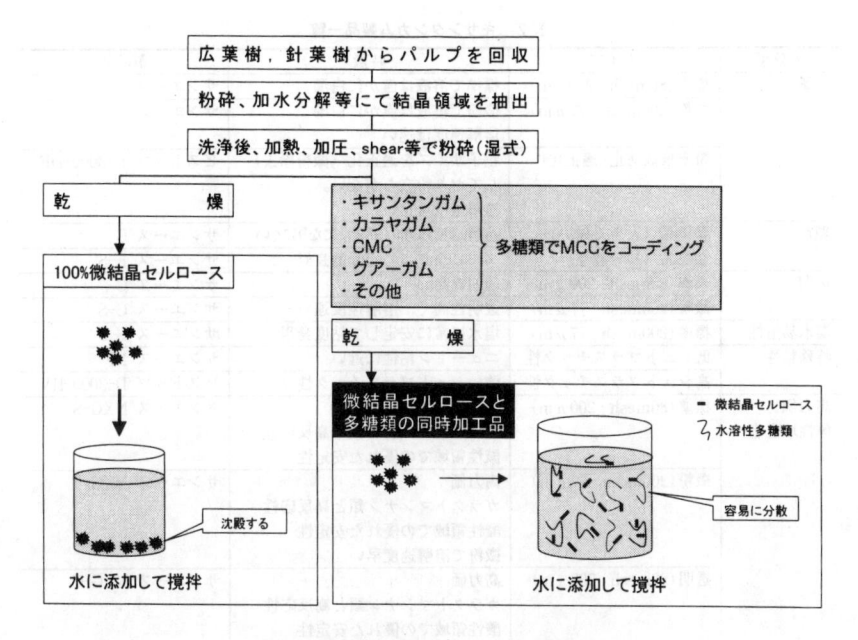

図9 一般的な微結晶セルロースの製造方法

てしまうのである。しかし、セルロースを粉砕すると同時に水溶性多糖類（キサンタンガム、カラヤガム、カルボキシメチルセルロース等）を添加・混合して乾燥することで、セルロースを水溶性多糖類でコーティングした様な状態で粉末化処理をした場合は、セルロース同士の凝集を添加した水溶性多糖類が防止する役割を担う。こうして得られた微結晶セルロース製剤を水に添加した場合は、セルロース繊維を元の粉砕した状態と同様に$0.2\mu m$程度まで微細な状態で分散させることができる。この微細な微結晶セルロースは、それ自身ブラウン運動により、水溶液中で分散安定化し、懸濁状態（コロイド状態）となる。このとき、粒子同士が弱い力で引き合ったり、反発したり、結合したりすることで三次元の弱い網目構造を作るといわれており、その構造の中に、不溶性固形物などを取り込むことで、例えば、ココア末などの固形物の分散安定化効果が現れてくる。微結晶セルロースの一般的な製造工程を図9に示した。

(6) キサンタンガム、ジェランガム

キサンタンガム、ジェランガムはそれぞれ*Xanthomonas campestris*, *Sphingomonas elodea*という微生物が産出する多糖類である。基本的な製造工程は菌株の培養、多糖類の分離、精製、乾燥、粉砕というものである。しかし、菌株の培養方法や培地成分（炭素源や窒素源等）、ｐＨ、撹拌

表2 キサンタンガム製品一覧

大分類	タイプ	特徴	製品名
標準	標準(80mesh:200μm)	標準で溶液は僅かに白濁	サンエース[R]
	微粉(200mesh:77μm)	微粉で溶液は僅かに白濁 溶解速度は速い	サンエース[R] S
	粉塵飛散防止(適正化)	粒子サイズを適正化(微粉除去)しており粉立ちがない。 溶解速度も速い	ビストップ[R] D-3000-DF
顆粒	顆粒品(大きく硬い)	溶解速度は遅いがダマになりにくい	サンエース[R] G
	顆粒品(易分散性)	ダマになりにくく分散良好	サンエース[R] E-S
透明	標準(80mesh:200μm)	透明性高い	サンエース[R] C
	微粉(200mesh:77μm)	透明性高く,溶解速度速い	サンエース[R] C-S
塩水易溶性	標準(200mesh:77μm)	塩水に常に安定して粘度発現	サンエース[R] B-S
特殊粘性	低シュドプラスチック性	ニュートン粘性に近い	サンエース[R] NF
	高シュドプラスチック性	強いシュドプラスチック性	ビストップ[R] D-3000-HV
高力価 酸性域安定	標準(80mesh:200μm)	高力価 ガラクトマンナン類と高反応性 酸性領域での優れた安定性	サンエース[R] NXG-S
	微粉(200mesh:77μm)	高力価 ガラクトマンナン類と高反応性 酸性領域での優れた安定性 微粉で溶解速度早い	サンエース[R] NXG-F
	透明(80mesh:200μm)	高力価 ガラクトマンナン類と高反応性 酸性領域での優れた安定性 透明性高い	サンエース[R] NXG-C

条件,通気条件等を適正化しないと目的とする多糖類を効率よく製造することができない。

　キサンタンガムは製造工程を工夫することで非常に多くのグレードの製品が製造されており食品業界で活用されている。キサンタンガム製品の一覧を表2に示した。

　キサンタンガムは,マンノース,グルコース,グルクロン酸という糖で構成されており,主鎖は$\beta-1,4$結合しているグルコースのつながったものである[11]。側鎖は主鎖のグルコース残基1つおきに,結合しているマンノース2分子とグルクロン酸から構成されるものである。側鎖の末端にあるマンノースにはピルビン酸が結合しており,主鎖側に結合したマンノースのC-6位は,アセチル化されている。キサンタンガムは,主鎖に対する側鎖の割合が非常に大きい。また,側鎖に含まれるカルボキシル基とピルビン酸に由来するマイナス荷電を非常に多く有する多糖類である(図10)。この電荷のある大きな側鎖を有しているため,キサンタンガムは非常に特異な性質を示すと考えられている[12~15]。

　ジェランガムは直鎖状のヘテロ多糖類で,グルコース,グルクロン酸,グルコース,ラムノースの4糖の繰返し単位から構成されており,グルクロン酸が存在することで,マイナス電荷を有するカルボキシル基を有している[16,17]。

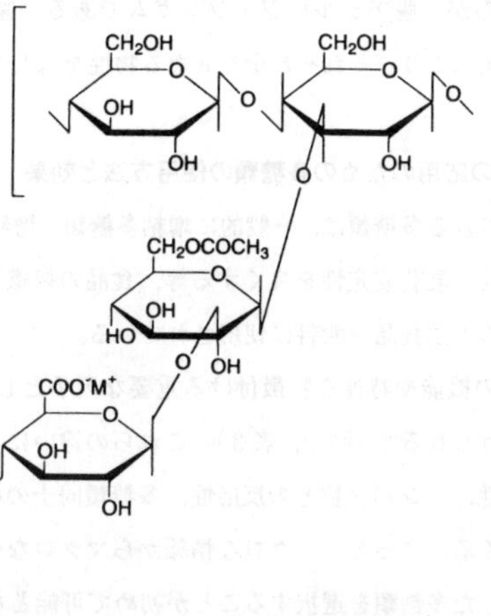

第5章 食品・日用品

図10 キサンタンガムの一次構造 （M⁺=Na，Ka，1/2Ca）

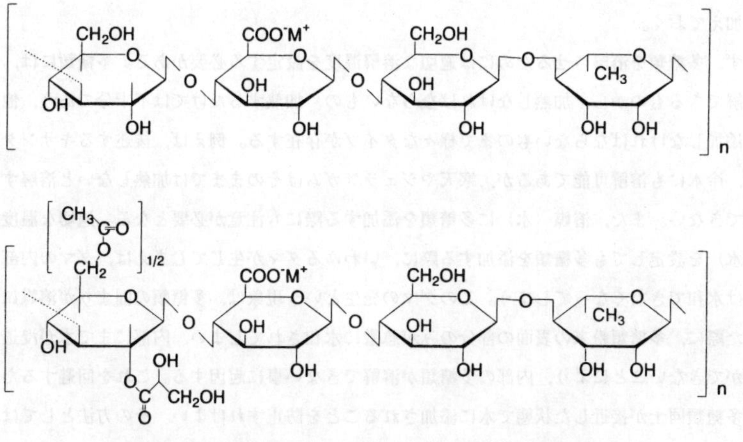

図11 ジェランガムの一次構造 （M⁺=Na，Ka，1/2Ca）
（図上：脱アシル型ジェランガム，図下：ネイティブ型ジェランガム）

ジェランガムが発酵により生産された時には，主鎖の1-3結合したグルコースにアセチル基とグリセリル基が存在している。この化学構造のまま回収し，粉末状に製品化したものがネイティブ型ジェランガムである。生まれつきの，自然のままのといった意味をこめて，「ネイティブ」と名付けられた。このネイティブ型ジェランガムから，アシル基（アセチル基とグリセリル基）

191

を除去したものが，脱アシル型ジェランガムである（図11）。これら2種類のジェランガムは，アシル基の有無により，それぞれ全く異なる物性を有している[18, 19]。

1.3 食品への応用のための多糖類の使用方法と効果

食品に利用される多糖類は，一般的に増粘多糖類（増粘安定剤）と呼ばれ，食品の粘度を増し，ゲルを形成させ，乳化安定性を良くする等，食品の組織形成や食感改良等様々な機能を持っているため，多くの加工食品や飲料に使用されている。

増粘安定剤の機能や特性を特徴付ける重要な因子として，分子量，分子形態，構成糖，官能基の有無等が上げられる[20]（図12，表3）。これらの違いにより，水への溶解性，ゲル化特性，粘性，塩類との反応性，タンパク質との反応性，多糖類同士の相互作用，単糖類による影響等，多くの違いが生じてくる。よって，ミクロな情報からマクロな情報まで，総括して把握することで，特定の食品に適した多糖類を選択することが初めて可能となる。

（1） 多糖類の溶解方法と注意点

多糖類の機能を十分に発揮させるためには，多糖類を水等の溶媒へ溶解（水和させ，分子状に分散）させなければならない。そのためにはいくつかの注意しなければならない点があるので説明を加えておく。

先ず，多糖類を溶解させるためには適切な溶解温度を設定する必要がある。多糖類には，冷水に溶解できるものから，加熱しなければならないもの，加熱するだけでは不十分であり，他の素材を添加しなければならないものまで様々なタイプが存在する。例えば，後述するキサンタンガムは，冷水にも溶解可能であるが，寒天やジェランガムはそのままでは加熱しないと溶解することができない。また，溶媒（水）に多糖類を添加する際にも注意が必要となる。適切な温度に溶媒（水）を設定しても多糖類を添加する際に，いわゆるダマが生じてしまえば，ダマの内部の多糖類は水和できなくなってしまう。このダマの発生という現象は，多糖類の固まりが溶媒に添加された際に，多糖類粉末の表面の部分のみが急激に水和されてしまい，内部にまで水が浸透することができないことにより，内部の多糖類が溶解できない事に起因する。これを回避するためには，多糖類同士が接近した状態で水に添加されることを防止すればよい。その方法としては，溶解のための撹拌スピードを十分に早くすることも一つの方法であるが，例えば，多糖類が水和することが困難なような高糖度液やアルコール溶液，多糖類以外の粉末（一般的には砂糖やデキストリン）などに，多糖類を粉末状態で予め均一に混合分散しておき，多糖類同士がくっつかない状態で水に添加することでダマの発生を防止する事も，一つの方法である。

また，多糖類は溶解する溶媒の種類によっては，溶解させられない場合がある。先述したが，例えば，高糖度，低pH，高塩（Na，K，Ca等）濃度，高濃度のアルコール含有水溶液等には多

第 5 章　食品・日用品

図12　分子形態の違い（○：糖）

直鎖状：セルロース等

分枝状：グルコマンナン等

側鎖状：ガラクトマンナン類
　　　　キサンタンガム等

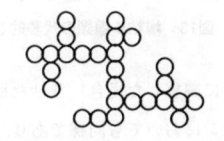

球状：アラビアガム
　　　大豆多糖類等

表3　主な増粘安定剤の種類と構成糖

酸性多糖類		中性多糖類		塩基性多糖類	
多糖類の種類	構成糖	多糖類の種類	構成糖	多糖類の種類	構成糖
キサンタンガム	Glc，Man，Glc A	ローカストビーンガム	Gal，Man	キトサン	Glc N
ジェランガム	Glc，Glc A，Rha	タラガム	Gal，Man		
カラギナン	Gal (SO₄)	グァーガム	Gal，Man		
ペクチン	Gal A，Rha，Ara，Gal，Xyl	グルコマンナン	Glc，Man		
大豆多糖類	Gal A，Rha，Gal，Xyl，Glc，etc.	タマリンドガム	Glc，Xyl，Gal		
アルギン酸	Man A，Gul A	澱粉	Glc		
アラビアガム	Gal,Ara P,Ara F,Rha,Glc A,etc.	寒天	Gal		
カラヤガム	Gla，Rha，Gal A，Glc A	微結晶セルロース	Glc		
トラガントガム	Gal A，Gal，Xyl，Fuc	プルラン	Glc		
		カードラン	Glc		

Ara：arabinose, Ara F：arabinofuranose, Ara P：arabinopyranose, Fuc：fucose, Gal：galactose,
Gal A：galacturonic acid　Glc：glucose,Glc A：glucuronic acid, Glc N：glucosamine, Gul A：guluronic acid,
Man：mannose, Man A：mannuronic acid, Rha：rhamnose, Xyl：xylose

糖類を溶解させることが困難である。そのため，塩類や，極端なpHの多糖類水溶液を調製するには，多糖類を完全に水に溶解した後に，塩類の添加やpH調整を実施する必要がある。また，

異なる多糖類同士を併用した系を調製する場合にも注意が必要であり，併用する素材によっては，多糖類同士の相互反応により，多糖類の機能を発揮させられなくなる場合がある。例えば，キトサン（塩基性多糖類）とカラギナン等（酸性多糖類）は，お互いに反応するために併用することができない。また，タンパク質に，カラギナンやキサンタンガム等の酸性多糖類を併用して，pHをタンパク質の電荷がプラスにシフト（一般

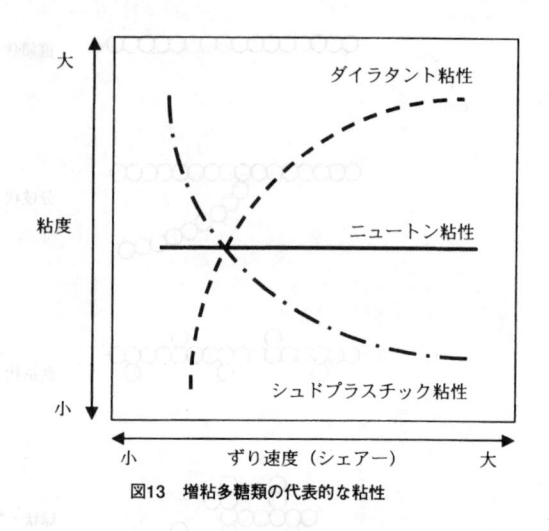

図13　増粘多糖類の代表的な粘性

的なタンパク質では，等電点付近から等電点以下に調整した場合）させた様な場合には凝集が発生してしまう。また，多糖類ではないが，ゼラチンにおいても同様であり，酸処理ゼラチンとアルカリ処理ゼラチンを併用すると凝集してしまい，本来の機能が発揮できなくなる。その他の例としては，酸性乳飲料にタンパク質の安定剤として使用されているペクチン又は大豆多糖類に，CMCを併用する例があげられる。この場合，ペクチン単独または大豆多糖類単独では酸乳系で優れた安定剤として機能するのに対し，CMCを併用することで本来の効力を発揮できなくなってしまう。以上のように，多糖類の組み合わせにも十分に注意する必要がある。

(2) 増粘多糖類の主な機能
① 増粘剤としての利用

一般に，食品に粘度を付与する目的で使用されるものを増粘剤と称する。増粘剤の添加により，粘度付与，ボディ感の付与，コク味付け，食感改良，油や不溶性の固形物等の均一な分散安定化ができる。

増粘剤の粘性には，主にシュドプラスチック粘性，ダイラタント粘性，ニュートン粘性の3種類があり，食品の物性に大きな影響を与える（図13）。

シュドプラスチック性とは，静置中にはある程度多糖類の網目構造を有して若干の構造を形成しているが，そこにずり（シェアー）をかけると網目構造が解かれて粘度が低下する粘性のことである。しかし，ずりを解くと再び網目構造を形成するようになり，そのために粘度が増加する特徴を有している。こうした粘性を示す多糖類としては，キサンタンガム溶液が最も有名である。多糖類の有するシュドプラスチック粘性を有効に利用して粘度付与や固形物の分散をさせている

第5章 食品・日用品

食品の例に,ドレッシング等がある。シュドプラスチック粘性を有する溶液の中でも,特に不溶性固形物の分散安定には,降伏応力を有する溶液が適しているとされている。こういった水溶液は,降伏値よりも大きな応力を与えないと流動しないという性質を有している(弱いゲルという表現を用いることもある)。そのため,不溶性固形物に起因する応力(例えば重力による沈降)よりも,降伏値が高ければ,固形物は溶液中に均一に分散安定していることになる。

シュドプラスチック粘性の逆の特性を示すのがダイラタント粘性である。これは,ずり速度(シェアー)の増加につれて,粘度が上昇する特徴をもつ粘性である。例としては,澱粉を水に分散させたような懸濁液が有名であるが,食品系においては,飴の製造時などに見られるが,あまり多くは見られない粘性である。

ニュートン粘性は,ずり速度(シェアー)を変化させても,粘度変化のない粘性のことで,λ-カラギナン,ローカストビーンガム等の溶液が代表的である。ニュートン粘性は食品のコク味付け,ボディ感の付与に利用されることが多いが,不溶性固形物の分散安定化等には不向きな粘性である。

また,先に述べた粘性の他に,ずりを解くと最終的には元の粘度まで復元するものの,そのためには時間が必要となる粘性を,チキソトロピーと呼んでいる。

② ゲル化剤としての利用

ゲル化剤とは食品のゲル状組織を形成する目的で使用される素材のことであり,主にデザートゼリー,ミルクプリンなどのゲル形成に使用される。ゲル化剤としての一般的な多糖類の使用量は1%以下であり,この濃度でも,残りの99%の液体成分を瞬時に固形化させる能力を有している。

増粘剤で調製した粘稠液は,応力を与えると流動するのに対して,ゲルは大きな応力・変形を与えると破壊してしまう。この破壊するまでの応力をゲル強度として測定し,ゲル物性の指標とする。また同時にゲルが破壊されるまでに圧縮されたゲル表面からの距離(破断距離)も重要になってくる。以前より,ゲルを繰り返し圧縮し,その応力の挙動の変化を把握することでゲルの特性を評価する,テクスチャープロファイルアナリシスという方法がしばしば用いられている。

ゲル化剤に使用できる多糖類も多種多様であり,これらの活用によって,非常に崩れやすい脆い食感から,非常に弾力のあるコンニャク様の食感まで幅広いゲルを調整することが可能である。多糖類には,その多糖類単体でゲルを形成する,例えば寒天等のようなものから,多糖類単体でゲルを形成するが,塩類等の添加が必要なもの(ジェランガム,ペクチン,アルギン酸Na等),そのもの単体では増粘機能しかない多糖類同士を併用することで多糖類同士の反応性を利用してゲルを形成するもの(キサンタンガムとローカストビーンガム),水溶液の温度を高くするとゲルを形成するものまでいろいろな種類がある。そのため,正しくゲルを作るためには,それぞれ

のゲル化条件を適正化しなければ適切なゲルを調製することはできない。

③　安定剤としての利用

　一般に食品の組織を安定に保つために使用されるものは安定剤と呼ばれている。一言で安定剤と言っても，その安定化の役割や機能は非常に幅広い現象を含んでいる。例えば，安定剤の機能には，酸性乳飲料やミルクプリン等のタンパク質の安定化（凝集防止），ドレッシング，ココア飲料，果汁飲料等の不溶性固形物の分散安定化，乳化タイプドレッシングやアイスクリーム等の乳化安定化，スポンジケーキやホイップクリーム，アイスクリーム等の気泡安定化，佃煮やゼリー等の離水防止，ハムやソーセージ等の結着性向上や離水防止，冷凍食品等の凍結解凍耐性付与，アイスクリーム等の氷結晶の安定化等，様々なものがある。安定剤として使用される多糖類は，安定剤としての機能だけではなく，増粘，ゲル化，食感改良等にも同時に寄与している場合が多い。増粘やゲル化，安定化等の機能は，完全に分けてそれぞれが単独に発揮されることの方が少ないため，こういった機能を有する多糖類のことを増粘安定剤として曖昧に称されているのかもしれない。

1.4　食品への応用例

1.4.1　増粘剤に使用される主な多糖類と食品への応用

(1) キサンタンガム

　キサンタンガムは冷水可溶の多糖類であり，その水溶液は，強いシュドプラスチック粘性を示す。この水溶液は，静置状態にある時は，ゲルに似た弱いネットワークを形成していると考えられている[13]。そのため，低撹拌状態では高い粘度を示すが，撹拌速度が増加すると，ネットワークが即座に破壊され，粘度は急激に減少する。静置状態で弱いネットワークを形成していることから，不溶性固形分などの分散安定や乳化安定に優れているのである[14,15]。また，キサンタンガムは，優れた耐塩性，耐熱性，耐酵素性，凍結解凍耐性を示す。これは，主鎖よりも大きい側鎖が存在することによると言われている。側鎖が，主鎖のグルコース残基を覆うことにより，主鎖を保護し，これらの性質を与えるというのがその根拠である[13]。

　以上のような粘性を利用して，セパレートタイプドレッシングや乳化タイプドレッシングの粘度付与や不溶性固形分の分散安定化，乳化安定化の目的で，キサンタンガムは頻繁に使用されている。キサンタンガムがドレッシングに使用されるもう一つの理由は，シュドプラスチック性という特徴的な粘性にもある。この特性は，瓶から注ぐと瞬間的に粘度が低下するため注ぎやすく，野菜などにかかると粘度は元に戻り付着性が向上し滴り落ちなくなるという性質を示す粘性のことである。キサンタンガムは，ドレッシング等に必要とされる上記機能を付与することができるのである[21]。

第 5 章 食品・日用品

　キサンタンガムは優れた耐塩性，耐熱性を示すことから焼き肉のタレやソース類などに調味料の分散安定化や粘度付与の目的でも使用されている。その他，通常の多糖類では使用困難な塩類を多く含んだ食品，たとえば，イカの塩辛，醤油ベースの調味料，ソース，キムチなどにも粘度付与の目的で広く利用される。さらに，キサンタンガムには耐熱性があるためレトルト食品にも粘度付与，固形物分散，油脂の乳化安定，品質劣化防止の目的でも頻繁に使用されている。
　この他に，キサンタンガムの大きな特徴の一つに，ガラクトマンナンやグルコマンナンとの反応性がある。特にローカストビーンガムと併用した場合は，キサンタンガムはローカストビーンガムと速やかに反応して非常に弾力に富んだゲルを形成する。また，キサンタンガムはグァーガムとも反応する。この場合，ゲルは形成しないが，相乗的に高い粘度を発現する。これら反応性を利用してデザートのゲル化剤や食感改良剤，増粘剤として頻繁に食品へ利用されているのである。キサンタンガムに，他の多糖類を組み合わせることで，冷菓，飲料，菓子，パン，麺類，漬物などの食感改良やゲル化補助，安定化目的の素材として，更には最近注目されている嚥下補助食品の粘度付与などと言うように，キサンタンガムの用途は多岐に渡っている。
　キサンタンガムは既存の天然多糖類の中で，酸性領域での粘度安定性に最も優れているが，従来のキサンタンガムでは，pHが極端に低い食品系では経時的な粘度低下を生じる場合もあった。そういった問題を解決することができるキサンタンガムとして，新規にサンエース®NXGという耐酸性に大変優れたグレードのキサンタンガムが開発されている。
　pH3.5以下の食品（例えば，炭酸飲料，フルーツソース，漬物など）にコクや粘度を付与する目的で増粘多糖類を使用するケースも最近では多くなってきている。例えば，近年増加傾向にある高甘味度甘味料を使用した清涼飲料においては，高甘味度甘味料の使用により固形分が減り，コクのない飲料になる傾向が見られる。そこでこれを補うべく増粘多糖類が検討されている。さらに，近年，小型ペットボトルの登場やホット対応のペットボトルの登場により，特徴のある飲料の開発がなされている。これらの飲料の中でコク味付けおよび喉越しの改良のために，増粘多糖類を添加し，粘度を付与する試みが行われている。キサンタンガムはこれら飲料等への粘度やコク味付与のためにも非常に優れた素材であるといえる。

(2) ガラクトマンナン
　ガラクトマンナンには，先にも述べたが，ローカストビーンガム，タラガム，グァーガム等がある。
　ローカストビーンガムはニュートン粘性を示す代表的な多糖類であり，加熱しないと溶解できないという欠点はあるものの，その粘性，食感が優れていることや精製タイプのローカストビーンガムでは透明性も非常に良好であることから，ドレッシングやタレ等の粘度付与，コク味付与のために使用されている。増粘剤であるローカストビーンガムはそれ自身ではゲルを形成するこ

とはできないが，先に述べたように，キサンタンガムと併用することで非常に弾力のあるゲルを形成することができる。また，κ-タイプのカラギナンと併用した場合には，κ-カラギナンのゲルの物性を硬くて脆い食感から弾力のある食感へ飛躍的に変化させることができる。そのため，ローカストビーンガムは増粘剤として使用するよりもむしろゲル化剤として利用されることが多い。特にフルーツゼリーやプリン等には頻繁に使用されている増粘剤である。その他には，アイスクリーム等の安定剤としてタマリンドシードガムやグァーガム等とも併用して頻繁に用いられている。

グァーガムは，冷水に溶解できることが特徴であり，水溶液に高い粘度を付与することができる。冷水にも可溶なグァーガムであるが，加熱することにより溶解時間を短縮することができる。しかし，過度の加熱は，グァーガムの分解を引き起こし，粘度低下をまねくこともあるので注意が必要である。グァーガムは，インスタントスープ（冷水可溶であるため容易に粘度発現）やタレ類の粘度付与に用いられる他，冷菓用安定剤としても氷結晶の調整目的他で使用される。また，先述したように，キサンタンガムとの相乗効果があり，低濃度でより高粘度の溶液を作ることができる。

グァーガム単独の水溶液の粘性は弱いシュドプラスティック性である。

(3) グルコマンナン

グルコマンナンは食用コンニャクの主成分であり，コンニャク芋中に約10%含まれている。このコンニャク芋から抽出・精製された多糖類がグルコマンナンであり，一般にコンニャク製造の原料に用いられるコンニャク粉よりも極めて精製度の高いものである。グルコマンナンの基本構造は，D-グルコースとD-マンノースであるが，それらはそれぞれ約1:1.6の割合で$\beta-1,4$結合により結合しており，糖50〜60残基に1個の割合で分枝を持っている。またこれらの糖19残基に1個の割合で，アセチル基が存在している。

コンニャクは，コンニャク粉を水に膨潤させ，得られた水和物をアルカリにして加熱することで，熱不可逆のコンニャクゲル（コンニャク）となる。ゲル化メカニズムの最も一般的な理論は，グルコマンナン中に存在するアセチル基がアルカリ処理によって脱アセチル化し，グルコマンナン分子が分子間で相互に水素結合することにより，部分的に固定化され，それを結節点として三次元的な網目構造を形成することによりゲル化するというものである。

グルコマンナンを水に溶解すると弱いシュドプラスチック粘性で，非常に高粘度の溶液を調製することができる。つまり，アルカリ処理をして脱アセチル化しなければ，グルコマンナンはゲルを形成することなく増粘剤として使用できるのである。このように，グルコマンナンはそのものの単体では増粘するのみであるが，キサンタンガムと反応させることで，非常に弾力の高いゲルを形成する性質がある。カラギナンの中でも，特にκ-カラギナンと強く反応し，κ-カラギナン

の硬くて脆い食感のゲルを,非常に弾力のあるゲルに変化させることができる。そのため,グルコマンナンは増粘剤というよりも,ローカストビーンガムと同様にゲル化剤として使用される場合が多い。例えば,コンニャクゼリーは,このグルコマンナンとκ-カラギナンの反応性を活用したゲルであり,通常おでん等の具材であるコンニャクとは作り方が全く異なる。おでんのコンニャクは耐熱性を有しているが,グルコマンナンとκ-カラギナンで得られたゲルは熱可逆性である。

1.4.2 ゲル化剤に使用される主な多糖類と食品への応用
(1) ジェランガム

ジェランガムは,工程中の脱アセチル処理の有無により脱アシル型ジェランガムとネイティブ型ジェランガムの2タイプが得られる。この2種類のジェランガムは,アシル基の有無により全く異なる物性を有している。

脱アシル型ジェランガムは,カチオン類の存在により強固な脆いゲルを形成する[22]。逆にカチオンの多く存在する溶液では,非常に水和されにくくなるため,予め脱アシル型ジェランガムを溶解した後に,カチオン類の添加やpH調整を行う必要がある。脱アシル型ジェランガムで形成されたゲルは,非常に良好な透明性と耐酸性,耐熱性を示す。また,特に二価カチオンの添加により熱不可逆のゲルが簡単に得られる。また,脱アシル型ジェランガムは寒天の約1/3〜1/4の濃度で同程度のゲル強度が得られるため,口溶けが良くフレーバーリリースの良好なゲルとなることも大きな特徴である。

現在,脱アシル型ジェランガムはデザートゼリー,ジャム様食品,フィリングなど様々な食品に利用されている。中でも面白いものが脱アシル型ジェランガムのマイクロゲルを飲料やドレッシングに用いるというものである。マイクロゲルとは脱アシル型ジェランガムのゲルを微細に粉砕したり,ゲルを構築させる際に撹拌などによりゲルを細かくしたりしたもので,水と同等の流動性があるために,見た目も飲んだ際にも通常の水と全く変わらない。しかし実際は微細なゲルの集合体である為,ゲル同士の間隙に固形分を安定分散させることが可能となるのである。例えば,飲料中の果肉の分散安定にも有効で,増粘剤のような粘りが無く,色も透明であるので違和感なく飲料にこうしたゲルが利用できる。また,脱アシル型ジェランガムで形成させたゲルは熱不可逆であることから,これらの系において殺菌処理を行ってもマイクロゲルが,再び融解することがないので,マイクロゲル中に分散している不溶性固形分が沈殿または浮上することもない。

一方,ネイティブ型ジェランガムは,脱アシル型とは対照的に,非常に弾力のあるゲルを形成し,他の多糖類では認められない様な,非常に高いゲル化温度を有している(約70℃)[18,23]。また,ネイティブ型ジェランガムは,非常に少量の添加で,キサンタンガムよりも高い降伏応力を有した粘弾性のある溶液となるために,ゲル化剤というよりは増粘剤・安定剤としての使用例が多く,

例えば，不溶性固形物の分散安定などにも優れた機能を発揮することができる。

　また，ネイティブ型ジェランガムの特性の一つとして，離水がほとんどない餅に似た非常に弾力のある食感のゲルを形成するというものがある。例えば，ネイティブ型ジェランガムを用いて作った和風菓子の桜餅は，澱粉を使用した一般的な桜餅と同等の食感となる。しかもこの桜餅には澱粉類等を全く使用しないため，老化することもないのである。

　ミルクプリンはデザートの中で根強い人気がある。しかしタンパク系食品は殺菌処理後，冷却されゲル化するまでにかなりの時間が必要となるので，その間にタンパク質の凝集が起こってしまう問題が生じることがあった。しかし，ネイティブ型ジェランガムを添加すると，ミルクプリンのゲル化温度が上昇し，ゲル化するまでの時間が短縮されるので，タンパク凝集が生じる前にゲルが形成され，良好な食感のミルクプリンを得ることができる[24]。

　ネイティブ型ジェランガムは上記のように，高いゲル化温度，白濁した弾力のある餅様の食感を特徴としているが，最近透明タイプのネイティブ型ジェランガムが開発され，ネイティブ型ジェランガムの用途が更に広がってきた。透明なネイティブ型ジェランガムは，そのもの単体で用いられる他，例えば，脱アシル型ジェランガム（透明で脆い食感を有しフレーバーリリースの良好なゲルを形成する）と透明タイプのネイティブ型ジェランガムを併用することで，非常に透明性に優れた幅広い食感のジェランガムによるゲルを作る目的でも有益である。例えば，優れた透明性と弾力性を利用し，くずきりのような弾力のある食感でありながら，耐熱性のあるゲルも作ることができる。さらに，ゼラチンのように，その低いゲル化温度が特徴となっているような製品に，透明タイプのネイティブ型ジェランガムを併用することで，透明性や食感をある程度維持したまま，ゲルの融解温度を上昇させることも可能となる。

　また透明タイプのネイティブ型ジェランガムは，物性的には従来のネイティブ型ジェランガムと同等であるので，優れた不溶性固形物の分散安定化力を有している。そのため，例えばハーブの一種であるバジルチップ等を均一に分散させた透明なノンオイルドレッシングも作ることが可能である。こうして得られたドレッシングは粘度も低く，ねっとりとした食感にはならないという優れた特徴がある。

(2) カラギナン

　一般にゲル化剤として使用されるカラギナンは，κ-タイプであり，硬くて脆いゲルを形成する。ιタイプは弾力のある柔らかいゲルを形成するが，ゲル化させるには，多くの添加量が必要となるために，ゲル化目的よりも，少量の使用量にて，保水剤や食感調整剤として使用される場合が多い。また，λタイプはゲル化しないので，コク味付けの増粘剤としての利用が主体である。

　カラギナンは，直鎖状の酸性多糖類で，ゲル化特性を示すのは，κとι-カラギナンである。κ-カラギナンをゲル化させるには，硫酸基由来のマイナス電荷を中和もしくはイオン架橋する

第5章 食品・日用品

ことで二重らせん同士を会合させる必要がある。そのため，ゲル化にはカチオン類の添加が必要である。

κ-カラギナン単体によるゲルは硬くて脆い食感を呈し，離水も多いのが特徴である。このκ-カラギナンにローカストビーンガムやグルコマンナンを添加することで，弾力のあるゲルを形成することが可能であり，この配合割合の相違により，硬くて脆い食感からコンニャクゼリーのような弾力のあるゲルまで調製することが可能となる。実際に，κ-カラギナンは主として，ローカストビーンガムやグルコマンナンとの併用でデザートゼリーやミルクプリンのゲル化剤として頻繁に使用されている。

また，κ-カラギナンは，ハムやソーセージの結着性向上，食感改良，離水防止等には欠かせない素材であり，世界中で非常に大量に使用されている。カラギナンには，ゲル化剤以外にも各種安定剤としての用途があり，冷菓，飲料，惣菜等様々な用途に用いられている。

① 寒 天

寒天は，概ね中性の多糖類であるため，各種カチオン類の影響をほとんど受けず，硬くて脆い食感のゲルを形成する。そのため，高塩濃度でもゲルを形成する。寒天は，高糖度でもゲルを形成することができるために，古くから羊羹などのゲル化剤として頻繁に使用されている。また，寒天はタンパク質との反応性がほとんどないということも特徴であり，ハードヨーグルトのゲル化剤としても頻繁に使用されている。

1.4.3 安定剤に使用される主な多糖類と食品への応用

(1) 大豆多糖類

大豆多糖類は大豆油や大豆タンパクを製造する過程で生まれるオカラから，抽出，精製されて得られる水溶性の多糖類であり，構成糖はガラクトース，アラビノース，ガラクツロン酸，ラムノース，キシロース，フコース，グルコース等である。酸乳安定化力，乳化力，気泡安定化力，澱粉の老化防止，素材の結着抑制などの多くの機能を持ち合わせている。

大豆多糖類は冷水にも温水にも非常によく溶解し，約30%という高濃度の水溶液も簡単に調製することができる。また，その水溶液はゲル化することも全くなく，きわめて低粘度な溶液となる。大豆多糖類の水溶液は優れた耐塩性，耐熱性，耐酸性を示すため，レトルト殺菌，UHT殺菌を必要とする食品系や酸性乳飲料，各種デザート，ベーカリー製品等に使用できる。また，塩類による影響も受けにくいため，食塩の多く含まれているタレやドレッシング等，幅広い食品へ利用することが可能である。

大豆多糖類の主な用途の一つに酸性乳飲料の安定化という機能がある。一般に酸性乳飲料の安定化に使用されるHMペクチンと比較するとその粘度は明らかに低い。つまり，酸乳安定剤として大豆多糖類を使用した場合，べとつきのない，あっさりとした飲み心地の飲料を調製すること

が可能になるのである。

大豆多糖類がタンパク質を安定化できる領域はpH3.3～pH4.2付近であり，一般に使用されているHMペクチンの安定化領域のpH3.6～pH4.5付近と比較して分かるように，低pH側での安定化機能に優れている。また，HMペクチンと大豆多糖類を併用すると，様々な食感の酸性乳飲料を調製することができる。この酸乳安定化効果を利用して，のりっぽさのないあっさりとした食感のシャーベットや酸性ゼリーを得ることもできる。その他の機能として，麺や米飯などの結着防止や老化防止，ビスケット，クッキー等のソフト化等も可能である。また，大豆多糖類は気泡の安定化力にも優れ，メレンゲ等に使用すると，泡質（きめ）の改良，保型性の保持にも役立ち，スポンジケーキ，シフォンケーキ，食パンなどにも利用されている。また，近年では大豆多糖類のでん粉の老化抑制機能を利用して，フラワーペースト等のでん粉を主体とした食品への利用も広がっている。

(2) ペクチン

ペクチンは先に記載したようにDEの違いによりHMペクチンとLMペクチンに大別される。

特にHMペクチンは，酸性下で，タンパク粒子の凝集・沈殿を防止する効果を有している。しかしながら，すべてのHMペクチンで可能なわけではなく，その分子中のカルボキシル基の分布がそうした機能に対する重要な因子となる。

一説によると，カルボキシル基を有する糖残基が8個以上連続して存在しないと，効果を発揮しないとのことである。そのペクチン分子の連続部位は，カゼイン粒子上のプラス荷電部分と反応して，タンパク表面に吸着する。その他のペクチン部分はタンパク表面を覆う状況を作り出す。その結果，タンパク同士の凝集が抑制され，またカゼイン粒子の親水性も併せて向上させることにより，酸性下でもタンパク質を安定化することができると考えられている。そのため，HMペクチンは，ドリンクヨーグルト，乳酸菌飲料，酸性乳飲料，シャーベット等の安定剤として頻繁に利用される。こういった用途では，先に記載した大豆多糖類と併用される場合も多い。

HMペクチンは酸性乳飲料の安定剤としての用途以外にも，ゲル化剤としても頻繁に使用されている。ただ，HMペクチンは分子中にいくらかのカルボキシル基を有しているため，その電気的反発のため，通常の状態ではゲル化することができない。HMペクチンでゲルを形成させるには，pHを3.5程度に下げてカルボキシル基の解離を抑制し，ペクチン分子同士を接近させ，さらに高糖度にすることにより水分活性を低下させ，ペクチン分子内に存在するメトキシル基部分の疎水結合を形成させる必要がある[25]。そのためHMペクチンは，非常に糖度が高く，しかも低pHの食品であるジャム，ゼリー菓子などには適したゲル化剤と言える。

一方，LMペクチンは分子中により多くのカルボキシル基を有し，この部分がエッグボックス構造を形成することでゲル化すると考えられている。つまり，分子中の解離したカルボキシル基

第5章 食品・日用品

同士がCaイオンを介してイオン架橋しゲルを形成するのである。そのため，LMペクチンは，伝統的なジャムよりもかなり低糖度であるフルーツゼリーやフルーツプレパレーション等のゲル化剤として使用される。

(3) 微結晶セルロース

ココア飲料や抹茶飲料等不溶性固形物が存在するような飲料では，それらを均一に分散させることが大きなポイントとなる。これら不溶性固形物の分散のために，一般的な増粘剤を利用した場合は，その安定化機構が，粘度による分散安定化であるために，食感が非常にねっとりとするという欠点がある。そこで，頻繁に利用されているのがパルプを非常に微細に粉砕した微結晶セルロースである。この微結晶セルロースは非常に微細であるために，水溶液中に懸濁状態で存在させることで，固形物の分散安定化機能を発揮する。ただし，微結晶セルロースだけで不溶性固形物を完全に安定化することは困難であり，経時的に固形物の沈殿が生じる。ただ，微結晶セルロースを添加しておけば，不溶性固形物の間に微結晶セルロースが入り込む形で複合的に沈殿しているために，沈殿同士の強い凝集が生じにくくなっている。そのため，再度簡単に容器を振るだけで容易に再分散が可能となる。実際に，こういった系では，微結晶セルロースだけでなく，ネイティブ型ジェランガムのような，非常に低粘度でも水溶液中で弱い構造を示すような多糖類と併用することで，不溶性固形物を分散安定化する方法が用いられる事が多い。

微結晶セルロースのその他の機能としては，乳化安定化の補助，アイスクリームでは氷結晶の成長抑制，食感改良等がある。また，高濃度で使用することにより，マヨネーズやドレッシングの脂肪代替としての機能がある。

＊サンエース®，ビストップ®は三栄源エフ・エフ・アイ株式会社の登録商標である。

文　献

1) K. Funaki, Y. Kojima, *Bull. Jap. Soc. Sci. Fish.*, **16**, 401(1951)
2) Y. Kojima, K. Funaki, *Bull. Jap. Soc. Sci. Fish.*, **16**, 405(1951)
3) T. Matsuhasi, *Food gel*, Elsevier Applied Science, p.14(1990)
4) E. Percival, *J. Sci. Food Agric.*, **23**, 933-940(1972)
5) M.Glicksman, Red Seaweed Extracts : *Food Hydrocolloids* Vol.1, M. Glicksman, eds., CRC Press, p. 73(1982)
6) G. G. Alan, P. G. Lai and K. V. Sarkanen, *Carbohydr. Res.*, **17**, 234-236(1971)
7) 浅井以和夫，ローカストビーンガム，植物資源の生理活性物質ハンドブック，サイエンスフォーラム，p. 312(1998)

8) G. R. Williams *et al.*, (G. O. Phillips ed), Gums and stabilizers for the Food Industry, Vol. 5, Oxford Univ. Press, Oxford, p. 25 (1990)
9) 大條正克, ニューフードインダストリー, 20 (9), 1 (1978)
10) J. C. E. Reitsma, J. F. Thibault and W. Pilnik, *Food Hydrocolloids*, 1, 121 (1986)
11) 大本俊郎, 浅野広和, 浅井以和夫, ゲルテクノロジー, サイエンスフォーラム, p. 339 (1997)
12) R. Moorhouse, S. Arnott and M. D. Walkinshow, Xanthan gum–molecular conformation and interacions : Extracellular Microbial Polysaccharides, P. A. Sandford and A. Laskin, eds., ACS Symposium Series 45, American Chemical Society, Washington, D. C. (1997)
13) P. J. Whitcomb and C. W. Macosko. *J. Rheology*, 22 (5), 493–505 (1978)
14) D. J. Pettitt, Xanthan gum, *Food Hydrocolloids* Vol.1, M. Glicksman, eds., CRC Press, p. 127 (1982)
15) G. Holzwarth and E. B. Prestridge, *Science*, 197 (4305), 757–759 (1977)
16) G. R. Sandeson, Gellan Gum : *FOOD GELS*, P. Harris, eds., Elsevier Applied Science, p. 201 (1990)
17) W. Gibson, Gellan Gum : Thickening and Gellang Agents for Food, A. Imeson, eds., Blackie Academic & Professional, p. 227 (1992)
18) R. Chandrasekaran and V. G. Thailambal, *Carbohydr. Polym.*, 12, 431–442 (1990)
19) R. Chandrasekaran, A. Radha and V. G. Thailambal, *Carbohydr. Res.*, 224, 1–17 (1992)
20) 大本俊郎, "多糖類の機能とその応用技術", 月刊フードケミカル, 8月号, 19–26 (2002)
21) 足立典史. 別冊フードケミカル, 8, 96–101 (1996)
22) R. Chandrasekaran, R. P. Millane, S. Arnott and E. D. T. Atkins. *Carbohydr. Res.*, 175, 1 (1988)
23) J. K. Baird, T. A. Talashek and H. Chang. Gellan Gum : *Gums and Stabilizers for the Food Industry 6*, G. O. Phillips, D. J. Wedlock and P. A. Williams, eds., IRLPRESS, p. 479 (1992)
24) 森田康幸, 乳原料及びゲル化剤を含有する食品及びその製造法, 特開平10-136914
25) I. C. M. Dea. Conformational Origins of Polysaccharide Solution and Gel Properties : Industrial Gums third edition, R. L. Whistler and J. N. BeMiller, eds., Academic Press, New York, p. 39 (1993)

2 食品（タンパク質）

池田新矢[*]

2.1 はじめに

　タンパク質は約20種類のアミノ酸がペプチド結合によって共重合した高分子である。通常，生物体の乾燥重量の50%以上を占める代表的な生体高分子であり，生体内で生じる生化学反応を触媒する酵素として，また，生物体の構造を維持するための支持体として生命の維持にとって重要な機能を担っている。アミノ酸の配列順序は個々のタンパク質に特有であり，タンパク質の一次構造と呼ばれる。多くのタンパク質では，一次構造によって二次構造と呼ばれる α ヘリックス，β シートおよびターン構造，ランダムコイル構造が規定され，更に，二次構造の空間的配置である三次構造が決められる。分子全体として球状または回転楕円体状の形をしているタンパク質を一般に球状タンパク質と呼ぶのに対して，線維状の形をしたいわゆる線維状タンパク質も存在し，筋肉タンパク質であるミオシンや3本のポリペプチド鎖が3重らせん状に会合したトリプルヘリックス構造を有するコラーゲンがその例として挙げられる。

　タンパク質特有の立体構造や機能は生理的条件下では安定であるが，温度やpH等の物理化学的条件の変化により変化する。一次構造の変化を伴わないタンパク質の高次構造や性質の変化を変性と呼ぶ。タンパク質の二次構造は，ポリペプチド主鎖のカルボニル基とアミノ基間の水素結合によって安定化されているため，加熱や界面活性剤の添加等によって容易に変化しうる。一方，三次構造の安定化には，アミノ酸残基側鎖の極性が深く関与していると考えられている。即ち，芳香族の側鎖を有する疎水性のアミノ酸残基は，通常の媒体である水に接しにくいタンパク質分子内部に配置されるように分子全体の三次構造が決まっていることが多い。逆に，荷電性の側鎖は分子表面に多く存在する。タンパク質が変性すると分子内部の疎水性基が露出してしまうが，水との接触を避けるために，疎水的相互作用を介した分子間凝集を引き起こす傾向がある。物理化学的条件変化に伴う変性そのものは可逆である場合もあるが，一度分子間凝集が生じると，生理的条件下に戻しても未変性時の立体構造には戻らない。

　タンパク質のゲルは，変性がきっかけとなって始まる凝集体の形成が巨視的大きさにまで達したものであると考えることができる。食品素材の殆どはもともと何らかの生物体の一部であり，タンパク質含量が高い場合が多い。例えば脂肪分の少ない赤身肉だとタンパク質含量は固形分総量の8割程度にも達する。従って，調理や加工の際に起こる食品中のタンパク質の変性および凝集・ゲル化は，最終的な食品の食感や，咀嚼や消化管活動による食品の壊れ易さ，ひいては食品からの香気成分，呈味成分および栄養成分等の放出挙動にも大きく影響しうる。また，生体から

---

[*] Shinya Ikeda　大阪市立大学大学院　生活科学研究科　食・健康科学講座　助手

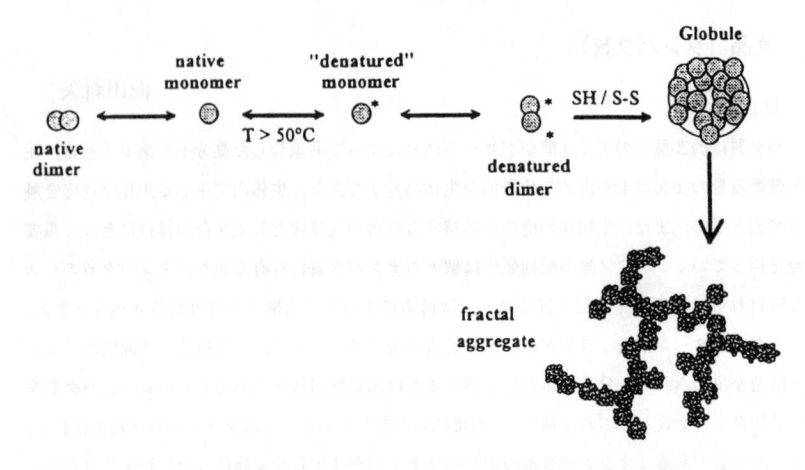

図1　pH 7におけるβ-ラクトグロブリンの2段階凝集過程の模式図[7]

抽出されたタンパク質原料を製品の品質を制御するための物理的機能素材として利用することも広く行われている。本稿では，数ある食品タンパク質の中から，代表的な球状タンパク質であるβ-ラクトグロブリンを主成分とした牛乳乳清タンパク質および広範な産業用途を有するゼラチンを中心として取り上げ，タンパク質のゲル化に関する近年の研究成果を紹介する。

2.2　つくる

　球状タンパク質のゲルは十分高いタンパク質濃度の水溶液を加熱するだけで形成することができるが，その構造や物性はpHや共存するイオンの濃度に大きく依存する[1]。一般に，球状タンパク質の加熱ゲルは大きく2種類に分類できる。等電点から離れたpHにおいてイオン強度が低い場合，タンパク質分子間には正味の静電的反発力が生じる。加熱変性による分子間凝集は比較的ゆっくり進行し，結果として形成されるゲル網目は数分子程度の太さしかない紐状の凝集体からなる目の細かいものとなる。この時，見た目にはゲルは透明に近くなる。一方，pHが等電点に近い場合，あるいはイオン強度が高い場合，タンパク質分子間の静電的反発力が弱いあるいは遮蔽されるため，凝集が早く進行し，数μm程度あるいはそれ以上の直径を有する大きな球状凝集体が形成され，ゲルは白濁したものとなる。

　牛乳中に存在し，精製度の高い試料を比較的容易にかつ大量に得ることができるβ-ラクトグロブリンの加熱ゲル化現象は，球状タンパク質のゲル化についてのモデルとして近年でも盛んに研究されている。球状タンパク質のゲル化に関する研究の黎明期には，未変性タンパク質の立体構造は加熱により完全に破壊され，特定の構造を持たないランダムコイル鎖状になった分子鎖が

第 5 章　食品・日用品

絡まりあったり，局所的に会合したりしてゲル網目が形成されると考えられることもあったようであるが，少なくとも β-ラクトグロブリンについては，分子構造の耐熱性が比較的高いことが知られるようになってきた。例えば80℃程度の加熱では二次構造の大半は保持されていることが，円二色性[2]やラマン散乱[3]およびプロトン核磁気共鳴[4]等の測定によって確認されており，また，分子の大きさの目安となる慣性半径も生理的条件下の値と比較して10％程度増加するに過ぎないことが小角X線散乱実験[5]によって明らかにされている。しかしながら，そのような部分的な構造変化はタンパク質内部の疎水性領域を露出させ，疎水的相互作用を介したゲル化を引き起こすには十分であり，タンパク質分子はほぼ球状の形を保ったまま凝集を始めると考えられる。中性pHにおける β-ラクトグロブリンのゲル化は2段階の凝集過程を経ることが，静的光散乱および小角中性子散乱等を併用した一連の実験に基づいて提唱されている（図1）[6~8]。このモデルによると，凝集の第一段階では，95個程度の単量体が集合した球状の第一次凝集体が形成される。一次凝集体の流体力学的半径は約16nmで，その大きさは0.003-0.1 Mの範囲内においてはイオン強度には依存しない。また，凝集体からの中性子線やX線の散乱強度（I）の散乱角度（q）依存性を検討したところ，棒状粒子に典型的な散乱プロファイル（$I \propto q^{-1}$）とは異なったため，一次凝集体はグロビュールと命名された。これらの結果は，後に原子間力顕微鏡を用いて画像化された乳清タンパク質抽出物（後述）のゲル前駆体の構造（図2）とも概ね一致するものであったが，グロビュールの大きさは一定ではなく，塩濃度の増加やタンパク質濃度の減少に伴って増加

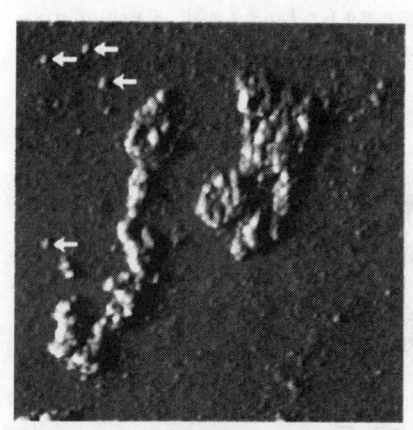

図2　pH 7において加熱調製した乳清タンパク質抽出物（WPI）凝集体の誤差信号像[9]
画像の1辺は5 μm。回転楕円体状の一次凝集体が更に凝集した2つの大きな凝集体が見られる。矢印は二次凝集を起こしていない単独の一次凝集体の例を示しており，その平均高さは約11 nm。

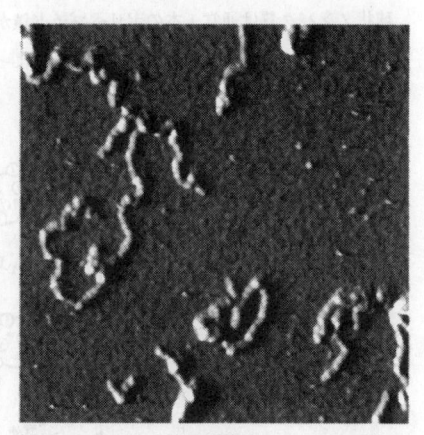

図3　pH 2において加熱調製した β-ラクトグロブリン凝集体の誤差信号像[9]
画像の1辺は1.8 μm。線維状凝集体の高さ（太さ）はほぼ均一で，約4 nm。

する可能性が新たに示唆された[9,10]。中性における加熱凝集の第二段階は，一次凝集体同士の凝集であり，これによってフラクタル構造を有するクラスターが巨視的大きさにまで成長する。このようなゲル構造のモデルは時間分解動的光散乱法を用いた研究によっても支持された[11]。

β-ラクトグロブリンの等電点（約pH5）を挟んで反対側の酸性pHにおいては透明度の高いゲルが形成できるが，このようなゲル網目は変性した単量体が数珠状に結合した細い線状凝集体（図3）によって構成されていると考えられている[9~12]。強酸性下では，タンパク質分子内に負に荷電した極性基が存在しないうえ，ジスルフィド交換反応が起こらないために中性時のような二段階凝集が起こらないものと思われるが，確実なことは分かっていない。同様の線状凝集体は，球状タンパク質混合系においても発現されることから，特定のタンパク質構造を要件としない一般的な凝集機構が関与している可能性も否定できない。クロイツフェルト・ヤコブ病や狂牛病のようなプリオン病やアルツハイマー病等の疾患の原因物質であると考えられているアミロイド繊維の形成機構との関連を指摘する声もあり[13]，早急な解明が望まれる。

鶏卵卵白中に存在する球状タンパク質であるオボアルブミンの加熱ゲル化については，静的光散乱測定や電子顕微鏡観察により検討され，中性かつ塩濃度が低い場合にも単量体が数珠状に結合した線状凝集体が形成されるというモデルが提唱されている（図4）[14~16]。更に，pHおよび塩濃度がゲル化に与える影響は，タンパク質分子間に生じる静電的反発力とそれに対する遮蔽効果として体系的に理解できる（図5）[16]。

球状タンパク質は通常1本のポリペプチド鎖が折り畳まれたものであるが，2本以上のポリペプチド鎖がジスルフィド結合や非共有結合によって1つの分子を構成するものもある。このよう

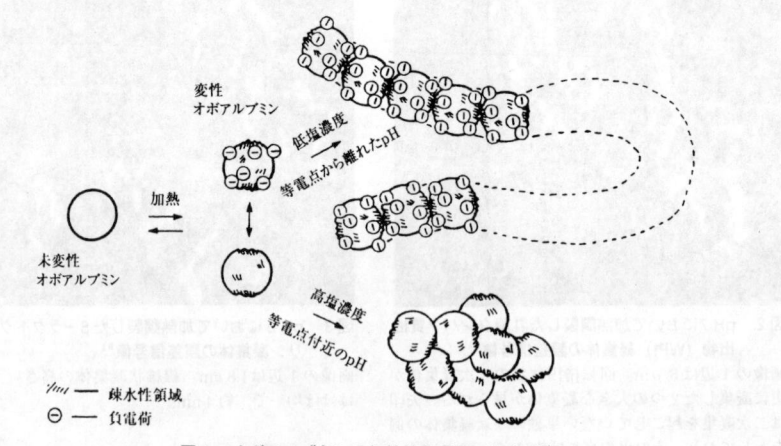

図4 オボアルブミンの加熱凝集過程の模式図[16]

第5章　食品・日用品

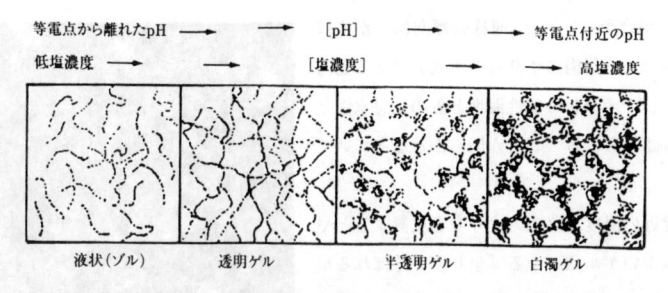

```
等電点から離れたpH ──→          [pH]          ──→ 等電点付近のpH
低塩濃度      ──→     ──→ [塩濃度] ──→     ──→    高塩濃度
```

　　　　　　液状（ゾル）　　　透明ゲル　　　半透明ゲル　　　白濁ゲル

図5　オボアルブミン加熱凝集体の構造に対するpHおよび塩濃度の影響[16]

な多量体タンパク質における個々のペプチド鎖はサブユニットと呼ばれ，それらの空間的配置は四次構造と呼ばれる。例えば，大豆グロブリンに含まれるβ-コングリシニンは，α，α'，βという3種類のサブユニットが様々な組み合わせで3個結合した円盤状のタンパク質分子のいわば混合物である。中性かつ塩濃度が低い場合，β-コングリシニンのサブユニットは解離し，加熱凝集は起こらないが，適度な量の塩が共存すれば（〜0.1M），β-コングリシニンモノマーが縦に積層した線状凝集体が形成される。線状凝集体の長さが加熱時間に比例して増加しないことから，酸性アミノ酸残基を多く有するβサブユニットが鎖長の成長を停止する役割を果たしている可能性が示唆されている[17]。更に高い塩濃度では，凝集体は球状になる。

　ゼラチンは，動物の皮や骨等を酸またはアルカリ処理することにより，構造タンパク質であるコラーゲンが低分子化されて抽出されるものである。常温では未変性のコラーゲンと同様のトリプルヘリックス構造をとっているが，加熱によって分子間会合が解けるため，高温の水溶液中ではランダムコイル鎖として振る舞う。十分高濃度かつ高温の水溶液を冷却すると，ゼラチン分子の一部が立体構造転移を起こしてトリプルヘリックス構造を回復し，これらの部分が網目の結び目としての役割を果たすことによって，ゲルが形成されると考えられている（図6）[18]。ゼラチンのゾル―ゲル転移は，履歴と可逆性を伴い，冷却時にゲル化を起こした温度よりやや高い温度で再加熱することによってゲルは溶解する。このようなゾル―ゲル転移と温度の関係は，加熱により変性・ゲル化する球状タンパク質とは異なり，むしろ，高温では無秩序鎖として存在するが，冷却によりダブルヘリックスに立体構造転移することによってゲル化する寒天やカラギーナンのような多糖と類似していると言える。産業用ゼラチンの原料としては，主に牛骨，牛皮，豚皮が用いられるが，近年，魚由来のゼラチンの研究も行われるようになってきた[19,20]。マグロ，ヒラメ，タラから調製されたゼラチンは，哺乳類由来の一般的なゼラチンと比較して低い温度でコイル―ヘリックス転移を起こす。また，転移温度はマグロ＞ヒラメ＞タラの順になっており，各魚種が生息する水域の水温の順に一致している上，それぞれのゼラチンのイミノ酸含量とも相関が

あることが分かっている。同様の傾向は，かまぼこの原料となる魚肉のすり身の主成分である筋肉タンパク質ミオシンの変性温度と魚の生息水温との間にも認められる[21]ことが明らかとなっていて興味深い。

室温付近の温度で魚肉のすり身を放置するとやがて軟らかいゲル状になる「坐り」と呼ばれる現象が知られている。坐りは魚肉中のミオシンの多量化によるものであり，魚肉中に内在するトランスグルタミナーゼによって触媒される共有結合形成反応を介したミオシンの重合が関与するとも考えられている。トランスグルタミナーゼは，タンパク質分子中のグルタミン残基のγ-カルボキシアミド基と一級アミンの間でのアシル転移反応を触媒するが，同じくタンパク質分子中のリシン残基のε-アミノ基が一級アミンとして作用できるので，2本のペプチド鎖を共有結合により橋架け

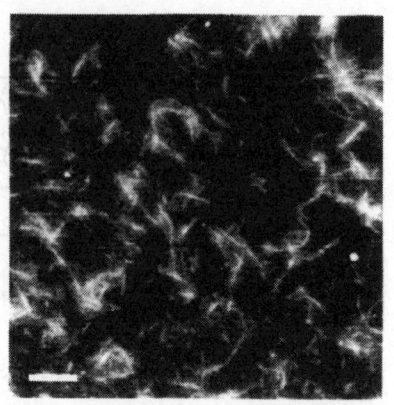

図6 ゼラチンLB（ラングミュア・ブロジェット）膜の原子間力顕微鏡像[18]
スケールバーの長さは0.5 μm。明るく見える線状の物体は，トリプルヘリックスが束状に凝集したものであると考えられている。未凝集のトリプルヘリックスやランダムコイル部分は，探針との接触により変形してしまうので，鮮明な像として捉えられてはいない。

することができる。このトランスグルタミナーゼの作用を用いれば，球状タンパク質を非加熱で重合し，ゲル化させることも可能であると思われ，今までにない物理的性質を持ったタンパク質ゲル創出の手段として注目されている[22]。

ゲル化について広く研究されているタンパク質としてもう一つ挙げられるのは，牛乳中の主要タンパク質であるカゼインである。カゼインはα_{S1}-, α_{S2}-, β-, およびκ-カゼイン等の総称である。牛乳中ではこれらのタンパク質が集合して，カゼインミセルと呼ばれる直径100nm程度の球状粒子としてコロイド分散していると考えられている。ミセル内部には疎水性の領域が配置され，ミセル表面にはグリコマクロペプチドと呼ばれるκ-カゼインのC末端側の親水性部位がブラシ状に突き出しており，立体障害効果によってミセル間の凝集を防いでいる[23]。伝統的なチーズ製造においては，カゼインミセルを不安定化してミセル間凝集を起こすことを目的として，グリコマクロペプチドを切断する酵素キモシン（レンネット）が利用されている。各種カゼインタンパク質それぞれの立体構造については未だ研究の途上であるが，少なくとも古典的な意味での球状タンパク質には通常位置付けられない[24]。

第5章 食品・日用品

2.3 つかう

　タンパク質は生物材料である食品素材にそもそも含まれており，しかもその含量が比較的高い場合も少なくないが，生物体から抽出したタンパク質原料は，食品の食感またはテクスチャーの改良および制御を目的としたゲル化剤として広く利用されている。

　チーズ生産の際に乳清と呼ばれる液体の残渣が副産物として生じるが，その中に含まれている乳糖やタンパク質等の固形物の排出量は，年間数百万トンにものぼると推算されている。乳清の有効利用を目的として製造されるタンパク質原料のうち，精製の度合いが比較的低いものは乳清タンパク質濃縮物（WPC），タンパク質以外の成分を殆ど含まない程度まで精製された原料は乳清タンパク質抽出物（WPI）と呼ばれる。これらの乳清タンパク質原料は，牛乳中の主要タンパク質であるカゼインと比較しても高いタンパク質利用効率（PER）および含硫アミノ酸含量を有し，筋肉増強を目的とした補助食品の主成分として一般に市販されている。また，ラクトフェリン等の生理活性を有するタンパク質やペプチドを微量成分として含むため，生理的機能性食品素材としての可能性に期待が寄せられている[25]。一方，乳清タンパク質原料は，ゲル化性や界面活性等の優れた物理的機能性をも有するため，食品物性の制御や脂肪代替物としての利用を目的とした研究が従来から盛んに行われている。通常入手可能な乳清タンパク質原料中には牛乳由来の数種類の球状タンパク質が混在しているが，そのゲル化現象は主要タンパク質であるβ-ラクトグロブリンの挙動に支配される。

　食品ゲルの食感は，ゲルに大変形を与えることによって計測される破壊特性と良好な相関があることが知られている[26]。乳清タンパク質の場合，中性かつ低塩濃度において形成される透明または半透明の外観を呈するゲルは，弱い力で大きく変形させることができ，ゲルが破壊する際の応力（破壊応力）は小さく，ゲル破壊時の歪（破壊歪）は大きいという破壊特性を有する。このようなゲルはやわらかい（soft）がこわい（tough）食感を与える。透明なゲルは，等電点を挟んで反対側の強い酸性においても形成されるが，その破壊特性は中性で形成される透明ゲルとは大きく異なる。即ち，破壊歪が非常に小さく，非常に脆い食感を与える。但し，単位歪あたりの応力の増加は酸性透明ゲルの方が急激であることが多く，線形領域内の微小歪に対する応力応答から弾性率を求めると，酸性透明ゲルの方が中性透明ゲルより大きな値を与え，感覚的に感じられるゲルの硬さとはかけ離れた印象をもたらすことが多い。また，このような破壊特性の相違にも関わらず，酸性および中性透明ゲルは共に保水性が高く，両者共目の細かいゲル網目構造を有していることが想像される。pHを中性に保ったまま塩濃度を上げていくと，破壊応力は次第に増加し，0.1M付近で極大を示した後，減少に転ずる。逆に，破壊歪は塩濃度の増加と共に減少し，0.3M付近で極小を示した後，微増する。従って，塩濃度を調整することにより，様々な食感を有するゲルを調製することが可能である。破壊応力が極大を示す0.1M付近ではゲルがやや白濁した

ような外観になるが，適度に歯応えのある食感が得られ，また，透明ゲルに比較して保水性がや や低下するため，ジューシー（juicy）感が改善される。塩濃度に依存した乳清タンパク質加熱ゲ ルの破壊特性や保水性の変化は，塩濃度に応答したゲル網目のフラクタル構造の変化と密接に関 係していることが示唆されている[27]。

　ゼラチンの産業用途は広範であり，ゼリー等のデザートや菓子類，ハム・ソーセージ等の結着 剤や保水剤等としての食品への応用だけでなく，医薬用カプセルの基材，写真用フィルム，工業 用接着剤等としても大量に利用されている。従って，ゼラチンゲルの物性に関しては，数多くの 研究報告がある。ゼラチンゲルに大変形を与えると，歪の増加に対する応力の増加の割合が歪と 共に次第に大きくなる歪硬化と呼ばれる非線形性が観察される。Blatzらによって導かれたBST 式は，歪硬化の程度を表す現象論的パラメータnを含んでおり，非線形性を示すゼラチンゲルの 応力—歪曲線を良好に近似できる[28〜31]。Botらは，BST式の分子論的裏付けを試み，nの値がゲル 網目のフラクタル次元に関連付けられるとした。実験的に求められたnの値から算出されたフラ クタル次元の値1.3-1.5は，膨潤した理想的な高分子鎖について予測される値1.7と比較して小さい ものであり，ゼラチンゲル網目鎖が理想的なガウス鎖よりもやや伸びた構造をとっていると考え ることによって説明できる。ゼラチンゲルの弾性をゴム弾性理論に基づいて解釈する試みも少な からずあるが，理想的なゴム弾性網目では，線状高分子鎖が共有結合により架橋され，架橋点間 鎖の両端間ベクトルがガウス分布で表されるのに対して，ゼラチンゲルにおいては①架橋部位は 点ではなく，ある程度の長さを有するトリプルヘリックス領域である，②架橋領域間の無秩序鎖 部分は，ゴム弾性理論において記述されているほど長くはないと予測される，③ゼラチン主鎖を 構成するペプチド鎖の柔軟性は一般の合成高分子鎖よりも低い可能性がある等といった構造上の 違いがあるため，ゴム弾性理論はあくまでゼラチンゲルの弾性を理解するための出発点として捉 えるのがよいようである[28]。また，破壊応力や破壊歪といったゲルの破壊特性は，変形によって ゲル内に生じた微小な亀裂や構造欠陥の成長の速さと関連するため，ゲルを変形する速度に大き く依存する[28]。ゼラチンゲルの場合，変形速度を増加すると破壊応力および破壊歪共に初めは減 少する。この理由は解明されてはいないが，変形速度が遅い場合にはいったん生じた亀裂を修復 する時間的余裕があるが，変形速度の増加とともに亀裂の修復が間に合わなくなるためではない かと推測されている。更に変形速度を増加すると，破壊応力，破壊歪共に極小を示したあと増加 に転じる。破壊応力が極小となる変形速度と破壊歪が極小となる変形速度は必ずしも一致しない。 また，破断応力の値を破断歪に対して両対数プロットしたものは，破断包絡線と呼ばれ，破壊特 性に対するゼラチン濃度の影響を総合的に比較，検討する上で有用である。

　ゼラチンゲルの物性は，アミノ酸組成，分子量分布，pH，共存塩，糖，アルコール，熱履歴 や熟成時間等様々な要因に応じて変化するため，実験結果の体系的理解には常に困難が伴う。

第 5 章　食品・日用品

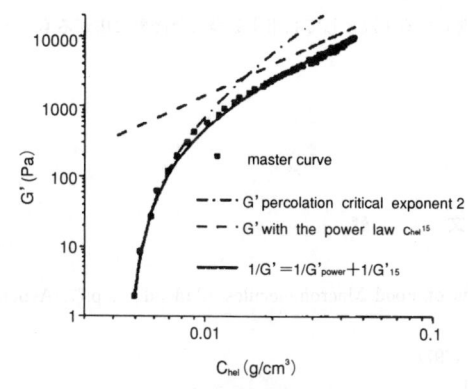

図 7　ゼラチンゲル弾性率のマスターカーブ[19]
G' は貯蔵弾性率，C_{hel}はヘリックス含量を表す。

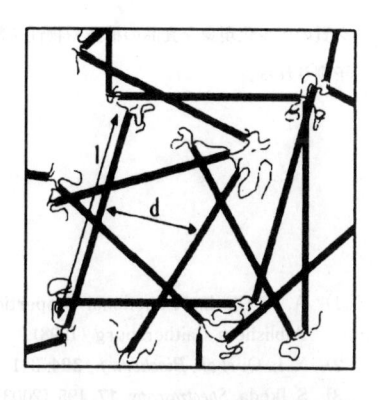

図 8　熟成したゼラチンゲル網目の模式図[19]
l は剛直なトリプルヘリックス領域の平均長さ。dは典型的なトリプルヘリックス間距離。図は，$l > d$となる場合の一例。

　Djabourovらは，牛，豚，タラ，ヒラメ，マグロから調製されたゼラチンの貯蔵弾性率が，ヘリックス含量のみの関数として表されることを明らかにした[19]。即ち，様々な温度において動的粘弾性測定から求められる貯蔵弾性率G'の値を旋光度測定によって求められるヘリックス含量C_{hel}に対してプロットすると，全てのゼラチンに対するデータが一本のマスターカーブを描いたのである（図7）。ゲル化の臨界点近傍では，貯蔵弾性率がゲル化点からの距離の関数としてスケーリング則に従い，その臨界指数の値2は，パーコレーション理論から予測される値1.7-1.9にほぼ一致した。また，ゲル化点から離れた領域では，貯蔵弾性率がヘリックス含量の1.5乗に比例した。これらの結果は，ゼラチンゲルの弾性が，通常架橋領域とされるトリプルヘリックス領域によってむしろ支配されていることを示している。従って，少なくともゲル化点から十分離れた領域においては，剛直な棒状のトリプルヘリックス領域が絡まりあった網目を形成しており，トリプルヘリックス領域からほどけた無秩序な分子鎖は，ゲル網目の一部を構成しているものの，ゲルの弾性への寄与は小さいという描像が浮かんでくる（図8）。

　医薬品やいわゆるサプリメントと食品が異なるのは，もちろんおいしさにおいてである。栄養があり，健康を維持する機能を有する食品であったとしても，おいしくなければ恒常的な摂取は困難である。タンパク質そのものは味覚物質ではないが，ゲル化を介して食品の物理的性質を支配し得ることから，食品のおいしさを決める重要な要素である食感や味覚成分の放出挙動に深く関与し，また，栄養・機能性成分の体内での実効率の決定においても重要な役割を果たしていると考えられる。最近やわらかさやなめらかさを謳った製品が消費者の関心をひいていることや，食品による疾病の予防に対する社会的期待がますます高まる傾向にあることを考えると，タンパ

ク質のゲル化現象を食品の構造や物性を制御する手段として利用する場は今後更に広がるものと予測される。

文 献

1) A. H. Clark, "Functional Properties of Food Macromolecules (2nd ed.)", p.77, Aspen Publishers, Gaithersburg (1998)
2) X. L. Qi et al., *Biochem. J.*, **324**, 341 (1997)
3) S. Ikeda, *Spectroscopy*, **17**, 195 (2003)
4) J. Belloque and G. M. Smith, *J. Agric. Food Chem.*, **46**, 1805 (1998)
5) G. Panick et al., *Biochem.*, **38**, 6512 (1999)
6) J.-C. Gimel et al., *Macromolecules*, **27**, 583 (1994)
7) P. Aymard et al., *J. Chim. Phys.*, **93**, 987 (1996)
8) C. Le Bon et al., *Macromolecules*, **32**, 6120 (1999)
9) S. Ikeda and V. J. Morris, *Biomacromolecules*, **3**, 382 (2002)
10) 池田新矢, 日本食品科学工学会誌, **50**, 237 (2003)
11) S. Tanaka et al., *Macromolecules*, **33**, 5470 (2000)
12) P. Aymard et al., *Macromolecules*, **32**, 2542 (1999)
13) W. S. Gosal and S. B. Ross-Murphy, *Curr. Opin. Colloid Interface Sci.*, **5**, 188 (2000)
14) T. Koseki et al., *Food Hydrocolloids*, **3**, 123 (1989)
15) T. Koseki et al., *Food Hydrocolloids*, **3**, 135 (1989)
16) 北畠直文, 卵の科学, 朝倉書店, p. 79 (1998)
17) E. N. C. Mills et al., *Biochim. Biophys. Acta*, **1547**, 339 (2001)
18) A. R. Mackie et al., *Biopolymers*, **46**, 245 (1998)
19) C. Joly-Duhamel et al., *Langmuir*, **18**, 7158 (2002)
20) C. Joly-Duhamel et al., *Langmuir*, **18**, 7208 (2002)
21) 小川雅広ほか, 水産学シリーズ130 かまぼこの足形成, 恒星社厚生閣, p.28 (2001)
22) E. Dickinson, *Trends Food Sci. Technol.*, **8**, 334 (1997)
23) C. G. de Kruif, *J. Dairy Sci.*, **81**, 3019 (1998)
24) D. S. Horne, *Curr. Opin. Colloid Interface Sci.*, **7**, 456 (2002)
25) A. E. Sloan, *Food Technol.*, **56**, 32 (2002)
26) 池田新矢, 日本食品科学工学会誌, **48**, 81 (2001)
27) S. Ikeda et al., *Langmuir*, **15**, 8584 (1999)
28) H. McEvoy et al., *Polym.*, **26**, 1483 (1985)
29) A. Bot et al., "Gums and Stabilisers for the Food Industry 8", p.117, Oxford University Press, Oxford (1996)
30) A. Bot et al., *Polym. Gels Networks*, **4**, 189 (1996)

31) R. D. Groot *et al.*, *J. Chem. Phys.*, **104**, 9202 (1996)

3 レオロジー・化粧品

金田 勇*

3.1 はじめに

ゲルとは何であろうか？ 試みに文献をあたってみると[1]、その一つの定義は「ゾル（コロイド溶液）がジェリー状に固化したもの」とある。このような物体は我々の身近に広く存在している。もっとも代表的な例としては食品のゲルが挙げられる。即ち、寒天、豆腐、あるいはチーズといった食品は上述の定義によるゲル、コロイドゲルである。このようなゲルは、例えば、例に挙げた食品の他に塗料、油脂、セラミックス、セメント、紙パルプ、医薬品（製剤）、および化粧品といった産業分野で日常的に観察される。一般的にこの種のゲルは、組成物でありその構造は極めて複雑である。従って、このようなものの特性解析にあたっては現象論的な方法論をとらざるを得ない。一方で例えば化学架橋された高分子ゲル（ゴムなど）の特性解析は分子論的に進められてきており、一つの大きな研究分野を形成している。この様に、一口に「ゲル」といっても、その対象、研究者の立場によりその定義の仕方は様々であるのが現状である。本稿では古典的なコロイドゲルに注目して現象論的レオロジーの方法論の概要を解説し、主に化粧品工業分野でのレオロジーの活用例を紹介する。

3.2 レオロジー

レオロジーとは物質の変形と流動を取り扱う比較的新しい学問分野である。何でも日本語に翻訳してしまうわが国では珍しくカタカナを当てているところがユニークであり、同時にとっつき難いと思われているゆえんである。このレオロジーなる述語が日本で最初に使用されたのは1951年に開かれた第一回レオロジー討論会であるが、この当時は、発表演題が集まらないかもしれないという危惧からコロイド化学討論会の一セッションとして開催された。現在では日本レオロジー学会主催のレオロジー討論会は52回を数え、その対象研究分野もコロイド、高分子、食品、血液、生体組織から機械工学まで幅広い範囲にわたっている。レオロジーは古典力学を基礎にした応用科学である、まず古典力学、流体力学また場合によってはテンソルの知識がその基盤として必要であるが、これら全般についてここで解説することは紙面の制限と筆者の浅学により不可能である。レオロジー全般についての解説は既に多くの著述があるのでそれらを参照していただくとして[2]、ここでは、レオロジーを現場のトラブルシューティングや、製品の品質管理などという場面で応用する際に最低限必要な事柄を整理して解説する。

---

* Isamu Kaneda ㈱資生堂 マテリアルサイエンス研究センター 副主任研究員

第5章 食品・日用品

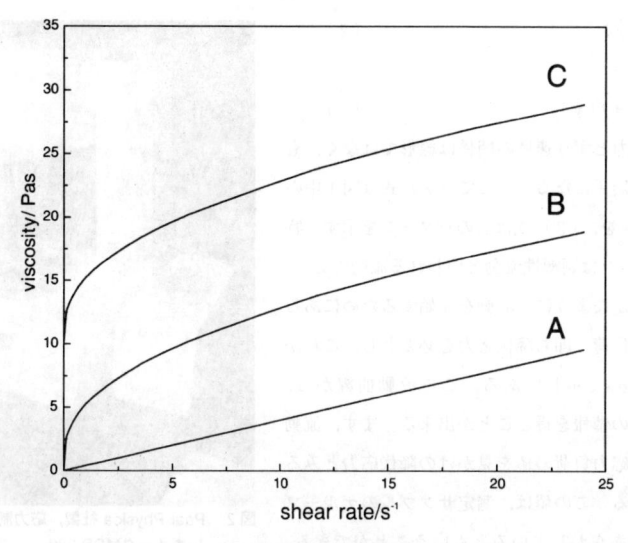

図1 典型的な流動曲線

3.2.1 流動性（粘性）

工業製品の流動性，あるいは粘性を測定し決定することは，品質管理という観点からばかりでなく，新しい特性の製品を開発するといった立場からも重要な課題である。まず単純な（理想的な）例を考えてみよう。ある流体においてはずり応力（σ）とずり速度（$\dot{\gamma}$）の間には（1）式に示される線形の関係式が成立する。

$$\sigma = \eta \dot{\gamma} \tag{1}$$

ここで比例定数 η は粘性の程度を示すパラメータである粘度である。従ってある適当なレオメーターを用いて，あるサンプルに応力を負荷し，そのときのずり速度をモニターしてその比例定数を求めればそれがこのサンプルの粘度として求めることができる。（1）式に従う流体はニュートン流体と呼ばれ，例えば，粘度標準サンプルとして用いられるある種のオイル類は，おおむねこのニュートン流体であるといえる。しかしながら，実際の工業製品，特に多くの化粧品は，その流動曲線が（1）式に従うものはまれであり，何がしかの異常性を示すのが通常である。図1に模式的に実際に見られる流動曲線のパターンを示す。図中のAの直線は先述のニュートン流体である。一方実在の工業製品ではBあるいはCのようなパターンを示す場合が多く見られる。このような理想的なニュートンの法則から外れる流動挙動を異常粘性あるいは非ニュートン粘性と呼ぶ。このような異常粘性を示す物体の粘度式は，一般的に（2）あるいは（3）式のように表すことが出来る。

$$\sigma = f(\dot{\gamma}) \qquad (2)$$

あるいは

$$\sigma = \sigma_a + f(\dot{\gamma}) \qquad (3)$$

即ちずり応力とずり速度の関係は線形ではなく，もっと複雑な関係になる。ここで（2）式は図1中のBのパターンを，（3）式はCのパターンを示す。特にCのパターンは疑塑性流動といわれる流動である。図から明らかなように，流動を開始するためにある一定の応力負荷，即ち降伏応力を必要とし，これが（3）式の σ_a で示してある。この流動曲線から，我々は多くの情報を得ることが出来る。まず，流動を開始する応力負荷の値を見かけの降伏応力とみることが出来る。この値は，測定サンプルのゲルーゾル転移点をあらわしているともいうことができる。もちろん真の降伏応力を決定することは非常に困難

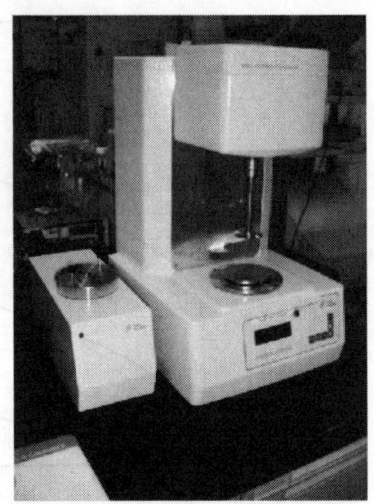

図2　Paar Physica 社製，応力制御型回転式レオメータMCR 300

であるが，測定条件をある一定の条件にした上で，この降伏応力を評価することには十分に意味がある。最近では各種レオメーターが市販されており，これらの装置を用いることで流動曲線を比較的簡便に解析することができる。ここで我々の研究グループが用いているレオメーターを例にとり解説しよう。図2にPaar Physica社製 MCR300の外観を示す。これは一般的な回転式レオメーターであり，エアーサスペンションを搭載した応力制御型のレオメーターである。トルク検出限界は約 10^{-6} Nmであり，かなり柔らかいサンプルも測定可能である。またこの種のレオメーターではサンプル台の温度を，ペルチェ素子を用いてコントロールするタイプがほとんどであり，たとえば流動曲線の温度依存性，あるいは温度ジャンプ測定などが容易に行うことができる。基本的にコーンプレートタイプの冶具を用いて測定するが，液状のサンプルなどには同心円筒タイプの冶具もオプションで用いることができるようである。先述のとおり，実際の製品サンプルはニュートン流体であることはきわめてまれであるので，その製品の粘度を一義的に決定することは困難である。何故なら図1B，Cに示したような非ニュートン性を示すサンプルは応力とずり速度の関係が非線形，即ち，その粘度はずり速度あるいは応力に依存して変化をするからである。このようなサンプルの粘度を決定する方法としてゼロずり粘度というパラメータを採用する場合がある。すなわち図3のように低ずり速度から層流条件が保障される高ずり速度までずり速度を連続的に変化させたときの粘度値を測定し，見かけの粘度のずり応力依存性をプロットする。そしてこのプロットからずり速度ゼロに外挿したときの粘度をゼロずり粘度としてそのサンプルの

第5章 食品・日用品

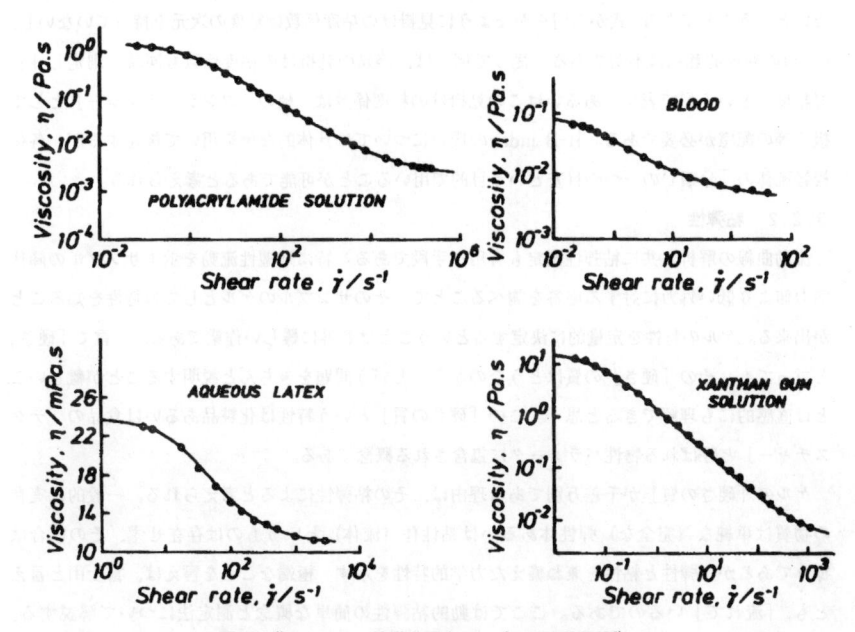

図3 非ニュートン流動を示すサンプルの流動曲線[2)a]

粘度とするという方法である。このように決定した粘度は、そのサンプルの特性値として用いることが出来、製品サンプル間での流動特性の比較などを行うことが出来る。一方、乳化物あるいはゲル状組成物などは見かけの降伏値を持つ場合があり（図1Cの例など）、そのようなサンプルについては図3のずり速度vs粘度曲線は低ずり速度で粘度が無限大に発散してしまいゼロ外挿が不可能である。このようなサンプルの場合は経験的な実験粘度式を用いることで特性を決定することが出来る。経験則による実験式は数多く提案されており[2)a]、ここにすべてを詳述することは出来ないが、最近筆者らが用いている実験式を紹介する。（4）式はHerschel-Bulkely式と呼ばれる実験式であり、多くのコロイド組成物の流動曲線をうまくフィットさせることが出来る[3)]。

$$\sigma = \sigma_a + \eta_H \dot{\gamma}^n \tag{4}$$

ここでσ_aは見掛けの降伏応力、η_Hは見掛けの粘度係数、nはH-B indexである。ある条件で測定された実験データ、ずり応力（σ）とずり速度（$\dot{\gamma}$）の値を（4）式に当てはめて最も確からしい上述のパラメータを決定する。最近では市販のレオメーターに各種実験粘度式の解析ソフトが搭載されてこれを用いることで簡便に実験データのフィッティングを行うことが出来る。この式を用いる場合に注意すべきことは、求められるパラメータの物理的な意味が必ずしも明確では

ないということである.式から明らかなように見掛けの粘度係数は粘度の次元を持っていないし，nの値の物理的意味は不明である.従って例えば，溶媒の見掛けの粘度係数も同時に測定し「相対粘度」という形で表す，あるいはこの見掛けの粘度係数は一種の「コンシステンシー」として扱う等の配慮が必要である.H–B indexの扱いについては具体的な例を用いて後述するが，各種複雑流体の「分類」の一つの目安という目的で用いることが可能であると考えられる.

3.2.2 粘弾性

流動曲線の解析と共に粘弾性測定も有用な手段である.特に疑塑性流動を示すサンプルの降伏応力値より低い外力に対する応答を調べることで，そのサンプルのゲルとしての特性を知ることが出来る.ゲルの特性を定量的に決定するということは意外に難しい作業である.一言で「硬さ」と言っても，その「硬さ」の質はどうなのか？ という問題をきちんと説明することが難しいことは直感的にも理解できると思う.この「硬さの質」という特性は化粧品あるいは食品の「テクスチャー」と呼ばれる物性パラメータに包含される概念である.

ゲルの「硬さの質」が千差万別である理由は，その粘弾性によると考えられる.一般的に実在の物質は単純な（完全な）弾性体あるいは粘性体（流体）というものは存在せず，その割合は様々であるが，弾性と粘性を兼ね備えた力学的特性を示す.極端なことを言えば，富士山と言えども，「流れて」いるのである.ここでは動的粘弾性の簡単な概念と測定法について解説する.サンプルにある振動数で振動する応力を負荷するとその応力に応じたひずみが観察される.もしもこのサンプルが完全弾性体であるならば応力とひずみは完全に同位相である.一方完全な粘性体（ニュートン流体）であればひずみは応力の位相にたいして90°遅れる.これまで述べてきたとおり，実在のサンプルは弾性と粘性がある割合で混在したものであり，このようなサンプルでは応力とひずみの間の位相差がδという値をもつ.動的粘弾性測定の原理を簡単に表せば，振動する応力を負荷した場合のひずみを観測し，その比例定数である弾性率（複素弾性率の絶対値）を求め，この値がどのような割合で弾性と粘性に振り分けられるかをδの値から算出するということに尽きる.

$$G^* = G' + iG'', \quad \frac{G''}{G'} = \tan\delta \tag{5}$$

ここでG^*は複素弾性率，G'は貯蔵弾性率，G''は損失弾性率，および$\tan\delta$は損失正接を表す.貯蔵弾性率は弾性成分を，損失弾性率は粘性成分を示す.そして損失正接はこれらの割合であり，サンプルに与えた外力がどの程度保存されるか（損失するか）という尺度であることからdamping factorとも呼ぶことがある.動的粘弾性測定において留意すべき点は，測定は線形領域でしなければならないという点である.特にコロイドゲルの場合はこの線形領域が非常に狭いことが多く，測定条件決定の為の予備測定を慎重に行う必要がある.例えば最大1kgまで測れるば

ね秤を用いて10kgの物体を計ったとしよう。ばね秤のばねは当然伸びきってしまい，秤に表示される値は正しいものでは無いし，二度とこの秤は使用することが出来ない。線形領域というのは，言わばこのばね秤の計測限界のようなものである。未知サンプルの場合はこの線形領域が不明である。そこで動的粘弾性測定に際してはまず，この線形領域を決定することから始めることになる。実際の手順としては適当な冶具を選択してサンプルを充填し，一定周波数（角速度）でひずみあるいは応力を変化させながら測定を行う。ゲル状サンプルであれば図4に示すようなプロファイルが得られる。低ひずみ（応力）領域のG'およびG"はひずみ（応力）に依存しない平坦な部分がいわゆる線形領域である。そしてG'とG"が交差する点は，外力によるゲル－ゾル転移点としてみることが出来る。動的粘弾性の周波数依存性を測定する場合などはこの線形領域で測定する必要があり，いずれの測定であってもしかるべき条件でこの線形領域を確認することが必須である。

　見かけ上ほとんど流動しないゲル状のサンプルであっても動的粘弾性係数の周波数依存性を測定することにより，その性質を確認することが出来る。一般的にゲル状物質は図5に示すような3つのパターンに分類できると言われている。図5Aは高分子が絡み合ったサンプルで見られるパターンでG'とG"が測定周波数範囲内で交差をしており，この時間スケール内に緩和時間が存在する。このようなサンプルは変形の速度により「粘性的」であったり「弾性的」であったりする。図5Bはいわゆる「弱いゲル（weak-gel）」[4]と分類されるもので，濃厚コロイドやある種の多糖類水溶液などで観察される。図から明らかなように，明確な緩和時間が見られない，すなわち，系の中に特徴的な長さを持つ緩和機構を決定できない。このようなレオロジー挙動を示すサ

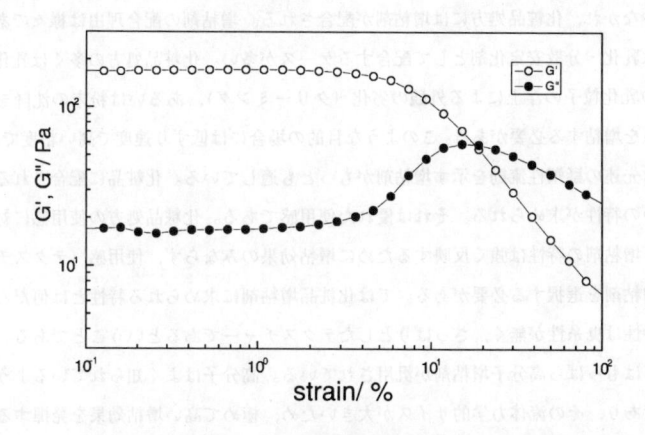

図4　寒天ミクロゲルの動的弾性率の歪依存性
寒天：伊那食品工業製 AX30，濃度0.7%，測定温度25℃，周波数1Hzで測定

ンプルは一種のフラクタル構造を持っているともいわれている。図5Cは典型的なゲルのパターンである。G"は周波数に依存せず一定であり、G"はゲルの網目構造に起因すると思われる緩やかな緩和が見られる。いわゆる化学架橋ゲルによく見られるパターンである。このようなパターン分類と、たとえば「硬さ」のパラメータとしてG^*を採用することで、製品のレオロジー特性を評価することが出来る。例えばある周波数でのG^*の値が同一であっても、その周波数分散のパターンや$\tan\delta$の値を調べることで、質的な違いを評価することが出来る。特に化粧品や生活用品のような、使用感覚（テクスチャー）がその製品の評価、性能に大きく影響を及ぼす場合はこのような判定基準を設けて製品を評価することが必要である。

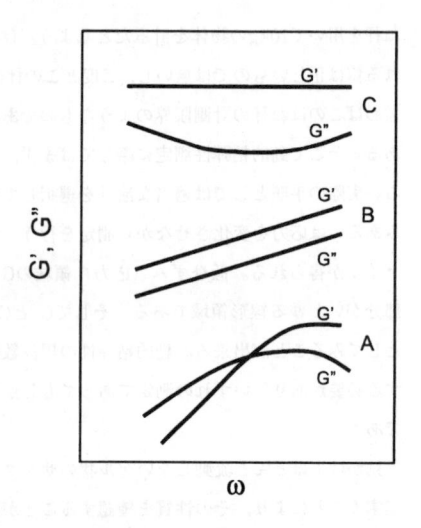

図5 各種ゲルの動的弾性率の周波数分散のパターン

3.3 化粧品開発研究におけるレオロジーの活用

化粧品の製品を設計する上で増粘剤はもっとも重要な原料の一つである[5]。化粧水などを除けば多かれ少なかれ、化粧品処方には増粘剤が配合される。増粘剤の配合理由は様々であるが、主たる目的は乳化・分散安定化剤として配合するケースが多い。化粧品処方の多くは乳化物であるため、その乳化粒子の浮上による外観の劣化（クリーミング）、あるいは粉末の沈降を抑えるために処方系を増粘する必要がある。このような目的の場合には低ずり速度で高い粘度であるもの、理想的には先述の疑塑性流動を示す増粘剤がもっとも適している。化粧品に配合される増粘剤にはもう一つの特性が求められる。それは優れた使用感である。化粧品処方の使用感に対して配合されている増粘剤の特性は強く反映するために増粘効果のみならず、使用感（テクスチャー）も考慮して増粘剤を選択する必要がある。では化粧品増粘剤に求められる特性とは何だろうか？最も重要な特性は曳糸性が無く、さっぱりとしたテクスチャーであるということである。水系の増粘剤としてはもっぱら高分子増粘剤が汎用されている。高分子はよく知られているように線状の巨大分子であり、その流体力学的サイズが大きいため、極めて高い増粘効果を発揮する。しかしながら、現象論的には「糸曳き」即ち曳糸性が現れてしまう。また一方で線状高分子では先述の降伏応力を発生させることは難しく、乳化・分散安定化剤としては単純な線状高分子では十分な

第5章 食品・日用品

効果を得ることが出来ない。最近我々の研究グループでは寒天ゲルを機械的に破壊したいわゆる寒天ミクロゲルを化粧品用増粘剤として応用した[6]。ここでは寒天ミクロゲルのレオロジー特性評価[7]を例に，実際の製品開発の場面でのレオロジー的手法の応用例を紹介する。

寒天は主に食品の増粘，ゲル化剤として古くから応用されている[8,9]。寒天はテングサ科やオゴノリ科などの紅藻（*Gelidium, Pterocadia,* および*Gracilaria*など）の細胞壁成分を熱水抽出し乾燥した多糖類である。その構成単位はD-ガラクトースと3,6-アンヒドロ-L-ガラクトースを繰り返し単位とする中性多糖であるアガロース[10]とアガロースに硫酸エステルやピルビン酸，メトキシルなどの残基を含むアガロペクチン[11]よりなる。寒天は高温（85℃以上）で水中にランダムコイルとして分子分散しており，この溶液を30℃以下に冷却することで二重らせん構造を形成し，同時に分子間に架橋構造を形成してゲルを形成するとされている[12]。この様に形成されるゲルは多糖類の分子量にも依存するが一般的に脆いゲルである。

我々はこの寒天ゲルを機械的に粉砕して流動性を付与した寒天ミクロゲルを水系増粘剤として化粧品への応用を検討した。この様な流動性のあるゲルは液体ゲルと呼ばれている[13]。液体ゲルとはゲルの微小粒子の分散体であり，粒子自体はゲルであるが粒子の集合として全体の系は液体のように振る舞う。寒天バルクゲルの動的弾性率のひずみ依存性を測定周波数を1Hzに固定して，歪みを0.1〜100%の範囲で変化させ測定した。図6に測定結果を示す。バルクゲルは典型的なゲルの性状を示し低歪み領域での貯蔵弾性率（G'）は寒天濃度の増加に伴い増加した。歪みが数%まで達したところでG'は急激に減少した。このG'の急激な低下はゲル構造の不可逆的な破壊によるものである。一方，先述の図4は寒天ミクロゲル分散液の結果である。両者を比較してみる

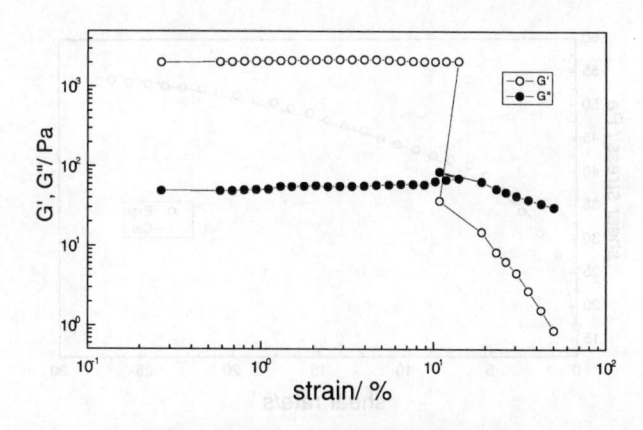

図6　寒天バルクゲルの動的弾性率の歪依存性
寒天：伊那食品工業製 AX30，濃度0.7%，測定温度は25℃，周波数1Hzで測定

と低歪み領域下ではバルクゲルと同様のゲル的性状を示し，ミクロゲル分散液はバルクゲルのゲルの性質を保っていることが解った。しかしながらバルクゲルと異なる点として，低歪み領域のG'の値は同一寒天濃度のバルクゲルに比べ一桁近く減少したこと，また歪みの上昇に伴ってG'の減少が見られるが，その減少は連続的に減少しバルクゲルとは異なる事が挙げられる。以上の結果から寒天バルクゲルを機械的に破壊したミクロゲル分散液は微小変形下では絶対値こそ低下しているもののゲルとしての性質を保っていると考えられた。また大変形下での動的弾性率の歪み依存性の比較から，ミクロゲル分散液は，バルクゲルとは異なり一定のずり応力により可逆的に変形する流体となっていることが示された。

寒天ミクロゲル分散液の流動特性解析のために，ミクロゲル分散液の応力―ずり速度曲線をHerschel-Bulkley式にフィッティングを行い流動特性パラメータ，即ち見掛けの降伏応力（σ_a），見かけの粘性係数（η_H）およびH-B index（n）を算出した。定常流粘度測定はずり速度0.03～30 s^{-1}の範囲で測定した。図7に実験データとフィッティングによる計算値を示す。実験データはいずれもHerschel-Bulkley式によくフィットした。

ここで寒天ミクロゲル分散液の化粧品としてのテクスチャーと流動特性との関係について考察する。化粧料用増粘剤，とくに水系増粘剤としては水溶性高分子が汎用されているが[5]，先述の通り，そのテクスチャー（使用性）に問題がある。例えば多糖類として汎用されているザンサンガムは増粘効果の高い増粘剤ではあるがこれを含む処方を皮膚上に適応した際の「べたつき」が常に問題になる。これはザンサンガム水溶液が皮膚上で塗擦され，水分が揮発する事によりザンサンガムが濃縮されて高分子同士の絡み合いにより曳糸性が現れるためと考えられている。表1

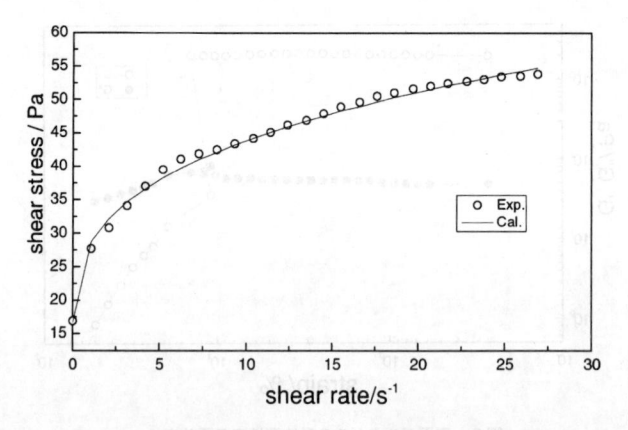

図7　寒天ミクロゲルの流動曲線
○は実測データ，実線はH-B式でのフィッティングの結果，測定温度は25℃

第5章 食品・日用品

表1

サンプル	σ_a / Pa	η_H / Pas^n	n	使用性
寒天ミクロゲル	13.5	14.9	0.309	さっぱり
ザンサンガム (1% aq.sol)	～0	32.0	0.087	ぬるぬる
カーボポール (0.5% aq.sol)	～0	15.0	0.292	さっぱり
Apple pulp[1]	-	65.0	0.0084	-
Tomato juice[2]	-	6.1	0.43	-
Tomato ketchup[3]	32.0	18.7	0.27	-
Milk[4]	-	-	0.002	1.0	-

(1) M.A. Rao, J. Texture Stud. (1975), 2) J.C. Haper, *et al.*, J. Food Science (1965), 3) S.J. Higgis, *et al.*, Process Biochemistry (1971), 4) J.E. Caffyn, J. Dairy Research (1951))

に代表的な化粧品用増粘剤および各種流動性の食品についてH-B式でその流動曲線を解析した結果をまとめて示す。ここでH-B indexについて注目してみたい。Herschel-Bulkley式の指数nの理論的な意味付けについては明らかではないが，定性的な考察は可能である。すなわちn=0～1の範囲でn=0では完全な弾性体を，n=1ではニュートン流体を示す。従って指数nの値でその流体の定性的な分類が可能になると考えられる。ザンサンガムのH-B indexはn= 0.0867と寒天ミクロゲルのn=0.3に比べて極めて低く，寒天ミクロゲルに比べて極めて小さい値を示した。これは上述の通り，ザンサンガムの水溶液は高分子鎖の絡み合いによる「弾性的」性質を持ち（曳糸性の原因），これが皮膚上での「べたつき」の原因になっていると考えられるのである。一方で寒天ミクロゲルのnの値は0.3程度であり，この値は例えばトマトジュースやトマトケチャップの測定値と同程度であり，感覚的に「さらっとした」テクスチャーを示すパラメータであると考えられる。このように非ニュートン流動に対する実験式を用いて様々な化粧料，あるいは食品のテクスチャーと指数nとの関連についてのデータを収集する事でテクスチャー（使用性）の分類が可能ではないかと考えられる。

3.4 おわりに

本稿では，化粧品のような複雑な組成物の，特性解析の一つの手法としてのレオロジーの応用について解説してきた。これまで度々触れてきたように，このような複雑なサンプルのレオロジー測定結果から何らかの分子論的考察をするのは極めて困難であり，その結果現象論的な結果を得るところに落ち着いてしまうケースがほとんどである。よく言われることは「触ってみれば分かるではないか？」という意見である。しかしながら，このような感覚的・官能的な特性を何らかの方法で定量化するという試みは消費者の好みをダイレクトに反映した製品を開発する上で重要な課題であると言える。一方で，本稿で例示したような非ニュートン粘性を示す組成物の流動

特性値(製品規格値)をある一つのずり速度での粘度で規定することは極めて危険なことであることは容易に理解できる。実際問題としては,生産現場で高価なレオメーターを用意して精密な測定を行うことは困難であるが,少なくともその製品の設計者は,その製品の特性を把握しておかねばならないと考えられる。この方面のレオロジー的研究は経験的なケーススタディーになりがちであるが,まずは,様々なサンプルの測定結果を集積して,分類学的な立場で整理し,何らかの統一的な解釈を与えることは可能ではないかと考えている。今後は化粧品,あるいはその他の分野(食品,土木,塗料など)での複雑なサンプルの測定例の報告がなされ,共有化することで興味ある研究が生まれてくると期待している。

文　　献

1) 理化学辞典,岩波書店
2) 例えば a) H.A. Barnes, J.F. Hutton and K. Walters ed."An Introduction to Rheology" Elsevier, (1989), b) R.G. Larson"The structure and Rheology of Complex Fluids" Oxford University Press, New York (1999) など
3) W.H. Herschel and R. Bulkley, *Kolloid-Z*, **39**, 291 (1926)
4) A.H. Clark and S.B. Ross-Murphy, *Adv. Polym. Sci.*, **83**, 57 (1987)
5) E.D. Goddard and J.V. Gruber ed., "Principles of Polymer Science and Technology in Cosmetics and Personal Care", p217, Marcel Dekker, New York (1999)
6) 宮沢和之,金田勇,梁木利男,特開2001-342451
7) 金田　勇,梁木利男,日本レオロジー学会誌,**30**, 89 (2002)
8) 原　博文,ジャパンフードサイエンス,**5**, 45 (1998)
9) 小島正明, *New Food Industry*, **34**, 17 (1992)
10) C. Araki, *Bull. Chem. Soc. Japan*, **29**, 453 (1956)
11) S. Hirase, *Bull. Chem. Soc. Japan*, **30**, 68 (1957)
12) K.Nishinari *et al.*, *Polymer J.*, **24**, 871 (1992)
13) K. Nishinari ed., "Hydrocolloids Part2, Fundamentals and Applications in Food, Biology and Medicine", p219, Elsevier, Amsterdam (2000)

第6章 光

1 ゲルを用いて光を操る～構造色ゲル～

竹岡敬和*

1.1 はじめに

1994年の秋，大学の研究室のメンバーと共に江ノ島水族館を訪れた。江ノ島水族館と言えば，体長4mを越えるアザラシがいることで有名だが，そのとき私の眼を釘付けにしたのは，5cmほどのとても小さなクラゲであった。一見何の変哲もない無色透明なクラゲだが，よく観察するとクリスマスツリーにある電飾のようなものが点滅しているのである。しかも，その色は虹色に変化し，長時間見ていても飽きさせない。当時は，その発色の理由について調べようとはしなかったが，現在取り組んでいるゲルの研究を行う中で，そのメカニズムを理解できるようになった。このクラゲはクシクラゲ類に属するカブトクラゲといい，体に8本の櫛板という帯を有している。櫛板は繊毛の集まりで，繊毛の動きを制御して飛行船のように泳ぐことができる。その櫛板は周期的に並んでいる繊毛により特定の波長の可視光を反射して干渉が生じることで色付いて見えるらしく，虹色に観察されるのは繊毛が動くことでその周期が変化するためということだ。つまり，同じクラゲでも，緑色蛍光タンパク質により発光するオワンクラゲなどとは異なり，蛍光物質や色素などの化学的な色（色素色）ではなく，櫛板の有する物理的な構造によって色を作り出していることが分かった。このような形と結びついた色を，一般に構造色と呼ぶ。

　構造色を示す生き物はクラゲだけではなく，珪藻という藻類や，タマムシや蝶などの昆虫，熱帯魚，鳥，植物など，様々な種類が知られている[1]。生物が遺伝の過程で構造色を稼いだ生物学的意味などは明確になっていないが，その色感は明らかに色素色とは異なる。例えば，金属光沢のようなキラキラとした輝きを示す場合がある。また，見る方向によって色相が変化するものもいる。このような構造色は生物が特異的に有しているわけではなく，無生物系にも多く見られる。よく知られている物としては，オパールという宝石から観測される色も構造色であり，シリカ球が周期的に並んだ構造に起因している。真珠の独特な色や光沢も真珠構造というレンガ塀の重なったような構造によるもので，その構造が少しでも変わると色も変化する。これらはいずれも自然が生み出した産物であるが，最近では，このような構造色を示す材料を人工的に作り出す試みが行われている。環境汚染の原因となる染料や顔料を用いる必要がないので，環境にやさしい色

---

*　Yukikazu Takeoka　名古屋大学大学院　工学研究科　物質化学専攻　助教授

であるということや,その光沢などから視覚に訴えるという利点を持つため,構造色の人工材料への適用は非常に意義が高いと考えられる。

そこで,本節では,まず最初に構造色の発現メカニズムについて簡単に説明する。次いで,ゲルというソフトな材料に構造色を付与する方法と,得られたゲルの性質とその応用について紹介する。

1.2 構造色の発現メカニズム

色素色は,ある化学構造を持った化合物の電子が可視光の波長と相互作用することで特定の波長の色を吸収し,残りの光が反射した結果観測されるものである。一方,構造色は,可視光の波長と同じ程度もしくはそれ以下の微細な構造と光が相互作用することによって生じる。構造色を論じる際には,光の反射,屈折,干渉,回折,散乱という基本的な性質の理解が大事である[2~6]。反射と屈折に関しては,光の粒子性と波動性のどちらの性質からも説明できるが,干渉,回折,散乱は,光を波として考えることで説明できる現象である。以下に,構造色発現を担うこれらの重要な性質を簡単に説明し,次いで,それらが関与した構造色を身の回りにあるものを例に紹介しよう。

1.2.1 光の性質

(1) 反射と屈折

ある媒体中を進行する光が,異なる媒体との間で形成された境界面に入射した場合,もとの媒質中の新しい方向に進む現象を反射,異なる媒質の方に進むことで光の速度が変化するに伴い進行方向が変わる現象を屈折という(図1)。境界面が光の波長に比べて十分滑らかな場合(光学的平面)には,入射角と反射角が等しい鏡面反射を生じる。境界面の凹凸が波長と同程度,もしくは大きい場合には,反射は様々な方向に進む。このような反射を乱反射という。

(2) 干 渉

複数の波が同じ場所にきたとき,そこにおける振動は個々の波の振動の和で表される。そのため,それぞれの波の位相の差によって得られた合成波の振幅が変化する現象を干渉という。干渉により特定の色の光の振幅が大きくなると,鮮やかな色として観測される。

(3) 回 折

光だけでなく,波動性のものが障害物によって進行方向や伝搬のパターンを変える現象を回折という。例えば,板に開けられた波の波長よりも小さな穴を波が通り抜けた際,幾何

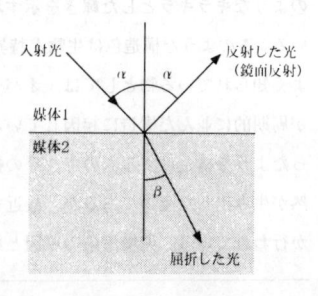

図1 反射と屈折

第6章 光

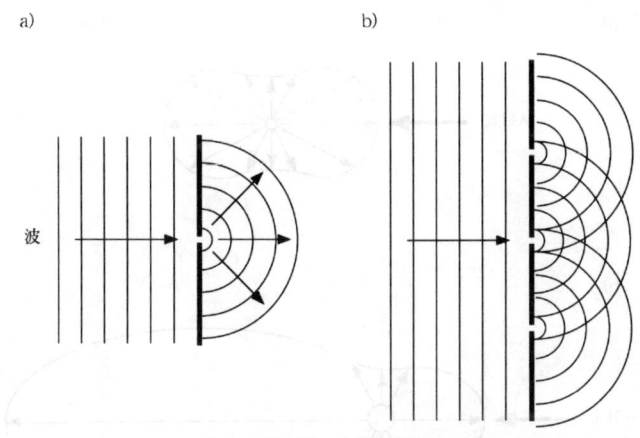

図2　回折現象 a)と回折格子 b)

学的に直進せずに板の影の部分にまわりこむことが観測される（図2a）。また，ガラスなどの平板上に等間隔に平行な溝をつけたもの（回折格子）に光をあてると，各溝で回折することで生じた球面波どうしが干渉することで特定の波長の光が強められたり，弱められたりする（図2b）。

(4) 散乱

光がその波長に比べてあまり大きくない粒子などの物質に当たったとき，それを二次的な光源として光が再発生し，周囲に広がっていく現象を散乱という。再発生する光の方向や強度は粒子の大きさや形に依存する。光の波長に対して粒子の大きさが1/10以下の粒径を有する粒子が分散されたところに光をあてると，粒子による光の散乱は波長の4乗に反比例してその強度は強くなる。つまり，このようなところに白色光をあてると，長波長の光は透過しやすく，短波長になるほど散乱されやすいため青く見える。このような現象をレイリー散乱と呼ぶ（図3）。空の色が青く見えるのは，このレイリー散乱による。また，分散された粒子の大きさが光の波長と同じ程度なら，光はその波長に依存せず散乱されるため，白色光をあてた場合には白く見える。雲や霧が白いのはこのためである。このような散乱はミー散乱と呼ばれる。

1.2.2　身近な構造色の例

(1) 液　晶

液体の流動性と固体結晶の光学的異方性を併せ持った状態を液晶という。液晶は，液晶を形成する分子の配列様式によって"スメクティック液晶"，"ネマティック液晶"，"コレステリック液晶"の三種類に分類される。この中で，コレステリック液晶は，分子配列の方向が少しずつねじれながら積み重なったらせん構造をしている（図4）。そのらせん軸が液晶を挟んだ基盤に対し

a)

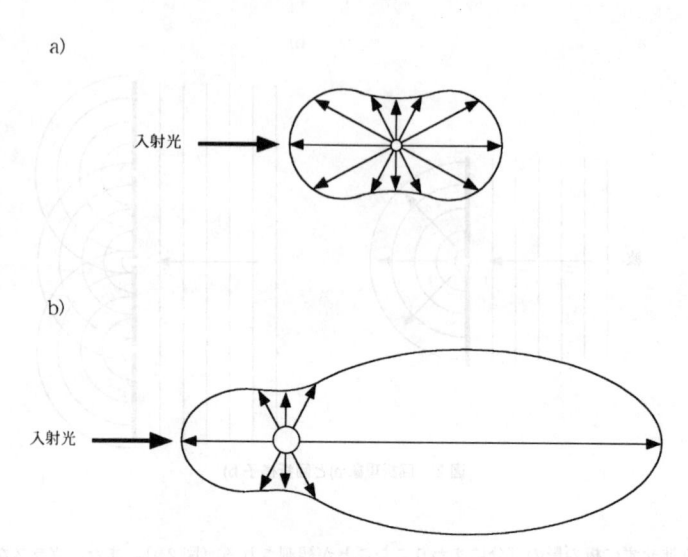

入射光 →

b)

入射光 →

図3 レイリー散乱 a) とミー散乱 b)
粒子を中心に伸びる矢印の方向と長さは，散乱光の向きと強さを示す。

て垂直に配向したプレーナ構造は，らせんの周期距離と液晶の平均屈折率で決定される波長の光を選択的に反射することで，特定の色を示す表示材を作ることができる。つまり，コレステリック液晶は，そのらせん構造による光の選択反射というメカニズムによって構造色を発現している。また，鮮やかな構造色が観測されるのは，同じピッチの層によって反射された光の干渉により特定の波長の光が強められた結果である[7]。

(2) プリズム

光学的平面を複数有する透明体で，少なくとも一組の面は近似的に平行でないものをプリズムと呼ぶ。物質の屈折率は光の波長によって違うため，プリズムを利用すれば，波長の異なる光が屈折によって分離（分光）される（図5）。白色光の場合，赤色が最も小さく屈折され，紫色は最も大きく屈折される。

(3) 虹

雨上がりの空に見ることのできる虹は，我々がその足下に近づこうとしても決してたどり着くことはできない。それは，虹が，

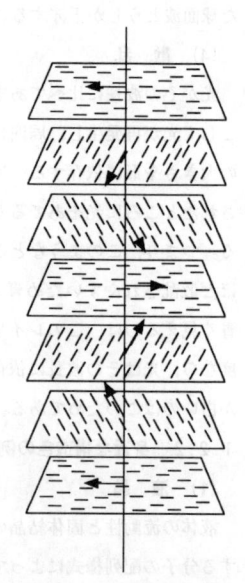

図4 コレステリック液晶
各層上の矢印は分子配向の方向を示す。

第 6 章　光

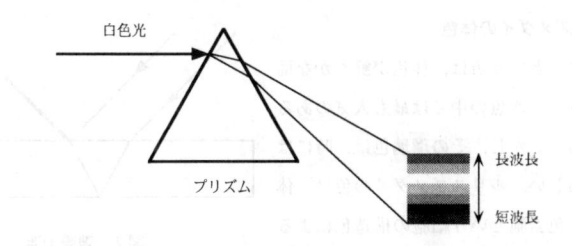

図 5　プリズムから観測される色

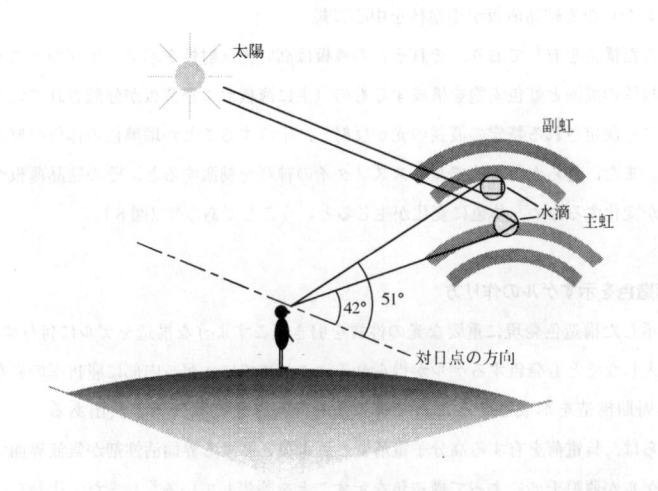

図 6　虹のメカニズム

空中に浮遊している多数の水滴に太陽光があたり，その内部で屈折，反射，屈折を起こす際に分光された光を見ているためである（図 6）。虹は，太陽が高い位置にあっても低い位置にあっても，観測者が太陽を背にした反対方向（対日点）を基準に 42°の方向に現れる。また，約 51°の方向にも虹が観測されることがある。この虹は，水滴により，屈折，反射，反射，屈折をした後に観測されるものである。前者を主虹，後者を副虹と呼ぶ。

(4)　シャボン玉

透明な薄膜に白色光があたると，薄膜表面で反射された光と，膜に入ったあとにもう一方の膜の表面において反射され，再び外に出た光とが干渉することで特定の色が見える。シャボン玉の表面に色が着いて見えるのは，この薄膜干渉のためである（図 7）。異なる屈折率の物質からなる層が交互に積み重なってできた膜に白色光があたる場合，薄膜干渉よりも複雑な干渉を示す（多層膜干渉）。真珠から観測される構造色は，多層膜干渉が原因である。

(5) ルリスズメダイの体色

ルリスズメダイという魚は,体色が鮮やかな瑠璃色一色であり,海水魚の中では最も人気のある種の一つである。しかし,その瑠璃色は,時には緑色に変わるらしい。ルリスズメダイの色は,体の表面にある虹色素胞という細胞の構造色による色彩発現である。虹色素胞は核酸塩基の一つであるグアニンからなる結晶薄板が細胞核を中心に規則的に並んだ構造を有しており,それぞれの薄板は高い光反射性を示す。現在のところ,薄板の厚さや薄板間の間隔と虹色素胞を構成するもの（主に薄板および薄板が分散されている媒体）の屈折率により決定される特定の波長の光が反射し,干渉することが瑠璃色の体色の原因と考えられている。また,何らかの方法でルリスズメダイの神経を刺激すると,その結晶薄板が移動してその間隔が変化するため,体色に変化が生じるということである[8]（図8）。

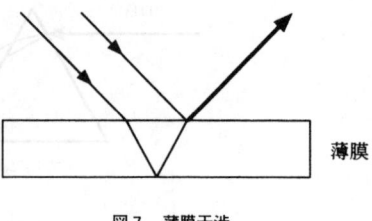

図7 薄膜干渉

1.3 構造色を示すゲルの作り方

以上に示した構造色発現に重要な光の性質を引き起こすような構造をゲルに付与することで,色素を導入しなくとも発色するゲルが得られる。これまでに,ゲル内部に屈折率の異なった材料からなる周期構造を形成させることで構造色を発現させた報告例が沢山ある[9〜14]。例えば,Monteuxらは,負電荷を有する高分子電解質と正電荷を有する界面活性剤が気液界面で形成する薄膜状のゲルが薄膜干渉によって構造色を示すことを報告している[9]。また,辻井らは,界面活性剤が形成する二分子膜液晶が,その膜の間隔の変化に伴って構造色変化を示すことと,それをゲル内に閉じ込めることで構造色変化を示すゲルが得られることを発見した[10]。Asherらは,表

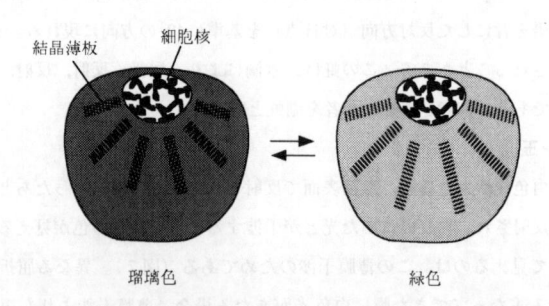

図8 ルリスズメダイの虹色素胞
結晶薄板の間隔が変化することで色が変わる。

第6章 光

面が帯電した球状のポリスチレンやシリカ球が形成する非最密充填型コロイド結晶をアクリルアミド系のゲル内に閉じ込めることで，構造色変化を来すゲルが得られることを示している[11, 12]。他にも，粒径の揃った微粒子ゲルが形成する周期的構造体からの構造色なども研究されており，多様な構造色を示すゲルに関する研究が盛んになっている[13, 14]。

本節では，紙面の関係上，主に我々が取り組んできた構造色を示すゲルに関して紹介する。我々が作っているゲルは，オパールという宝石と類似の構造を有するゲルである。先に述べたように，オパールから観測される色も構造色であり，シリカ球が周期的に並んでいることに起因している。ここで紹介するゲルは，オパール同様に鮮やかな色を示し，かつその体積の変化に伴って色が変わる。比較的簡単に作れるということや，ゲルにバリエーションをつけることができるため，様々な展開が期待されている。

1.3.1 オパール構造とその光学物性

オパールは粒径の揃った数百nmの直径を有する球状シリカ粒子が規則正しく積み重なった構造を有し，その間にはわずかな水分を含む。このような可視光の波長オーダーで屈折率が周期的に異なった構造を有するため，オパールは鮮やかな色を醸し出す。オパールは別名を最密充填型コロイド結晶（以下，コロイド結晶とする）とも言い，現在では人工的に作ることが出来るようになってきた。そのコロイド結晶の構築方法を以下に説明しよう。粒径の揃ったシリカ粒子は市販品として手に入る。調製の仕方はこの十年の間に色々な方法が開発され[15~20]，用いる方法によって二次元構造，三次元構造，多結晶状態，単結晶状態など多岐に渡った結晶が得られている。主な方法としては，①粒子の沈降による自然積層を利用した方法，②平滑な基盤上において溶媒の流れを創り出して粒子を集積する方法などがある。①の方法では，粒子直径，粒子と分散させた溶媒との比重差，温度，沈降後の核形成と成長，溶媒の蒸発速度など，結晶ができるまでに多くの要因が関与するので，最適条件を決めるのは簡単ではない。また，ほとんどの場合，得られた結晶は多結晶状態となる。一方，②のような物理的な制限下における溶媒の流れを利用する方法では，様々な工夫を凝らした技術が提案されており，どの方法も沈降法と比べて比較的単結晶状態のコロイド結晶を得ることができる。コロイド結晶を平滑なガラス基盤などを用いて作った場合には，基盤に対して面心立方構造の（1, 1, 1）面を有する状態が最も形成されやすい。

コロイド結晶は，数百nm周期で屈折率の異なる材質が周期的に並んだ構造体で，特定の波長の光の通過を選択的に妨げる性質がある[21]。つまり，白色光をコロイド結晶に照射した場合，ある特定の波長の光だけが結晶内を通過できずに反射されることになる。このような性質を示すものをフォトニック結晶と呼び，任意の波長の光の伝搬を制御可能な材料として注目されている。このコロイド結晶に白色光を当てたときに反射される光の波長（λ_{max}）は，ブラッグの法則とスネルの法則を考慮して得られる次式で表される[22]。

$$\lambda_{max} = 1.633 \ (d/m) \ (n_a^2 - \sin^2\theta)^{1/2} \tag{1}$$

ここで，dはコロイド結晶を形成する粒子の粒径，mはブラッグ定数（m=1），n_aはコロイド結晶の屈折率であり，コロイド結晶を構成する各成分の屈折率（n_i）と体積分率（V_i）から，$n_a = \Sigma n_i^2 V_i$ にて算出される。また，θはコロイド結晶の面に対して垂直な位置を基準に考えた場合の光を照射する角度である。これより，λ_{max}の値は，粒径，光の照射角度，構成成分によって決まる屈折率という三つのパラメーターにより決まることが理解できる。フォトニック結晶の研究分野では，このような光が伝搬できない波長領域をフォトニックバンドギャップと呼ぶ[23]。

1.3.2 逆オパール構造を有するゲルの調製

長々とコロイド結晶の説明をしたが，我々の研究しているゲルは，このコロイド結晶を鋳型に用いて調製している。十分に乾燥したコロイド結晶は，粒子間に空隙があり，そこにゲル化溶液を浸透させて重合すれば，コロイド結晶を閉じこめたゲルが得られる。次いで，コロイド結晶を構成する粒子成分を溶かし出すと，コロイド結晶を象ったポーラスなゲルが調製できる（図9）。シリカ粒子はフッ化水素酸かアルカリ水溶液を用いることでエッチングすることが可能である。この方法を用いれば，鋳型は比較的安定で取り扱いやすく様々なモノマー種が使用できるため，多岐に富んだ機能を示すポーラスゲルが得られる。ポーラスゲルの構造は，鋳型に用いたコロイド結晶のネガ型であるため，逆オパール構造と呼ばれている。得られたゲルは，ゲル部分と溶媒部分が光の波長ほどの間隔で周期的に並んだ微細構造を有しており，かつそれぞれの部分の屈折率が異なることから，コロイド結晶と同様に特定の波長の光の伝搬を妨げる。つまり，このような方法で合成したゲルは，光の波長程度の微細周期構造に基づいて特定の色を示す"構造色ゲル"となることを発見したのである[24,25]。また，このポーラスなゲルの細孔が互いに連結しているため，外部刺激に対して極めて速い膨潤収縮挙動を示す。例えば，感温性のN-イソプロピルアクリルアミド（NIPA）からなるポーラスゲルが，溶媒を蓄えて膨潤した状態から，溶媒を吐き出して収縮するような温度へ急激に温度変化させた場合の動的変化を調べたところ，細孔の空いていない普通のゲルに比べて1000倍以上の速度で縮むことが観測された。これは，ゲルが外液と接する部分の表面積の増大により内部の水のゲル外への放出を容易にしたことが原因と考えている。さらに，このゲルは温度の変化に伴ってすばやく構造色に変化を来す。ゲルがある平衡膨潤

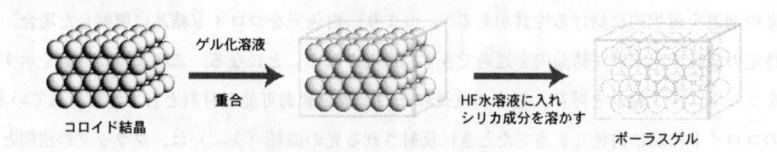

図9　コロイド結晶を鋳型に用いた構造色を示すポーラスゲルの調製方法

第6章 光

状態において反射する光の波長（λ'_{max}）は，(1)式をもとに次式で表される。

$$\lambda'_{max} = 1.633\,(d/m)\,(D/D_0)\,(n_a^2 - \sin^2\theta)^{1/2} \tag{2}$$

ここで，D/D_0はゲルの平衡膨潤度（D_0：調製時のゲルの特徴的長さ，D：実際に観測されるゲルの特徴的長さ）である。特徴的長さとは，例えば円盤状ゲルやシリンダー状ゲルなら，その直径のことを示す。この式から，粒径の既知な粒子からなるコロイド結晶を鋳型に用いて得られたゲルに対して，ゲル面から垂直な方向（$\theta = 0$）から光を当てた場合に観測されるλ'_{max}の値は，ゲルの膨潤度とその屈折率に依存することが理解できる。しかし，これまでの実験結果から，ゲルの膨潤度変化に伴う屈折率の変化は無視できるほど小さいので，λ'_{max}の値は主に膨潤度によって決定されることがわかった。例えば，コロイド結晶を鋳型に用いて得たポーラスなNIPAゲルは，様々な温度における膨潤度に応じた色（λ'_{max}）を示す（図10）。水中におけるNIPAゲルは，室温以下の低温では膨潤しているが，温度の上昇と共にその体積は小さくなる。それに伴って，ポーラスゲルから観測されるλ'_{max}の値は，体積変化に依存して高温ほど低波長に観測されることが分かった。また，同じコロイド結晶を鋳型に架橋剤の量だけを変えてNIPAゲルを調製すると，低温で膨潤度が架橋剤量の増大に伴って小さくなるため，同じ温度でも異なる構造色を示すことを見出した[26]。図11に，架橋剤の量を変えて調製したNIPAゲルの膨潤度の温度依存性を示す。ゲルを調製する際のNIPAモノマーの濃度は2 mol/lで固定している。架橋剤の量が比較的低ければ，高温では十分にコンパクトに収縮できるため，どのゲルも膨潤度は等しくなる。一方，低温で膨潤した場合には，架橋密度がゲルの膨潤度に大きな影響を及ぼす。これらのゲルを直径210nmのシリカ球からなるコロイド結晶を鋳型に用いてポーラスゲルを調製すると，水中，同じ温度においてもそれぞれのゲルは異なる色を示すようになる（図12）。その後，架橋剤の量だけでなく，ゲルを構成するモノマーの量を変えても，同じ温度で異なる構造色を示すゲルが得られた。また，ゲルを調製する際に用いる溶媒や温度も，得られたゲルの構造色を決定する重要な要因になりうる。つまり，コロイド結晶を鋳型に用いて得られるポーラスなゲルは，ゲル調製時のレシピを制御することで，任意の膨潤度を示すようにすれば望みの構造色を示すことが分かってきた。

1.4 構造色を示すゲルの応用

このようなフォトニックバンドギャップを外的な刺激によって制御できるような材料は，スイッチやセンサーなどに使用できることが示唆されている[27~32]。ここでは，我々の構造色ゲルを用いた化合物センサーシステムについて紹介しよう。

ダイオキシンやホルムアルデヒドなどの有害物質や，血糖値，DNA，タンパク質といった生体内物質の測定のためにバイオセンサーやケミカルセンサーの開発が活発に行われている。特定

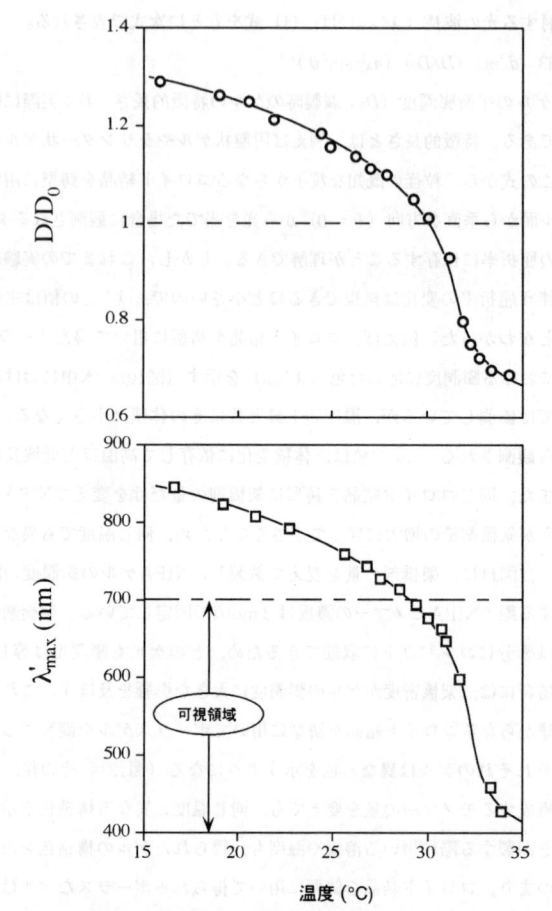

図10 ポーラスなNIPAゲル（NIPA 2mol/l，架橋剤BIS 67mmol/l）の膨潤度，および反射スペクトルのピーク値の温度依存性
本ゲルは，粒径約300nmのシリカ球からなるコロイド結晶を鋳型に用いている。

の化学物質をセンシングするシステムを構築するためには，化合物を捕らえるレセプター部位と，それによって得られる信号を感知するトランスデューサー部位を設ける必要がある。これまで，物質の量を信号に変換するトランスデューサー部位は，その多くが電気化学的手法を用いていた。しかし，この場合，トランスデューサー部位に大きなエネルギーが負荷されることによって，被検知物質や副生成物との化学反応が起こり，汚染や劣化が生じることが問題となっている。長時間使用可能なバイオ・ケミカルセンサーの開発には，エネルギー負荷や化学反応の軽減されたト

第6章　光

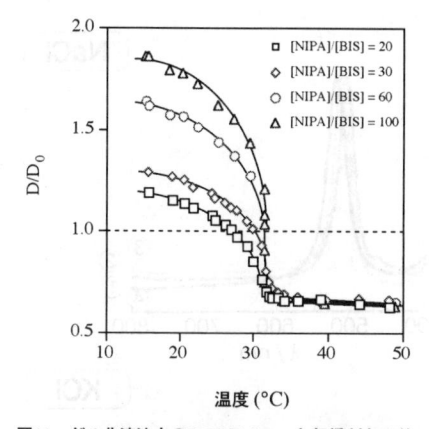

図11 ゲル化溶液中のNIPAモノマーと架橋剤との仕込み比（[NIPA] / [BIS]）を変えて調製したゲルの膨潤度の温度依存性

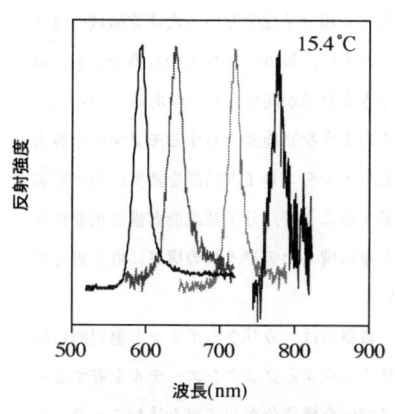

図12 [NIPA] / [BIS]の異なるゲル化溶液から得られた架橋密度の異なる構造色ゲルより観測される反射スペクトル
右より，[NIPA] / [BIS]=20，[NIPA] / [BIS]=30，[NIPA] / [BIS]=60，[NIPA] / [BIS]=100

ランスデューサー部位の調製が必要である。そこで，従来のエレクトロニクス型と比べ，非接触な方法で検知できる光学的手法を利用できれば，センサー材料に対するエネルギー負荷も少なく，感度の高いセンサーの構築が実現できると期待されている。

我々は，先に示した外的刺激に応答してフォトニックバンドギャップに変化を来すゲルに分子認識性を付与することで，レセプター部位とトランスデューサー部位の能力を併せ持つデバイスが得られると考えた。以下に，特定の化合物をセンシングするシステムの構築について説明しよう。

図13 クラウンエーテル基を有するモノマーを導入したNIPAゲル

特定の分子に対して高い錯体形成能を示す官能基を有する分子が沢山開発されている。特に，球状の形と電荷を有するイオンに対しては，クラウンエーテルの発見以来，様々な種類のイオンを選択的に捕らえる環状分子の研究が進んできた[33]。また，形状が複雑で電荷を持たない有機分子は，イオンと比べると選択的な錯体を形成する分子を開発するのは難しい。しかし，分子認識

化学や超分子化学といった研究領域の確立とともに，最近では特定の有機分子を認識できる分子が開発されつつある[34]。我々は，このような官能基を有するモノマーを導入したゲルをコロイド結晶を鋳型に用いて調製することで，分子認識能と構造色変化能を兼ね備えたデバイスの構築に取り組んでいる。

齋藤らは，カリウムイオンと選択的に錯体を形成するクラウンエーテルを有するモノマーを構造色ゲルに組み込むことで，溶液中のカリウムイオンの量に応じて色が変わるゲルを調製することを行った（図13）[31]。ゲルを構成する高分子網目に導入されたクラウンエーテル基がカリウムイオンを捕捉すると，対イオンであるマイナスイオンは媒体の高い極性のため解離しているものの，カリウムイオンに対してある一定の距離のところでさまよっている。そのため，ゲル内部におけるイオンの量が外液と比べて高くなるため，ゲル内部の浸透圧が高くなり外液との浸透圧差を解消しようとする結果，ゲルは膨潤する。つまり，ゲルの膨潤度がカリウムイオンの量に応じて高くな

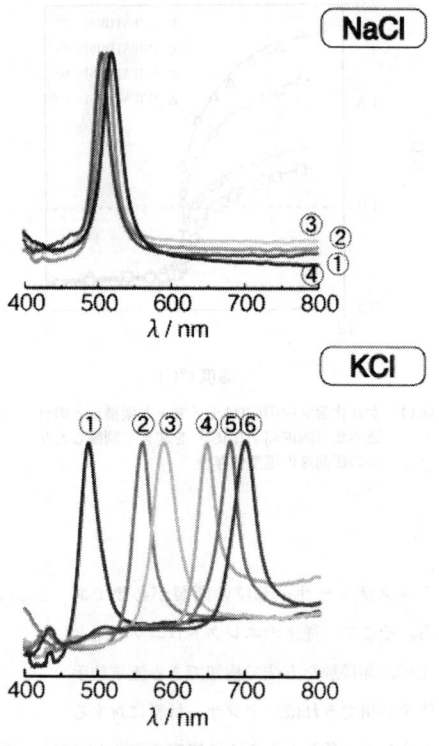

図14　カリウムイオンの濃度に応じてフォトニックバンドギャップを変化させるクラウンエーテル基を有するゲル
ナトリウムイオンの場合は，濃度が変わってもフォトニックバンドギャップに変化は生じない。

る。このようなゲルをコロイド結晶を鋳型に用いたポーラスゲルとすれば，カリウムイオンの量とともにフォトニックバンドギャップの位置が変化するデバイスとなる（図14）。

同様のシステムが，電荷を持たない有機分子に対しても適用できる。フェニルボロン酸誘導体はグルコースとの錯体形成能が高い[35]。フェニルボロン酸誘導体は，アルカリ溶液中で図15に示すような中性状態と負に荷電した状態との間で平衡を保っている。そこへ，グルコースを添加すると，グルコースは主に負に荷電した誘導体との間で錯体を形成する。よって，フェニルボロン酸誘導体を導入したゲルは，アルカリ中にてグルコースの量に応じてゲル中の負に荷電したモノマーの量が増大するため膨潤度が変化する。中山らは，このようなゲルに構造色を付与すること

第6章 光

図15　アルカリ条件下におけるフェニルボロン酸誘導体とグルコースとの錯体形成反応

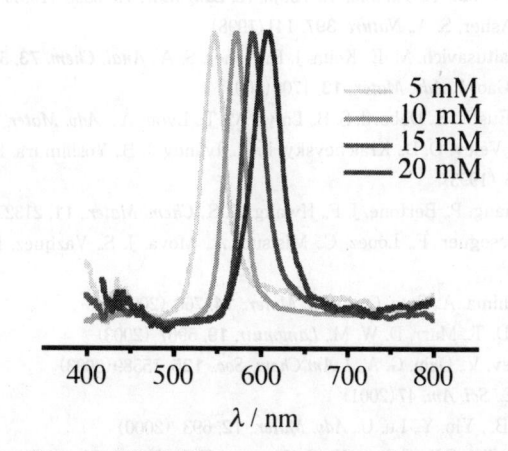

図16　グルコースの濃度に応じてフォトニックバンドギャップを変化させるフェニルボロン酸誘導体を導入したゲル

で，クラウンエーテルを導入したゲル同様，グルコースの量に応じてフォトニックバンドギャップの位置が変化するデバイスを開発した（図16）[32]。

以上のように，ゲルの物質認識に伴う体積変化をフォトニック結晶構造に組み込むことで，物質情報を光信号に変換できるレセプター部位を備えたオプティカルトランスデューサーが構築できる。このようなデバイスは，大きなエネルギー負荷のかからない非接触型であるため，従来のセンサー用デバイスと比べて長時間使用可能と思われる。

239

文　献

1) 梅本幸重，動物の色素〜多様な色彩の世界〜，内田老鶴圃(2000)
2) 大津元一，光科学への招待，朝倉書店(1999)
3) 好村滋洋，光と電波，培風館(1990)
4) 斎藤文一，武田康男，空の色と光の図鑑，草思社(1995)
5) 佐藤文隆，光と風景の物理，岩波書店(2002)
6) 木下修一，*O PLUS E*, **23**, 298(2001)
7) 渡辺順次，*O PLUS E*, **23**, 302(2001)
8) 藤井良三，*O PLUS E*, **23**, 313(2001)
9) Monteux, C., Williams, C. E., Meunier, J., Anthony, O., Bergeron, V., *Langmuir*, **20**, 57 (2004)
10) Hayakawa, M., Onda, T., Tanaka, T., Tsujii, K., *Langmuir*, **13**, 3595 (1997)
11) Liu, L., Li, P., Asher, S. A., *Nature*, **397**, 141(1998)
12) Reese, C. E., Baltusavich, M. E., Keim, J. P., Asher, S. A., *Anal. Chem.* **73**, 5038(2001)
13) Hu, Z., Lu, X., Gao, J., *Adv. Mater.*, **13**, 1708(2001)
14) Debord, J. D., Eustis, S., Debord, S. B., Lofye, M. T., Lyon, A., *Adv. Mater.*, **14**, 658(2002)
15) Denkov, N. D., Velev, O. D., Kralchevsky, P. A., Ivanov, I. B., Yoshimura, H., Nagayama, K., *Nature*, **361**, 26 (1993)
16) Colvin, V. L., Jiang, P., Bertone, J. F., Hwang, K. S., *Chem. Mater.*, **11**, 2132 (1999)
17) Miguez, H., Meseguer, F., Lopez, C., Misfsud, A., Moya, J. S., Vazquez, L., *Langmuir*, **13**, 6009 (1997)
18) Gu, Z.-Z., Fujishima, A., Sato, O., *Chem. Mater.*, **14**, 760 (2002)
19) Gong, T., Wu, D. T., Marr, D. W. M., *Langmuir*, **19**, 5967 (2003)
20) Wong, S., Kitaev, V., Ozin, G. A., *J. Am.Chem. Soc.*, **125**, 15589(2003)
21) Yablonobich, E., *Sci. Am*, 47(2001)
22) Xia, Y., Gates, B. , Yin, Y., Lu, U., *Adv. Mater.*, **12**, 693 (2000)
23) Maldovan, M., Ullal, C.K., Carter, W. C., Thomas, E. L., *Nature Materials,* **2**, 664 (2003)
24) Takeoka, Y., Watanabe, M., *Langmuir* **18**, 5977(2002)
25) Takeoka, Y., Watanabe, M., *Adv. Mater.* **15**, 199(2003)
26) Takeoka, Y., Watanabe, M., *Langmuir* **18**, 5977(2002)
27) Bush, K., John, S., *Phys. Rev. Lett.* **83**, 967(1999)
28) Ha, Y-K., Yang, J.-E., Park, H. Y., *Appl. Phys. Lett.* **79**, 15(2001)
29) Shimoda, Y., Ozaki, M., Yoshino, K., *Appl. Phys. Lett.* **79**, 3627(2001)
30) Hu, X., Zhang, Q., Liu, Y., Cheng, B., Zhang, D., *Appl. Phys. Lett.* **83**, 2518(2003)
31) Saito, H., Takeoka, Y., Watanabe, M., *Chem. Commun.* 2126 (2003)
32) Nakayama, D., Takeoka, Y., Watanabe, M., Kataoka, K., *Angew. Chem. Int. Ed.* **42**, 4197 (2003)
33) 平岡道夫，クラウン化合物―その特性と応用―，講談社サイエンティフィク(1978)
34) 築部浩編著，分子認識化学―超分子へのアプローチ―，三共出版(1997)

35) Kataoka, K., Miyazaki, H., Bunya,v M., Okano, T., Sakurai, Y., *J. Am. Chem. Soc.* **120**, 12694 (1998)

2 光の吸収,反射・調光性材料

明石量磁郎*

2.1 はじめに

可逆的な調光材料は表示,記録やセンシング等の重要な要素技術である。液晶,各種クロミック材料,ロイコ染料や電気泳動材料など様々な材料が開発されている[1]。我々は刺激応答性高分子ゲル(スマートゲル)に高濃度の顔料を分散・固定した新規な調光材料を考案した(図1)[2]。本材料は,液体中におけるゲルの体積相転移(体積変化)によって顔料を拡散・凝集させることで可逆的かつ優れた調光作用を示す。このような調光メカニズムはイカやタコの体色変化をつかさどる色素細胞と極めて類似したもので,いわば生物の機能を模倣した技術でもある。

本節では調光機能を示す高分子や高分子ゲルの技術動向と,我々の開発した高分子ゲル調光材料の特徴とその応用検討について解説する。

2.2 調光性高分子材料

ある種の高分子溶液は温度変化によって光散乱性(曇点)が可逆的に変化する性質を示すことが知られている。例えば,セルロース誘導体やポリアクリルアミド誘導体の水溶液はLCST(下限臨界共融温度)をもち,透明であった水溶液が特定温度以上で白濁する。これは,LCST以上では溶解していた高分子がコイル・グロビュール相転移によって二相分離するためである[3,4]。また,同様の高分子を架橋したゲルも温度変化によって体積相転移(体積変化:膨潤・収縮)し,それにともなって可逆的に光散乱性が変化する。これは収縮状態においてゲル内部に上記した高分子溶液と同様な不均一構造が形成するためである。

さらには高分子ゲルの体積変化現象と色素を組み合わせた調光技術についても報告されてい

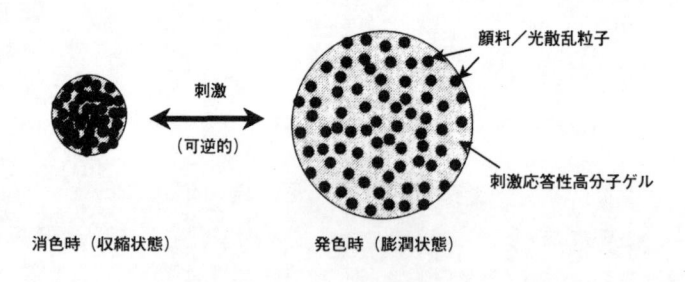

図1 高分子ゲル調光材料の構成と機能

* Ryojiro Akashi 富士ゼロックス㈱ 研究本部 先端デバイス研究所 主任研究員

る。例えば，高分子ゲルと着色液体とを組み合わせたもの[3]，高分子ゲル中に色素を添加したもの[6] である。前者では高分子ゲルの収縮時には着色した溶液色を，膨潤時にはゲル自身の透明色を示す。後者ではゲルの収縮時には相対的に色素濃度が高いため濃い色を示し，膨潤時には色素濃度が減少するために消色することが示されている。しかしながら後者技術では後述するようにゲル中の色素濃度が低い場合の現象であることから，ゲル自体に着目した場合には色変化は観測できるものの，ゲルが占有する巨視的領域に着目した場合には色変化は起こらないものと推測される。

一方，上記とは異なり，光散乱や色素を利用せずに光吸収波長を変化させる調光性高分子ゲルも研究されている。例えば，高分子ゲル中に微粒子のコロイド結晶アレイを形成させた材料[7]，前記ゲル中からコロイド結晶アレイを溶出した逆オパールゲル[8]，無数の高分子ゲル微粒子自身を結合させて回折格子を形成した材料[9] などが報告されている。これらは，液体中で熱などの外部刺激を付与することでゲルの体積を変化させ，Bragg回折の原理に基づいて反射・透過スペクトル（色）を可逆的に変化させることができる。

上記した調光性高分子材料は，調光，表示やセンシング等に応用可能な新たな調光材料として期待されている。

2.3 色素細胞と調光のしくみ

我々は色素細胞の色変化の仕組みを学ぶことによって新しい高分子ゲル調光材料を生み出すことを考えた。特に先行技術とは異なり，ゲルの収縮時には消色，膨潤時には発色し，かつ大きな調光作用を得られるシステムを目標に検討を行った。

ここで色素細胞の構造とその色変化の仕組みについて簡単に触れたい。

カメレオンや魚類等は体色を自在に変化させることができる。これは表皮に存在する色素細胞という器官の働きによるもので，細胞内の色素を拡散・凝集させることで色を変化（調光）させている。色素細胞にはいくつかの異なるタイプがあるが，頭足類（イカ，タコ）のものは高速かつ大きな色変化を示すことから最も優れたシステムと考えられる。図2には頭足類の色素細胞の模式図を示す。色素袋（色素が含まれるゴム状弾性体）に多数の筋肉繊維が結合した構造をし，筋肉をアクチュエータとして色素袋の面積を数倍から数十倍に変化させることで色を瞬時に変化させる[10,11]。さながら自然界が生み出したマイクロマシーンである。

色素細胞においては色素袋の大きさが変わる，つまり着色部の面積（吸収断面積）変化に応じて光吸収量が変化するという単純な仕組みで大きな調光作用が得られる。このような調光機構を考察すると，色素袋が大きく広がった状態（色素拡散状態）において色素に対応する波長の入射光のほぼ全てを吸収することが重要である。これは入射光が十分に吸収されないと色素袋の面積

筋肉繊維

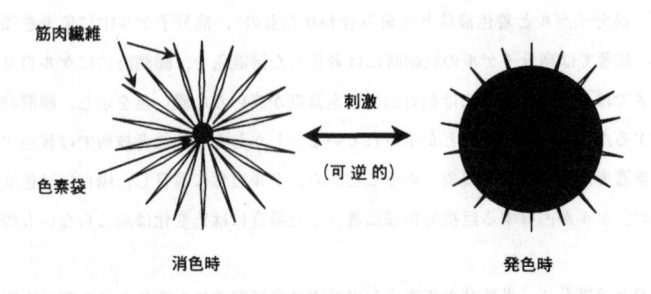

色素袋

刺激
(可逆的)

消色時　　　　　　　　発色時

図2　色素細胞の構造と発色機構

変化に応じた色変化が得られなくなってしまうからである。つまり色素拡散状態では相対的に色素濃度が低下するため，色素袋にはこれを補うほどの高い濃度の色素が必要となる。言い換えれば，入射光をほぼ飽和レベルで吸収されるという条件の下においては，色素袋の面積変化の大きさに応じた調光特性が得られるという非常にシンプルな原理である。

上記のような要因解析をもとに，色素細胞における筋肉の機能を人工筋肉である刺激応答性高分子ゲルに置き換え，これに高濃度の顔料を含有させた調光材料を考案した。本材料は液体中において着色した高分子ゲル粒子を膨潤・収縮（体積変化）させることで色素細胞と同様の調光作用が得られる。材料設計にあたっては，より優れた調光特性を得るために，体積変化の大きさ，含有させる顔料の濃度，その均一分散性やゲル内部への安定な固定がポイントとなった。

以下に，我々の開発した高分子ゲル調光材料の設計，合成方法，その特性および調光素子への応用検討について紹介する。

2.4　つくる（高分子ゲル調光材料の合成と評価）

(1)　材料設計と合成

刺激応答性高分子ゲルは，熱，イオン濃度，光など種々の外部刺激により液体中において可逆的に体積変化（膨潤・収縮）する性質[12,13]をもち，人工筋肉[14]，アクチュエータや医療材料[15]への応用が期待されている。またその材料としては，ポリアクリルアミド系，セルロース系，ポリメチルビニルエーテル系などのノニオンゲルやポリアクリル酸系やポリスルホン酸系のイオンゲル等，様々なものが知られている。

我々は，代表的な感熱応答性ゲルである Poly (N-isopropylacrylamide) ゲル（NIPAMゲルと呼ぶ）を用いて，これに顔料を含有させた着色ゲル粒子を合成した。

合成に先立って，材料設計指針を独自のシミュレーションによって得た。詳細については省略するが，重要な物性値はゲルの粒子径，顔料濃度，刺激応答による体積変化の大きさであり，こ

れらを考慮し，各物性値の最適化によってより優れた調光性能を得るための条件を設定した．特に，ゲルの粒子径が小さいほどより高い顔料濃度が必要なこと，体積変化の大きさは8倍以上が望ましいことなどの設計指針を得た．

材料合成上のポイントは，高濃度の顔料をいかに均一かつ安定に高分子ゲル中に保持するかにあった．このために多種類の顔料のスクリーニングや重合条件の最適化を実施した．その結果，表面を親水化処理した顔料を用いることで，十分な顔料分散性をもつNIPAMゲル粒子を得ることができた．代表的なゲル粒子の合成方法は，NIPAMモノマと顔料との水系溶液を疎水性有機溶媒中に添加し，攪拌・懸濁してフリーラジカル重合する逆相懸濁重合法である．顔料としては，カーボンブラックなどの黒色顔料，フタロシアニンなどの青色顔料のほか，様々な顔料を用いることが可能である．このようにして種々の顔料濃度，かつ種々色の粒子径が5～500μm（膨潤時）の範囲の粒子を合成することができた．

(2) 特性評価

調光材料として用いるためには，ゲルの体積変化（膨潤・収縮）の繰り返しによってもゲル内部の顔料が外部液体に流出しないことが必要であるが，合成した各ゲル粒子は繰り返し評価によっても顔料が流出することはなかった．この理由は，顔料（微粒子）が高分子網目にサイズ効果で保持されていること，また一部の顔料においてはラジカル重合時にその表面の官能基が生成するポリマー鎖と共有結合するためと考えている．

図3には得られた種々顔料を含むゲル粒子（純水中）の温度―体積変化比（V/V_0，V_0：50℃における体積）の相転移プロファイルを示す．いずれのゲルにおいても相転移点は33—34℃付近で

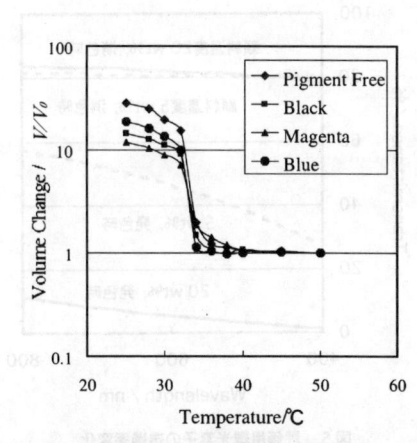

図3 各色顔料を含有したNIPAMゲル粒子の相転移特性

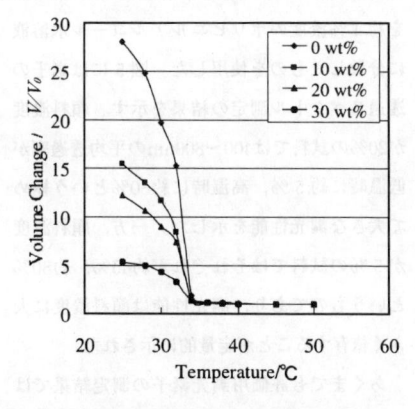

図4 NIPAMゲル粒子の顔料濃度（カーボンブラック）と体積変化比（V/V_0）の関係

あり(高温側で収縮する),顔料を添加していないNIPAMゲルと同一であった。これは顔料と高分子鎖がそれぞれ個別に存在してゲルを形成しているためにゲル固有物性への影響が少ないためと考える。

一方,相転移時の体積変化の大きさは顔料の添加量の増加につれて減少することがわかった。図4には顔料濃度(カーボンブラック)と体積変化比との関係を示す。このような体積変化比の減少は低温時(膨潤時)におけるゲルの吸水量が減少するためであり,顔料の疎水性の影響,あるいは顔料添加によって形成されるゲルの内部構造が変化するためと考えている。前記したように,調光性能の上で体積変化の大きさは重要なファクターとなり,体積変化比で8倍以上あることが望ましい。したがって顔料濃度の高いゲルを設計する上では体積変化比を改善する必要もあるが,その場合には重合条件の最適化によって対応する必要がある。

(3) 調光特性の評価

合成したNIPAMゲル粒子(顔料濃度20%)の所定濃度の水分散液をマイクロチューブに封入したサンプルは,室温では濃く着色しているが,加熱すると相転移点を境に急激に色が薄くなった。また,この色変化は加熱・冷却に応じて可逆的であった。この結果から,設計・合成したゲル粒子は十分な調光性能を示すことがわかった。

そこで,ゲル粒子分散液を用いた評価用調光素子を作製し,その調光性能を定量的に評価した。特に,ゲル粒子中の顔料濃度が調光性能に及ぼす影響を把握するために顔料濃度が5%と20%(カーボンブラック)の2種類のゲル粒子を用いて比較評価した。調光素子は2枚のガラス基板間に110μmの間隔を設けてこの間にゲル分散液を封入して作製した。ゲル分散液としてはゲル粒子(粒子径45±15μm,体積変化量約27倍)を約4%濃度のポリビニルアルコール水溶液に分散したものを使用した。図5には素子の透過スペクトル測定の結果を示す。顔料濃度が20%の試料では400~800nmの平均透過率が低温時に約5%,高温時に約80%という極めて大きな調光性能を示した。一方,顔料濃度が5%の試料ではそれぞれが約45%,約80%というものであり,調光性能は顔料濃度に大きく依存することが定量的に示された。

あくまでも評価用調光素子の測定結果ではあるが,5~80%という調光性能は液晶素子やエレクトロクロミック素子などの従来技術

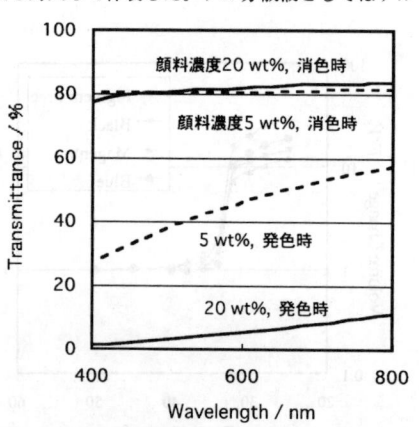

図5 評価用調光素子の透過率変化 (顔料濃度5%, 20%)

第6章　光

では達成が困難な極めて優れたレベルであり，本技術の特長のひとつといえる。一方，顔料濃度が調光性能に大きく影響するという結果から，これが本材料の調光原理における根本的な要因となっていることが確認できる。

2.5　つかう（高分子ゲル調光材料の応用検討）

調光材料は表示，記録，センシング等の幅広い分野への幅広い応用が期待できる要素技術であり，本材料も様々な応用展開が考えられる。現在，我々は本技術の一つの応用分野として感熱調光素子を研究開発しており，その内容について簡単に紹介する。

我々が検討している素子は，省エネ用途の自律的な調光ガラスである。調光ガラスは建造物内への太陽光の入射量を調節することで省エネ効果や快適性が得られるため注目されている。エレクトロクロミックや液晶などの電気駆動タイプの調光ガラスが開発されている[16,17]が，性能や価格に課題がありその普及は限定的である。一方，前記した白濁（光散乱）タイプの感熱高分子溶液を用いた感熱調光ガラスが，比較的低コストであることから期待されている[18,19]。しかしながらこれにおいても調光性能が不十分である，色の自由度が無い，白濁時に視認性が無い，などの課題がある。そこで，我々は，高い調光性能（＝省エネ性），低コスト性と色の自由度を併せ持つ感熱調光ガラスの実現を狙った。この調光ガラスはスマート材料とも呼ばれる高分子ゲルの特長を生かして，温度変化に対するセンシング，プロセッシングを自律的に行うという，いわばスマート素子である。

高分子ゲルとしては，前記したNIPAMゲルとは異なり高温時に膨潤するという逆特性のものを独自に設計して使用した。調光ガラスは，高分子ゲル粒子を一方のガラス基板上に化学的処理によって固定し，これに他のガラス基板を一定の間隔で重ね，水系液体を注入後，サイドシールすることで作製した。図6には調光ガラスの調光機構をモデル化して示す。基板上に固定された多数のゲル粒子が体積変化することで透過光量をコントロールするものである。

図7にはプロトタイプの温度に対する外見変化とその内部顕微鏡写真を示す。基板上に固定されたゲル粒子（粒子径：20〜60μm，体積変化比：約10倍）の体積変化によって，素子の外観色

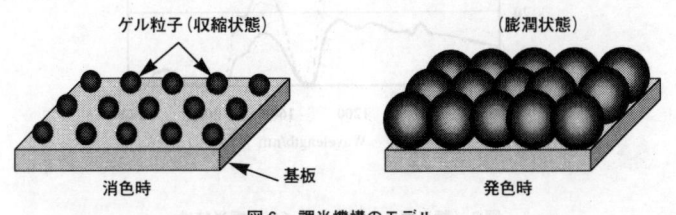

図6　調光機構のモデル

外観観察

消色時（20℃）　　　　　　発色時（50℃）

顕微鏡観察

←→ 100μm

図7　調光ガラスプロトタイプの色変化

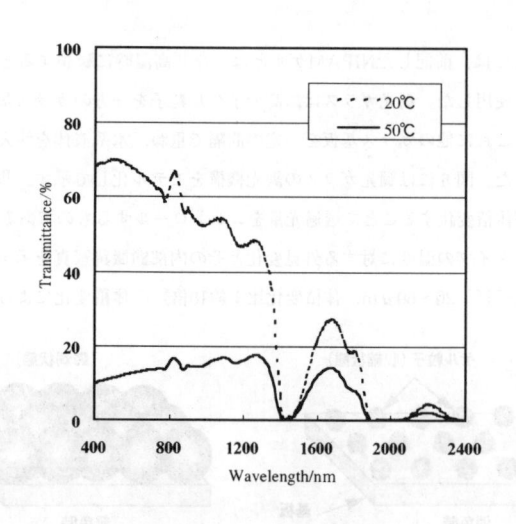

図8　調光ガラスプロトタイプの調光特性

が大きく変化することがわかる。また，図8には透過スペクトルの変化を示す。可視光領域では透過率で約15〜約70%の調光性能が，また熱線に対応する近赤外領域を含む幅広い波長範囲において調光作用が得られることがわかる。また，長期間の耐久性や環境安定性においても十分なポテンシャルを持つことが確認されている。

上記の調光ガラスは現在，試作段階にあるが，今後は調光特性の最適化や大面積素子の製造技術を確立し，早期に実用化してゆきたいと考えている。

2.6 おわりに

我々の開発した高分子ゲル調光材料の特長を以下にまとめる。

・優れた調光性能（透過，反射とも利用可能）

・色の設計自由度，多色性（色変化の仕組みと色との機能分離）

・耐久性，安定性が高い

・安全性

刺激応答性高分子ゲルには熱の他にもpH変化，電気，光など様々な刺激に応答するものが知られている[20]。したがって，用途に応じて刺激種を選定し，高分子ゲルを設計することで新しい価値を提供できるものと考える。例えば，電気的な刺激に応答するゲルを本技術に適用すれば，表示素子や光学デバイスを含めた幅広い応用展開が可能になるものと思われる。現在，我々は感熱ゲルの他にも，様々な刺激に応答する高分子ゲル調光材料を研究中であり，本技術の特長を最大限に生かした用途への応用を進めてゆく方針である。

自然界には進化や淘汰の末に生み出された，優れたシステムが数多く存在する。昨今，自然や生物に学ぶことによって創製された新しい技術を目にすることが数多くある。"温故知新"，時には，謙虚に「自然界に学ぶ」ことによって夢やヒントを得て，これから独創的な技術を生み出すという姿勢も有効ではなかろうか。

文　献

1) 明石量磁郎, 色材, **69**, No.5, 314 (1996)
2) R. Akashi *et al., Adv. Mater.*, **14**, 24, 1808 (2002)
3) 特公昭61-7948
4) 湯浅ほか, 繊高研報告, No.167, 109 (1991)
5) 特開昭61-148425

6) 特開昭61-149924
7) J. M. Weissman *et al.*, *Science*, **274**, 959 (1996)
8) Y. Takeoka *et al.*, *Langmuir*, **18**, 5977 (2002)
9) Z. Hu *et al.*, *Adv. Mater.*, **13**, 1708 (2001)
10) E. Bozler, *Z. vergl. Physiol.* **8**, 371 (1929)
11) 藤井良三著，色素細胞，東京大学出版会，p.74 (1975)
12) T. Tanaka, *Phys. Rev. Lett.* **45**, 820 (1978)
13) Y. Hirokawa *et al.*, *J. Chem. Phys.*, **81**, 6379 (1984)
14) 一条久夫，放射線と産業，**67**, 42 (1995)
15) 荻野ほか，ゲル―ソフトマテリアルの基礎と応用―，産業図書，p.130 (1991)
16) 河原ほか，応用物理，**64**, No.4, 343 (1993)
17) A. Seeboth *et al.*, *Solar Energy Mater. & Solar Cells*, **60**, 263 (2000)
18) 竹中憲彦，工業材料，**46**, 53 (1998)
19) 渡辺晴男，化学と工業，**51**, No.3, 322 (1998)
20) 荻野ほか，ゲル―ソフトマテリアルの基礎と応用―，産業図書，p.109 (1991)

第7章 開放系としてのゲル―リズム運動

吉田 亮*

1 開放系物質としてのゲル

　ゲルは種々の興味深い物理的・化学的特性を有し多くの研究対象となっている素材である。一方，機能という点から「マテリアル」としてのゲルを捕らえると，他の材料にないユニークな特質を持っている。すなわち，①生体組織のような柔軟性を持ち合わせたソフトマテリアルであるだけでなく，②外界とエネルギー・物質のやりとりができる開放系マテリアルである。とくに2番目の性質は重要であり，このため，③外界の情報を感知し（センサー機能），判断して（プロセッサー機能），行動を起こす能力（アクチュエータ機能）を材料自身が併せ有することができる。ここには従来の材料と異なり，情報という時間の概念が入っている。とくにゲルの場合，精巧な分子設計によって，④入力から出力に至る機能発現の動的プロセスで，分子レベルでの増幅回路を内包させることができる，ことは注目すべき点である。すなわちゲルは，その機能発現の機軸が，空間軸だけでなく時間軸を持ったダイナミックなマテリアルである。現在材料科学分野において，4番目のような機能を持つマテリアルの設計概念の創出はまだ始まったばかりであり，高分子ゲルがその機能を実現する材料としてこれからますます重要になってくるものと思われる。ゲルの動的挙動は網目の協同的な動きに支配されることから，機能団の受けたミクロな刺激を分子間相互作用の協調と同期によって増幅，伝播させ，マクロな変化を誘起する分子メカニズムが必要になるだろう。その際，もっとも手本となるのは生体であり，バイオミメティック的な立場からマテリアル設計を行い，その機能発現の原理を明らかにすることが重要になってくると考えられる。

2 ゲルの機能化

　これまでの章で述べられてきたように，ゲルはすでに衛生・生活日用品，食品・包装，医療，農業・園芸，土木・建築，化学・電子工業，スポーツ・レジャー産業などの分野で応用されている材料である。しかし1990年代以降は，機能性材料としてより進化したもの，とくに前述したよ

＊ Ryo Yoshida　東京大学大学院　工学系研究科　マテリアル工学専攻　助教授

うなセンサー・プロセッサー・アクチュエータといった連携機能（インテリジェント機能）を材料自身が併せ有する「インテリジェント（あるいはスマート）ゲル」と呼ばれるより高度な機能性材料へ応用する研究が進められている。たとえばゲルを人工筋肉やアクチュエータ，刺激応答型DDS，分離精製用素材，細胞培養基材，バイオセンサー，形状記憶材料などの機能性材料として利用する研究が活発となった[1]。近年では，マイクロマシンやナノテクノロジーの分野においてもゲルの有用性が示され，ナノ分析・診断，薬物ターゲッティング，再生医療，血管内手術などの先端医療や，μTAS, Lab-on-a-Chip等の技術にもゲルが次々と利用されてきている。超分子構造も含めたナノオーダーでの分子設計によりユニークな刺激応答機能を発現させる合成手法の他，生体の運動，物質輸送・放出，情報変換・伝達，分子認識機能などを模倣したマイクロ・ナノ材料システムの構築に関する数多くの研究が行われている。この中で，本章では運動機能に着目し，さらに開放系というゲルの特質を生かした新しいリズム運動機能の創製について述べる。

3 ゲルの運動機能

もともとゲルを運動素子として利用する研究の歴史は古く，すでに1940年代にコラーゲン繊維を用いたメカノケミカルタービンが試作されている。ゲルが機能性材料として注目されるようになった80年代後半から90年代始めには，ゲルを用いた種々の運動デバイスが考案され，デモンストレーションされた。たとえば温度を変えたり，電場を与えたりすることによって，物をもちあげたりつかんだりする人工筋肉やロボットハンド，屈曲を繰り返して泳ぐ人工魚，レールの上を歩く人工尺取り虫，といったようなものが注目を集めた[1]。また生体の筋肉の中では，生化学反応（酵素反応）のエネルギーを力学的な変化に変える仕組みが備わっているが，同様な「化学エネルギー」→「機械エネルギー」変換機構をもつゲルが作られた。たとえばグルコースを外液に添加すると収縮するような"バイオケモメカニカル"ゲルが作成されている[2]。

このような人工筋肉やアクチュエータへの応用研究は現在もさらに進んでおり，システムとしては高分子電解質ゲルやオルガノゲル（e.g., PVA-DMSO系[3]）などを電場で駆動する手法が多い。中には既に実用化近くまで来ている材料もある。たとえばパーフルオロカルボン酸膜の両面に金電極をメッキすることにより得られたイオン導電性高分子アクチュエータは，電場付加により屈曲運動や生体模倣運動を起こし，人工魚などのホビー（すでに商品化），医療手術デバイス（能動カテーテルなど），歩行ロボットなどへの実用化を目的として研究が進められている[4]。一方磁場による駆動例としては，Zrinyiら[5]による一連の研究がある。彼らはマグネタイト（Fe_3O_4）粒子を含有したPVAゲルを作成し（ferrogel），磁場に応答したアクチュエーティングシステムを示すとともに種々の不均質場での変形挙動を系統的に研究している。

第7章 開放系としてのゲル―リズム運動

また,興味深い例として,水分子の可逆的吸脱着で作動する高分子アクチュエータがある。ポリピロール,ポリチオフェン,ポリアニリンなどの導電性高分子は,電気化学的あるいは化学的酸化還元によるドープ・脱ドープにより体積変化を示すことから,高分子アクチュエータ材料として注目されている。奥崎ら[6]は,ポリピロールのフィルムが湿度変化に応答して空気中で高速変形する現象を見出し,フィルムの変形挙動やメカニズムについて検討してきた。フィルムの屈曲は,水蒸気吸着によるフィルム表面の膨張に基づいており,高速な変形を生み出している。そこで水蒸気の吸脱着によるフィルムの屈曲を直接回転運動に変換する高分子モーターが作製された。さらに,電圧印加によりこのフィルムが空気中で収縮することを利用し,電場駆動型アクチュエータへの応用について研究を行っている。電圧のオン・オフに応答して,水蒸気を吸脱着しながら可逆的に伸縮することがわかった。

4 開放系が生み出すゲルの時間的リズム

4.1 外部環境とのカップリングによるゲルのリズム運動

これら従来の刺激応答性ゲルは,外部からの刺激に応答して膨潤あるいは収縮する単一的(一過的)な挙動を示すのみであった。すなわち,膨潤から収縮,収縮から膨潤といった変化を起こさせるには,必ず外部からの刺激によるon-offスイッチングを毎回必要とする。これに対し生体系には,細胞から個体レベルに至るまで多数の階層で,外部刺激の変動にたよることなく一定周期で自発的に振動する現象が数多く認められる。その最も代表的な例は心臓の拍動や脳波であろう。したがって,このような自励振動機能をゲルに付加することができれば,従来の刺激応答性ゲルと全く異なる展開・応用が期待される。

リズムを発生させる必要条件の一つとして,まず系が開放系であることが要求される。系がエネルギーや物質を継続的に取り込み,捨てることができるシステムを設計しなければならない。さらにその中で非線形的な化学反応が進行することが重要である。一般的には,自触媒過程のようなポジティブなフィードバックとネガティブなフィードバックが必要である。強制的な生成物の排出でネガティブなフィードバックを代用させることもできる。そのようなシステム環境をゲルを使ってうまく作り出すことが可能である。例として,刺激応答性ゲルを酵素反応とカップリングしたシステムが考案されている。Siegelら[7,8]は,一定の基質存在条件下で周期的にゲル膜が膨潤・収縮し,薬物が周期的なパルスで放出されるシステムを設計した。すなわち,N-イソプロピルアクリルアミド(NIPAAm)/メタクリル酸共重合体ゲルなどのpH応答性ゲル膜で仕切られたチャンバー内部に薬物と酵素(GOD)が含まれるデバイスを考えた(図1)。外界から膜を通して基質(グルコース)が浸入すると,チャンバー内部で酵素反応が起こり,pHが低下

253

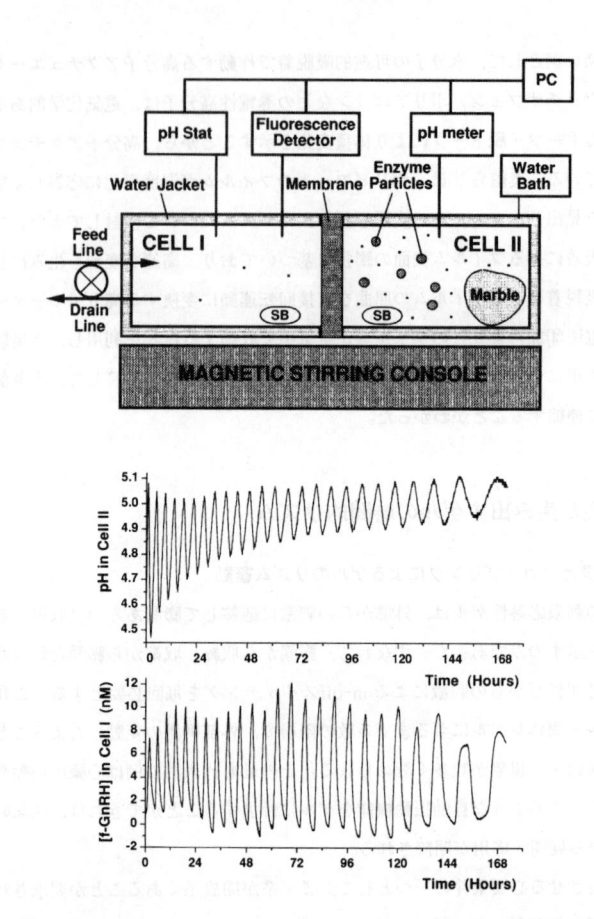

図1 周期的薬物放出を生み出すための透過セル（上図）とパルス型薬物放出挙動（下図）

する。このpH低下によりゲルが収縮し透過性が下がるため，内部からの薬物放出速度が減少する。同時に外部からの基質透過も減少するため，酵素反応が阻害され，プロトンの除外とともにチャンバー内のpHが上昇する。このため透過性が回復し，再び最初の状態に戻る。以降このプロセスが繰り返されるためパルス的な薬物放出が起こる。実際にグルコース一定濃度下でホルモン（GnRH）のパルス型放出を実現している。バイオリズムなど薬物感受性の周期的変化に適合するよう，予めプログラムされた周期で薬物を放出する新しい自己振動型DDSへの応用が期待されている。

一方我々[9]は，pH振動反応とpH応答性ゲルをカップリングさせた系を考案した。連続流通撹

第7章 開放系としてのゲル—リズム運動

拌反応槽(CSTR)を用いpH振動反応(H_2O_2–HSO_3^-–$Fe(CN)_6^{4-}$系など)を外液で起こすことにより,pH応答性NIPAAm／アクリル酸(AAc)共重合体ゲルが一定条件下で膨潤・収縮の周期的運動を繰り返すシステムを実現した(図2)。入力信号を切り換えることなしにゲルの膨潤・収縮振動が得られる。類似の系でSiegelらもパルス型薬物放出制御を行っている[10]。

4.2 ゲルの自励振動

しかしこれらのシステムでは,一定条件下で振動する外部環境を膜透過セルやCSTRによって

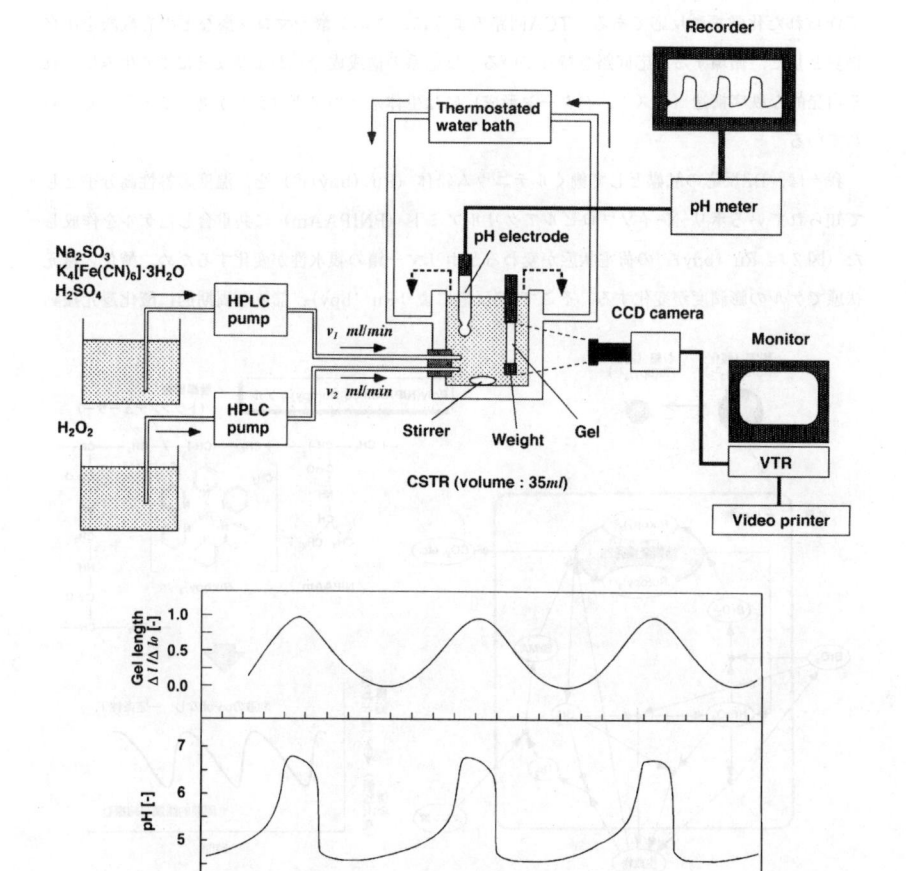

図2　CSTRを用いたpH振動システム(上図)と周期的なpHおよびゲル長さ変化(下図)

作り出し，ゲル自身としてはそれに同調しているにすぎない。そこで我々はさらに，自分自身の中に自発的に振動を生じる分子回路を内包するようなゲル（自励振動ゲル）を設計した（図3）[11〜13]。ここでは，ゲル自体が反応物を取り込み生成物を排出する開放系を構成し，その中でサイクリックな反応ネットワークが作られている。

4.2.1 周期的リズム運動を生み出す化学／力学共役システムの設計

拍動のエネルギーとなるのは，ベローソフ・ジャボチンスキー反応（BZ反応）の化学エネルギーである。BZ反応は，生体の代謝反応であるTCA回路の化学モデルとして，人工的に模倣して作られた化学振動反応である。TCA回路のように，クエン酸やマロン酸などの有機酸を出発物質とした，循環する反応回路を持っている。反応系の構成成分，および反応により生み出される自発的な秩序構造（リズム，パターン形成）には生体系とのアナロジーがあることがよく知られている。

我々は，BZ反応の触媒として働くルテニウム錯体（$Ru(bpy)_3^{2+}$）を，温度応答性高分子として知られているポリ-N-イソプロピルアクリルアミド（PNIPAAm）に共重合したゲルを作成した（図2）。$Ru(bpy)_3^{2+}$の荷電状態が変わるとポリマー鎖の親水性が変化するため，酸化／還元状態でゲルの膨潤度が変化する。そこでBZ反応により$Ru(bpy)_3^{2+}$部位が周期的に酸化還元振動

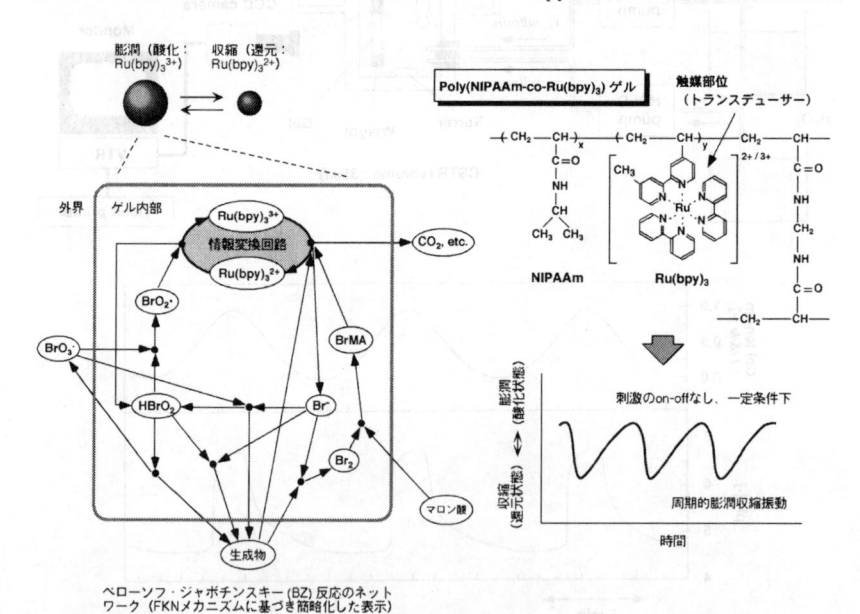

図3　ゲルの自励振動のメカニズム

第7章　開放系としてのゲル―リズム運動

を起こすと，自励的なゲルの膨潤収縮振動が誘起される。ゲルを一定温度の基質混合溶液（マロン酸，臭素酸ナトリウムおよび硝酸）の中に浸すと，基質がゲル相内部に浸透し，高分子鎖に固定化したRu錯体を触媒としてBZ反応が生じゲルが膨潤収縮振動を起こす（図3）。すなわち導入したRu錯体が，化学エネルギーを力学エネルギーに変換するトランスデューサーとしての機能を担っている。このように本ゲルは，周期的な膨潤収縮振動を自発的に生み出す分子回路を材料自身の中に内包しているところに大きな特徴を有しており，従来の刺激応答性ゲルとは異なる点である。自ら周期運動するマイクロアクチュエータ，自己拍動（蠕動）型マイクロポンプ，分子ペースメーカー，情報伝達素子などへの応用が期待される。

4.2.2　振動リズムの制御

ゲルの自励振動挙動は，形状やサイズに大きく影響される。ゲルが化学反応液の波長（数mmオーダー）より十分小さい場合，空間パターンは形成されず，ゲル全体が同期した均質な酸化還元変化が生じる[12]。図4は，このような微小サイズ（約500μm）のゲルが振動する様子を示している。酸化還元によってゲル全体が周期的に色変化し（酸化：薄緑色，還元：橙色，ここでは透過光変化として表している），この化学振動に同調して酸化時に膨潤，還元時に収縮するリズミカルな体積振動が起こる。外液に基質が存在する限り振動は持続する（数百$\mu \ell$程度の外液量で2-3時間持続する）。

BZ反応の振動周期や振幅は，基質の初期濃度を変えることにより数十秒から数分のオーダーで変化する。すなわち，外液の基質濃度を変えることでゲルの膨潤収縮振動の周期や振幅をコントロールすることができる。基質濃度変化によって，これまで最大20%程度の伸縮変化率が得られている[12]。またマロン酸濃度を定常（振動停止）領域と振動発現領域の間で段階的に変化させ

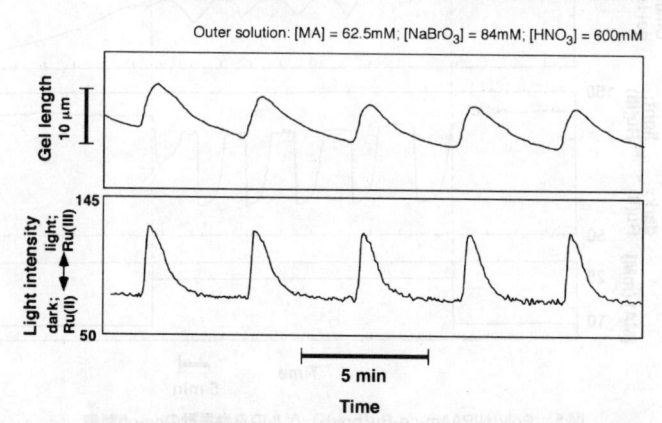

図4　Poly（NIPAAm-co-Ru(bpy)）$_3$ ゲル内部に生じる周期的な酸化還元振動（下図）とそれに伴う膨潤収縮振動（上図）（温度：20°C）

ると,可逆的な自励振動のon-off制御が実現された（図5）[13]。生体内で特定の代謝関連物質（たとえばクエン酸などの有機酸）濃度が高まったときのみ拍動するような,インテリジェントポンプ等への応用の可能性が示されている。

4.2.3 ゲルが生み出す蠕動運動

ゲルが化学反応波の波長以上のサイズになると,反応と拡散のカップリングによって化学反応波が生まれる[14, 15]。すなわち,ペースメーカーとなる部位から興奮状態である酸化状態の波が周期的に派生し,媒体中を伝播する。細長い矩形状や円筒状などゲルを一次元的な形状にすると,引き込み現象の結果,末端から長軸に沿って一方向に伝播する波が生まれる。酸化状態のときゲルは膨潤するので,波の伝播と共に局所的な膨潤領域が一定速度でゲル中を伝播することになる。すなわちゲル組織の中で蠕動運動のような膨潤・収縮振動が生じる。ゲルに構造色を持たせることで,実際に蠕動運動が生じていることが実験的にも確認されている[16]。このようなゲルの自発的な蠕動運動を利用して,マイクロペリスタポンプなどの物質輸送システム,マイクロ蠕動アクチュエータなどのリズム運動デバイスなどへの応用が期待される。その中の一つが,次に述べる人工繊毛である。

4.2.4 自励振動ゲルの微細加工によるマイクロアクチュエータ（人工繊毛）の作成

アクチュエータやポンプなどへの応用を考えた場合,膨潤収縮振動の振幅ができるだけ大きい方が有利である。そのためには,酸化還元変化に対するゲルの膨潤収縮の応答性を高める必要が

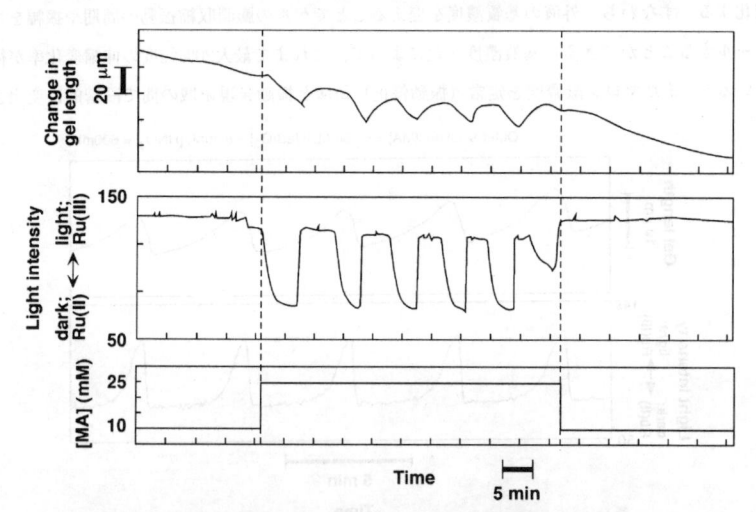

図5 Poly(NIPAAm-co-Ru(bpy))$_3$ ゲルの自励振動のon-off制御
段階的マロン酸濃度変化（下図）に対する酸化還元振動（中図）とそれに伴う膨潤収縮振動（上図）の変化（[NaBrO$_3$] = 84mM, [HNO$_3$] = 300mM, 20°C）

第7章 開放系としてのゲル―リズム運動

ある。ゲルの応答性はサイズの2乗に比例するという固有の性質があることから，微細なゲルを作成しそれを集積することが望ましい。従来微細なゲル作成のためには種々の合成手法が用いられているが，ゲルの形状は微粒子などの特定の形状に限られる。別の手段として，近年進歩が著しい半導体微細加工技術によりゲルを成形加工する方法が考えられる。またマイクロマシン（MEMS）やLab-on-a-Chip，μTASなどへの応用という観点からも，ゲルを任意の形に微細加工する技術を確立することは重要な課題である。

そこで我々は2つの方法で自励振動ゲルの微細加工を試みた。一つは，高分子鎖に光架橋部位を導入し，フォトマスクを用いた光リソグラフィーにより任意の形にマイクロ加工する方法である。もう一つは，田畑ら[17, 18]により開発された，シンクロトロン放射光を用いた最先端3次元微細加工技術（移動マスクX線加工法）による方法である。すなわち，最初に微細な3次元的鋳型を作ってその中でゲルを合成する。彼らはこの方法により，ゲル表面に数十ミクロン～数百ミクロンサイズの突起が数百個アレイ状に配列した人工繊毛を作製した（図6）。ゲルに化学反応波

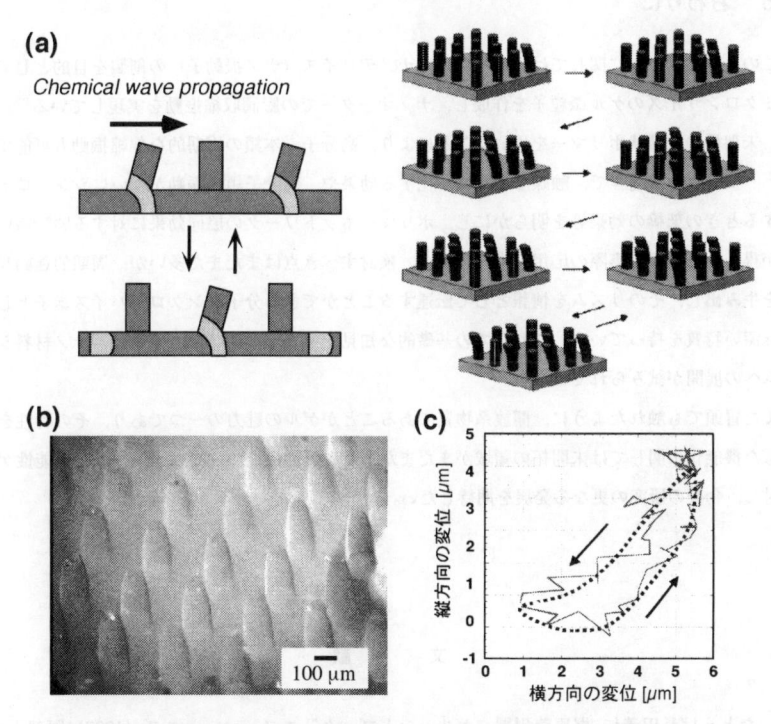

図6 (a) 自励振動ゲルによる人工繊毛の概念： (b) 微細加工により作成されたゲルアレイ： (c) 突起先端の軌跡

を生起させると,波の伝播に伴い表面の突起が周期的に変動する様子が観測された。また突起先端の軌跡を画像解析すると,縦方向だけでなく横方向の運動も加わり,その結果周期的な円運動をしていることが明らかにされた[18]。これは実際の生体に見られる繊毛運動によく似ている。現在はゲルの組成・構造や突起の形状を工夫することにより,伸縮の変位をさらに大きくする改良を加えている。将来的に,表面に添加した微粒子や細胞等を輸送するマイクロ搬送システムなどへの応用が可能であると考えられる。従来マイクロ加工技術を用いた人工繊毛の構築はいくつかの報告例があるが,いずれもバイモルフなどの材料を用いた小型アクチュエータを多数並べ,これを外部信号によって順次動作させるという原理に基づいている。しかし本人工繊毛は,材料そのものに秩序だった繊毛運動を自発的に発生させるシステムが組み込まれたアクチュエータであり,生体系を規範とした新しい工学デバイスのモデルとして期待される。

5 おわりに

この自励振動ゲルに関しては,現在さらにナノデバイス(ナノ振動子)の創製を目的としてサブミクロンサイズのゲル微粒子を作成し,ナノオーダーでの膨潤収縮振動を実現している[19]。一方,未架橋の直鎖状ポリマーを用いることにより,高分子一本鎖の周期的な伸縮振動も可能である[20,21]。その解析過程で,触媒をポリマー化する効果や,高分子鎖の振動が互いにシンクロナイズするときの架橋の効果等を明らかにし,ポリマーネットワークの協同効果に対する興味深い知見が得られている。実際の応用を考えた場合,検討すべき点はまだまだ多いが,周期的運動リズムを生み出し,そのリズムを情報として伝達することができる分子シンクロデバイス素子として興味深い特質を持っている。これまでの基礎的な知見をもとに,新しいマイクロ/ナノ材料システムへの展開が試みられている。

また冒頭でも触れたように,開放系物質であることがゲルの魅力の一つであり,その特性を生かした機能化に関しては未開拓の領域がまだまだある。運動機能のみならず,種々の機能性ゲルに対し,今後の研究の更なる発展を期待したい。

文献

1) たとえば長田義仁・梶原莞爾編,"ゲルハンドブック",エヌ・ティー・エス(1997);阿部正彦,村勢則郎,鈴木敏幸編,"ゲルテクノロジー",サイエンスフォーラム(1997);長田義仁編,"バ

第7章 開放系としてのゲル―リズム運動

イオミメティックスハンドブック", エヌ・ティー・エス(2000)等
2) 国府田悦男, 環境科学会誌, **10**, 173(1997)
3) 平井利博, "ゲルテクノロジー(阿部正彦, 村勢則郎, 鈴木敏幸編)", p.57, サイエンスフォーラム (1997)
4) 安積欣志, 高分子, **50**, 450 (2001)
5) M. Zrinyi, D. Szabo, G. Filipcsei and J. Feher, "Polymer Gels and Networks (Y. Osada and A.R. Khokhlov)", p.309, Marcel Dekker (2002)
6) H. Okuzaki and K. Funasawa, *Macromolecules*, **33**, 8307(2000)
7) R.A. Siegel and C.F. Pitt, *J. Controlled Release*, **33**, 173(1995)
8) G.P. Misra and R.A. Siegel, *J. Controlled Release*, **81**, 1(2002)
9) R. Yoshida, T. Yamaguchi and H. Ichijo, *Mater. Sci. Eng. C*, **4**, 107 (1996)
10) G.P. Misra and R.A. Siegel, *J. Controlled Release*, **79**, 293(2002)
11) R. Yoshida, T. Takahashi, T. Yamaguchi and H. Ichijo, *J. Am. Chem. Soc.*, **118**, 5134(1996)
12) R. Yoshida, M. Tanaka, S. Onodera, T. Yamaguchi and E. Kokufuta, *J. Phys. Chem. A*, **104**, 7549(2000)
13) R. Yoshida, K. Takei and T. Yamaguchi, *Macromolecules*, **36**, 1759 (2003)
14) R. Yoshida, G. Otoshi, T. Yamaguchi and E. Kokufuta, *J. Phys. Chem. A*, **105**, 3667(2001)
15) S. Sasaki, S. Koga, R. Yoshida and T. Yamaguchi, *Langmuir*, **19**, 5595(2003)
16) Y. Takeoka, M. Watanabe and R. Yoshida, *J. Am. Chem. Soc.*, **125**, 13320(2003)
17) O. Tabata, H. Hirasawa, S. Aoki, R. Yoshida and E. Kokufuta, *Sensors and Actuators A*, **95**, 234(2002)
18)) O. Tabata, H. Kojima, T. Kasatani, Y. Isono and R. Yoshida, Proceedings of the International Conference on MEMS 2003, pp.12-15(2003)
19) T. Sakai and R. Yoshida, *Langmuir*, **20**, 1036 (2004)
20) R. Yoshida, T. Sakai, S. Ito and T. Yamaguchi, *J. Am. Chem. Soc.*, **124**, 8095(2002)
21) Y. Ito, M. Nogawa and R. Yoshida, *Langmuir*, **19**, 9577(2003)

第2編

みる・つかう

第 2 章

みる・つかう

第8章　光散乱によるゲルの構造解析とジャングルジム状ポリイミドゲルの合成

古川英光[*]

1　はじめに

　この章では光散乱を用いるとゲルの何を「みる」ことができるのかについて解説する。また，実際に光散乱を活用して網目構造の整ったポリイミドゲルを「つくる」という話について紹介する。

　ゲル研究における光散乱測定の最初の成功例は，田中豊一らによるポリアクリルアミドゲルの臨界緩和の測定によるゲルの体積相転移現象の観測であろう[1]。その後，紆余曲折があったものの，(動的)光散乱で測定されるゲルモードの理論的基礎が確立した[2]。近年，エレクトロニクスの進歩により10^{-7}秒から10^3秒にも及ぶ広い時間領域での測定が可能になり，同時に緩和モードの数値解析法として逆ラプラス変換が適用されるようになって複数の緩和モードの解析などが比較的容易にできるようになってきた。これらの測定技術の進歩をゲル材料の開発にどう活用してゆくかというのが重要であるので，紙数の制約も考えながら光散乱の活用法を意識して解説したい。

2　ゲルの動的光散乱に関する最新動向

2.1　光散乱の原理

　光が粒子に当たって散乱する現象が光散乱である。入射光の波長より小さい微粒子が溶液中にランダムに存在している場合はレイリー散乱となる。散乱光の解析の仕方によって，静的光散乱と動的光散乱に分けられる。高分子溶液からの散乱光強度の散乱角依存性を解析することによって，高分子の分子量，大きさ，形状を決定するのが静的光散乱である。一方，散乱光強度の時間変化を解析し，高分子のブラウン運動を観測することによって，高分子の拡散係数や内部運動を決定するのが動的光散乱である。

---

　[*]　Hidemitsu Furukawa　(現) 山形大学大学院　理工学研究科　准教授

(a) c < c*: 希薄溶液 　　　(b) c ~ c*: 重なり合い濃度

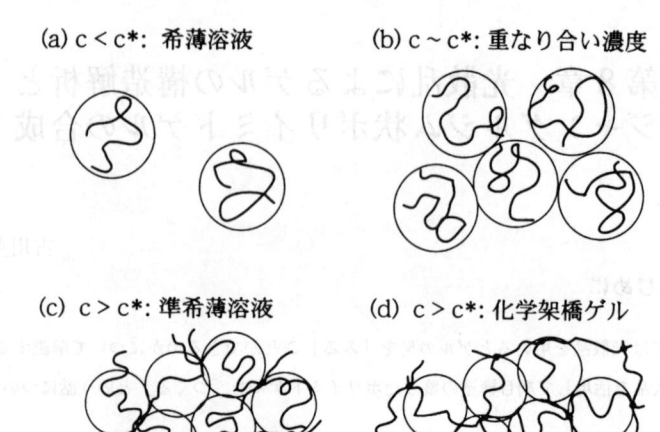

(c) c > c*: 準希薄溶液 　　(d) c > c*: 化学架橋ゲル

図1　高分子溶液におけるブロッブの描像
C^*は重なり合い濃度を示す。

2.2　希薄高分子溶液の光散乱

　高分子溶液の性質は溶液の濃度によって著しく変化するので，光散乱で測定される物理量も溶液の濃度によって変わってくる。高分子の濃度が希薄な状態の場合には，入射光の波長程度の大きさを持つ立方体中における高分子の数が1以下の薄い濃度であれば，孤立した高分子からの散乱を観測していると考えてよい（図1（a）参照）。高分子の広がりが波長に比べて十分に小さくないと，分子内の各々の粒子からレイリー散乱が互いに干渉をするようになり，観測される散乱光は散乱角依存性をもつようになる。このような状況では，Zimmプロットなどにより静的光散乱解析から，高分子の分子量，大きさ，形状などを測定できる。また，動的光散乱からは主に粒子のブラウン運動の測定から，孤立した高分子の並進拡散係数や回転拡散係数を求めることができる。並進拡散係数から高分子の鎖の広がり（流体力学的半径）がわかり，高分子の広がりに異方性があれば，回転拡散係数からその程度を知ることもできる。さらに散乱角を大きく選んだりすれば，分子内運動の観測も行うことができる。市販の光散乱装置を用いて簡単に観測できるのは主にこのような条件下における測定である。これらについては他の成書[3]にも詳しいので説明を割愛する。

第8章 光散乱によるゲルの構造解析とジャングルジム状ポリイミドゲルの合成

2.3 準希薄溶液・ゲル系の光散乱

高分子の濃度が高くなってくると，高分子同士が互いに重なり合い始める。これを重なり合い濃度C^*（シー・スター）という（図1参照）。C^*よりも高い濃度を準希薄溶液という（図1（c））。(注：粘度測定から決定されるC^*よりも光散乱で観測されるC^*の方が小さい場合が多い。光散乱の方が高分子同士の接近に対して鋭敏であるためと考えられる。)

高分子の濃度が高くなってくると，異なる高分子からの散乱光同士の干渉が頻繁に起こるので，散乱光強度の揺らぎが大きくなる。また，ぶつかり合った高分子同士は互いの分子の広がり方，ブラウン運動の仕方に影響を与える。ド・ジャン流の描像[2]に従えば，鎖同士が互いに重なり合うと，本来の分子がもつ広がりよりも，ブロブという別の小さなサイズが重要になってくる。準希薄高分子溶液を測定すると静的光散乱ではブロブのサイズ，動的光散乱ではブロブのブラウン運動が測定される。また，高分子同士が互いの並進拡散を抑制するために，スローモードも観測される場合がある。化学架橋ゲルは準希薄溶液において，高分子同士が共有結合によって架橋し合うことによって，溶液全体の流動性が無くなったような状態である。したがって，光散乱で化学架橋ゲルを測定すれば，準希薄溶液の光散乱と同様になりそうであるが，実際にはそれほど単純ではない。

まず，静的光散乱では，ブロブのサイズの他に，ゲルの静的な不均一性に起因する過剰な散乱成分が測定される。化学ゲルの内部にはゲルを調製する際の濃度揺らぎが静的な不均一性として記憶されているために干渉の効果が強く現れる。これは小角側での過剰な散乱成分として測定される。不均一性の度合いがそれほど強くなければ，適当な散乱関数をつかって，静的な不均一性の特徴的な長さやその強度を決定することができる。一方，動的光散乱においては相関関数の中に緩和しない成分が現れてくるので，そのことを考慮した解析方法が必要になる。

次の節以降では少し専門的になるが，実際の測定について解説する。

2.4 不均一性をもつ化学架橋ゲルの静的光散乱

静的光散乱では，散乱光強度Iの角度依存性

$$I(q) = I_0 \times S(q) \tag{1}$$

を測定して解析を行う。ここで，qは散乱ベクトルの大きさ，I_0は定数，$S(q)$は散乱関数である。また，$q=(4\pi n/\lambda)\sin(\theta/2)$であり，$n$は屈折率，$\lambda$は波長，$\theta$は散乱角である。

静的な不均一性をもつゲルの場合の，中性子小角散乱などで測定されるゲルの散乱関数$S(q)$の具体的な様子を図2に示す。qは実空間における長さとは逆数の関係にある。図を見ると高q領域において$S(q)$の減少が見られるが，これは高分子の広がり（ブロブ）の内側を見ていることに相当し，高分子溶液でもゲルでも共通に見られるものである。一方，低q領域には，通常の高

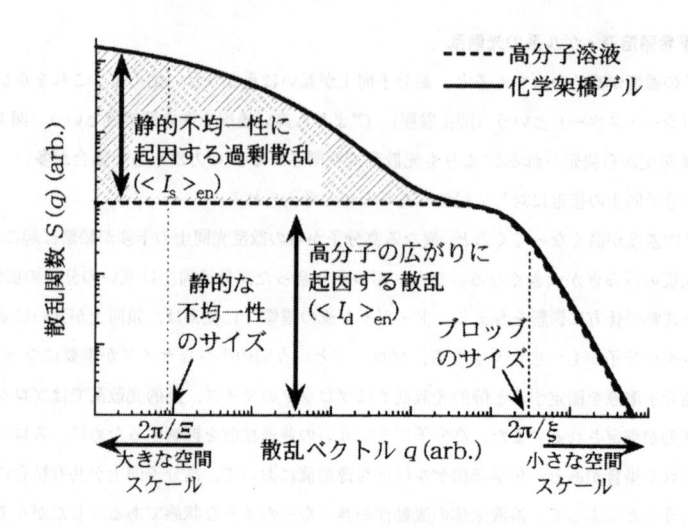

図2 高分子溶液と静的な不均一性をもつ化学架橋高分子ゲルの散乱関数の比較

分子溶液では見られない過剰な散乱が観測されることがわかる[4]。これは上述したような網目（ブロップ）のサイズよりも大きな空間スケールの静的な不均一性の存在を反映している。これはゲルに特徴的な現象である。通常の光散乱では，このqの領域を観測することになる。したがって，静的不均一性がある場合には静的光散乱でゲルの内部に関する定量的な情報を得ることは難しいことが多い。しかし，化学架橋ゲルが体積相転移などを起こす場合にはスピノーダル分解に類似した小角側の散乱ピークが明確に観測されることがある[5]ので，定性的な変化やキネティクスを議論する場合には依然として有力な解析方法である。

2.5 不均一性をもつ化学架橋ゲルの動的光散乱

動的光散乱では，散乱光強度Iの自己相関関数

$$G_t^{(2)}(\tau) = \langle I(t)I(t+\tau)\rangle_t \quad (2)$$

を測定して解析を行う[6]。ここで，tは実時間，Gや$\langle\ \rangle$の添え字tは時間平均を表し，$\langle\ \rangle_t$は時間平均，(2)は散乱電場Eに対して二次の相関関数であることを表す。また，τを相関時間と呼ぶ。

一方，動的光散乱の理論から，散乱体積内部の濃度Pの揺らぎは，散乱電場Eの揺らぎに比例することがわかっている[6]ので，ゲル内部の濃度揺らぎに直接対応するのは散乱電場Eの自己相

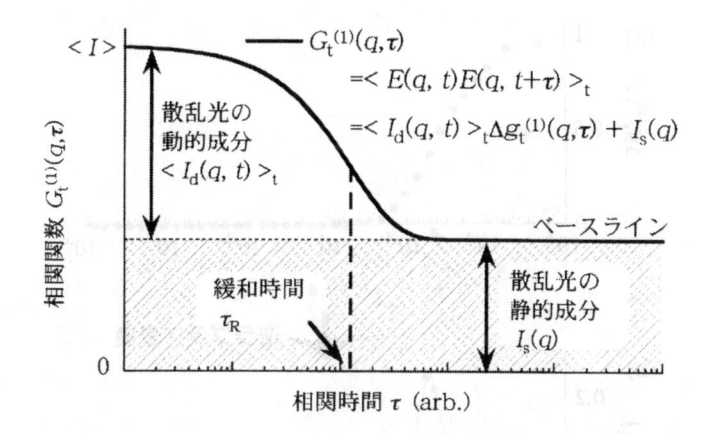

第8章 光散乱によるゲルの構造解析とジャングルジム状ポリイミドゲルの合成

図3 静的な不均一性をもつ化学架橋高分子ゲルからの散乱光強度の自己相関関数の例

関関数

$$G_t^{(1)}(\tau) = \langle E(t)E(t+\tau)\rangle_t \propto \langle P(t)P(t+\tau)\rangle_t \tag{3}$$

である。詳しい説明は割愛するが、拡張Siegert式を用いることによって、$G_t^{(2)}(\tau)$から$G_t^{(1)}(\tau)$を求めることが原理的に可能である[7]。$G_t^{(1)}(\tau)$の具体的な形状を図3に示す。高分子溶液とは異なり、静的な不均一性があるゲルの場合には、$G_t^{(1)}(\tau)$に相関時間$\tau \to \infty$の極限でも緩和しない静的成分I_sが現れる。これが不均一性をもつゲルの動的光散乱の特徴である。

さらにやっかいなことであるが、I_sは干渉の効果による過剰散乱の成分なので、ゲル試料のどの部分を測定するかによって、$G_t^{(1)}(\tau)$の形が異なってくる。近年、このことが盛んに議論[8]されてきた。静的な不均一性をもつゲルを調べる場合には、一カ所で測定するのではなく、複数の場所（例えば具体的には100カ所以上）を測定して、場所依存性を考慮する必要がある。厳密には、時間平均の相関関数$G_t^{(1)}(\tau)$の空間平均をとり、時間—空間平均、すなわちアンサンブル平均の相関関数$G_{en}^{(1)}(\tau)$を決定すればよい[7]。得られた$G_{en}^{(1)}(\tau)$は

$$G_{en}^{(1)}(\tau) = \langle I_d(t)\rangle_{en}\Delta g_{en}^{(1)}(\tau) + \langle I_s\rangle_{en} \tag{4}$$

というように、アンサンブル平均散乱光強度の動的成分$\langle I_d(t)\rangle_{en}$と静的成分$\langle I_s\rangle_{en}$、さらに規格化されたアンサンブル平均相関関数$\Delta g_{en}^{(1)}(\tau)$に分離することができる[9]。

269

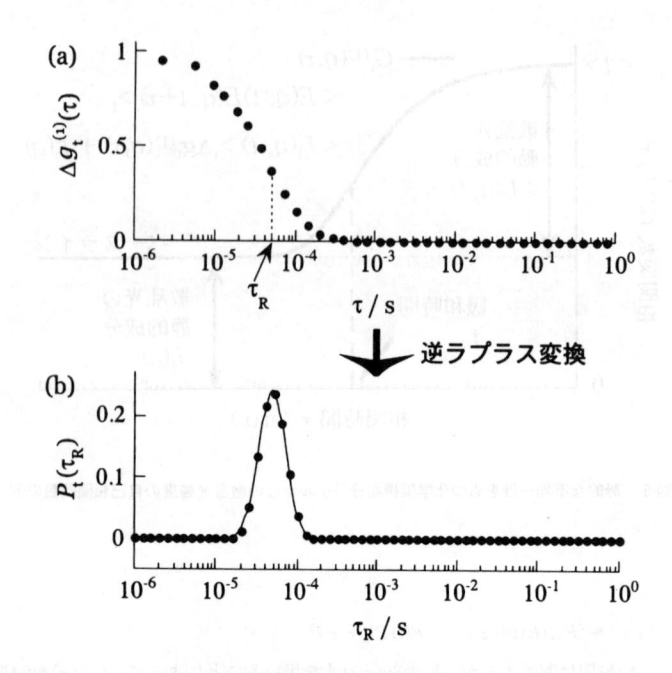

図4 (a) 規格化された散乱電場の時間平均自己相関関数 $\Delta g_t^{(1)}(\tau)$，(b) 逆ラプラス変換によって求められる時間平均の緩和時間分布関数 $P_t(\tau_R)$。

2.6 逆ラプラス変換による緩和モードの解析

得られた $\Delta g_{en}^{(1)}(\tau)$ を解析する方法として，逆ラプラス変換と呼ばれる数値解析法がある。具体的には，任意の単調減少関数が指数関数の線形結合で展開できることを用いて

$$\Delta g_{en}^{1}(\tau) = \sum_i P_{en}(\tau_{R,i}) \exp\left[-\frac{\tau}{\tau_{R,i}}\right] \tag{5}$$

のように展開する[10]。ここで，離散的な緩和時間列 $\{\tau_{R,i}\}$ は任意の等比数列を選べば良い[11]。具体的には図4に示すような解析結果が得られる。この解析法が上手くいくときには緩和時間に関する情報が分布として得られるので便利である。逆ラプラス変換の解析プログラムとしてはCONTINが知られているが，近年のパーソナルコンピュータの飛躍的発展により，比較的簡単に数値解析を行うことができるようになった。しかし，逆ラプラス変換は数値解析法としては悪性の問題（いわゆるill-conditioned problem）を含んでおり，適用に当たっては注意が必要であることを忘れてはならない。

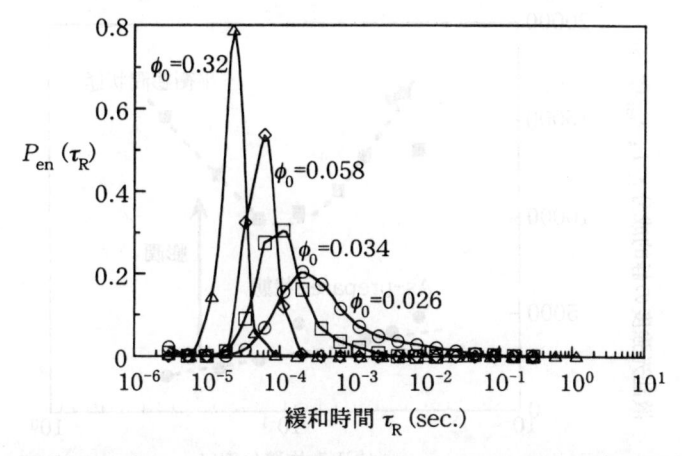

第8章 光散乱によるゲルの構造解析とジャングルジム状ポリイミドゲルの合成

図5 膨潤平衡状態のポリアクリルアミドゲルのアンサンブル平均緩和時間分布関数$P_{en}(\tau_R)$の例

3 みる―ゲルの動的光散乱で測定できること

前節で述べたように,ゲルの動的光散乱においてはゲル内部に静的な不均一性がある場合であっても,相関関数の測定する場所に対する依存性を考慮することによって静的な不均一性の影響を克服する方法が提案され,ゲルの有力な解析方法の一つになりつつある。以下は,具体的な測定例について紹介する。

3.1 網目サイズとその分布

ゲルを調製する際の仕込み濃度を変化させると平衡膨潤率が異なり,内部に違った網目構造をもつゲルを調製することが可能である[12]。図5に調製時の仕込み濃度を変えて調製したポリアクリルアミドゲルの平衡膨潤状態で測定したアンサンブル平均の緩和時間分布関数$P_{en}(\tau_R)$を示す[10]。緩和時間分布から,平均緩和時間や緩和時間の分布の幅を決定することができるので,ストークス―アインシュタイン関係式から網目のサイズを具体的に求めたりすることができる。このゲルの場合,仕込み濃度や測定条件によって網目サイズが1nm～50nmの範囲で変化することが定量的に測定できている。動的光散乱は入射光として波長が数100nmの可視光を用いてはいるが,網目のサイズとしてはナノメータスケールの大きさを定量的に決定できる。さらに逆ラプラス変換が有効な条件下であれば,緩和時間分布関数を網目を構成する部分鎖の架橋点間重合度の分布関数と類似したものと考えることによって,網目サイズの分布を議論することも可能であろう。

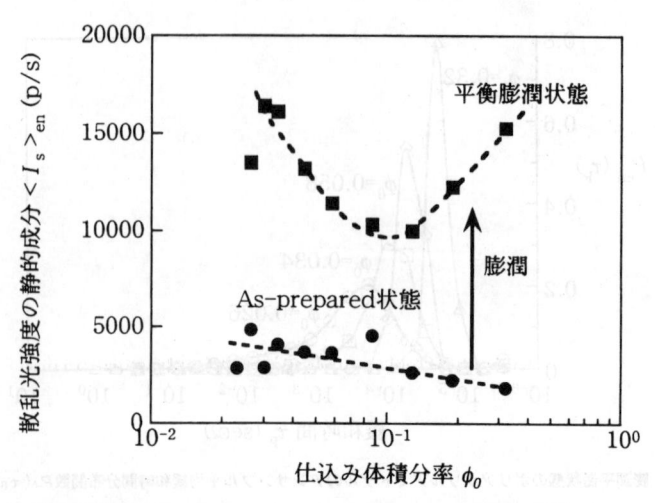

図6 膨潤平衡状態のポリアクリルアミドゲルのアンサンブル平均散乱光強度の静的成分の仕込み濃度依存性

3.2 静的不均一性

(4)式を用いるとゲル中に存在する静的な不均一性を反映して生じる散乱光の干渉による過剰散乱の寄与である$\langle I_s \rangle_{en}$を決定することができる。図6に調製時の仕込み濃度を変えて調製したポリアクリルアミドゲルについて測定した$\langle I_s \rangle_{en}$を示す[10]。図からわかるように$\langle I_s \rangle_{en}$の仕込み濃度依存性が膨潤過程の前後で異なっており,静的な不均一性(ここではゲルの網目構造なサブミクロンスケールでの濃度ムラのようなもの)が膨潤の過程で増大することなどが具体的にわかる。$\langle I_s \rangle_{en}$の強度を何かの物理量に直接結びつけることは難しいが,外場の変化に応じてゲルのサブミクロンスケールの内部構

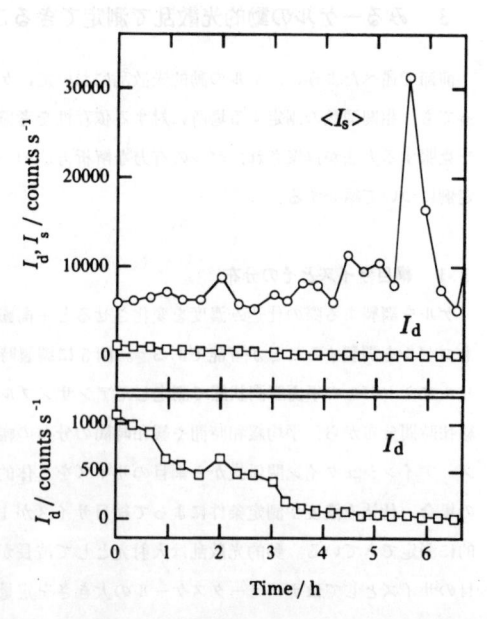

図7 透明セルロースゲルのゲル化過程におけるアンサンブル平均散乱光強度の静的成分I_sと動的成分I_dの時間変化

第8章 光散乱によるゲルの構造解析とジャングルジム状ポリイミドゲルの合成

造がどのように変化したかということを議論する上でこのような解析法は今後ともますます重要になってくると思われる。

3.3 ゲル化点

$P_{en}(\tau_R)$や〈$I_d(t)$〉$_{en}$,〈I_s〉$_{en}$の変化を追うことで，ゲル化の過程を測定することができる。図7に透明セルロースゲルのゲル化過程で観測された，時間変化を示す[13]。多糖のゲル化過程は複雑で，この系の場合試料の表面ではゲル化が数秒の内に進行するが，表面から数mm下の内部ではどのくらいの時間スケールでゲル化が進行しているかがわかっていなかったが，新たに開発した走査型顕微光散乱装置を用いることによって，表面下における局所的なゲル化過程を実時間で観測することが可能となった。この例では，〈I_s〉$_{en}$の鋭い変化が5時間後に現れることから，表面に比べて著しく遅いゲル化が進行していることがわかる。またゲル化の過程で〈$I_d(t)$〉$_{en}$が徐々に減少していることから，ゲル化は初期から徐々に進行してたことなどもわかる。ここでは割愛するが，緩和時間分布$P_{en}(\tau_R)$の時間変化から，ゲル化の過程でクラスターのサイズが変化していく様

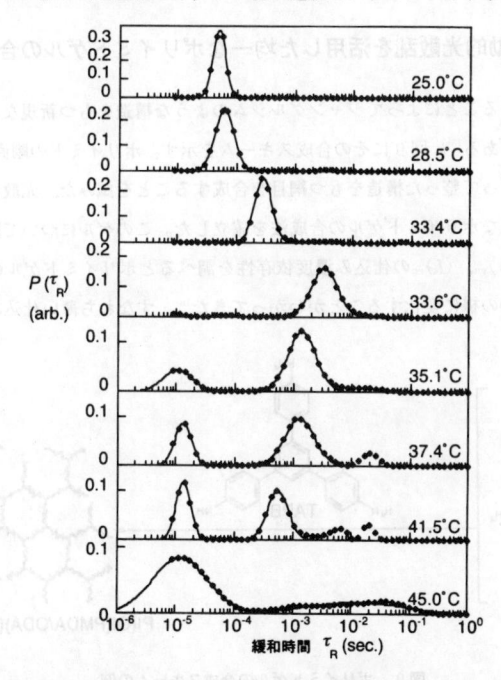

図8 ポリ（N―イソプロピルアクリルアミド）ゲルの体積相転移点（33.6℃）近くにおける緩和時間分布関数$P(\tau_R)$の変化

子なども観測できる。

光散乱を用いたゲル化過程の解析については他に詳しい解説があるので参照されたい[14]。

3.4 臨界緩和現象

体積相転移を起こすことで知られるポリ（N-イソプロピルアクリルアミド）ゲルについて，詳細に動的光散乱測定を行うことによって相転移の前後で内部構造がどのように変化するかの知見を得ることができる。図8に体積相転移点の前後における緩和時間分布の変化を示す[9]。相転移点の近傍ではゲルモードの緩和時間が長くなる臨界緩和現象が明確に観測される。緩和モードの温度依存性を詳しく調べることによって，どのような相転移が起きているかを質的に議論することが可能になる。また，この測定では相転移点より高温側の収縮相において，二つの緩和モードが観測された。これらについては今後詳細な議論が必要であるが，こういった新しい知見をもたらすという意味でもゲルの動的光散乱は非常に有力なツールである。

4 つかう―動的光散乱を活用した均一なポリイミドゲルの合成

ポリイミドを用いることによってジャングルジムのような構造をもつ新規な高分子網目構造を構築できる可能性がある[15]。図9にその合成スキームを示す。ポリイミドの剛直な主鎖を活かし，それを末端架橋によって整った構造をもつ網目を合成することを試みた。光散乱による分析を可能にするために透明なポリイミドゲルの合成法を確立した。このゲルについて動的光散乱を用いて，$P_{en}(\tau_R)$や$\langle I_d(t) \rangle_{en}$, $\langle I_s \rangle_{en}$の仕込み濃度依存性を調べるとポリイミドゲルの網目構造が仕込み濃度によって図10の様に変化することがわかってきた[16]。すなわち薄い仕込み濃度では網目が

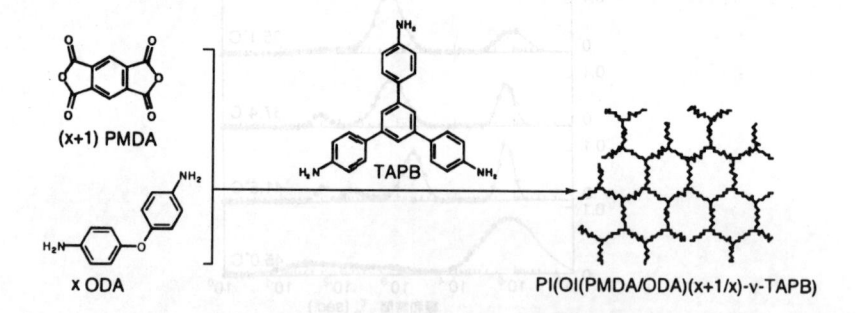

図9　ポリイミドゲルの合成スキームの例
酸二無水物PMDAとジアミンODAからオリゴマーを合成し，対称型三官能性アミンTAPBで末端架橋し，イミド化反応によってポリイミドゲルを調製する。

第8章　光散乱によるゲルの構造解析とジャングルジム状ポリイミドゲルの合成

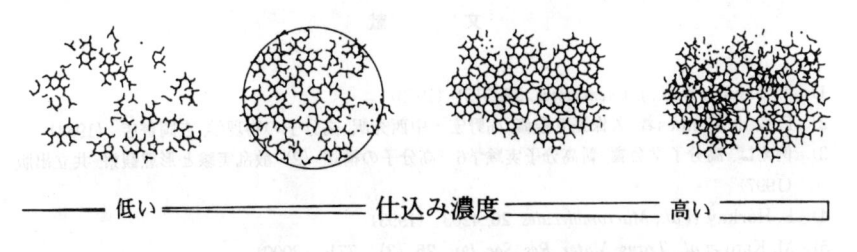

───── 低い ══════════ 仕込み濃度 ══════════ 高い ─────

図10　ポリイミドゲルの網目構造の仕込み濃度依存性の概念図

行き渡らずに欠陥の多い網目になってしまう一方で，濃いときには絡み合いやぶら下がり鎖が多くて不完全な網目になる。ちょうど良い最適濃度条件においてゲルを調製することで均一な網目構造をもつゲルを調製することが可能になる。実際に最適濃度付近で調製したポリイミドゲルが数百Mpaという非常に大きな弾性率をもつことがわかった。

このような知見を活かしてジャングルジム構造を持つ光応答性のゲルを作成し，レーザーの照射によって曲がるゲルの合成にも成功している[17]。

5　まとめ―現状と今後の発展

静的な不均一性をもつゲルの動的光散乱の解析法が確立したことにより，測定できることの幅が飛躍的に広がりつつある。ここで紹介したことの他にも，ゲルの網目構造の内部を拡散するナノ微粒子の緩和モードの測定[18]や，グラフト鎖をもつゲルの内部構造を遅い緩和モードから解析する試み[19]などが着実に成果を上げつつある。このような状況を見ると，動的光散乱を用いてゲルを「みる」ということに関しては，例えば工場のラインにおけるモニタリングや，製品の品質管理などには既に適用段階にあると考えられる。

一方で，未知試料の分析や，均一な網目構造を合成するといった，ゲルを「つくる」ために動的光散乱を活用するという点では，様々な事例を測定することによるノウハウの蓄積や，分析に特化した新しい測定法や解析法，汎用性のある測定量の選定など，いくつか乗り越えなくてはならないハードルが残されている。しかし，これらについてもこれから数年後の間にいくつかの提案がなされ，大きな進展があることが予想される。筆者の夢でもあるが，10年後には動的光散乱を積極的に活用したゲル系の新規材料開発がはるかに活発になっていて，本書の内容が大きく書き変わっていることを期待したい。

文　献

1) T. Tanaka et al., *J. Chem. Phys.*, **59**, 5151 (1973)
2) P. G. de Gennes著, 久保亮五監修, 高野宏・中西秀訳, 高分子の物理学, 吉岡書店 (1984)
3) 例えば, 高分子学会編, 新高分子実験学6　高分子の構造 (2) 散乱実験と形態観察, 共立出版 (1997)
4) F. Horkay et al., *Macromolecules*, **26**, 4203 (1993)
5) M. Kato et al., *Trans. Mater. Res. Soc. Jpn.*, **25** (3), 771 (2000)
6) B. J. Berne, R. Pecora, "Dynamic Light Scattering", Wiley, New York (1976)
7) H. Furukawa, S. Hirotsu, *J. Phys. Soc. Jpn*, **71** (12), 2873 (2002)
8) M. Shibayama, *Macromol. Chem. Phys.*, **199**, 1 (1998)
9) 古川英光, 堀江一之, 高分子論文集, **59** (10), 578 (2002)
10) H. Furukawa et al., *Phys. Rev. E*, **68**, 031406 (2003)
11) J. G. McWhirter, E. R. Pike, *J. Phys. A: Math. Gen.*, **11**, 1729 (1978)
12) H. Furukawa, *J. Mol. Struct.*, **554**, 11 (2000)
13) 古川英光ほか, *Cellulose Commun.*, **10** (4), 154 (2003)
14) 柴山充弘, 高分子学会編, 高分子科学と無機化学のキャッチボール, エヌ・ティー・エス出版, p. 41 (2001)
15) J. He et al., *J. Polym. Sci: Part A: Polym. Chem. Ed.*, **40** (14), 2501 (2002)
16) 古川英光ほか, 日本接着学会誌, **39** (10), 396 (2003)
17) H. Furukawa el al., 21st International Conference Photochemistry (ICP21), Abstract, p.229, Nara, July (2003)
18) S. Simforosaほか, 第14回高分子ゲル研究討論会講演要旨集, p. 61 (2003)
19) E. Yoshinari et al, ISSP International Workshop, GelSympo2003 Preprints, p108, Kashiwa, Chiba, Nov. (2003)

第9章　X線でゲルを見る：小角X線散乱によるゲル構造解析

梶原莞爾*

1　はじめに

　理論的に取り扱われたゲルは，Flory-Stockmayerモデル[1]で代表されるように，均質なランダム構造を持つ。このような均質ランダム構造の場合，部分的な構造はゾルとゲルで違いは無い。次第に大きい構造単位を見ていくと，ゾルの場合は有限の大きさであり，ゲルが無限であることから，構造的に違いが見えてくるだろう。Flory-Stockmayerの樹木型ゲル（図1）を例に取ると，部分的な構造が全体構造を表すフラクタル構造であることが分かる。では現実のゲルの構造は理想的なゲル（理論的に取り扱われたモデルゲル）の構造とどこが違うのだろう。

　実際にゲルが形成される過程を考えると，架橋反応初期では各官能基の反応性は等しいが，反応が進むと架橋点近辺のセグメント密度が高くなり，セグメントの中に取り込まれた未反応官能基と表面近くにある未反応官能基の反応性に差が生じ，その結果架橋密度に密な部分と疎な部分が出来る。この場合，架橋密度が高いドメインの表面には未反応の官能基が多数あり，このドメインが新たな多官能ユニットとして機能して架橋反応がさらに進むとも考えられる。一方，私たちの身近にあるゲルの多くは，寒天や豆腐のような食品ゲルである。このような食品ゲルは温度によりゾル・ゲル転移を可逆的に繰り返す物理ゲルの場合が多い。寒天や豆腐では，多糖類やた

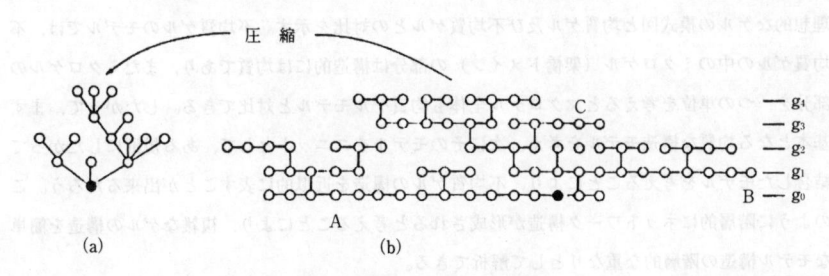

図1　Flory-Stockmayerモデル
架橋型分岐構造も，一次鎖を圧縮して多官能基ユニットとみなせば，樹木型分岐構造と等価である。

* Kanji Kajiwara　大妻女子大学　家政学部　被服学科　教授

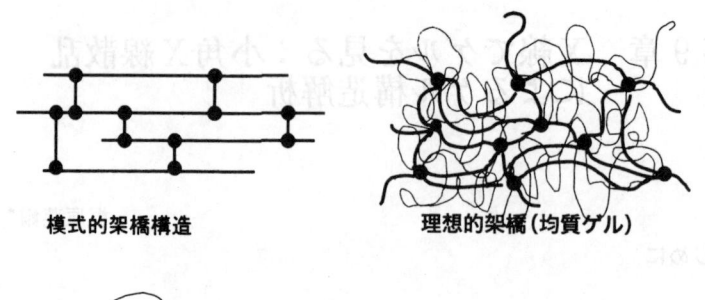

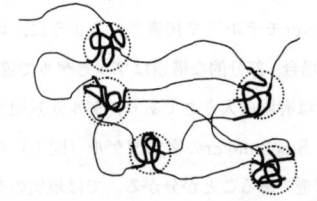

模式的架橋構造　　　　理想的架橋（均質ゲル）

マクロゲル中のミクロゲル
（不均質ゲル）

図2　ゲルの模式図
(理想的な均質ゲルと不均質ゲル)

んぱく質といった生体高分子鎖の一部が物理結合によりクラスター（架橋ドメイン）を形成することによってゲルが形成される。架橋ドメインはしばしば準規則的な構造をとる場合が多く，この場合ゲル構造としては架橋ドメインの構造とネットワーク構造の2つの構造を考える必要がある。このように化学ゲルも物理ゲルも階層的に成長する。つまり実際のゲルの構造は一見不均質であるが，詳細に見ると複数の均質構造が階層的に成長した結果と考えることが出来る。図2は理想的なゲルの模式図と均質ゲル及び不均質ゲルとの対比を示す。不均質ゲルのモデルでは，不均質ゲルの中のミクロゲル（架橋ドメイン）の部分は構造的には均質であり，またミクロゲルの部分を一つの単位を考えるとマクロゲル全体も均質ゲルモデルと対比できる。したがって，まず基本となる均質な構造モデルを考え，次にそのモデルをユニットとして，ある規則にしたがって結合したモデルを考えることにより，不均質ゲルの構造を近似的に表すことが出来るだろう。このように階層的にネットワーク構造が形成されると考えることにより，複雑なゲルの構造を簡単なモデル構造の階層的な重なりとして解析できる。

2　小角X線散乱

小角X線散乱は，入射したX線（電磁波）が物質内の電子と電磁波相互作用した結果観察され

第9章　X線でゲルを見る：小角X線散乱によるゲル構造解析

る散乱現象で，物質内の電子密度の空間分布に関する知見が得られる。X線がある大きさを持った粒子（直径D）により散乱されると，散乱されたX線は互いに干渉する。散乱されたX線の強度は，散乱角0（入射光の方向）で最も強く，散乱角が大きくなるにつれて位相差が大きくなるため（ここでは結晶のような規則構造が無い場合を取り扱う）減少し，λ/Dに対応する散乱角ではほぼその強度は0になる。ここでλはX線の波長である。散乱角と空間距離とは逆数関係にあり，X線の波長λが1～10Å程度であるので，散乱角が1°以内の小角部分の散乱プロフィールからは，1～1000Å程度までの空間相関に関する情報が得られる。

まず最も簡単なゲル構造モデルからの散乱を考えてみよう。多官能基の重縮合によるゲル形成は1940年代にFloryとStockmayerによって理論的に取り扱われた[1]。この理論で取り扱われるゲルは，図1に模式的に示すように樹木のような構造を持ち，樹木の内少なくとも一本が全空間に枝を張り巡らせた時点でゲルになる。この樹木の枝の付け根が散乱ユニットになるとしてDebyeの粒子散乱の理論を適用すると，f官能ランダム重縮合系からの散乱強度$I(q)$は官能基の反応率αの関数として次式で表される[2]。

$$I(q) = A^2(q)(1+\alpha\phi)/[1-(f-1)\alpha] \tag{1}$$
$$\phi = \exp(-b^2q^2/6) \tag{2}$$

ここでqは散乱ベクトルの大きさで，散乱角θと入射電磁波の波長λにより$(4\pi/\lambda)\sin(\theta/2)$で与えられる。（1）式において，各散乱ユニットの散乱振幅は理想的な点からの散乱のため角度によらず一定で$A^2(q)=1$である。b^2は隣接散乱点間の平均2乗距離，散乱点の空間相関はガウス分布に従うと仮定している。このモデルからの散乱プロフィールは図3に示すようにゲル化前後で大きく変化する。ゲル化に伴い分子量（散乱点の数）が無限大に発散するため，$q\to 0$で散乱

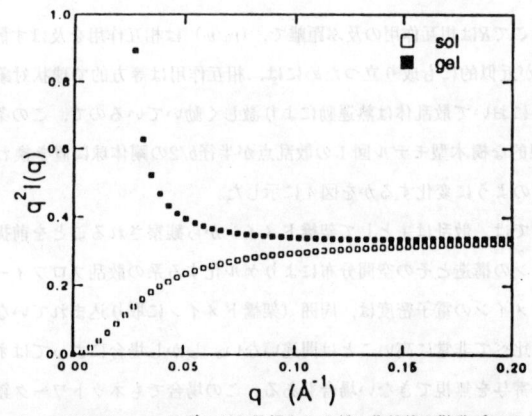

図3　Flory-Stockmayerモデルから予想されるゲル化前後の散乱プロフィール

強度は無限大となる。図2で考えたより実際に近いゲル（不均質ゲル）のモデルでは，架橋点は点ではなく，有限の大きさを持つ架橋ドメインとして表される。この場合も架橋ドメインが新たな架橋点としてネットワークが形成されたと考えることにより，樹木モデルを応用できる。このモデルでは，枝の付け根の部分（散乱点）は（1）式で考えた理想的な散乱点ではなく，有限の大きさを持つ散乱体である。架橋ドメインとしては，剛体球（カーボンブラックで架橋したゴムの場合），ランダムな会合体（相分離により形成されるゲルの場合），準秩序構造を持つドメイン（多くの糖鎖ゲルの場合），デンドリマー（多官能基架橋反応の場合）等が考えられる。このような場合も，ゲル全体は樹木型ネットワークであるので（1）式が成り立つ。ただ散乱ユニットは理想的な点ではなく，有限の大きさを持つ散乱体であるので，（1）式の中の散乱振幅$A^2(q)$は一般には角度依存性を示す。たとえば剛体球であれば

$$A^2(q) = \left[\frac{3(\sin qR - qR\cos qR)}{(qR)^3}\right]^2 \tag{3}$$

ここでRは剛体球の半径である。架橋点が点ではなく有限の大きさを持つ散乱体である場合，散乱体間に強い相互作用による散乱干渉が無ければその散乱プロフィールは基本的には（1）式で記述でき，散乱振幅の項に架橋ドメインの構造を反映させればよい。架橋ドメイン間に散乱干渉がある場合は，見かけの散乱プロフィールは（1）式に干渉項を考慮した[3]

$$I_{app}(q) \approx I(q) \cdot S(q) \tag{4}$$

で近似的に表される。干渉項$S(q)$は，例えば相互作用が剛体反発である場合，剛体球ポテンシャルϕ（剛体球の粒子散乱関数に相当する）により

$$S(q) = \frac{1}{1 + 8(v_0/v_1)\Phi(2qR)} \tag{5}$$

で与えられる。ここでRは相互作用の及ぶ距離で，(v_0/v_1)は相互作用を及ぼす散乱体の体積分率である。（4）式が近似的にも成り立つためには，相互作用は等方的で球状対象である必要があるが，溶液やゲルにおいて散乱体は熱運動により激しく動いているので，この条件は満たされているだろう。理想的な樹木型モデル図1の散乱点が半径$b/2$の剛体球に置き換わったとき，散乱プロフィールがどのように変化するかを図4に示した。

これまでの議論では，散乱は主として架橋ドメインから観察されることを前提としている。つまり，架橋ドメインの構造とその空間分布によりゲル化する系の散乱プロフィールが決まると考えてきた。架橋ドメインの電子密度は，周囲（架橋ドメインに取り込まれていない高分子鎖や溶媒）の電子密度に比べて非常に高いことは間違いない。しかし場合によってはネットワークを形成する高分子鎖の寄与を無視できない場合もある。この場合でもネットワーク鎖の散乱への寄与は比較的短い距離の範囲（架橋ドメイン間平均距離以内）に限られる。例えば（1）式ではネッ

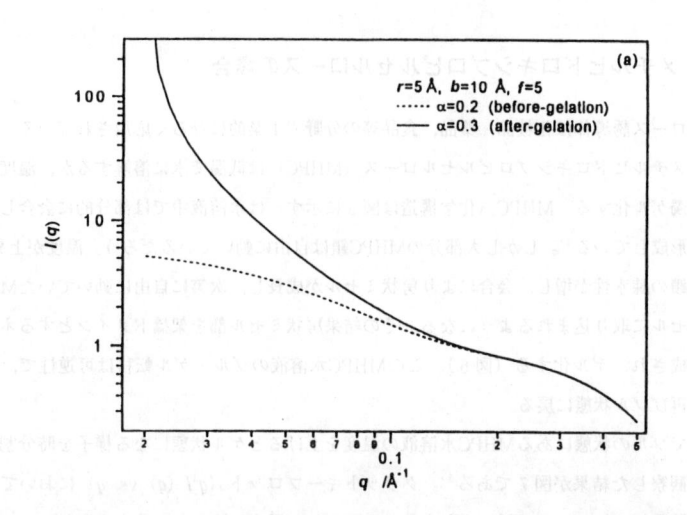

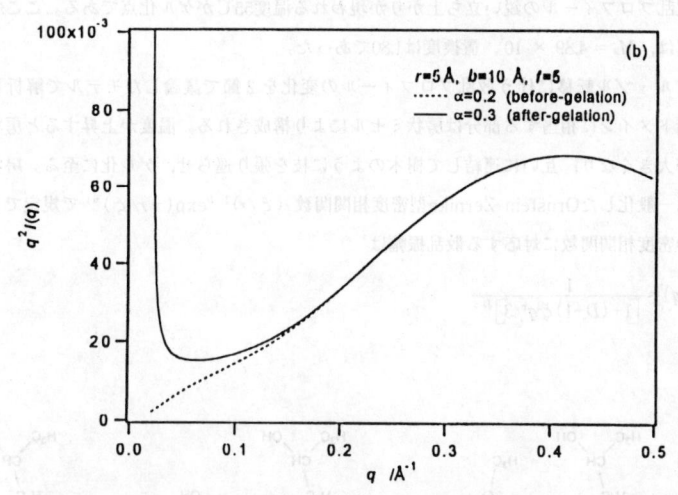

第9章 X線でゲルを見る：小角X線散乱によるゲル構造解析

図4 半径5Åの均一な球が会合して樹木型構造をとりゲル化する系から予想される散乱プロフィールを（1）式及び（3）式に従って計算した。
点線はゲル化前，実線はゲル化後のプロフィールを示す。

トワーク鎖の散乱への寄与は距離 b の範囲以内であろう。

3 メチルヒドロキシプロピルセルロースの場合

セルロース誘導体は化粧品,薬品,食品等の分野で工業的にひろく応用されている。その一種であるメチルヒドロキシプロピルセルロース(MHPC)は低温で水に溶解するが,温度の上昇に伴い白濁ゲル化する。MHPC(化学構造は図5に示す)は水溶液中では部分的に会合して房状ミセルを形成している[4]。しかし大部分のMHPC鎖は自由に動いているだろう。温度が上昇すると,MHPC鎖の疎水性が増し,会合により房状ミセルが成長し,次第に自由に動いていたMHPC鎖も房状ミセルに取り込まれるようになる。その結果房状ミセル部を架橋ドメインとするネットワークが形成され,ゲル化する(図6)。このMHPC水溶液のゾル・ゲル転移は可逆性で,温度を下げると再びゾル状態に戻る。

低温でゾルの状態にあるMHPC水溶液の温度を上げるとゲル状態になる様子を時分割小角X線散乱で観察した結果が図7である[5]。クラットキープロット($q^2I(q)$ vs. q)において(図7),$q \to 0$で散乱プロフィールの鋭い立ち上がりが現われる温度55℃がゲル化点である。ここで使用したMHPCは,$M_w = 4.89 \times 10^5$,置換度は1.80であった。

このゲル・ゾル転移に伴う散乱プロフィールの変化を2節で議論したモデルで解析してみよう。架橋ドメインに相当する部分は房状ミセルにより構成される。温度が上昇すると房状ミセルの部分が大きくなり,互いに連結して樹木のように枝を張り巡らせ,ゲル化に至る。房状ミセルの部分は一般化したOrnstein-Zernike型密度相関関数 $(\xi/r)^{3-D}\exp(-r/\xi)$ [6] で規定できるだろう。この密度相関関数に対応する散乱振幅は[7,8]

$$A^2(q) = \frac{1}{\left[1+(D+1)\xi^2q^2/3\right]^{D/2}} \qquad (6)$$

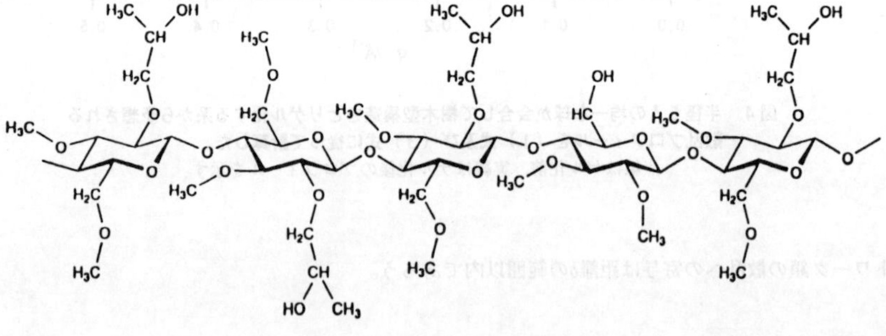

図5 メチルヒドロキシプロピルセルロース(MHPC)の化学構造

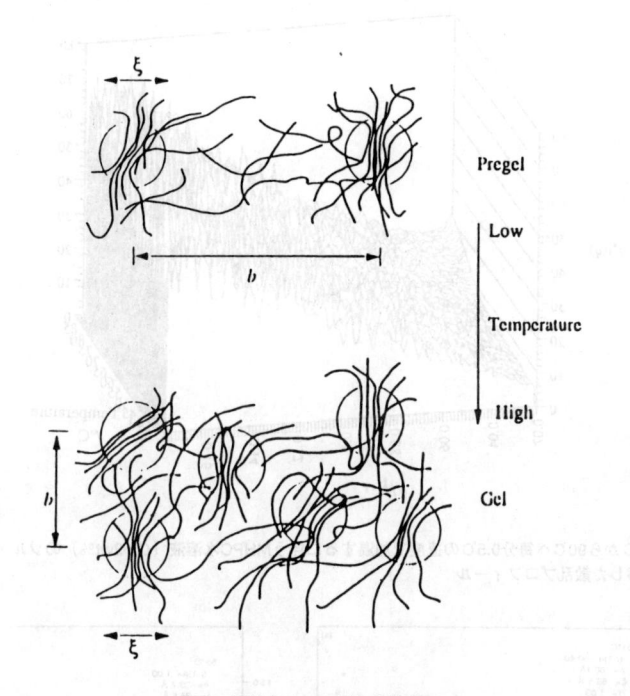

第9章　X線でゲルを見る：小角X線散乱によるゲル構造解析

図6　房状ミセルのゲル化模式図

で与えられるから，（1）式と（6）式を使って散乱プロフィールを解析した結果を図8，図9に示す。ここでDはドメイン（房状ミセル）内の散乱ユニットの空間配置に関するフラクタル次元，相関長ξは図6で模式的に示したように房状ミセルのサイズの尺度となる量である。ガウス鎖に対しては$D=2$であるから，式（6）はいわゆるLorenz関数

$$A^2(a) \approx \frac{1}{1+\xi^2 q^2} \tag{7}$$

に帰着する。（6）式は原則的に$D<3$で成立するが，ランダムに会合する粒子で構成される不均質系に対しては，Debye-Bueche型密度相関関数$\exp(-r/\xi)$が与えられており[9]，この場合散乱振幅は

$$A^2(q) \approx \frac{1}{(1+\xi^2 q^2)^2} \tag{8}$$

となる。ゲル化点は55℃近辺であるが，Flory-Stockmayerの理論から予測されるように，この温度で$(f-1)\alpha$が1を超える。いったんゲル点に達すると$(f-1)\alpha$の値および房状ミセル間の

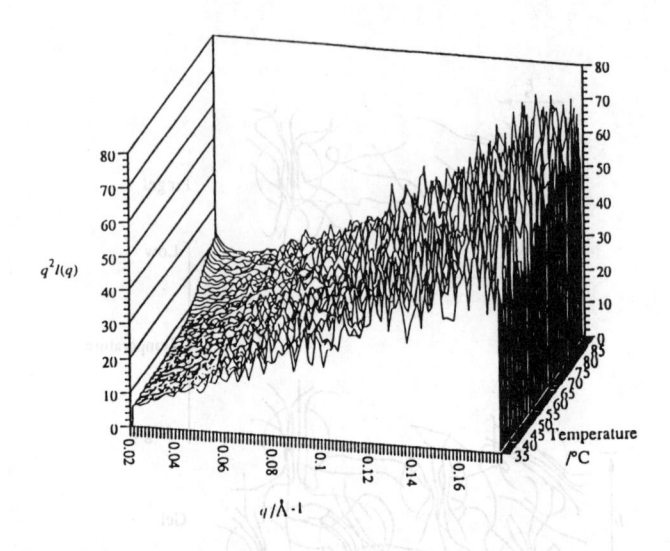

図7 30℃から90℃へ毎分0.5℃の速度で加温するに伴うMHPC水溶液（C_p=2wt%）のゾル・ゲル転移を観察した散乱プロフィール

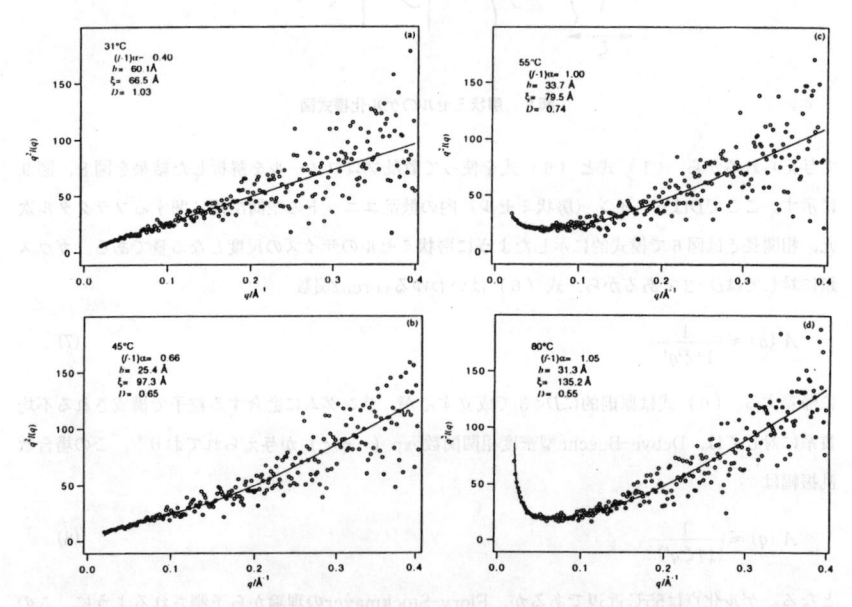

図8 メチルヒドロキシプロピルセルロース水溶液（C_p=2wt%）から観察された散乱プロフィール（白丸）と，(1)式及び(6)式に従って計算した散乱プロフィール（実線）

第9章　X線でゲルを見る：小角X線散乱によるゲル構造解析

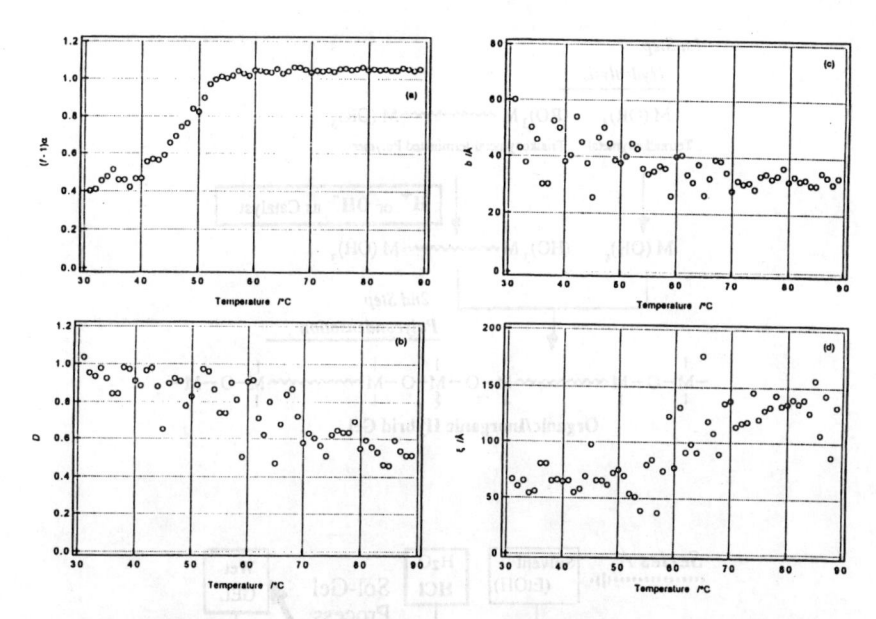

図9　計算散乱プロフィールを実測散乱プロフィールと比較して得られたパラメータの温度変化
パラメータの物理的イメージは図6参照のこと。

距離bはほとんど変化しない。それとは逆に，相関長ξはゲル点から増大し始める。見かけのフラクタル次元Dは温度の上昇とともに単調に減少していくが，これは温度の上昇とともにミセル内部の分子運動が激しくなることと対応しているのかもしれない。その結果水がミセル内部に浸透し，電子密度のコントラストの関係でミセルが部分的にX線に対して透明になり，フラクタル次元が1より小さくなったと考えられる。

4　有機無機ハイブリッドゲル

　新規機能性素材として有機無機ハイブリッドが注目を集めている。ハイブリッドには物理ハイブリッドと化学ハイブリッドがあるが，ゾルゲル法を応用したシリカ系有機無機ハイブリッドはシリカと有機成分が共有結合した化学ハイブリッドに属する[10]。本節ではゾルゲル法による有機高分子シリカハイブリッド調整過程におけるゲル構造形成を小角X線散乱で観察した例を紹介する[11]。

　ゾルゲル法は金属アルコキシドの加水分解とそれに続く水酸化金属の重縮合の2段階で進む。ゾルゲル法によるTEOS（テトラエトキシシラン）の重合に関しては既に詳細に研究されており，

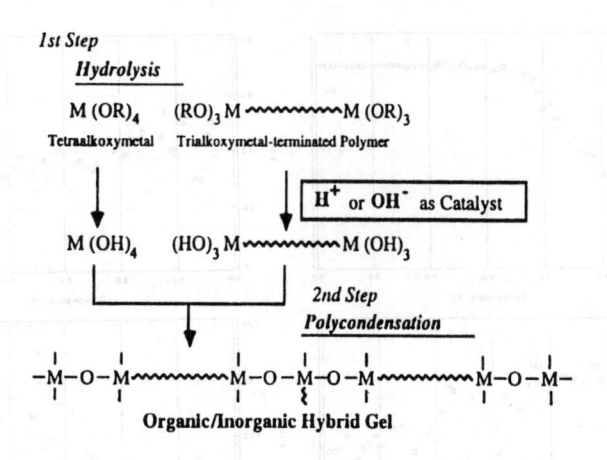

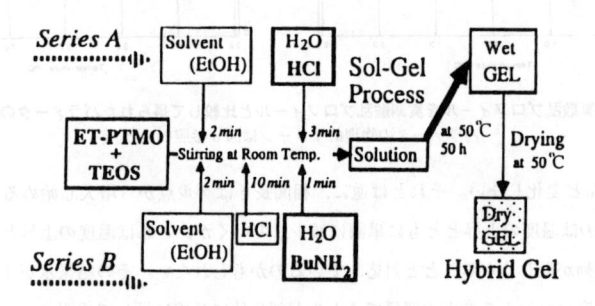

1st Step
Hydrolysis

$M(OR)_4$　　$(RO)_3M\sim\sim\sim\sim M(OR)_3$

Tetraalkoxymetal　　Trialkoxymetal-terminated Polymer

H^+ or OH^- as Catalyst

$M(OH)_4$　　$(HO)_3M\sim\sim\sim\sim M(OH)_3$

2nd Step
Polycondensation

$-M-O-M\sim\sim\sim M-O-M-O-M\sim\sim\sim M-O-M-$

Organic/Inorganic Hybrid Gel

図10　ゾルゲル法によるハイブリッドゲルの調整

　その結果生じるシロキサンネットワークの特性はゲル化剤に依存することが知られている[12,13]。通常無機成分と有機成分は相溶性が良くないため，ハイブリッドでは無機成分，有機成分がそれぞれ独立した相を形成する傾向にある。有機無機ハイブリッドゲルを3つのエトキシシラン末端を有するポリオキシテトラメチレン（ET-PTMO）とTEOSを酸触媒，塩基触媒でそれぞれ重合して調整した。重合スキームを図10に示すが，Aシリーズは酸触媒，Bシリーズは塩基触媒でハイブリッドゲルを調整した。表1にAシリーズ，Bシリーズの試料調整の詳細をまとめる。図11，図12はそれぞれシリーズ，Bシリーズのハイブリッドゲルから観測された小角X線散乱プロフィールである。各散乱プロフィールを（1）式，（4）式を用いて解析する。ここでAシリーズ（酸触媒）には散乱振幅はローレンツ型が，Bシリーズ（塩基触媒）には散乱振幅はデバイービュッキ型が適当であった。また干渉項には，（5）式の代わりにより柔らかい相互作用であるガ

第9章 X線でゲルを見る:小角X線散乱によるゲル構造解析

表1 反応混合物中の各成分の濃度（モル比）

Code	Polymer [(Si)-OEt]$_{PTMO}$	TEOS [(Si)-OEt]$_{TEOS}$	Solvent EtOH	H_2O	HCl	BuNH$_2$
Series A						
SG2F	1.00	0	6.67	6.67	0.060	—
SG7F	0.767	0.233	6.67	6.67	0.060	—
SG8F	0.700	0.300	6.67	6.67	0.060	—
SG15F	0.567	0.433	6.67	6.67	0.060	—
SG18F	0.500	0.500	6.67	6.67	0.060	—
Series B						
SG11F	1.00	0	13.3	13.3	0.010	0.013
SG16F	0.833	0.167	13.3	13.3	0.010	0.013
SG12F	0.667	0.333	13.3	13.3	0.010	0.013
SG17F	0.500	0.500	13.3	13.3	0.010	0.013
SG13F	0.333	0.667	13.3	13.3	0.010	0.013

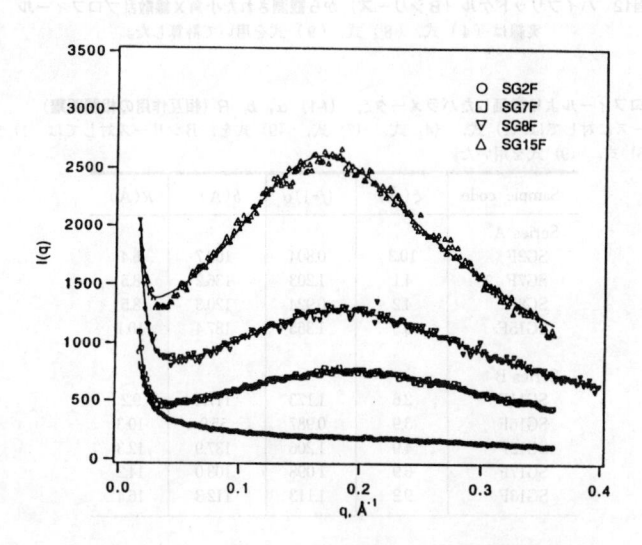

図11 ハイブリッドゲル（Aシリーズ）から観測された小角X線散乱プロフィール
実線は（4）式，（7）式，（9）式を用いて計算した。

ウス型ポテンシャルに対応する

$$S(q) = \frac{1}{1 + C\exp(-R^2 q^2)} \tag{9}$$

を採用した。ここでCは第2ビリアル係数，分子量，濃度を含む定数で，Rは相互作用の目安と

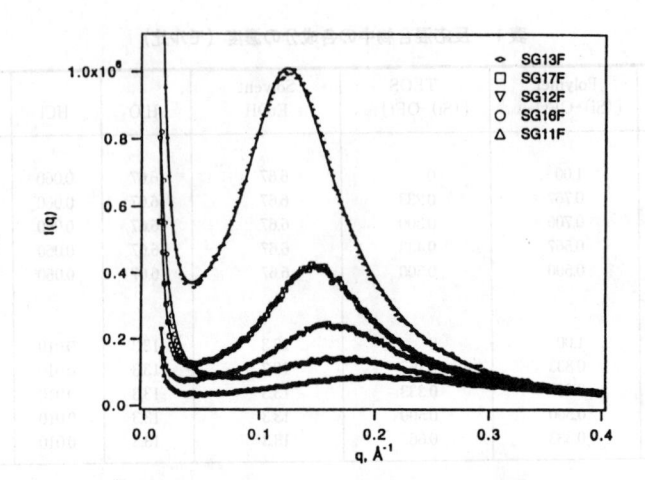

図12 ハイブリッドゲル（Bシリーズ）から観測された小角X線散乱プロフィール
実線は（4）式，（8）式，（9）式を用いて計算した。

表2 散乱プロフィールより評価したパラメータ ξ，$(f-1)\alpha$，b，R（相互作用の相関距離）
Aシリーズに対しては（1）式，（4）式，（7）式，（9）式を，Bシリーズ対しては（1）式，（4）式，（8）式，（9）式を用いた。

Sample code	ξ(Å)	$(f-1)\alpha$	b(Å)	R(Å)
Series A^a				
SG2F	10.3	0.804	100.7	6.4
SG7F	4.1	1.203	136.2	8.5
SG8F	4.2	0.924	120.3	8.5
SG15F	5.5	1.365	187.4	10.1
Series B^b				
SG11F	2.6	1.173	117.4	9.2
SG16F	3.9	0.987	55.9	10.3
SG12F	4.9	1.206	137.9	12.3
SG17F	6.9	1.098	103.0	14.2
SG13F	9.2	1.113	112.3	16.4

なる相関長である。図11，図12に計算散乱プロフィールを示すが，観測された散乱プロフィールとの一致が良いことより，モデルが妥当であることが確認できる。散乱プロフィールを計算する場合に用いたパラメータを表2にまとめるが，Aシリーズ（酸触媒）では散乱振幅にローレンツ型が適当であったということは，架橋ドメインが高分子鎖のランダムコイル状であり，ネットワーク構造が均質であることを示唆する。Bシリーズ（塩基触媒）は架橋ドメインがランダム会合体の特徴を有し，したがってネットワークは不均質である。この結果からAシリーズ，Bシリー

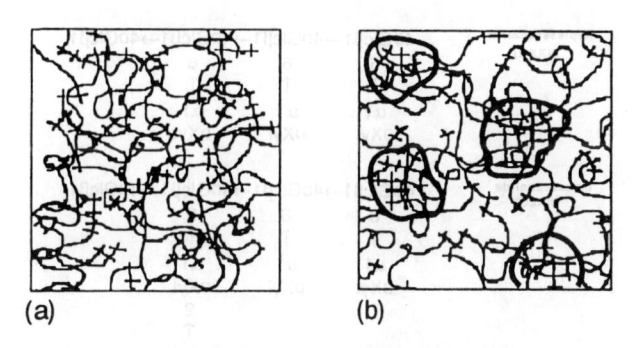

第9章　X線でゲルを見る：小角X線散乱によるゲル構造解析

図13　PTMO／TEOSハイブリッドゲルの模式的構造
(a) 酸触媒ハイブリッドゲル（Aシリーズ），と (b) 塩基触媒ハイブリッドゲル（Bシリーズ）。
Bシリーズハイブリッドゲルでは，架橋ドメインが明確な境界をもつクラスターになっている。

ズのネットワーク構造は模式的に図13のようになっていると推察できる。

5　糖鎖ゲルの場合

多くの糖鎖はゲル化し，そのゲルは古くから食品やその他の工業分野で応用されてきた。3節で取り扱ったメチルヒドロキシプロピルセルロースも「糖鎖」ではあるが，そのゲル化はミクロ相分離によるものであった。ミクロ相分離により凝縮相が希薄相の海の中に島のように点在し，その島を高分子鎖が結ぶことによりネットワーク構造が形成される。そのため架橋ドメインは構造的にはランダム会合体として取り扱った。しかしこの場合（ミクロ相分離によるメチルヒドロキシプロピルセルロースのゲル化）も詳細にみると房状ミセル構造は完全にはランダム会合ではなく，部分的には秩序構造をとっているだろう。糖鎖は従来無定形と考えられてきたが，生体高分子が生理的活性を現わすためには秩序構造をとることが必要であり，この観点から見ると糖鎖も水溶液中で完全に無定形ではない。本節では糖鎖が部分的に秩序構造をとることによりゲル化する場合を取り扱う。

植物種子由来のキシログルカンは食品添加物として，またアフリカ等の地方では主食用スープ成分として日常的に食されている。キシログルカンの基本骨格はセルロースと同じ $(1\rightarrow4)$-β-D-glucanであるが，部分的に $(1\rightarrow2)$-β-galacto-xyloseに置き換わった $(1\rightarrow6)$-α-xylose側鎖を持つ非でんぷん植物多糖である（図14）。キシログルカンはセルロースと異なり，水によく溶ける。水溶液はそのままではゲル化しない。これは $(1\rightarrow2)$-β-galacto-xylose側鎖の立体障害と親水性がゲル化を妨げているためと考えられる。事実 β-galactosidaseによる酵素分解でガラク

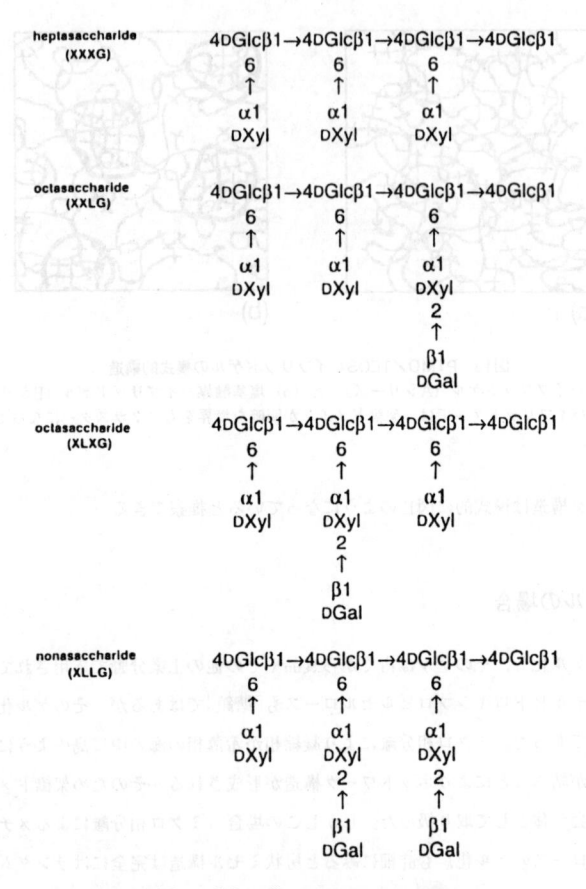

```
heptasaccharide    4DGlcβ1→4DGlcβ1→4DGlcβ1→4DGlcβ1
  (XXXG)                 6       6       6
                         ↑       ↑       ↑
                        α1      α1      α1
                        DXyl    DXyl    DXyl

octasaccharide     4DGlcβ1→4DGlcβ1→4DGlcβ1→4DGlcβ1
  (XXLG)                 6       6       6
                         ↑       ↑       ↑
                        α1      α1      α1
                        DXyl    DXyl    DXyl
                                         2
                                         ↑
                                        β1
                                        DGal

octasaccharide     4DGlcβ1→4DGlcβ1→4DGlcβ1→4DGlcβ1
  (XLXG)                 6       6       6
                         ↑       ↑       ↑
                        α1      α1      α1
                        DXyl    DXyl    DXyl
                                 2
                                 ↑
                                β1
                                DGal

nonasaccharide     4DGlcβ1→4DGlcβ1→4DGlcβ1→4DGlcβ1
  (XLLG)                 6       6       6
                         ↑       ↑       ↑
                        α1      α1      α1
                        DXyl    DXyl    DXyl
                                 2       2
                                 ↑       ↑
                                β1      β1
                                DGal    DGal
```

図14 キシログルカンのモノマー単位
側鎖の付きかたにより4種類の単位に分類される。

トース残基を50%程度取り除くと，キシログルカン水溶液は室温でゲル化する[14]。キシログルカン水溶液のゲル化は疎水性結合による。したがって温度を上げるとゲル化するが，さらに温度を上げると再びゾルとなる。

タマリンド種子キシログルカンは，東南アジアにひろく分布する常緑樹Tamarindus indicaの種子に貯蔵される。タマリンド種子を被う果肉はそのまま食されたり，カレーの隠し味に添加されたりしている。インドでは種子を砕いて染色用サイジング剤として使用していたが，現在種子から抽出したキシログルカンは食品添加物として広く用いられている。このタマリンドキシログルカン1%水溶液が酵素分解していく過程を時分割小角X線散乱で観察した（図15)。散乱プロ

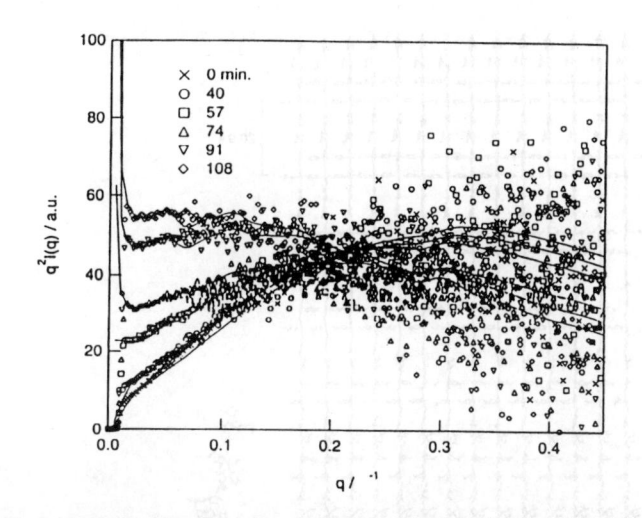

第9章 X線でゲルを見る：小角X線散乱によるゲル構造解析

図15 酵素分解反応中のキシログルカン水溶液から観察された時分割小角X線散乱
反応時間は図中に示す。実線は散乱振幅が14本のキシログルカンが平面状に会合したドメインからの寄与とキシログルカン孤立鎖からの寄与の線型和で表されると仮定して，（1）式より計算した散乱プロフィール。

フィールは反応が進むにつれて変化し，低角部分が反応開始約57分後急激に立ち上がる。しかし広角部分の散乱プロフィールは変化は無く，棒状分子からの散乱の特徴を示す。クラットキープロット（図15下図）では中角部の変化が顕著になるが，この変化は溶液中に平板状の会合体が形成されていくと考えると説明がつく[15]。ではガラクトース残基が取り除かれるとキシログルカンはどのような形態をとるのだろうか。セルロースと同じである薄いリボン状の $(1\rightarrow 4)-\beta$ -D-glucan骨格はセロビオース類似のねじれた形態をとるだろう[16]。このリボン状骨格の形態を基本として，$(1\rightarrow 4)-\beta$ -D-glucan40残基からなるキシログルカンモデル鎖が平板状に会合していくと仮定して（図16），酵素反応進行に従って形成される会合体により散乱プロフィールがどのように変化していくか計算した結果が図17である。ここで散乱プロフィールは分子モデルの原子座標からデバイの式

$$I(q) = \sum_{i}^{n} g_i^2 \phi_i^2(q) + 2\sum\sum g_i g_j \phi_i(q) \phi_j(q) \cdot \frac{\sin d_{ij} q}{d_{ij} q} \tag{10}$$

に従って計算した。ここでd_{ij}は分子モデル内のi番目とj番目の原子間の距離，g_iはi番目の原子の散乱の重みでほぼ原子番号に比例する。i番目の原子の形状因子は，その原子のファンデアワールス半径R_iと等価な半径を持つ球の形状因子

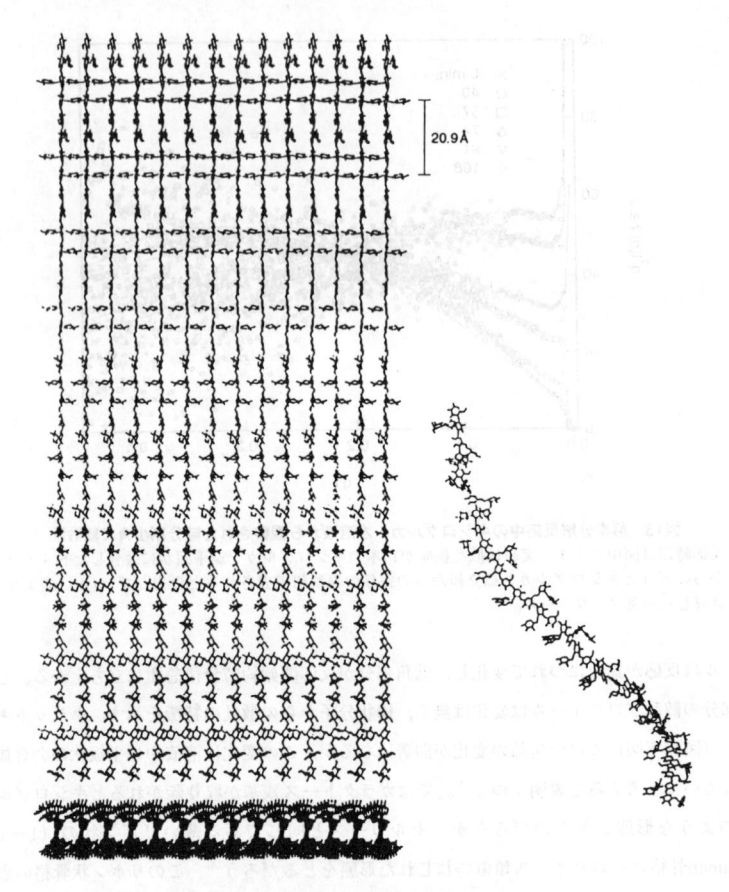

図16 キシログルカン会合体の分子モデル

$$\phi_i(q) = \frac{3[\sin(R_i q) - (R_i q)\cos(R_i q)]}{(R_i q)^3} \tag{11}$$

で与えられるとする。14本のキシログルカン鎖が会合して架橋ドメインを形成すると，その末端からそれぞれ14本のキシログルカン鎖が延び，また他の架橋ドメインに組み入れられる。その結果全体としてネットワークが構成され，ゲル化に至る。言い換えると，官能基数が28のユニットがFlolry-Stockmayerモデルスキームに従って樹木型ゲルを形成すると考えることが出来る。(1)式の散乱振幅の項に(10)式を導入して計算した散乱プロフィールを図15の実線で示す。また計算の際に用いたパラメータを表3にまとめる。このゲル化モデルでは，パラメータの数が多くな

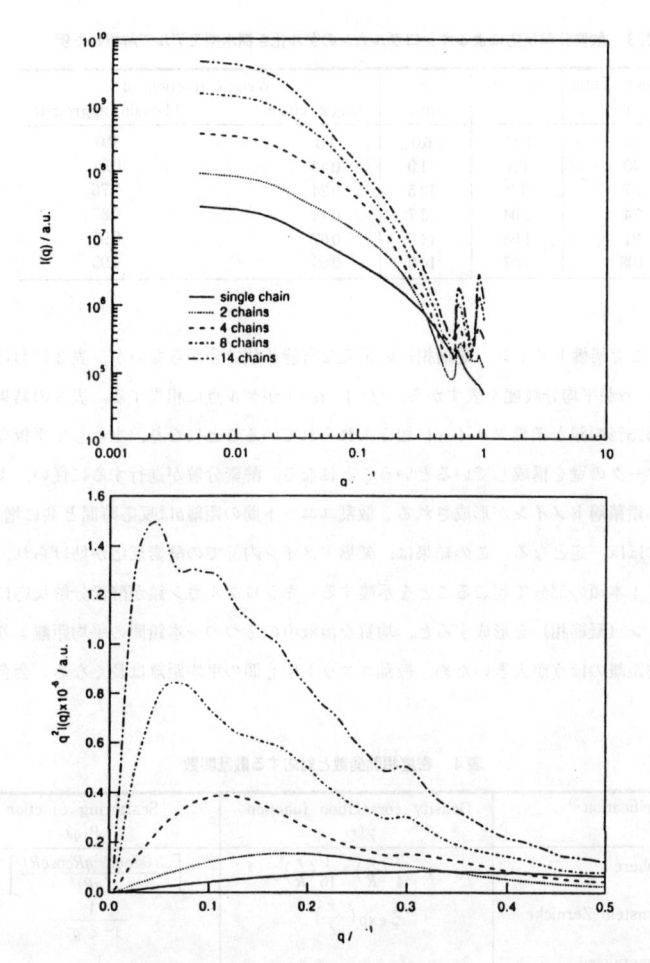

第9章　X線でゲルを見る：小角X線散乱によるゲル構造解析

図17　分子モデルからデバイの式（10）に従って計算したキシログルカン孤立鎖及びその会合体の散乱プロフィール
会合数は図中に示す。

ることを防ぐために，酵素分解によりガラクトース残基が取り除かれた部分は図16に示す14本のキシログルカン鎖で構成される会合体に取り込まれ凝縮相を作り，それ以外は孤立鎖として希薄相にあると仮定した．つまりキシログルカンのゲル化系は，希薄相（孤立鎖）と凝縮相（14鎖並列積層）の2相で構成されるとみなす．このように単純化したゲル化モデルであるが，図15で見られるように，計算散乱プロフィールと実測散乱プロフィールは反応全過程でほぼ良好な一致を

表3 酸素分解反応によるキシログルカンのゲル化を樹木型モデルで解析した例

Reaction Time (min)	$(f-1)\alpha$	b (nm)	Weight fraction of single chain	Weight fraction of 14-chain aggregate
0	0.45	6.0	1.0	0.0
40	0.5	11.0	0.49	0.51
57	1.0	13.5	0.24	0.76
74	1.04	13.7	0.13	0.87
91	1.06	14.0	0.07	0.93
108	1.07	14.0	0.05	0.95

示す[17]。ここで架橋ドメイン（凝縮相）の正確な官能基数は分からないが，表3におけるパラメータ $(f-1)\alpha$ が平均分岐度を表すから，$(f-1)\alpha=1$ がゲル点に相当する。表3の結果から，ゲル点では約75％の鎖が架橋ドメインに組み入れられていることになり，主として平板なドメインがネットワークの壁を構成しているということになる。酵素分解が進行するに従い，より多くの平板な14本鎖積層ドメインが形成される。散乱ユニット間の距離bは反応時間と共に増加するが，ゲル化後はほぼ一定となる。この結果は，架橋ドメイン内部での酵素反応が妨げられ，酵素反応が主として1本鎖の部分で起こることを示唆する。キシログルカン鎖が酵素分解反応に伴い会合してドメイン（凝縮相）を形成すると，均質な溶液中の2つの一本鎖間の平均距離よりもドメイン間の平均距離のほうが大きいため，散乱ユニット中心間の平均距離は長くなる。会合したキシ

表4 密度相関関数と対応する散乱関数

Specification	Density correlation function $\gamma(r)$	Scattering function $P(q)$
1. Sphere	$1-\frac{3}{4}\left(\frac{r}{R}\right)+\frac{1}{16}\left(\frac{r}{R}\right)^3$	$\left[\frac{3(\sin qR - qR\cos qR)}{(qR)^3}\right]^2$
2. Ornstein–Zernicke	$\frac{\xi}{r}\exp\left(-\frac{r}{\xi}\right)$	$\frac{1}{1+\xi^2 q^2}$
3. Generalized Ornstein–Zernicke	$\left(\frac{\xi}{r}\right)^{3-D}\exp\left(-\frac{r}{\xi}\right)$	$\frac{1}{[1+(D+1)\xi^2 q^2/3]^{D/2}}$
4. Debye–Bueche	$\exp\left(-\frac{r}{\xi}\right)$	$\frac{1}{(1+\xi^2 q^2)^2}$
5. Guinier	$\exp\left(-\frac{r^2}{\xi^2}\right)$	$\exp\left(-\frac{\xi^2 q^2}{4}\right)$
6. Combined	$\frac{1}{2}\left(1+\frac{\xi}{r}\right)\exp\left(-\frac{r}{\xi}\right)$	$\frac{1}{(1+\xi^2 q^2)^3}$

[a] R denotes the diameter of the sphere.

[b] D denotes the fractal dimension.

第9章 X線でゲルを見る：小角X線散乱によるゲル構造解析

ログルカン鎖は平板な形のドメインを形成し，その厚みが1.1nmであることより，ドメインはほぼキシログルカン鎖一層であると考えられる。このドメインが細胞状ネットワークの細胞壁を構成していると考えられる。

6 おわりに

一見不均質構造をとるゲルが，理想的なゲル化モデル（Flory-Stockmayerモデル）で整理できることを示した。基本的にはこのモデルは，架橋点（あるいは架橋ドメイン）の空間分布がランダムであることを前提としている。このモデルに基づいて，実際のゲル化がどのように起こっているかを，小角X線散乱の結果を解析することによって考察した。いずれの場合もまず架橋ドメインと定義される凝縮相が形成される。凝縮相の形成は分子間相互作用が関与するが，現象的にはランダム会合，秩序構造形成（部分結晶化も含めて），この中間的な会合と，様々な場合がある。この会合様式によって散乱ユニットとなる凝縮相の散乱振幅が散乱角度依存性を持つようになる。凝縮相のモデル散乱振幅と，それに対応する凝縮相の密度相関関数を表4にまとめた。この表の他に5節で取り扱った凝縮相が準秩序構造形成による場合が考えられる。より複雑なゲル構造も，均質構造が階層的にある規則に従って積み重なった結果と考えれば，理想的なゲル化モデルを組み合わせることによって解析できるだろう。本章で示した解析方法が，複雑なゲルの構造を理解する手立てとなれば幸いである。

文　献

1) 例えば，P. J. Flory, Principles of Polymer Chemistry, Cornell. UP, 1953
2) K. Kajiwara, S. Kohjiya, M. Shibayama, H. Urakawa, *Polymer Gels; Fundamentals and Medical Applications* (D. DeRossi, K. Kajiwara, Y. Osada, A. Yamauchi, eds.), pp1, Plenum, New York, 1991
3) A. Guinier, G. Fournet, Small-Angle Scattering of X-Rays, Wiley, New York, 1955
4) W. Burchard, *Adv. Colloid Interface Sci.*, **64**, 45 (1996)
5) Y. Yuguchi, M. Mimura, H. Urakawa, K. Kajiwara, Wiley Polymer Network Group Review Series (B. T. Stokke, A. Elgsaeter, eds.), 2, 343 (1999)
6) P.-G. de Gennes, *Scaling Concepts in Polymer Physics*, Cornell UP, Ithaca, 1979
7) T. Freltoft, J. K. Kjems, S. K. Sinha, *Phys. Rev.*, **B33**, 269 (1986)
8) M. Shibayama, H. Kurokawa, S. Nomura, M. Muthkumar, R. S. Stein, S. Roy, *Polymer*, **33**,

2883 (1992)
9) P. Debye, A. M. Bueche, *J. Appl. Phys.*, **20**, 518 (1949)
10) L. Mascia, *Trends in Polym. Sci.*, **3**, 61 (1995)
11) H. Urakawa, Y. Ikeda, Y. Yuguchi, K. Kajiwara, Y. Hirata, S. Kohjiya, Poloymer Gels and Networks (Y. Osada, A. R. Khokhlov, eds.) pp1, M. Dekker, New York, 2001
12) K. D. Keefer, *Mat. Res. Soc., Symp. Proc.*, **32**, 15 (1984)
13) C. J. Brinker, K. D. Keefer, R. A. Schaefer, R. A. Assink, B. D. Kay, C. S. Ashley, *J. Non-Crys. Solids*, **63**, 45 (1984)
14) M. Shirakawa, K. Yamatoya, K. Nishinari, *Food Hydrocoll.*, **12**, 25 (1998)
15) Y. Yuguchi, M. Mimura, H. Urakawa, K. Kajiwara, M. Shirakawa, K. Yamatoya, S. Kitamura, *Proc. Intern. Workshop Green Polym.*, pp306, Bandung-Bogor, Indonesia, 1996
16) S. Levy, W. S. York, R. Struike-Prill, B. Meyer, A. L. Staehelin, *Plant J.*, **1**, 195 (1991)
17) H. Urakawa, M. Mimura, K. Kajiwara, *TIGG*, **14**, 355 (2002)

第10章　中性子散乱

柴山充弘*

1　はじめに

　ゲルで一番重要な物性は膨潤・収縮挙動であり，ゾル―ゲル転移であろう。ゲルの膨潤・収縮はゲルを材料やドラッグデリバリー，センサーなどに使う際に問題となる基本的性質だからである。一方，ゾル―ゲル転移は，IC封止剤のエポキシ樹脂のゲル化，ゼラチンのゲル化，廃油や流出油の固化など，ゲル化メカニズムの解明が構造的観点からも重要なことが多い。中性子散乱はこうしたゲルの基本的性質の解明に大きな役割を果たしてきている。

　多くのメリットがあるものの，中性子散乱はX線散乱に比べてなじみが少ないことや非常に限られた巨大研究施設でしか実験ができないなどの理由で，十分活用されていないのが現状である。しかし，中性子散乱からは，①ゲルの網目構造，②荷電ゲルにおけるミクロ相分離構造，③変形時の分子配向・変形機構など，散乱法でしか知り得ない情報が多々ある。特に最近，注目されているのがゲルの不均一性の問題であり，これがゲルの膨潤・収縮挙動に大きく影響することが最近になってようやくわかってきた。そこで，この章では，まず中性子散乱の基礎を概説し，ゲル研究への応用例として，最新動向として，不均一性，ミクロ相分離，クレイゲル，ゲル化剤，延伸ゲルの構造についての研究例を述べる。

2　観る

2.1　中性子散乱の基礎
2.1.1　中性子[1]

　中性子は陽子や電子とともに原子を構成する素粒子の一つである。質量は陽子と殆ど同じ（1.675×10^{-27}kg）で，電子の質量の約1800倍である。寿命は約10分で陽子と中間子に変わる。粒子であるとともに波としての性質を備えているので物体に近づくと散乱するが，電荷を持たないため原子からは散乱されず，原子核の核力によって散乱される。この性質を利用して高分子系の中性子散乱が行われる。また中性子はスピン1／2を持っているため，小さな磁石としての性質

＊　Mitsuhiro Shibayama　東京大学　物性研究所　中性子科学研究施設　教授

も持っている。中性子散乱が磁性体の研究でよく使われる理由はそこにある。高分子などのソフトマター系でも，このスピンを利用したダイナミクスの研究がなされている（中性子スピンエコー法）が，ここでは核散乱を使った中性子散乱，特に中性子小角散乱について述べる。

表1 中性子散乱の特徴

波長が短い	ナノメートルオーダーの構造解析
H/D置換	見たいところのみラベル出来る
核散乱	透過力が強い（含Cl, S系でもOK）
H/Dコントラスト	溶媒のコントラストを任意に付けられる
大きな試料（~cm）	試料の変形，膨潤などが容易
絶対強度	分子量，コントラスト評価

2.1.2 中性子散乱の測定原理と得られる情報

中性子散乱は中性子の波としての性質を利用し，物質内における散乱要素間での波の干渉を利用して構造解析を行う[1~3]。したがって，解析に用いる理論は基本的にはX線散乱と同じである。しかし，散乱の原理は異なり，入射中性子と物質内の原子の原子核との核散乱により散乱が起こる。表1に中性子散乱の特徴を示す。中性子散乱では，①波長がnm程度のためナノメートルオーダーの構造解析ができる，②水素と重水素との置換（H/D置換）により，見たいところのみラベル出来る，③核散乱であるため透過力が強く含Cl, S原子化合物でも散乱実験可能である，④H/Dコントラストをつけることができるため，コントラストマッチング実験ができる，⑤試料の変形，膨潤実験などが容易にできる比較的大きな試料スペースが使える，などがある[4]。

中性子散乱から得られる情報は図1に示すように，液体や固体の場合はラベル分子の形態やサ

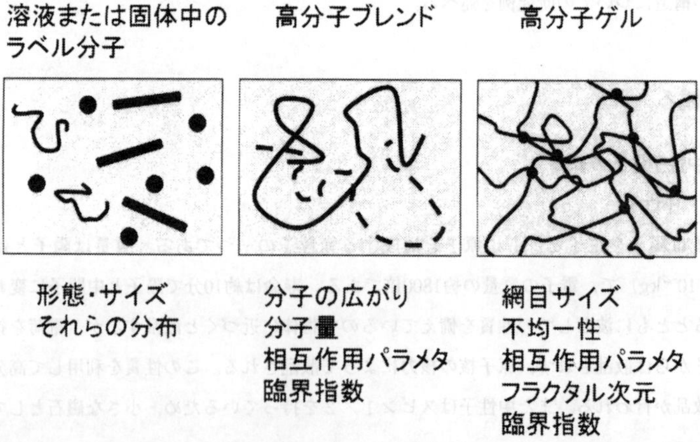

溶液または固体中のラベル分子

形態・サイズ
それらの分布

高分子ブレンド

分子の広がり
分子量
相互作用パラメタ
臨界指数

高分子ゲル

網目サイズ
不均一性
相互作用パラメタ
フラクタル次元
臨界指数

図1 中性子散乱から得られる情報

第10章 中性子散乱

トポロジー的不均一性　　空間不均一性　　運動能不均一性　　結合不均一性

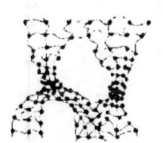

図2　ゲルにみられるさまざまな不均一性

イズなど，高分子ブレンドにおいては分子の広がりや相互作用パラメタなどである。一方，高分子ゲルではゲルの網目サイズのほか，不均一性[5]，フラクタル次元[6]，臨界指数なども求めることができる[7]。特にゲルの不均一性に関する情報は散乱法を用いて定量的に評価する必要がある。不均一性とは，ゲル化，即ち，架橋点の導入によって，高分子鎖の並びが固定されてしまうことによって起こる。しかし，一言で不均一性と言っても，定義や概念はさまざまであり，図2に示すようなトポロジー的不均一性，空間不均一性，運動能不均一性，結合不均一性などがある。このうち，中性子散乱で直接評価できるのは空間不均一性であり，場合によってはゾル－ゲル転移に関連して結合不均一性についての情報も得ることができる。

2.1.3　散乱理論[1,2]

中性子に限らず，散乱現象は入射線束（入射強度）Φ_0が物体内を通過中に散乱や吸収などで減衰しながら線束Φで透過する過程でおこる。すなわち，分光学におけるランベルト則と同じく，

$$\Phi = \Phi_0 \exp[-N\sigma_T x/V] \tag{1}$$

となる。ここでN, σ_T, x, Vはそれぞれ物体内の散乱体の数，全断面積，物体の厚さ，および線束が通過する物体の体積（被照射体積）である。σ_Tは吸収断面積σ_aと散乱断面積σの和で与えられる。構造をもたない等方的な系の場合，散乱断面積は散乱長bとよばれる長さの単位を持つ量を用いて

$$\sigma = 4\pi b^2 \tag{2}$$

と表される。通常，われわれが散乱強度と呼んでいるのはσを立体角Ωで微分した微分散乱断面積$d\sigma/d\Omega$である。中性子散乱の場合，微分散乱断面積はさらに干渉性微分散乱断面積$(d\sigma/d\Omega)_{coh}$と非干渉性微分散乱断面積$(d\sigma/d\Omega)_{inc}$の和となる。このうち，構造に関する情報を含むのは前者であり，後者はノイズとしてバックグラウンド散乱強度を上げる。非干渉性微分散乱断面積は特に水素原子（軽水素H）で大きいので，高分子ゲルのように水素原子を多く含む系においては溶媒を非干渉性微分散乱断面積の小さい重水素化物（たとえば重水）などとするゲルを調製して中性子散乱実験をする必要がある。以下では，干渉性微分散乱断面積$(d\sigma/d\Omega)_{coh}$を散乱強度$I(q)$と書いて議論をすすめる。

多くの場合，ゲルからの散乱は対応する高分子溶液（未架橋系）からの散乱$I_{soln}(q)$と架橋導入に起因する過剰散乱$I_{ex}(q)$の和で近似できることが多い。すなわち，

$$I(q) = I_{soln}(q) + I_{ex}(q) \tag{3}$$

である。ここで，qは散乱ベクトルの絶対値であり，中性子の波長λ，散乱角2θを用いて$q = (4\pi/\lambda)\sin\theta$と表される。図3はポリ（N-イソプロピルアクリルアミド）（PNIPA）溶液とゲルの小角中性子散乱強度分布の例である[8]。$q \leq 0.7$ nm^{-1}でゲルの不均一性に起因する過剰散乱$I_{ex}(q)$が顕著になる。$I_{soln}(q)$については，準希薄系高分子溶液の散乱関数としてよく使われるローレンツ型の散乱関数，

$$I_{soln}(q) = \frac{I_{soln}(0)}{1 + \xi^2 q^2} \tag{4}$$

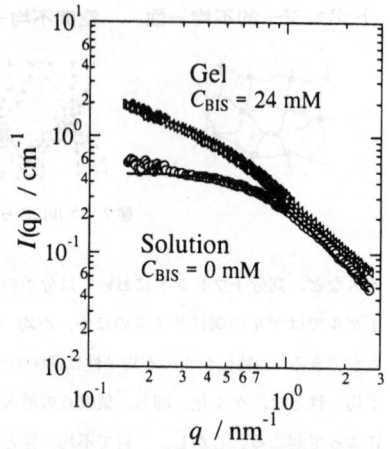

図3　ゲルと対応する高分子溶液の散乱関数比較

を用いることが多い。ここでξは相関長と呼ばれる量で，濃度揺らぎの相関がおよぶ距離である。系が相分離（白濁）点から十分離れたところにいるときにはξは網目の大きさと思えばよい。一方，$I_{ex}(q)$についてはさまざまな関数が提案されている。たとえば，伸張指数型関数

$$I_{ex}(q) = I_{ex}(0)\exp\left[-(q\Xi)^\alpha\right] \quad (\alpha\text{は伸張指数，}\Xi\text{は不均一性の特性長}) \tag{5}$$

やデバイービュッケ型の散乱関数

$$I_{ex}(q) = \frac{I_{ex}(0)}{(1 + b^2 q^2)^2} \quad (b\text{は不均一性の特性長}) \tag{6}$$

などがある[9]。一般的には，実験により散乱関数を求め，それと理論散乱関数を比較検討することで，ξやΞなどのゲルの構造パラメタを求めることが散乱研究である。ゲルからの散乱についてのより詳しい解説は参考文献を参照されたい[9,10]。

ところで，中性子散乱から有益な情報を得るためには，観たいものと媒体との間にしかるべきコントラストがないといけない。それは散乱強度がコントラストの2乗に比例するからである。式で書くと

$$I(q) = (\rho_P - \rho_M)^2 S(q) \tag{7}$$

となる。ここでρ_P, ρ_Mはそれぞれ粒子（ポリマー；P），溶媒（マトリクス；M）の散乱長密度である。また$S(q)$は構造因子であり，散乱の種類によらず，系の構造を記述する関数である。ρ_P, ρ_Mをあらかじめ見積もってみよう。分子（もしくはモノマー単位）あたりの散乱長は，分子（モノマー）を構成する各原子の散乱長の和で表され，

第10章 中性子散乱

$$b = b_{\text{molecule}} = \sum_i n_i b_{\text{atom, i}} \tag{8}$$

となる。ここでnは分子（モノマー単位）内での原子iの個数である。たとえばベンゼンの散乱長b_{benzene}は

$$b_{\text{benzene}} = 6b_{\text{H}} + 6b_{\text{C}} = 6 \times (-3.739 \times 10^{-13}) + 6 \times (6.646 \times 10^{-13}) \text{ [cm]}$$
$$= 17.442 \times 10^{-13} \text{ [cm]} \tag{9}$$

というように，簡単に計算できる。ところで式（7）にあるように実際に必要なのは散乱長を分子体積v_iで割った散乱長密度であり，

$$\rho_i = \sum_i b_i / v_i \quad (\text{i = P または M}) \tag{10}$$

で与えられる。散乱長のデータは中性子散乱の成書にあるが，下記のWebページから得ることができる。

http://www.ill.fr/YellowBook/D4/n-lengths.html

このWebページを見ると，水素原子が非常に大きな非干渉性散乱断面積を持っていることがわかる。また，アメリカ商務省標準技術研究所（NIST）のWebページに，散乱長のみならず散乱断面積が計算できるサイトがあり，化学式や密度を代入するだけで簡単に見積もることができるので興味のある方は一度そのサイトを訪問することを勧めたい（http://www.ncnr.nist.gov/resources/sldcalc.html）。

2.1.4 装 置

現在，日本で実施可能な小角中性子散乱研究装置は，日本原子力研究所（原研）東海研究所内に設置されたSANS-U（東大物性研所有）とSANS-J（原研所有），それにつくばにある高エネルギー加速器研究機構のSWANである。ここでは筆者が担当しているSANS-Uについて，装置の概要を説明する[2]。

図4はSANS-Uの平面模式図である。左から，速度選別器，ガイドチューブ（ピンホールコリメーション），試料，真空パス，検知器の順で並んでいる。全長約30mの巨大装置である。速度

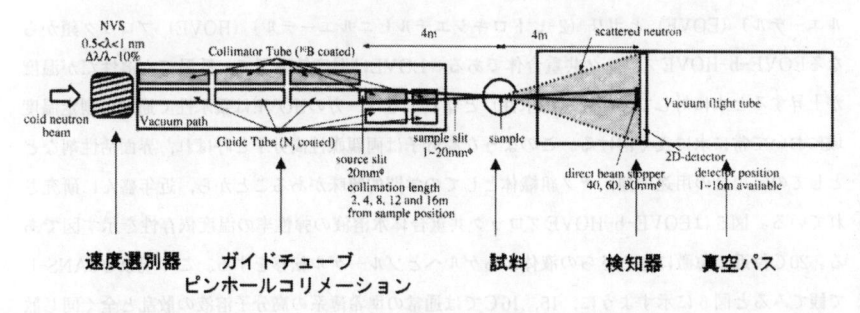

図4 SANSUの光学系

選別器は中性子が有限速度で飛行するため，高速回転する羽根で望む波長の中性子だけを取り出す．SANS-Uでは7Åを標準波長としている．ガイドチューブは光ファイバーと同じ原理で全反射を利用して中性子の強度の減衰を少なくして導く働きがある．ピンホールコリメーションは中性子ビームを絞る役目を果たしている．試料は固体でも液体でもよい．試料の大きさはビーム径の直径約0.5cm以上であれば良く，厚みは1～2mmが適当である．液体試料の場合，中性子に対して透明な石英セルが通常使われる．これは紫外・可視分光に用いる通常の光学セルで代用可能である．散乱した中性子線は真空パス内で検知器に到達し，2次元情報として記録される．測定時間は試料のコントラストにより様々で，10分から2時間程度である．短時間露光の予備実験や透過率測定から測定時間を見積もる．

3 使う：最新動向

中性子散乱の原理や概要などがわかったところで，中性子散乱を用いたゲル研究の最新動向について述べる．筆者は東海村にて小角中性子散乱の全国共同利用の世話をしている関係上，小角中性子散乱の研究動向が比較的わかる立場にある．ここ数年間でのゲルに関係した申請としては，ブロック共重合体の相分離を伴うゲル化機構の研究，せん断場でのポリビニルアルコールゲルの構造変化，圧力誘起相分離，高分子―クレイナノコンポジット型ゲルの構造解析，水―アルコール混合溶媒中での長鎖カルボン酸系ゲルの構造解析，ゲル微粒子の構造解析，有機ゲル化剤の研究，耐熱性ポリイミドゲルの構造解析，などがある．以下にそのいくつかを紹介する．

3.1 水溶性ブロック共重合体の物理ゲル化[11]

環境敏感型と水溶性のブロック鎖からなるブロック共重合体では，環境の変化に応じて，均一溶液から物理ゲルを可逆的に形成させることができる．例として，ポリ（2-エトキシエチルビニルエーテル）（EOVE）とポリ（2-ヒドロキシエチルビニルエーテル）（HOVE）ブロック鎖からなるEOVE-b-HOVEブロック共重合体である．EOVEは温度敏感型で，低温で水溶性だが温度が上昇すると水に対して非溶性（疎水性）となる．もう一方のHOVEは親水性で通常の測定温度域において常に水に良く溶ける．このような高分子は両親媒性高分子と呼ばれ，界面活性剤などとしての実用上の用途の他，ナノ組織体としての学問的興味があることから，近年盛んに研究されている．図5はEOVE-b-HOVEブロック共重合体水溶液の弾性率の温度依存性を示す図である．20℃付近で急激にさらさらの液体からゲルへとゾル―ゲル転移をする．この現象をSANS-Uで観てみると図6に示すように，15，16℃では通常の準希薄系の高分子溶液の散乱と全く同じ散乱関数だが，17℃になると突然，散乱関数にピークが現れる．そのピークは温度の上昇につれ，

第10章 中性子散乱

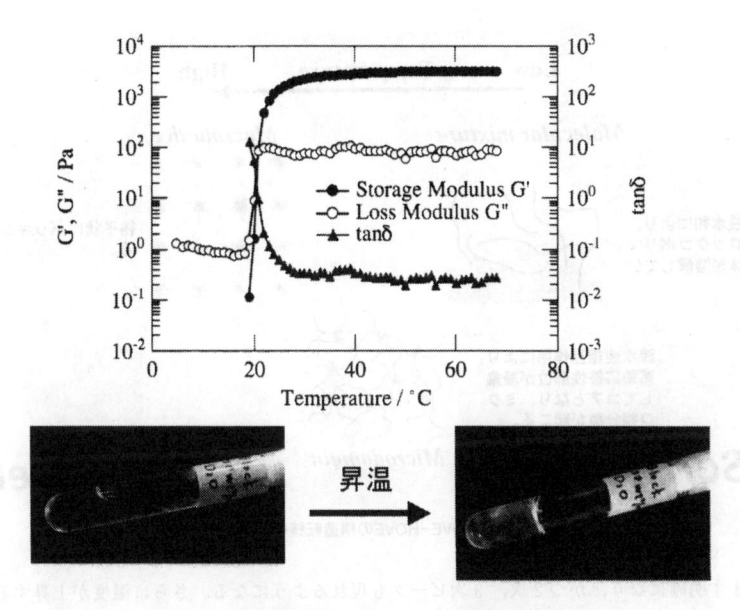

図5 ゲル化による力学的性質の変化
G', G", tanδ はそれぞれ貯蔵,損失弾性率,損失正接

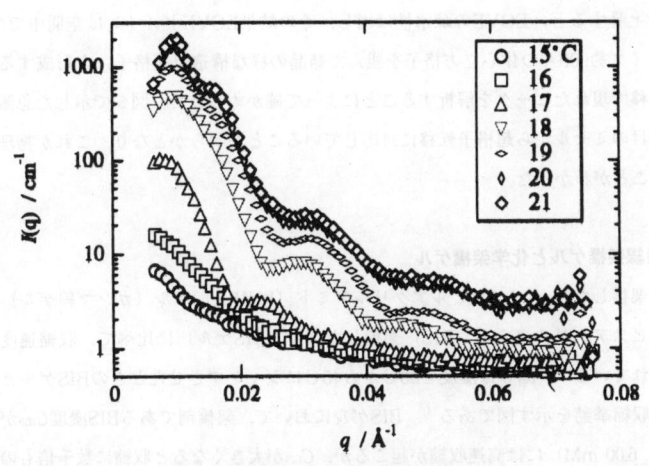

図6 EOVE-b-HOVEのSANS強度関数

303

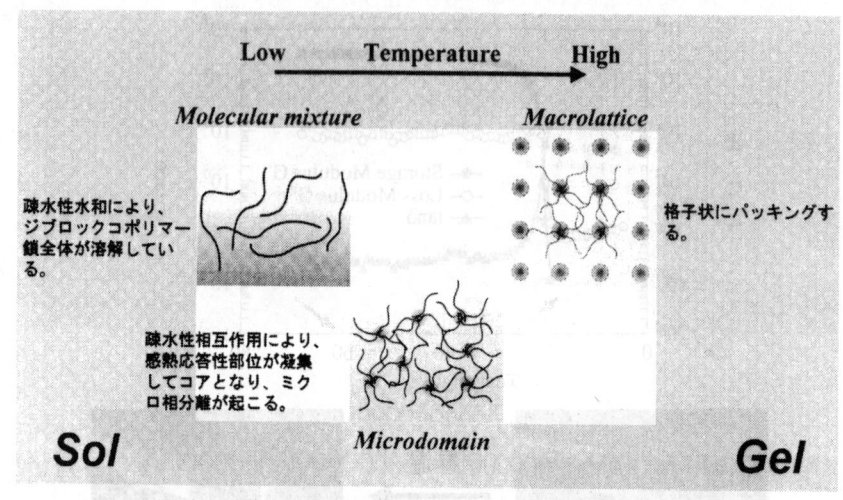

図7 EOVE-HOVEの構造転移のモデル

ますます明確になり、かつ2次、3次ピークも現れるようになる。さらに温度が上昇すると、20℃から21℃にかけて1次ピークがさらに分化する2つ目の転移が観測された。これら2つの転移は図7に模式的に示すような構造転移であることが結論づけられた[12]。最初の転移は均一溶液からミセルへの転移であり、EOVEが疎水的となり球状のドメインを形成する。ここで出来るミセル構造は相分離が「ミクロ」な次元で起こることからミクロ相分離構造とも呼ばれている。温度がさらに上昇すると、EOVEの疎水性は増し、その結果EOVEドメインは空間中で半径約200Å、格子サイズ約900Åの体心立方格子を組んだ結晶の様な構造（超格子）を形成する。それは2つ目の転移で現れたピークを解析することによって確かめられた。図5で示した急激な粘度の変化は2つ目のミセルから超格子転移に対応していることが明らかとなり、これが物理ゲル化の原因であることがわかった。

3.2 放射線架橋ゲルと化学架橋ゲル

ガンマ線架橋したN-イソプロピルアクリルアミド（PNIPA）ゲル（ガンマ線ゲル）は、通常のメチレンビスアクリルアミド（BIS）架橋したゲル（BISゲル）に比べて、収縮速度が速いことが報告されている[13]。図8は温度を20℃から45℃にジャンプさせたときのBISゲルとガンマ線架橋ゲルの収縮挙動を示す図である[14]。BISゲルにおいて、架橋剤であるBIS濃度C_{BIS}が低いとき（C_{BIS} = 4.31, 6.00 mM）には高速収縮が起こるが、C_{BIS}が大きくなると収縮に数千倍もの膨大な時間がかかるようになる。ガンマ線ゲルにおいても、平衡膨潤状態でのガンマ線ゲルの膨潤度が

第10章 中性子散乱

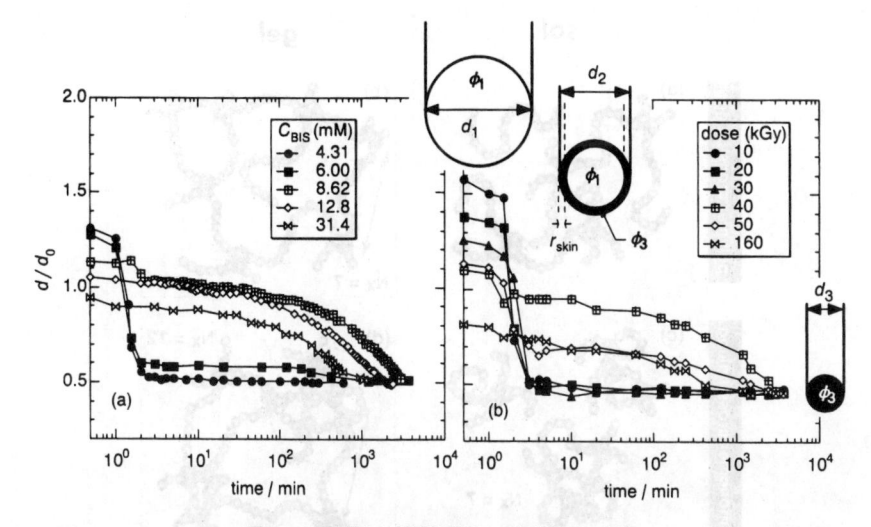

図8 BIS架橋と放射線架橋ゲルの収縮挙動の比較

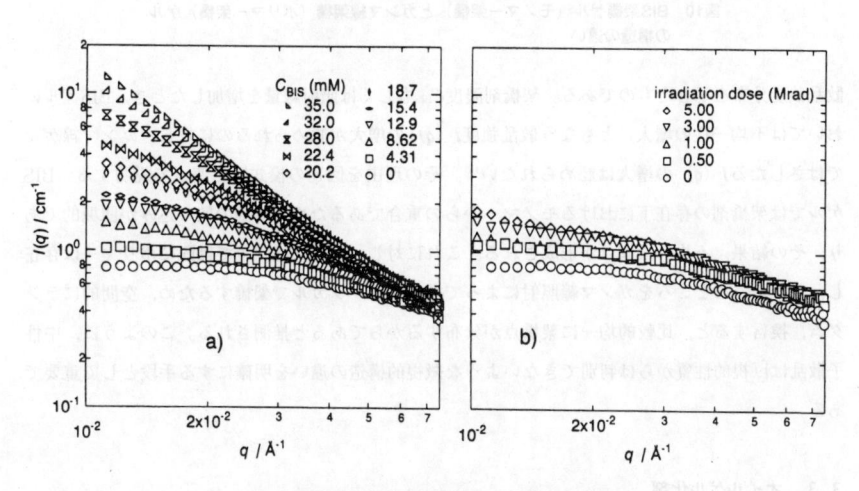

図9 BIS架橋と放射線架橋ゲルの散乱関数の比較

BISゲルのそれに比べて大きいほかは，BISゲルと同様の挙動を示す。ところが，これら2種のゲルの微細構造は全く異なっていることがわかった。どちらのゲルにおいても高架橋試料において2段階の収縮挙動を示しているが，それは挿入図にあるように，これらのゲルにおいてスキン層が形成されるためと考えられる。図9は（a）BISゲルおよび（b）ガンマ線ゲルの小角中性子

高分子ゲルの最新動向

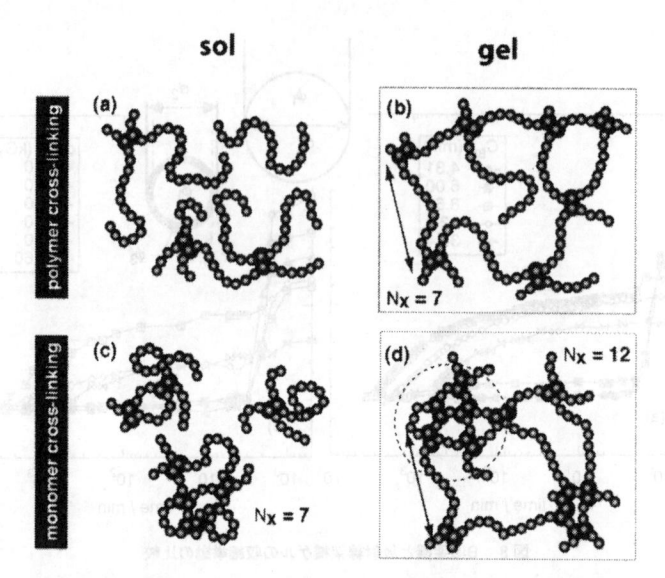

図10 BIS架橋ゲル（モノマー架橋）とガンマ線架橋（ポリマー架橋）ゲルの構造の違い

散乱強度分布を示したものである。架橋剤濃度C_{BIS}もしくは照射線量を増加したとき，BISゲルにおいては不均一性の増大にともなう散乱強度$I(q)$の増大が認められるのに対し，ガンマ線ゲルではさしたる$I(q)$の増大は認められない[15]。その理由を図10の模式図を使って説明する。BISゲルでは架橋剤の存在下におけるモノマーからの重合であるため架橋剤の取り込みが団塊的であり，その結果，不均一な網目が形成される。これに対し，ガンマ線ゲルでは既にポリマーは存在し，そのところどころをガンマ線照射によって発生するラジカルで架橋するため，空間的にランダム，換言すると，比較的均一に架橋点が分布するからであると推測される。このように，中性子散乱は巨視的性質からは判別できないような微視的構造の違いを明確にする手段として重要である。

3.3 オイルゲル化剤

本書においても，1章3節においてオイルゲル化剤の解説があるように，タンカーから流れ出た原油の回収や廃油処理，潤滑油の長時間保持などに応用されるオイルゲル化剤は最近，非常に注目されるようになってきた。中性子散乱でもこうしたゲル化剤の構造やゲル化機構の研究が始まっている。

図11は英らによって調製されたコード名P-1というオイルゲル化剤の重水素化ジメチルスルホ

第10章　中性子散乱

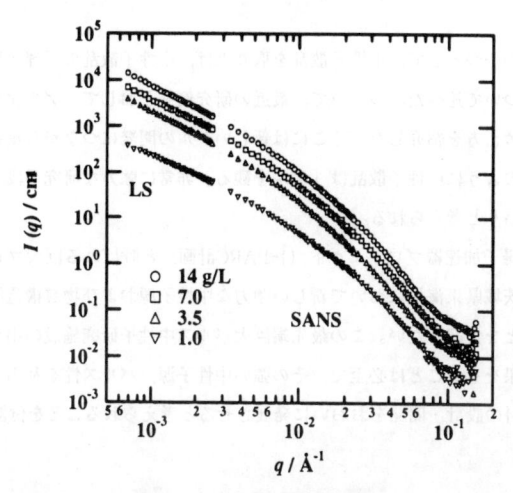

図11　オイルゲル化剤の散乱関数

キシド溶液の散乱関数である。60℃以上の高温では全く構造がないが、温度を低下すると40℃付近で突然散乱強度が上昇して、図に示すような散乱強度分布となる[16]。よりqの小さいところの散乱関数は光散乱（LS）によって得られているが、これらのデータにより1.4～1.6のフラクタル次元をもつ構造体が出現することがわかる。ゲル化濃度によらず、散乱強度を濃度で規格化すると、一つのマスターカーブが得られることがわかった。このことは、ゲルが枝分かれした針状結晶のような形をして成長するいわゆる樹木的な構造であることが推察される。実際、この構造は顕微鏡写真の結果ともよく一致する。

3.4　その他のゲル

その他、荷電を含むゲルにおいては、ゲルが貧溶媒におかれるとミクロ相分離様の特徴的な長周期が観測される。この構造についても中性子散乱は多くの成果をあげている[9,17,18]。最近、アクリルアミドやポリビニルアルコールゲルなどのような合成ゲル、ゼラチンやカラギーナンなどの天然ゲルなどといった従来型のゲルに加えて、新しいタイプのゲルがつぎつぎと開発されてきている。上述の例以外にも本書でもとりあげられているゲルのなかで、粘土と高分子のナノコンポジットからなるナノコンポジットゲル（2章2節）、可動架橋点をもつトポロジカルゲル（2章3節）などは中性子散乱実験に付され、現在、構造と機能の相関について研究が進んでいる。それらについてはまた別の機会に紹介したい。

3.5 おわりに

ゲルを観る手段の一つとして、中性子散乱を取り上げ、中性子散乱の原理と理論、中性子散乱の実験方法などについて述べた。つづいて、最近の研究例をとおして、ゲル化の機構、ゲルの構造について最近の考え方を紹介した。そこには新しいゲルの開発につながる重要な知見が多く見つかっている。このように中性子散乱は「ゲルを観る」非常に強力な研究手段として、今後、ますます利用されていくと考えられる。

最後に、大強度陽子加速器プロジェクト（J-PARC計画）と呼ばれる巨大プロジェクトが国によって認可され、茨城県東海村において新しい強力な中性子源および物質構造解析研究施設の建設が進んでいることを付記したい。この最先端巨大パルス中性子研究施設の出現は、高分子科学にも大きな波及効果をもつことは必至で、その強い中性子源、パルス性を利用した高分子ナノサイエンス、新規材料の設計・開発をおおいに発展させると考えられることを付記しておく[19]。

文　献

1) 星埜禎男編, 中性子回折, 実験物理学講座22, 共立出版（1976）
2) 野田, 松下, 今井, 新高分子実験学, 3.2, 中性子弾性散乱, 共立出版（1997）
3) J. S. Higgins, H.C. Benoit, Polymers and Neutron Scattering, Oxford, Claredon Press（1994）
4) 柴山充弘, 表面, **29**, 374（1991）
5) 一階文良, 柴山充弘, 高分子加工, **48**, 4155（1999）
6) 柴山充弘, 高分子, **48**, 78（1999）
7) 柴山充弘, 機能材料, **19**, 7, シーエムーシー出版（1999）
8) M. Shibayama, T. Norisuye, F. Ikkai, *J. Phys. Soc. Jpn.*, **70**, Suppl. A, 306（2001）
9) M. Shibayama, Multi-Phases in Polymeric Gels, "Structure and Properties of Multi-Phase Polymeric Materials", T. Araki, Q. Tran-Cong, and M. Shibayama Eds., Marcel Dekker, 1998, Chapt. 6, pp. 195
10) J. P. Cohen Addad, "Physical Properties of Polymer Gels", John Wiley, New York（1996）
11) S. Okabe, S. Sugihara, *et al., Macromolecules*, **35**, 8139（2002）
12) 青島貞人, 柴山充弘, パリティ, **18**, 24（2003）
13) R. Kishi, O. Hirasa, *et al., Polym. Gels and Networks*, **5**, 145（1997）
14) T. Norisuye, *et al., Macromolecules*, **36**, 6202（2003）
15) T. Norisuye, *et al., Polymer*, **43**, 5281（2003）
16) S. Okabe, *et al., J. Polym. Sci., Polym. Phys. Ed.*, in press.
17) 柴山充弘, 繊維学会誌, **52**, 409（1996）

18) 柴山充弘, 表面, **37**, 20 (1999)
19) 柴山充弘, 高分子, **53**, 94 (2004)

第11章 液晶ゲル・相転移挙動を中心として

浦山健治*

1 はじめに

ゲル網目構造にメソゲン基を有する液晶ゲルは，液晶性とゲルの性質を併せ持つハイブリッド材料である。液晶の異方的な力学，光学および電気特性とゲルのゴム弾性，膨潤特性のカップリングは，興味深い物理化学現象の発現だけでなく，新しい機能性の創出につながることが期待されている。ここでは，主としてサーモトロピック系液晶ゲルの合成および相転移を中心とした物性について述べる。リオトロピック系[1]，水素結合系[2]などの液晶ゲルについても興味深い研究があるが，ここでは紙面の制約上割愛する。

2 みる

2.1 液晶ゲルの合成

液晶ゲルは，メソゲン基がゲル網目の主鎖部もしくは側鎖部にあるかによって主鎖型あるいは側鎖型に大別されるが（図1），主鎖と側鎖の双方にメソゲン基をもつ場合もある。合成の容易さのため，側鎖型液晶ゲルを用いた研究が多く，メソゲンやゲル骨格の化学構造は多種に渡る。

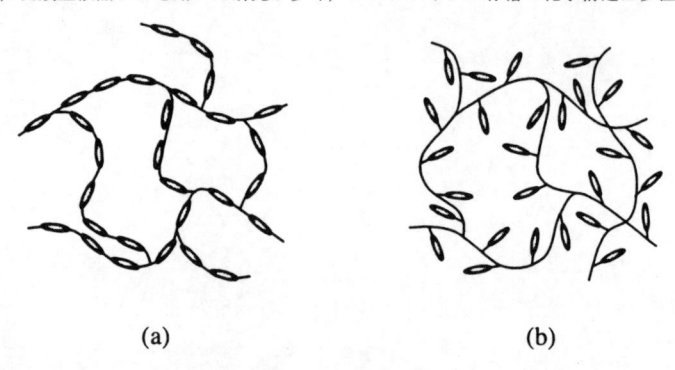

図1 (a) 主鎖型および (b) 側鎖型液晶ゲルの模式図

---

* Kenji Urayama　京都大学大学院　工学研究科　材料化学専攻　講師

第11章 液晶ゲル・相転移挙動を中心として

図2 液晶ゲル合成に用いる液晶モノマーと架橋剤の例

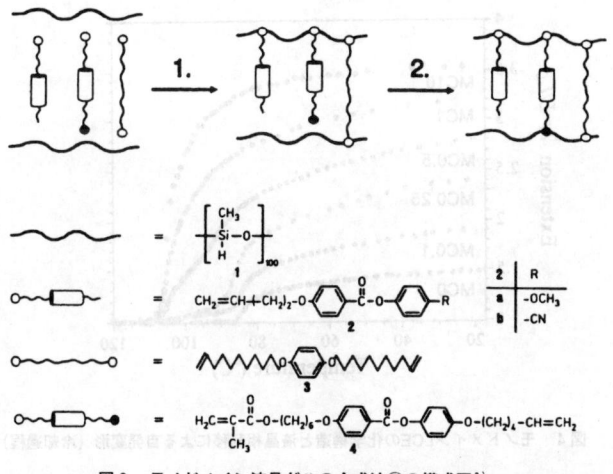

図3 モノドメイン液晶ゲルの合成法①の模式図[3]

一例を挙げれば,図2に示すような反応性液晶モノマーI,架橋剤IIを用いれば,ラジカル重合によって側鎖型液晶ゲルを作製することができる。メソゲン濃度を下げるためには,スチレンモノマーなどの非液晶性モノマーが共重合される。

液晶相で架橋を行っても液晶配向に関して工夫がなければ,生成した液晶ゲルはポリドメイン構造(多数の液晶ドメインがランダム配向した構造)となる。ポリドメイン構造の液晶ゲルは,液晶性は示すが巨視的な液晶配向は通常示さない。巨視的な配向を得るには,液晶分子が同一方向に配向したモノドメイン構造が必要となる。モノドメイン液晶ゲルの作製法は,これまでに数種類報告されている。①架橋反応を二段階で行い,第一段階で少数の架橋を導入し系をゴム状とし,それを一軸伸張して液晶配向させた状態で第二段階の架橋反応を行う方法[3](図3),②ラビングなどの表面処理したガラスセル内での架橋反応[4],③磁場配向下での架橋反応[5]などである。

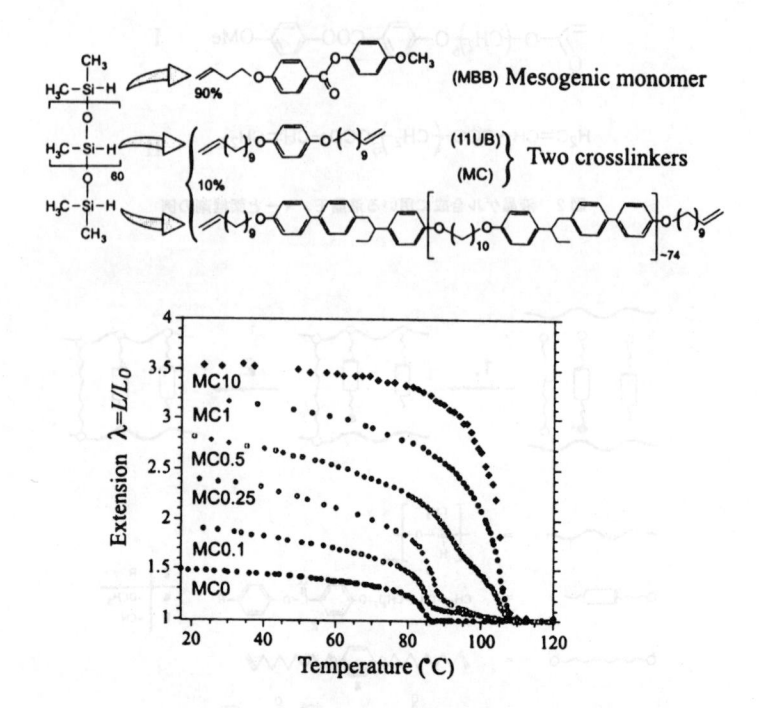

図4 モノドメインLCEの化学構造と液晶相転移による自発変形（冷却過程）[8]

2.2 液晶ゲルのキャラクタリゼーション

液晶ゲルの液晶相のキャラクタリゼーション（相観察，相転移温度，転移熱など）には，通常の液晶材料の場合と同種の手法が用いられる。代表的な手法は，ホットステージを用いた偏光顕微鏡観察および示差熱量測定（DSC）である。各手法については，良書[6,7]を参考にされたい。

3 つかう

3.1 液晶相転移に伴う液晶エラストマーの自発変形

上記の方法で作成されたモノドメイン液晶ゲルは，ガラス転移温度以上でのゴム弾性挙動に注目が集まっていることから，液晶エラストマー（LCE, Liquid Crystalline Elastomer）と呼ばれることも多い。このLCEの最も興味深い挙動は，液晶相転移によって自発的な大変形を示すことである。Terentjevら[8]によって報告されたモノドメインLCEの自発変形挙動を図4に示す。

第11章 液晶ゲル・相転移挙動を中心として

彼らは，図中の液晶モノマー，架橋剤を用いて，主鎖および側鎖にメソゲン基をもつモノドメインLCE を前項の①の方法で作製した。降温によって等方相からネマチック相に転移すると，LCEは液晶の配向方向に大きく伸び，配向と垂直方向には縮み（体積は一定のまま），その軸比は最大で3を超えることがわかる。ネマチック相へ転移すると，等方相でランダムに配向していた液晶基が架橋時に導入されたネマチック配向を示し，それがゲルの巨視的な変形として現れる。この相転移挙動は熱可逆的であり，昇温によってネマチック相から等方相へ転移すると，上記の逆過程で自発変形が起こる。このように，架橋時に巨視的なネマチック配向をゲルに"記憶"させることに成功している。また，液晶相転移が一次相転移にもかかわらず，それに伴う自発変形が不連続でなく連続的に起こっている点も興味深い。この現象の理論的解釈は活発な議論を呼んでいる[9,10]。

このような自発変形によって発生する張力を利用して，LCEを人工筋肉などのソフトアクチュエータへ応用しようとする試みがある。図5に一定荷重下でのモノドメインLCEの相転移時の自発変形挙動を示す[11]。このLCEの場合，等方相への転移で発生する配向方向の収縮力は約300kPaと見積もられている。

以上は自発変形が温度によって起こるLCEであるが，光異性化反応を利用して光照射によって変形するLCEが報告されている[12〜14]。これらのLCEでは，光異性化を示すアゾベンゼン部位がメソゲン基に導入されている。図6にKellerら[13]によって報告されたモノドメインLCEの光変形挙動を示す。LCEは図中のmonomer 1とアゾベンゼン部位を有するmonomer 2の共重合を前項の②の方法で行うことによって作製されている。monomer 2を25mol%含むLCEの場合，100 mWcm^{-2}の紫外線照射によって配向方向のサイズが約17%収縮し，応答時間は13秒程度と報告されている。光照射時のアゾベンゼン部位のトランス—シス異性化によって液晶性が失われ，自発変形を生じると考えられている。光は温度よりも制御しやすいためデバイスとしての応用範囲が広く，またこれらのLCEは溶媒を含まないdry系のため,dry系の光変形材料として期待されている。

3.2 液晶相転移に伴う液晶ゲルの体積相転移

前項では，溶媒を含まないdry系の液晶ゲルの相転移挙動について解説したが，本項では溶媒で膨潤したwet系の液晶ゲルの相転移挙動について述べる。他章で詳述されているように，N-イソプロピルアクリルアミドゲルに代表される等方性ゲルは，温度，pH などの外部環境の微小変化によって不連続的な大きな体積変化（体積相転移）を示すことが知られている。最近，溶媒で膨潤した液晶ゲルが液晶相転移に伴って体積相転移を示すことが明らかになってきた[15〜18]。図7に，図2の液晶モノマーI（90mol%），スチレンモノマー（10mol%）の共重合によって作製された液晶ゲルの4種の等方性溶媒（di-n-alkyl phthalateの同族体）中での平衡膨潤挙動を示す[18]。

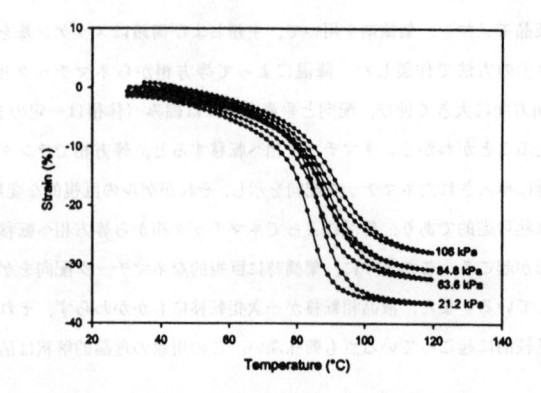

図5 一定荷重下のモノドメインLCEの液晶相転移による自発変形（昇温および冷却過程）[11]

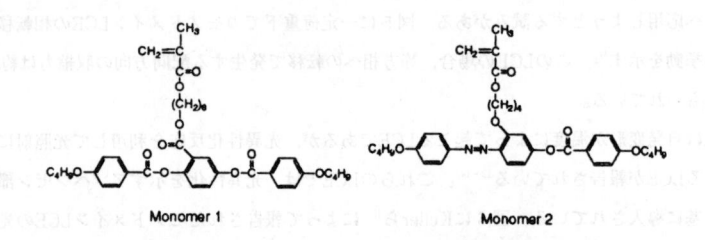

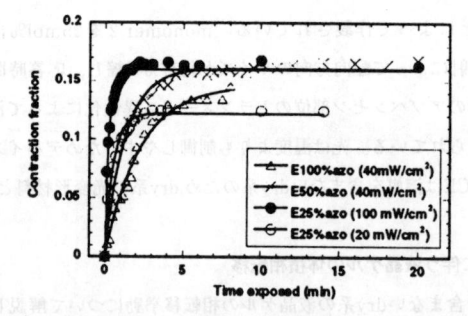

図6 アゾベンゼン部位をもつ液晶モノマーを用いたLCEの光変形挙動[13]

di-n-buthyl phthalate（DBP）およびdi-n-amyl phthalate（DAP）中では，降温すると温度T_{NI}^Gでゲルは等方相からネマチック相に転移し，同時に体積が相転移前の約30%（DBP）あるいは約50%（DAP）まで不連続的に減少することがわかる。これは，ゲルの液晶相転移が体積相転移を引き起こすことを示している。また，T_{NI}^Gは溶媒によって変化しているが，等方相での平衡膨潤度が大きいほど，すなわちゲル中の溶媒の含率が多いほどT_{NI}^Gは低くなっており，非液晶性の溶

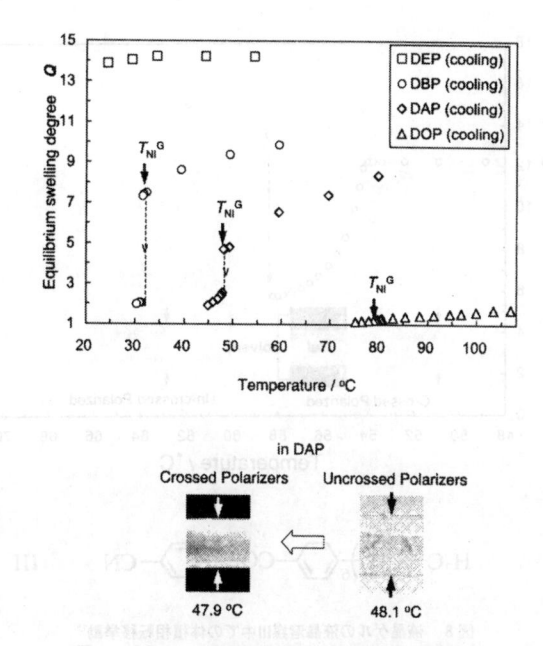

第11章 液晶ゲル・相転移挙動を中心として

図7 液晶ゲルの等方性溶媒中での体積相転移挙動[18]

媒による液晶性の希釈効果のためと解釈できる。

膨潤溶媒に低分子液晶を用いた場合も，興味深い膨潤挙動が観察される。図8に液晶モノマーIから作製された液晶ゲルの低分子液晶III中での平衡膨潤挙動を示す[15]。系にはゲル内部の液晶相転移温度T_{NI}^Gおよびゲル外部の純液晶溶媒の相転移温度T_{NI}^Sの独立した2つの転移温度が存在する。このため，各液晶の相状態によって，系全体が等方相（$T > T_{NI}^G$），系全体がネマチック相（$T < T_{NI}^S$），ゲル内部はネマチック相でゲル外部は等方相（$T_{NI}^S < T < T_{NI}^G$）という特徴的な3つの温度領域が現れる。ここで，$T < T_{NI}^G$のゲル内部は，メソゲン基と液晶溶媒が単一ネマチック相を形成しており，液晶ゲルと液晶溶媒の可溶な混合液晶系となっていることに注意したい。図からわかるように，膨潤度の温度依存性は，液晶の相挙動と密接に関連している。系全体が等方相あるいはネマチック相の場合，膨潤度は温度にほとんど依存しないが，T_{NI}^Gでゲル内部のネマチック転移が起こると前述の等方性溶媒の場合と同様に，不連続な体積減少が起こる。T_{NI}^Gよりも降温していくと，ゲルの膨潤度は再び増加していき，T_{NI}^S近傍では$T > T_{NI}^G$と同程度までに回復する。T_{NI}^Sでゲル外部のネマチック転移が起こるが，ゲルの体積は連続的に変化し，膨潤度―温度曲線に変曲点を生じる。IやIIIと異なるメソゲン基や液晶溶媒の場合でも，また両者が同じ化学構造の場合でも，図8の膨潤挙動の特徴は同様に観察されることから，液晶ゲル／液晶溶媒

315

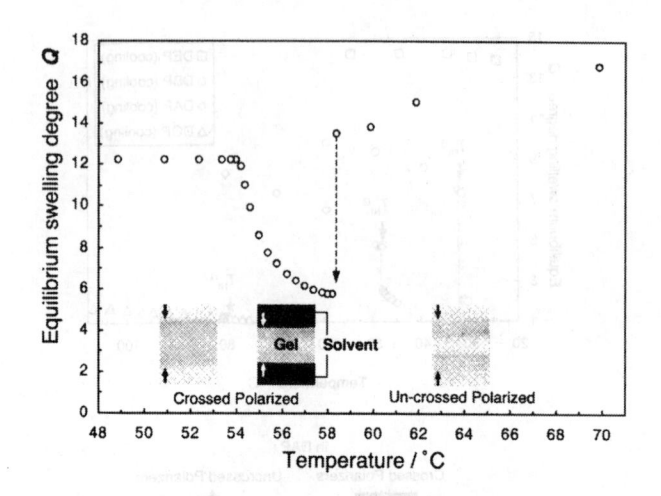

図8 液晶ゲルの液晶溶媒III中での体積相転移挙動[15]

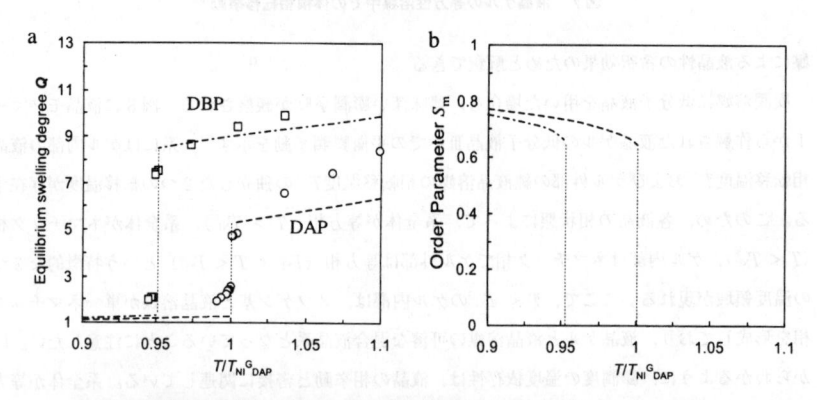

図9 液晶ゲルの等方性溶媒中での体積相転移挙動と平均場理論の予測の比較[18]
(a) 平衡膨潤度；(b) 平衡膨潤度と同時に計算される配向オーダーパラメータ

系に普遍的な特徴といってよい[16]。

以上の結果から，液晶ゲルの膨潤度の温度依存性は，液晶の配向度によって主に支配されていると考えられる。実験結果を液晶ゲルの平均場理論[19〜22]の予測と比較した結果を図9および図10に示す。理論の詳細は省くが，等方性ゲルの膨潤理論と大きく異なるのは，ゲルの弾性エネルギ

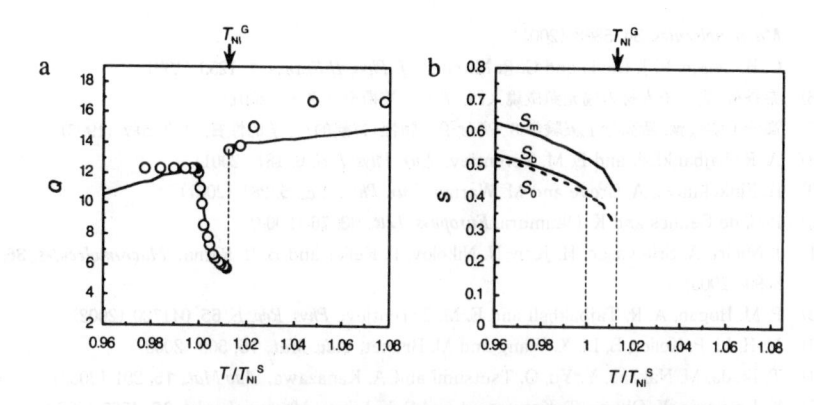

第11章 液晶ゲル・相転移挙動を中心として

図10 液晶ゲルの液晶溶媒中での体積相転移挙動と平均場理論の予測の比較[16]
(a) 平衡膨潤度；(b) 平衡膨潤度と同時に計算される配向オーダーパラメータ
(S_m: ゲルのメソゲン； S_o: ゲル内部の液晶溶媒； S_b: ゲル外部の液晶溶媒)

一にネマチック性が考慮されていること，および各液晶分子のネマチック秩序化のエネルギーが導入されていることである．図からわかるように，理論の予測は実験結果を等方性溶媒系および液晶溶媒系ともによく再現する．ゲル内部のネマチック転移（配向オーダーパラメータS_mおよびS_oのジャンプ）は不連続的な大きな体積減少を引き起こすこと，および$T_{NI}^S < T < T_{NI}^G$での再膨潤はゲル内部の配向度の増加（S_mおよびS_oの増加）によって誘起されること，が熱力学的に示されている．また，ゲルの内部と外部で配向度に差がない$T > T_{NI}^G$および$T < T_{NI}^S$では，膨潤度の温度依存性は小さく，両温度領域の膨潤度に大きな差はないことなども再現されている．この理論の予測と実験結果の一致は，液晶の配向度がゲルの膨潤度の温度依存性の支配因子であることを裏付ける．

文　　献

1) 岸良一，機能性高分子ゲルの開発技術，第2章，長田善仁，王林監修，シーエムシー出版 (1995)
2) 加藤隆史，液晶, **4**, 4 (2000)
3) J. Küpfer and H. Finkelmann, *Makromol. Chem., Rapid Commun.*, **12**, 717 (1991)
4) D. L. Thomsen III, P. K. Keller, J. Naciri, R. Pink, H. Jeon, D. Shenoy and B. R. Ratna,

Macromolecules, **34**, 5868 (2001)
5) C. H. Legge, F. J. Davis and G. R. Mitchell, *J. Phys. II France*, **1**, 1253 (1991)
6) 粟谷裕, 高分子素材の偏光顕微鏡入門, アグネ技術センター (2001)
7) 高分子学会編, 新高分子実験学 8, 高分子の物性(1)熱的・力学的性質, 共立出版 (1997)
8) A. R. Tajbankhsh and E. M. Terentjev, *Eur. Phys. J. E*, **6**, 181 (2001)
9) H. Finkelmann, A. Greve and M. Warner, *Eur. Phys. J. E.*, **5**, 281 (2001)
10) P.-G. de Gennes and K. Okumura, *Europhys. Lett.*, **63**, 76 (2003)
11) J. Naciri, A. Srinivasan, H. Jeon, N. Nikolov, P. Keller and B. R. Ratna, *Macromolecules*, **36**, 8499 (2003)
12) P. M. Hogan, A. R. Tajbakhsh and E. M. Terentjev, *Phys. Rev. E*, **65**, 041720 (2002)
13) M.-H. Li, P. Keller, B. Li, X. Wang and M. Brunet, *Adv. Mat.*, **15**, 569 (2003)
14) T. Ikeda, M. Nakano, Y. Yu, O. Tsutsumi and A. Kanazawa, *Adv.Mat.*, **15**, 201 (2003)
15) K. Urayama, Y. Okuno, T. Kawamura and S. Kohjiya, *Macromolecules*, **35**, 4567 (2002)
16) K. Urayama, Y. Okuno, T. Nakao and S. Kohjiya, *J. Chem. Phys.*, **118**, 2903 (2003)
17) Y. Okuno, K. Urayama and S. Kohjiya, *J. Chem. Phys.*, **118**, 9854 (2003)
18) K. Urayama, Y. Okuno and S. Kohjiya, *Macromolecules*, **36**, 6229 (2003)
19) M. Warner and X. J. Wang, *Macromolecules*, **25**, 445 (1992)
20) X. J. Wang and M. Warner, *Macromol. Theory Simul.*, **6**, 37 (1997)
21) A. Matsuyama and T. Kato, *J. Chem. Phys.*, **114**, 3817 (2001)
22) A. Matsuyama and T. Kato, *J. Chem. Phys.*, **116**, 8175 (2002)

第12章　熱測定・食品ゲル

西成勝好[*]

1　はじめに[1,2]

　示差走査熱量計（DSC）の普及に伴い，急速に比熱容量測定が活発に行われるようになった。比熱容量とは単位質量（1kg）の物質の温度を1K上昇させるのに必要な熱量（J）である。したがって，比熱容量の単位はJ・kg^{-1}・K^{-1}である。比熱容量とその物体の質量の積（単位はJ・K^{-1}）はその物体の熱容量と呼ばれる。つまり，熱容量とはその物体のあたたまりにくさあるいは冷えにくさを表すといえる。熱容量Cが大きいほど温度を上昇あるいは下降させるのに多くの熱量を必要とするということである。

　DSCでは，縦軸に単位時間当たりに供給された熱量dq／dt，横軸に温度Tをとる。試料と基準物質とを一定の速度で昇温すると，双方の比熱が異なるため，どちらかに余計に熱量を供給しないと，双方の温度が同一のままで昇温していくことができない。試料に吸熱反応が起こると，試料側に流入する熱流束が基準物質側よりも多く，dq／dt>0となる。それゆえ，正のエネルギー入力であるから，吸熱の場合には上に凸の曲線となるようにするのが合理的であるが，慣習上（示差熱分析DTAとの整合性により）DSCの吸熱曲線は下に凸となるよう表示することが多いので注意を要する。いずれにせよdq／dt＝C dT／dtであるから，昇温DSC曲線（dT／dt >0）で観測されるアガロース，ゼラチンなどのゲル→ゾル転移に伴う吸熱ピークも，降温DSC曲線（dT／dt <0）で観測されるゾル→ゲル転移に伴う発熱ピークも，いずれも熱容量Cの極大と同等になる。

2　ゲル－ゾル転移の熱力学的解析法

2.1　ジッパーモデル[3]

　このようなゲル－ゾル転移の解析法として，ジッパーモデルによる方法が提案された。ゲルの架橋領域は二重（あるいは三重だったり一重だったりするが）らせん分子の会合，あるいはヘリ

---

[*]　Katsuyoshi Nishinari　大阪市立大学大学院　生活科学研究科　食・健康科学講座
　　食品プロセス科学分野　教授

図1　ジッパーモデル[3]

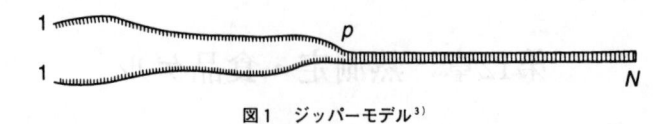

ックスに限らず剛直な分子とヘリックスの会合（たとえば，ガラクトマンナンとカラギーナンとのゲルについて提案されたような会合）からなっていると考えられている。架橋領域がこのような構造であるならば，ゲルの融解とは，温度上昇に伴って，ちょうどファスナー（チャック，ジッパー）が両端から開いていくような過程と考えることができる。この会合に関与する分子間力は水素結合などが主たるものと想像される。そうすると，ヘリックス—コイル転移あるいはデオキシリボ核酸（DNA）の融解について用いられたジッパーモデルが，ほとんどそのまま適用可能であろう。ここで，ジッパーモデルについて簡単に説明しておこう。N個の平行なリンクからなるジッパーを考える（図1）。

このジッパーは左端からしか開けることができず，しかもp番目のリンクはその左側のすべてのリンク1，2，…，$p-1$が開いていなければ開かないと仮定する。各々のリンクは2つの状態だけをとるとする。閉じているときはエネルギー0，開いているときはエネルギーεとする。そうすると，温度$T = \tau/k$（k：Boltzmann定数）の平衡状態にあるこの系の分配関数ζは表1を参照して，

$$\zeta = \sum_{p=0}^{N-1} \exp(-p\varepsilon/\tau) = 1 + x + x^2 + \cdots + x^{N-1}$$
$$= (1-x^N)/(1-x),　\quad (1)$$
$$(ここでx = \exp(-\varepsilon/\tau))$$

となる。

さて，リンクの回転の自由度に起因して，1つのリンクが開いているときに，g個の異なった状態をとりうるとしよう（同一のエネルギー準位にある状態がg個あるとき，このエネルギー準位はg重に縮退しているという）。そうすると，この場合には，

表1　ジッパーモデルの分配関数 ζ

開いているリンクの数	エネルギー	状態数	ζへの寄与
0	0	1	$\exp(-0/\tau)$
1	ε	1	$\exp(-\varepsilon/\tau)$
2	2ε	1	$\exp(-2\varepsilon/\tau)$
p	$p\varepsilon$	1	$\exp(-p\varepsilon/\tau)$
$N-1$	$(N-1)\varepsilon$	1	$\exp(-(N-1)\varepsilon/\tau)$

第12章 熱測定・食品ゲル

$$\zeta = 1 + g\exp(-\varepsilon/\tau) + g^2\exp(-2\varepsilon/\tau) + \cdots + g^{N-1}\exp\{-(N-1)\varepsilon/\tau\}$$
$$= \sum_{p=0}^{N-1} g^p \exp(-p\varepsilon/\tau)$$
$$= 1 + x + x^2 + \cdots + x^{N-1}$$
$$= (1-x^N)/(1-x), \quad ここで x = g\exp(-\varepsilon/\tau) \tag{2}$$

となる。

もし,ジッパーが両端から開けられるとすれば $(p+1)$ 個のリンク全部が開くのに $(p+1)$ 通りの方法があるので,

$$\zeta = \sum_{p=0}^{N-1} (p+1) g^p \exp(-p\varepsilon/\tau) \tag{3}$$

鎖が長いとき末端からの寄与は無視できるので,これは,

$$\zeta = 1 + 2x + \cdots + Nx^{N-1}$$
$$= (d/dx)(x + x^2 + \cdots + x^N)$$
$$= \{1-(N+1)x^N + Nx^{N+1}\}/(1-x)^2$$

ただし,
$$x = g\exp(-\varepsilon/\tau) \tag{4}$$

となる。

このような独立なジッパーが,$\mathcal{N}$ 個集まったものがゲルであるとしよう。そうすると,この系の分配関数 Z は,

$$Z = (\zeta)^{\mathcal{N}} \tag{5}$$

この系の熱容量 C は,

$$C = k\tau^2(\partial^2/\partial\tau^2)\ln Z + 2k\tau(\partial/\partial\tau)\ln Z \tag{6}$$

で与えられる。分子鎖が長いときは,末端の寄与を無視できるので簡単な計算ののち,

$$C/k = \mathcal{N}(\log(g/x))^2[2x/(1-x)^2 +$$
$$\{N(N+1)x^N\{-x^{N+1} + (N+1)x - N\}\}/\{1-(N+1)x^N + Nx^{N+1}\}^2] \tag{7}$$

ただし,$x = g\exp(-\varepsilon/\tau)$。

が得られる。この取扱いは容易に多成分系ゲルの場合に拡張できる。上の理論式の中のパラメーターの物理的意味について少し考えよう。g は回転の自由度であるから,ゲル濃度が増加すれば減少し,温度が増加すれば束縛がゆるんで増加するであろう。ほかのパラメーターを一定にして,g を増加させると,比熱の極大のピーク温度は低温側へ移動する。逆に g を減少させると,このピーク温度は高温側へ移動する。これは,ゲル濃度と融解温度との関係についての Eldridge-Ferry 式[4]の予測と一致する。また,ゲルからゾルへ転移するときは平均の g が大きくゲル状態における値 g_g で移行し,反対にゾルからゲルに転移するときはゾル状態における値 g_s で移行すると考えられよう。明らかに $g_g < g_s$ である。したがって,アガロースゲルの場合に見られるようなゲル→

ゾル転移の温度は，ゾル→ゲル転移の温度よりも高いというヒステリシス現象が理解される。

多数のジッパーの種類からなるゲルの場合には(7)式において，g，ε，NおよびN'をいくつか選ぶことにより実験曲線をよく再現できる。

HiggsとBallは，筆者らとは独立にジッパーモデルによりゲルの生成過程を論じている[5]。

2.2 多重架橋モデル[6]

Eldridge-Ferry[4]はゼラチンゲルのゲル―ゾル転移について調べ，転移温度T_m（ゲルの融解温度／K）とゲル濃度cとの間に，

$$-d\ln c / dT_m = \Delta H_m / RT_m^2 \tag{8}$$

$$\ln c = \Delta H_m / RT_m + \text{const} \tag{9}$$

（ここで，ΔH_m：架橋領域1"モル"が形成されるときに吸収される熱）という関係を提案した（Rは気体定数）。これはゲル形成が，

（2つの架橋しうる接合点）←→（1つの架橋領域）

という化学平衡に従って起こることを仮定している[4]。n個の架橋しうる接合点と1つの架橋領域との間の化学平衡を考えた同様の式も導出されている。最近，田中は分子量依存性を考慮に入れて，Eldridge-Ferryの式を修正し，次式を提案している[6]。

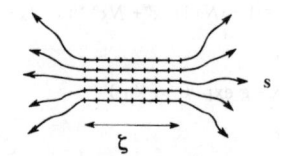

図2 架橋領域はs本の分子鎖から成り，それぞれζ個のセグメントの連なりから成っているものとする（田中[6]）

$$\ln c = \zeta \varepsilon / k T_{gs} - \ln M / (s-1) + \text{const} \tag{10}$$

ここで，Mは分子量，T_{gs}はゲル-ゾル転移温度，ζは架橋領域を構成する分子鎖中の繰り返し単位の数，sは架橋領域の多重度，つまり一つの架橋領域から流れ出ている分子鎖の数である（図2）。

3 熱可逆性ゾル―ゲル転移の実験データ

3.1 ジェランガム

ゼリーなどの融解は温度変化に伴うゲル-ゾル転移である。図3にゲル化剤として広く用いられているジェラン水溶液の降温および昇温DSC曲線を示す[7,8]。降温DSC曲線中の25-40℃近辺の発熱ピークはゾル→ゲル転移に伴うもので，昇温DSC曲線中の25-40℃近辺の吸熱ピークはゲル→ゾル転移に伴うものである。ジェランのゲル形成はゼラチン，アガロース（寒天の主成分），

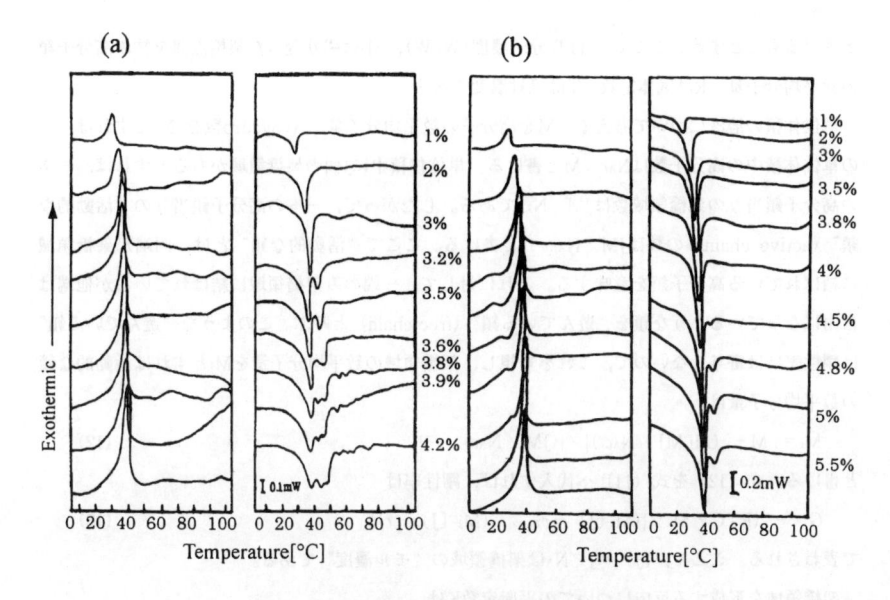

図3 ジェラン水溶液の降温および昇温 DSC 曲線
(a) ジェランガムの共通第二次試料NaGG-2 (Na^-, 3.03%；K^+, 0.19%；Ca^{2+}, 0.11%；Mg^{2+}, 0.02%) 左：降温，右：昇温[7]，(b) 共通第三次試料 NaGG-3 (Na^-, 2.59%；K^+, 0.009%；Ca^{2+}, 0.02%；Mg^{2+}, 0.001%) 左：降温，右：昇温[8]。走査速度：1℃/分。

カラギーナンなどと同様にヘリックスが水素結合により凝集して架橋領域が形成され，三次元網目構造ができるものと考えられている。この図3 (b)[8] に示したナトリウム型のジェランの曲線中のピークは鋭いが，同じナトリウム型ジェランでも他の金属イオンの除去率が低いと，ピークはかなりブロードになる（図3 (a)）[7]。商業的に出回っている普通の脱アシル化ジェランではほかの金属も含まれており，この場合よりさらにブロードになるため，解析は難しくなる[9, 10]。

3.2 アガロース，ゼラチンゲルのゲルーゾル転移のジッパーモデルによる解析[11]

アガロースゲルやゼラチンゲルのような熱可逆性ゲルのゲル―ゾル転移は力学的・熱的・光学的方法により調べられてきた。ここではアガロースおよびゼラチンゲルについて，スクロース添加により架橋領域がどのように変化するかなどについて，DSCおよびレオロジー測定により検討した結果について，説明する。

架橋領域構造パラメータを決定するため，ゲルの弾性率の高分子濃度依存性を検討した[12]。ゲルの弾性率はゴム弾性理論により

$$G = RTc / M_c \tag{11}$$

と書けるものとする。ここで，cは高分子濃度(W/W)，M_cは隣り合った架橋点間を結ぶ高分子鎖の数平均分子量，Rは気体定数，Tは絶対温度である。

単位体積の溶液について考える。Mを高分子の数平均分子量，Avogadro数を N_A とすれば，この単位体積中の高分子数はN_Ac/Mと書ける。単位体積中にJ個の架橋領域があるとすれば，一本の高分子鎖当りの架橋領域数は$JM/N_A c$である。したがって，一本の高分子鎖当りの"活動的な鎖"(active chain)の数は$JM/N_A c-1$と書ける。ここで"活動的な鎖"とは，両端が架橋領域に結ばれている高分子鎖を意味する。これに対して，一端のみ架橋領域に結ばれているが他端は自由になっているような鎖を"遊んでいる鎖"(free chain)と呼ぶ。このような"遊んでいる鎖"は剛性率には寄与しないので，これを無視し，架橋領域の数平均分子量をM_Jとすれば活動的な鎖の数平均分子量は

$$M_c = \{M-(M_J MJ/N_A c)\}/\{(JM/N_A c)-1\} \tag{12}$$

と書ける。式 (12) を式 (11) へ代入すれば，剛性率は

$$G=-(RTC/M)\{(M[J]-c)/(M_J[J]-c)\} \tag{13}$$

で表わされる。ここで，$[J]=J/N_A$は架橋領域の"モル濃度"である。

架橋領域を形成する反応についての平衡定数Kは

$$K=[J]/[P]^n \tag{14}$$

ここで，$[J]$ = 架橋領域のモル濃度

$[P]$ = 架橋領域を形成する可能性のある接合点のモル濃度である。

で与えられる。ここで，nは一つの架橋領域を形成するのに必要な高分子のセグメント数である。また，濃度Cは架橋領域に結合している部分と架橋領域を形成する可能性のある接合点の部分との和で与えられるから

$$C=M_J[J]+(M_J/n)[P] \tag{15}$$

と書ける。(13) と (14) より

$$K=[J]M_J^n\{n(c-M_J[J])\}^{-n} \tag{16}$$

式 (13) と式 (16) より，剛性率と濃度の関係が与えられる。G, cについて多数の実測値があれば，4つの未知数M, M_J, K, nが求められる。ここで，この理論を適用するにあたり，次のことが仮定されていることに注意する必要がある。(a) 高分子鎖は十分しなやかで，Gauss鎖により近似できるものとする。このことは式 (11) が成立するために必要である。(b) 架橋領域の形成は質量作用則に従う平衡過程と仮定する。したがって，この理論はゲル化の初期過程，または非常に稀薄な溶液のゲル化についてのみ適用できる。ゼラチンについての例を図4に示す[11]。

ゼラチンゲルでは架橋領域がコラーゲンの三重らせんよりなるといわれており，図4でn～3という値が得られていることから，三重らせんは少なくともゲル化の初期過程では異なる分子鎖

第12章 熱測定・食品ゲル

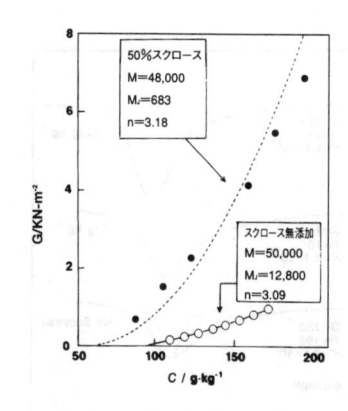

図4 ゼラチンゲルの剛性率の濃度依存性
○：スクロースを含まないゲル，●：50%スクロースを含むゲル。曲線は式（13）と式（16）より最小二乗法により求められた。M：ゼラチンの分子量，M_J：架橋領域の分子量，n：架橋領域を形成するのに必要な高分子のセグメント数。

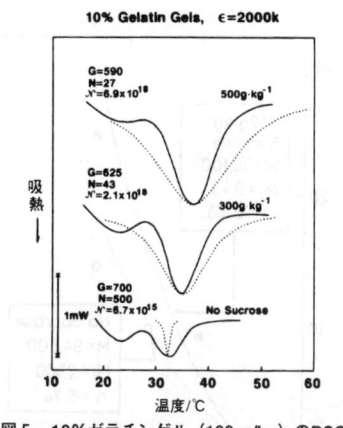

図5 10%ゼラチンゲル（100 g/kg）のDSC昇温曲線に対するスクロース添加の影響[11]
昇温速度：0.582℃/分。点線の曲線は式（7）を用いて，曲線のあてはめにより得られた。

よりなると考えられた。また，κ-カラギーナンゲルではK^+イオンの存在下でn＝10.9，Na^+イオンの存在下ではn＝3.74という値[13]，が得られていることは，多数の二重らせんが凝集して架橋領域を形成していることと対応するものと考えられる。この結果はK^+イオンを含むκ-カラギーナンゲルの方が Na^+イオンを含むκ-カラギーナンゲルより大きい弾性率を示す事実とよく対応している。

糖添加によりゼラチンの分子量M，架橋領域から流れ出る分子鎖の数nは変わらないが，架橋領域の分子量M_Jは減少する。図5に10%ゼラチンゲルの昇温DSC曲線を示す。結合エネルギーは水素結合程度と考えられるので 2000kとし，リンクの数Nが架橋領域の分子量M_Jに比例すると仮定して，曲線のあてはめを行うと，点線の曲線が得られる。これより，回転の自由度Gおよびジッパーの数Nが求められる。添加糖濃度の増加につれ，ゲル―ゾル転移に伴う吸熱ピーク温度は高温側へ移動し，吸熱エンタルピーも増大している。これは，糖添加によるリンクの回転の自由度Gの減少およびジッパー数Nの増加により理解できる。

図6にアガロースゲルの弾性率の高分子（アガロース）濃度依存性を示す。図7に0.5%アガロースゲルの昇温DSC曲線を示す。添加するスクロース濃度の増加につれて，ゲル―ゾル転移に伴う吸熱ピーク温度T_mは高温側へ移動した。点線は式（7）による曲線のあてはめである。スクロースの添加により，ジッパー数あるいはジッパーを構成するリンク数Nが増加し，リンクの回転の自由度Gは減少すると考えられた。NはM_Jに比例すると仮定すると，図6，7の結果からスク

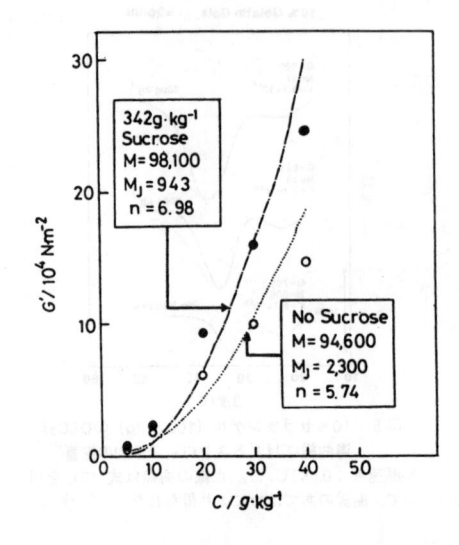

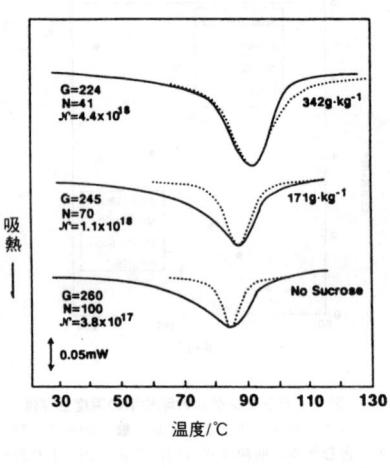

図6 アガロースゲルの剛性率G'(2Hz)の濃度依存性[11]
○：スクロース無添加ゲル，●：342g/kgスクロース添加ゲル。曲線は式(13)と(16)を用いて，最小二乗法により得られた。M：アガロースの分子量，M_J：架橋領域の分子量，n：架橋領域を形成するのに必要な高分子のセグメント数。

図7 2％アガロースゲルのDSC昇温曲線に対するスクロース添加の影響[11]
昇温速度：2℃/分。点線の曲線は式(7)を用いて，曲線のあてはめにより得られた。$\varepsilon = 2000k$とした。

ロースの添加によりアガロースゲルの架橋領域は小さくなり，その数が増加し，ジッパーを構成するリンクの回転の自由度が減少するものと推測される。

ここで，貯蔵剛性率Gは貯蔵ヤング率の1/3に等しいと仮定した。ゼラチンゲルの場合と同様，スクロースの添加によりゲルを構成する高分子鎖の分子量Mおよび架橋領域から流れ出ている分子鎖数nは変わらず，架橋領域の分子量M_Jは減少すると考えられる。

3.3 ポリビニルアルコールゲルのゾル－ゲル転移のジッパーモデルおよび田中プロットによる解析[6]

図5および図7のいずれにおいても，理論曲線はDSCの実験曲線より鋭くなっているが，これはジッパーの種類が一種類であると仮定したためである。リンクの回転の自由度Gおよびジッパー数$\mathcal{N}$に分布があると考えれば，実験曲線に正確に合わせることができる。実際，ポリビニルアルコールゲルの場合，8種類のジッパーが存在すると仮定して実験曲線を再現することができた[5]。

ポリビニルアルコールのゲルについての田中プロット$\ln c = 10^3/T_{gs} - \ln M$を図8に示す。ここで，$T_{gs}$はDSC昇温曲線中の吸熱ピークの温度である。この温度が一定での点線の直線の勾

配－Bから－$1/(s-1)$が決まり，分子量一定での実線の直線の勾配－Aから$\zeta=10^3/kA\varepsilon$が決まる．分子量$M=44\times DP$（DPは重合度）であるから，$-B=2.0\sim 3.4$，$-A=11.8$より，$s=2\sim 3$，$\zeta=120\sim 24$が得られる．ここで，εは$100k\sim 500k$とした．

3.4 その他の多糖および蛋白質のゾル─ゲル転移

メチルセルロース[14]あるいはガラクトースを除去したキシログルカン水溶液[15]では昇温時にゲル形成が起こり，このとき吸熱ピークを示す（これは水素結合形成に伴うエンタルピー変化が常に負であるのに疎水性相互作用生成の場合，正にもなりうることと関係している）．

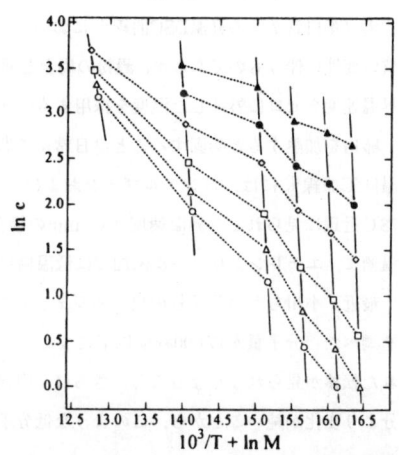

図8 ポリビニルアルコールゲルの田中プロット[6]
▲：91℃，●：87℃，◇：83℃，□：78℃，△：74℃，○：71℃

低温DSCにより食品ゲル中の水の存在状態を調べることができるので，多くの研究がなされている[16,17]．氷あるいは油脂結晶の融解において吸収される熱量を融解熱という．これは潜熱の一種である．逆に水が凍結すると凝固熱として発熱が起こる．これはそれぞれDSCの吸熱あるいは発熱ピークとして捉えることができる．融解やゲル→ゾル転移あるいは澱粉の糊化のような秩序構造の崩壊する現象（後述）では，一般に昇温DSC曲線において吸熱ピークが見られることが多い．

澱粉の糊化・老化について多くの測定例がある．16.5-60%とうもろこし澱粉の昇温DSC曲線[18]では，64-67℃に吸熱ピークが見られるが，これは糊化に伴うもので，水分が十分にある場合には，澱粉の濃度にほとんど依存しない[19]．糊化した澱粉を5℃で保存した後の再昇温DSC曲線を観測すると，糊化直後（0day）には老化があまり進んでいないので，吸熱ピークが見られないが，一日後および二週間後には50℃および45℃近辺に緩やかなピークが見られる[18]．老化の初期過程はアミロースのゲル化によって引き起こされると考えられているが，アミロペクチンが関与する老化過程は緩慢に進行する[20]．二週間後の再昇温DSC曲線中の吸熱ピークが一日後の吸熱ピークより低温側に現れるのは，熱的に弱い構造はより後で再形成されるためと考えられる．澱粉の糊化に対する糖添加の影響も調べられている[21]．糖の添加により糊化に伴う吸熱ピークは高温側に移動する．DSCを用いれば，老化について簡単に調べることができ，糖の添加により老化を遅ら

せることができる。糖の種類,濃度の影響を定量的に調べることが可能である。

大豆蛋白質7Sの昇温DSC曲線[22]においては,72℃近辺に吸熱ピークが見られる。これは蛋白質の変性に伴うものであるが,澱粉の場合と同様,昇温速度の上昇により高温側に移動するので,昇温速度をゼロに外挿した温度を採用するべきである。

卵白を加熱すると凝固することは日常ゆで卵を作るときに経験していることである。卵白の昇温DSC曲線[23]には,コンアルブミンおよびオバルブミンの変性に伴なう吸熱ピークが64および78℃近辺に見られる(昇温速度2℃/minの場合)。これらの変性温度はグリセリン添加により高温側に,エチレングリコール添加では低温側に移動する。

最近,小川ら[24]は分子量の異なるジェランを調製し,ヘリックス―コイル転移の分子量依存性を調べた。分子量が17,000程度以下になると,それ以上の高分子画分ではDSC曲線において見られた転移が見られなくなること,さらに,円偏光二色性の測定においても分子楕円率が高分子画分より変化が鈍いことから,このような低分子画分ではヘリックスが形成されないものと結論された。

文　献

1) 日本熱測定学会編,「熱分析の基礎と応用」第3版(リアライズ社,1994)
2) T.Hatakeyama, F.X.Quinn, Thermal analysis-Fundamentals and Applications to Polymer Science, John Wiley & Sons (1994)
3) K.Nishinari, S.Koide, P.A.Williams and G.O.Phillips, *J.Phys.(France)*, **51**, 1759(1990)
4) J.E.Eldridge, J.D.Ferry, *J.Phys.Chem.*, **58**, 992 (1954)
5) P.G.Higgs and R.C.Ball, *J.Phys.(France)*, **50**, 3285(1989)
6) F.Tanaka and K.Nishinari, *Macromolecules*, **29**, 3625 (1996),およびK.Nishinari, M.Watase, and F.Tanaka, *J.Chim.Phys.*, **93**, 880 (1996)
7) E.Miyoshi, T.Takaya, & K.Nishinari, *Carbohydr. Polym.*,**30**,109 (1996)
8) E.Miyoshi and K.Nishinari, *Progr. Colloid Polym. Sci.*, **114**, 68 (1999)
9) E.Miyoshi, T.Takaya and K.Nishinari, *Food Hydrocoll.*, **8**, 505, 529 (1994)
10) M.Watase, K.Nishinari, *Food Hydrocoll.*, **7**, 449 (1993)
11) K.Nishinari, M.Watase, K.Kohyama, N.Nishinari, S.Koide, K.Ogino, D.Oakenfull, P.A.Williams & G.O.Phillips, *Polymer J.*, **24**, 871 (1992)
12) D.Oakenfull, *J.Food Sci.*, **49**, 1103(1984)
13) D.Oakenfull & A.Scott, in "Gums and Stabilisers for the Food Industry 3", G.O.Phillips, D.J.Wedlock & P.A.Williams Eds., Elsevier Applied Science Publishers, London, pp.465-475 (1986)

14) K.Nishinari, K.E.Hofmann, H.Moritaka, K.Kohyama & N.Nishinari, *Macromol. Chem. Phys.*, **198**, 1217 (1997)
15) M.Shirakawa, K.Yamatoya & K.Nishinari, *Food Hydrocoll.*, **12**, 25 (1998)
16) H.Levine and L.Slade Eds., Adv. Exp. Medicine & Biol. Vol.302, "Water Relationships in Foods", Plenum Press (1991)
17) J.M.V.Blanshard, P.J.Lillford Eds., The Glassy State in Foods, Nootingham Univ. Press, 1993.
18) M.Yoshimura, T.Takaya, K.Nishinari, *J.Agric.Food Chem*, **44**, 2970 (1996)
19) 久下喬,「食品ハイドロコロイドの科学」第11章,西成勝好,矢野俊正編著(朝倉書店,1990)
20) M.J. Miles, V.J.Morris, P.D.Orford, S.G.Ring, *Carbohydr. Res.*, **135**, 271 (1985)
21) 西成勝好,藪添朋子,池田新矢,高谷友久,「第4回トレハロースシンポジウム報告集」,21 (2001), K.Kohyama, K.Nishinari, *J.Agric.Food Chem*, **39**,1406 (1991)
22) T.Nagano, M.Hirotsuka, H.Mori, K.Kohyama, K.Nishinari, *J.Agric.Food Chem*, **40**, 941 (1992)
23) 西成勝好,渡瀬峰男,熱測定,**15**, 172(1988)
24) E.Ogawa, R.Takahashi, H.Yajima and K.Nishinari, *Trans. Mat.Res.Soc.Jpn*, **28**, 953 (2003)

第13章 NMR

安藤　勲[*1], 黒木重樹[*2], 兼清真人[*3], 小泉　聡[*4], 山根祐治[*5], 上口憲陽[*6]

1 はじめに

　ゲルのような高い分子運動性を有するソフトポリマーは様々な分野で優れた機能材料として利用されている。一方，固体のような運動性の低いハードポリマーも同様に優れた機能材料として広い分野で利用されている。そのような中，益々高い機能を有するソフトポリマーの設計および開発が期待されている。これらを大きく推進するためには物性・機能と密接な関係があるナノスケール構造とダイナミックスを高精度で解析することが必須である。これに応える方法論として高性能化されたNMRがある。NMR法の中でも運動性の低い及び高い領域，すなわちゲルのすべての領域の構造・ダイナミックスの情報が得られる固体NMR，拡散過程の情報が得られる磁場勾配NMR及びμmスケールでの核スピンの二次元，三次元空間の分布の情報が得られるNMRイメージング（NMR顕微鏡）はゲルを高精度で解析評価できる方法論として注目されている。本稿では，これらの方法の原理について述べるよりむしろ，ソフト／ハードポリマーのナノスケール構造とダイナミックスを高精度解析評価した先端の研究を紹介する。紙数の制限から原理・技術については参考文献にあげたNMR百科辞典[1]，NMR年鑑[2]，単行本[3,4]，総説[5〜7]などを参照してほしい。

2 固体NMRによるアプローチ

2.1 パルスNMR法

　パルスNMR法は試料に共鳴周波数をもつ電磁波をパルスとして印加して，その応答である自

---

* 1　Isao Ando　東京工業大学大学院　理工学研究科　物質科学専攻　教授
* 2　Shigeki Kuroki　東京工業大学大学院　理工学研究科　物質科学専攻　助手
* 3　Masahito Kanekiyo　東京工業大学大学院　理工学研究科　物質科学専攻　研究員
* 4　Satoshi Koizumi　東京工業大学大学院　理工学研究科　物質科学専攻
* 5　Yuji Yamane　東京工業大学大学院　理工学研究科　物質科学専攻
* 6　Kazuhiro Kamiguchi　東京工業大学大学院　理工学研究科　物質科学専攻

第13章　NMR

由誘導減衰（free induction decay：FID）を時間の関数として観測するもので，FIDの減衰の速さから見かけのスピン—スピン緩和時間（T_2）を見積れる。さらに，90°及び180°パルスを組み合わせたパルス系列を用いることにより，スピン—格子緩和時間（T_1），T_2及び回転系におけるスピン—格子緩和時間（$T_{1\rho}$）を決定することができ，これらの緩和時間から分子運動について情報を得ることができる[3,4]。一般にパルスNMR法は広幅NMR法の一種であり，高分解能NMR法のように化学シフトで分離された各々の核についての知見を得ることはできないが，系全体の情報を得ることができる。感度の高い^{1}H核が対象である場合，短時間に精度高く系全体の緩和時間を得ることができる。また緩和時間の異なる成分が共存する場合それらの成分比を求めることができ，分子運動の異なる成分の定量に有効である。

ポリ（N-イソプロピルアクリルアミド）ゲルの^{1}H T_1及びT_2を広い温度範囲で測定すると，昇温過程において33℃でのゲルの体積の急激な収縮に伴い緩和時間が転移的に減少することがわかった。これは高分子鎖の分子運動が転移的に減少することを意味し，ゲルの温度変化に伴うダイナミックスのミクロスケールでのダイナミックス解析に成功している[8,9]。

エチレン・ビニルアルコール共重合体（EVOH）ゲルの構造・ダイナミックスの解析を行っている研究例を紹介する。反復凍結融解法によって形成された物理架橋ゲルであるエチレン・ビニルアルコール（EVOH）ゲルの構造とダイナミックスを明らかにするために，ソリッド・エコー（solid echo）法[10,11]を用いて^{1}H T_2を決定している。EVOHゲルはポリビニルアルコール（PVA）ゲル[12]と同様に運動性の異なった3つの成分が存在する。これらの成分のうち，T_2が短く一番運動性の低い成分をA成分，中間の成分をB成分，T_2が長く運動性の一番高い成分をC成分とする。ここでA，B及びC各成分は，A成分はゲルの架橋領域であり分子運動が大きく束縛されている領域，B成分は架橋領域の近傍にあり分子運動がある程度束縛されている領域，C成分は架橋を形成していない運動性の高い領域と考えられる。エチレン含量の異なったサンプルのFIDを解析した結果，各成分の^{1}H T_2は図1（A）に示したようにエチレン含量を変化させても，余り変化せず一定の値をとる[13]。しかし，各成分の成分比は図1（B）に示したように，エチレン含量が55%以下の領域ではエチレン含量の変化に対してA，B及びC各成分の成分比は一定値をとる。エチレン含量が55%以上の領域ではエチレン含量が増加するにつれて運動性の高いC成分の成分比が大きく減少する。一方，A，B両成分の成分比はエチレン含量が増加するにつれて増加する。したがって，EVOHゲルにおいては，PVAゲルで形成されているビニルアルコール（V）部分での水素結合に加えて，エチレン含量の増加に伴いエチレン（E）部分での疎水性相互作用による架橋が形成されると考えられる。

次に，PVA水溶液の高圧印加によるゲル化過程の解析について紹介する。高分子ゲル，特に物理架橋ゲルのゲル化過程において圧力を加えると分子間相互作用が変化し，ゲルの生成過程に影

響をもたらすと考えられる。太田ら[8]は[1]Hパルス NMR 法を用いてポリ（N-イソプロピルアクリルアミド）水溶液に圧力を印加すると，ゲル化は抑制されることを報告している。ポリビニルアルコール（PVA）水溶液は凍結融解を繰り返すとゲル化する。PVA 水溶液のゲル化は分子間水素結合の形成による[14,15]。ここでは，PVA 水溶液中での分子間水素結合の形成に及ぼす圧力効果を[1]H パルス NMR 法により明らかにし，PVA ゲルの生成機構を研究した例を示す[16]。図 2 に加圧装置により 1～500kg/cm^2 の圧力を印加した 30℃における CPMG（Carr-Purcell/Meiboom-Gill）法[17,18]による P V A 重水溶液の高分子鎖の ^{1}H FID 信号を示した。この減衰曲線は二つの指数関数でフィッティングすることができ，2 成分の [1]H T_2 が求められる。T_2 の短い成分は分子運動の束縛された成分であり，高分子鎖が凝集している領域に由来した信号であると帰属できる。一方，T_2 の長い成分は運動性の高い成分であり，凝集が起きていない高分子鎖の信号であると帰属される。図 3 に 1～500kg/cm^2 の圧力範囲で PVA 重水素溶液の 2 成分の [1]H T_2 値を示した。分子運動の束縛された T_2 値はほぼ一定である。一方，運動性の高い成分の T_2 は 200kg/cm^2 以上の高圧を印加すると急激に減少した。これは PVA 水溶液中の凝集部分の運動性は圧力を印加しても変化しないのに対し，自由に運動している高分子鎖の分子運動性は 200kg/cm^2 以上の高圧下で束縛を受けることを示している。これにより PVA 水溶液への高圧印加はゲル化の初期段階を引き起こす要因になるものと考えられる。

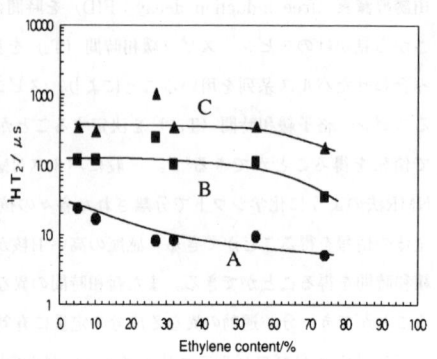

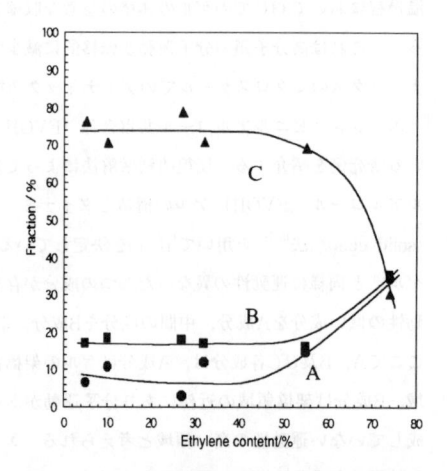

図1 エチレン含量の異なった EVOH ゲルの運動性の異なった成分の [1]H T_2 値（A）とその成分比（B）

2.2 固体高分解能 NMR 法

溶液では分子運動が等方的で速く，局所磁場や化学シフト異方性は時間平均として消失する。

第13章　NMR

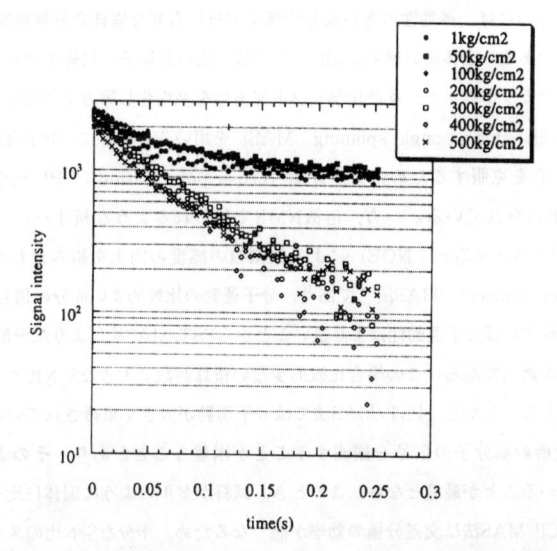

図2　CPMG法によるPVA／重水溶液における^{1}H T_2信号の圧力印加依存性

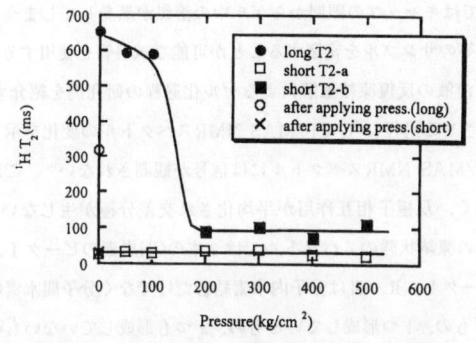

図3　圧力に対するPVA／重水溶液における^{1}H T_2値
○と×はそれぞれ1kg/cm^{2}の圧力下の運動性の高い良い成分と低い成分の^{1}H T_2値

このため溶液NMR法を用いて溶液状態における試料の微細構造の解析を行うことが可能である。一方で，溶液NMR法を用いてゲルのNMRスペクトルを測定すると分子運動が束縛されている網目鎖部分の情報を得ることはできない。これは，ゲル中の高分子鎖は溶液状態のそれに比べ分子運動がより強く束縛されているために，双極子—双極子相互作用や化学シフト異方性により信号が極めてブロードになり観測されないことによる。ゲル中の分子運動が束縛されている網目鎖部

分の情報を得るためには，運動性の悪い成分の構造解析に有効な固体高分解能NMR法を用いることは大変有用である。固体高分解能NMR法[3,4]では，強い双極子—双極子相互作用を除去するための高出力^{1}Hデカップリング，及び化学シフト異方性を平均化し等方平均化学シフトを得るためのマジック角回転（magic angle spinning：MAS）を用いるとともに，分子運動の低い系に特有な極めて長いT_1を克服するための交差分極（cross-polarization：CP）法を組み合わせたCP/MAS法が用いられている。一方，溶液NMRで行われるような核オーバーハウザー効果（nuclear Overhauser effect：NOE）による観測核の感度の向上を組み合わせたものがPST（pulse saturation transfer）/MAS法[19]であり，分子運動の比較的よい成分の信号が強調される。ゲルは固体に比較すれば分子運動性はより良いことからPST/MAS法により高分解能NMRスペクトルを得ることが適当である。この場合比較的少ない積算回数で大きなS/N比のスペクトルを得ることが可能である。しかし，PST/MAS法では分子運動が大きく束縛されているゲルの架橋点もしくはその近傍の高分子の信号を観測することが困難なことがあり，そのような場合にはCP/MAS法を用いることが最適となる。このとき，試料がゲルのように固体に比べて運動性の高い系においてはCP/MAS法は交差分極の効率が悪くなるため，十分なS/N比のスペクトルを得るためには多くの積算回数が必要となる。したがって，交差分極効率の最適化条件を求めておく必要がある。また，高速でマジック角回転（3kHz～）をさせて測定すると，通常の固体NMR法で用いられる試料管ではキャップの隙間からゲル中の溶媒が蒸発してしまうことがあることからO-リング付き試料管等のサンプルを密閉することが可能な試料管を使用する必要性がある[20,21]。

　ここでは，PVA水溶液の反復凍結融解によるゲル化過程の研究例を紹介する。図4にPVA水溶液を反復凍結融解させる過程の^{13}C CP/MAS NMRスペクトルの変化を示した。40℃におけるPVA水溶液の^{13}C CP/MAS NMRスペクトルには信号が観測されない[16]。これは溶液状態であるために分子運動が速く，双極子相互作用が平均化され交差分極が生じないためである。一方，-30℃におけるPVAの凍結状態のスペクトルでは3本のCH炭素のピークⅠ，Ⅱ，Ⅲが明瞭に観測された。ここでピークⅠ，Ⅱ，Ⅲは分子内水素結合だけでなく分子間水素結合も含めて水素結合を2つ形成しているもの，1つ形成しているもの，1つも形成していないものと帰属される[21,22]。このことからPVAの水酸基が-30℃の凍結状態において水素結合を形成し，架橋領域が形成されていることを示している。再び40℃まで温度を上げるとtriad立体規則性によるメチン炭素の3本の分裂信号（低磁場側からmm，mr，rr。ここでm：メソdyad，r：ラセミdyad）が明瞭に観測される。この信号が観測されたということは，最初の水溶液状態に比べ分子運動が低下し，交差分極が効くようになったことを示している。また，71ppm付近に強度は小さいが，ピークⅡが観測されており，この温度でも凍結状態で形成された水素結合が残っていることがわかる。2回目の凍結状態のスペクトルは1回目の凍結状態のスペクトルとほぼ同様であり，ピークⅠ，Ⅱ，Ⅲ

第13章　NMR

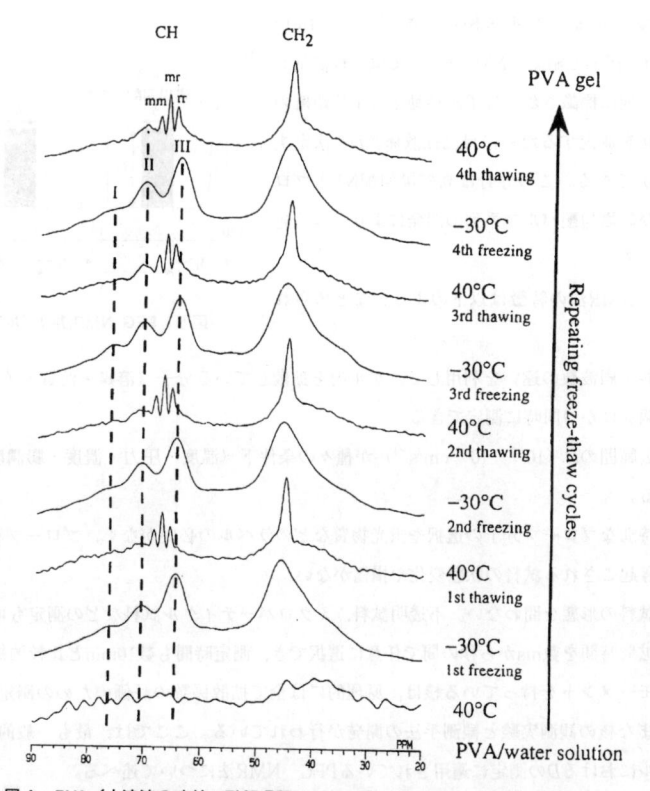

図4　PVA／水溶液の凍結−融解過程における^{13}C CP/MAS NMRスペクトル

が明瞭に観測された。以降3回目，4回目の凍結状態のスペクトル線形はほぼ等しい。これに対して40℃における融解状態のスペクトルでは，triadの分裂信号の他にピークⅡの信号が次第に強い強度で観測される。これらの結果，反復凍結融解過程により水素結合を形成する部分が増加し，架橋領域が成長しゲル化が促進されていくことがわかった。

3　磁場勾配NMRによるアプローチ

3.1　磁場勾配NMRによる自己拡散係数の解析

　三次元網目高分子と溶媒から構成されるゲルに関して，ゲル内の溶媒，溶質，イオン等の分子の並進運動を理解することは，ゲルの基礎物性を評価し，マクロな特性の発現機構を解明するう

えで重要である。パルス磁場勾配（pulse field gradient：PFGと略記）NMR法[23,24)]では，核磁気的な励起状態に識別された分子が移動する平均距離の時間変化を測定するために自己拡散係数Dを決定することができる。この分野は高磁場勾配NMRプローブ及び磁場勾配パルス系列の開発により大きく発展している。

PFG NMR法の特徴は以下のようにまとめられる。

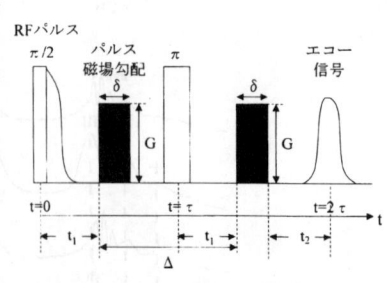

図5 PFG NMR法のパルス系列

① 共鳴周波数の違いを利用して，ゲル内を拡散している分子（溶媒・溶質・イオン等）のDが個別にかつ同時に測定できる。

② 広範囲のD（10^{-5}〜$10^{-11} cm^2 s^{-1}$）が種々の条件下（温度・圧力・濃度・膨潤度）で測定できる。

③ 特別なプローブ分子の選択や蛍光物質などのラベルの必要がなく，プローブ導入によって引き起こされる試料の状態変化や損傷がない。

④ 試料の形態を問わない。不透明試料，ミクロパーティクル試料などの測定も可能である。

⑤ 拡散時間を数msから秒の間で任意に選択でき，測定時間も数10minと比較的短い。

磁気モーメントを持っている核は，原理的には全て拡散係数の評価のための測定対象となり，さまざまな核の観測実験と観測手法の開発が行われている。ここでは，最も一般的に用いられ，またゲルにおけるDの測定に適用されているPFG NMR法について述べる。

PFG NMR法において，Dの測定にはT_2を求めるために開発されたスピンエコー（spin echo：SEと略記）法が基本となる。SE法では，$\pi/2$-τ-πのパルス系列が用いられ，最初の$\frac{\pi}{2}$パルスから2π後にFID信号の位相が再びそろって，磁化のエコー信号が観測される。PFG法では，SE測定を行いながら，時間に依存した磁場勾配をパルス的に印加し，得られたエコー信号強度変化を測定してDが得られる。図5にPFG法のパルス系列を示す。第2番目のパルス磁場勾配を印加してからt_2後に得られるエコー信号強度$A(k)$は磁場勾配パラメータkを用いて次式で表される。

$$\frac{A(k)}{A(0)} = \sum_i f_i \exp(-KD_i) \quad (k = \gamma^2 G^2 \delta^2 (\Delta - \delta/3)) \tag{1}$$

ここで拡散係数D_iの核の分率をf_iとした。$A(0)$は磁場勾配を印加していないときのエコー信号強度，γは観測核の磁気回転比，Gは磁場勾配強度，δは磁場勾配パルスの持続時間である。実験

では式（1）で，δまたはGのいずれかを系統的に変化させながら$A(k)$を測定し，Dを得る。PFG法には多くのパルス系列や解析手法が提案されているが詳細については総説や単行本を参照されたい[25~27]。

3.2 ゲル中の溶媒の拡散過程

ゲル内の溶媒の拡散過程は，網目鎖と溶媒分子との分子間相互作用，これに関連したプローブ分子の拡散過程に密接に関係し，ゲルの機能や物性の発現に寄与する。PFG NMR法はこれらを高精度に解析するのに非常に有効な手段である。本手法を用いた最近の研究例を紹介する。

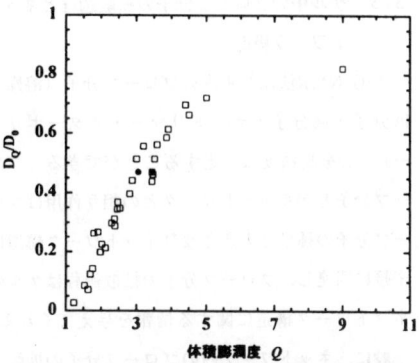

図6 D_Q/D_0 vs Q（D_Q:体積膨潤度Qにおけるゲル中の溶媒の拡散係数，D_0：純溶媒の拡散係数）MPSゲル中のDMF（○）及びTHF（□），PEG-PSゲル中のDMF（●）及びTHF（■）

山根らは，MPS（Merrifield polystyrene）ゲル内の溶媒（DMF及びTHF）の自己拡散係数Dと自己拡散の活性化エネルギーEについて，体積膨潤度Q（=$V_{swollen}/V_{dry}$），$V_{swollen}$：膨潤ゲルの体積，V_{dry}：乾燥ゲルの体積）依存性及び温度依存性を明らかにした[28]。MPSゲルは，イオン交換樹脂，カラム，触媒の支持体，固定化酵素，Merrifieldのペプチド固相反応場として利用されている。一般に，固相反応の反応速度は，反応基質の拡散速度に密接に関係していると言われている。反応基質の拡散速度は，溶媒の拡散速度，マトリックス高分子の構造とダイナミクス，ポリマーネットワークのサイズ，反応基質の濃度と反応温度に依存する。図6に，MPSゲル内のジメチルホルムアミド（DMF）のDをQに対してプロットした結果を示す。DがQの減少に対して減少していることから，網目サイズが小さくなるほどDMF分子とPS網目鎖間との衝突頻度が上がり，DMF分子の並進拡散が抑制されることが理解できる。また，DMFのE（自己拡散の活性化エネルギー）に関して$Q>2.0$においてはQにほとんど依存しないが，$Q<2.0$では，EはQの減少とともに増加することから，網目サイズが小さいとPS鎖とDMF分子との分子間相互作用が無視できなくなることがわかった。さらに，$Q<2.0$において，PS側鎖のクロロメチル基置換率がMPSゲル内のDMFのDに影響を及ぼすことがわかり，溶媒分子とPS鎖との相互作用を考慮する必要性があることが示唆されることを報告している。松川らはポリ（N, N-ジメチルアクリルアミド）ゲル内の重水のDを藤田の修正自由体積理論を用いて説明している[29,30]。

3.3 ゲル中のプローブ分子の拡散過程とネットワーク構造

PFG NMR法はゲル内のプローブ分子（溶媒・低分子・高分子・デンドリマー・スターポリマー）のDを高精度に決定することができる。プローブ分子とゲルネットワークとの相互作用はプローブ分子の種類と大きさ及びネットワーク構造に密接に関連し，プローブ分子の拡散過程はゲルのネットワーク構造に関する情報を与えてくれる。一般に，ネットワーク内のプローブ分子の拡散速度はプローブ分子のサイズと形状及びネットワークサイズに大きく依存する。そのため，ネットワークサイズに分布がある時，プローブ分子の拡散速度にも分布が存在する。また，観測されるDの分布はプローブ分子の拡散距離とネットワークの不均一性に依存する。PFG実験において観測時間（拡散距離）はΔ（図5）であり，PFG NMR法により決定されるDはΔに依存し，プローブ分子をΔ時間拡散させて測定したDとΔ時間後のz方向への平均拡散距離$\langle z \rangle$は次式のように表すことができる。

$$\langle z \rangle = \sqrt{2D\Delta} \tag{2}$$

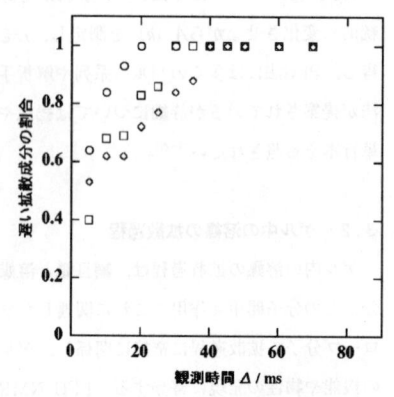

図7 10wt％Boc-Phe/DMF溶液で膨潤したゲル中のBoc-Phe分子の拡散係数の観測時間依存性MPS（DVB2mol％架橋）（○），MPS（DVB1mol％架橋）（◇）及びCLEARゲル（□）

得られたD値は，一辺$\langle z \rangle$に分割したゲルの特徴を反映していることになり，得られたDがどの程度のサイズを反映したものなのかを理解するうえで非常に重要である。ゲル内のプローブ分子は，ネットワーク鎖近傍を拡散したり，ネットワーク鎖から離れ，溶媒で囲まれた領域を拡散したりするので，プローブ分子の外部環境は時々刻々と変化している。このような場合，拡散時間をコントロールすることによって，異なったD値及びDの分布を得ることになる。Δが大きい時，すなわち拡散時間が長い場合，プローブ分子は観測時間内に長い行程を通るため，異なった外部環境を通り抜け，得られるDはより平均化されたものとなり，Δが短いとき，プローブ分子のDは分布をもつ場合がある。さらに，得られる拡散成分が多成分から単一成分へと変化するサイズから，ゲル内のプローブ分子の拡散過程に関して，ゲルが均一なサイズと決定することができる。

山根らは以上のようなコンセプトを用いてゲル内のプローブ分子の拡散速度に分布があることを報告している[31]。架橋密度の異なるMPSゲル及びCLEAR（cross-linked ethoxylate acrylate）ゲル内のBoc-Pheについて，遅い拡散成分の割合f_slowをΔに対してプロットした結果を図7に示

す。f_{slow}は，より小さなネットワーク内を拡散し，ネットワーク鎖と強く相互作用をしているBoc-Phe分子を反映し，その他の速い拡散成分はより大きなネットワーク内を拡散し比較的束縛を受けずに拡散しているBoc-Phe分子を反映したものと考えられる。f_{slow}は，Δの増加とともに増加し，平均化され1.0になることがわかる。Dが平均化されるサイズは，MPS（ジビニルベンゼン（DVB）含量2mol%）は $\langle z \rangle$ =841nm（Δ=20ms），MPS（DVB含量1mol%）は $\langle z \rangle$ =1.80μm（Δ=40ms），CLEARは $\langle z \rangle$ =2.14μm（Δ=30ms）と決定された。これらは平衡膨潤時の値である。架橋密度及びゲルの種類によってゲルのネットワーク構造が異なり，プローブ分子の拡散過程に大きく影響を与えていることが理解される。

以上のように，PFG NMR法ではゲル内のプローブ分子の拡散挙動を明らかにでき，ゲルのネットワーク構造に関する知見も与えてくれる。ゲル内のプローブ分子の拡散過程を詳細に理解することで高分子ゲル科学の進歩に果たす役割は大きく，多くの研究論文が発表されている。さらに，コンポジットゲル・空孔やチャンネルキャビティーを有するゲル，液晶ゲル，ゲル膜，燃料電池などの材料評価にも非常に有力な手法である。

4 NMRイメージングによるアプローチ

刺激―応答NMR画像システムの開発により，高分子ゲルに外部から応力，電場等の刺激を加えることによる変形や収縮過程を二次元，三次元画像化することができるようになり，刺激―応答過程の解明に大きな寄与をしてきた。例えば，ゲル中の常磁性金属イオンの空間分布をNMR画像化し，ゲルのネットワークと金属イオンの相互作用及び電場印加による金属イオンの挙動が解析できるようになった。これらはゲル科学への新しい局面を広げている[32～38]。最近，小泉らは材料の三次元画像を10μm以下の高分解能にすることと，拡散係数D，化学シフトδなどを三次元空間情報として抽出し，種々の角度から材料を三次元空間で特性化することができるような三次元高分解能NMR顕微鏡の展開を行っている[39,40]。できるだけ高品質の画像を得るための以下のような画像処理法，i）画像改善：雑音が多い画像に対して，平滑化などのフィルタ処理を行い新しい画像を得る。ii）画像解析：画像の構造を解析し，エッジ・線検出，領域分け，形状特徴計測，マッチングなどを行い，画像の特徴を抽出し図形認識などして画像処理をする。iii）画像圧縮：画像のような二次元信号のデータ量は膨大な量であり，保存する上でも，電送する上でもなるべくデータ量を削減する必要があり，画像圧縮処理を行う。iv）画像再構成：三次元物体を多方面から投影したデータ，あるいはホログラムデータを用い，これをコンピュータで展開して画像を再構成する，はNMRイメージング画像処理に応用できる。

また，パルス系列をいろいろと工夫することにより，着目する核のスピン密度，緩和時間，拡

散係数D，化学シフトδの空間分布を画像化できる。また，NMR顕微鏡の高分解能の画像を得るためには磁場勾配Gの強度をできるだけ大きくすることと，信号感度が高いこと，コンピュータのメモリーが大きいことと演算速度が速いことが重要である。この研究では，300MHz NMR分光器を用いて磁場勾配Gの強度は100Gauss/cmで画像を観測している。また，NMRイメージングのプローブヘッドの直径が10μmのものが使用されている。

水で膨潤させたロッド状（直径約6mm）のポリメタクリル酸（PMAA）ゲル中にポリスチレン（PS）ゲルのビーズ（直径約240μm）を予め分散させた試料を用い，二次元および三次元でのNMR顕微鏡の空間分解能の評価及び向上を行った。空間分解能が一次元スペクトルの線幅のみによるとした理想的な状態での空間分解能を理論計算すると，NMR信号の線幅が1Hzとすると23.5nm，150Hz（ゲル中の水の線幅）とすると3.52μmが得られる。したがって，信号の線幅を狭くすればするほど空間分解能が高くなることがわかる。

PMAAゲル/PSビーズの混合物を三次元NMR顕微鏡により観察すると，PMAAゲル中の水の^{1}H信号が観測され，PSビーズは水を含まないため信号として観測されない。得られる二次元画像は，PMAAゲル部分が明るく，PSビーズ部分が暗く表現される。本研究において，PMAAゲル中に分散したPSビーズの三次元空間分布を捉えることに成功し，PMAAゲル中のPSビーズが数個のビーズが凝集した状態で存在することを確認した。さらに，サンプルの任意の部位について，PSビーズの分布を表現することができた。今回の測定から，スライス厚，繰り返し時間及びエコータイムが得られる画像のコントラストに大きく影響することが確認され，鮮明な画像を得るためには，これらのパラメータの決定に十分注意を要する必要があることが示唆された。

今後の展開としては，三次元画像処理システムの向上と，より高分解能な三次元画像のさらなる展開として，化学シフトイメージング法や拡散イメージング法などを用い，構造だけでなく相互作用についての情報などを含めた測定法の開発を行う。

5 おわりに

NMRは核と電子の相互作用を通して高分子構造の情報および核間相互作用を通してダイナミックスの情報が得られ，高分子のナノスケール構造・ダイナミックスの高い精度解析の優れた方法として今後とも大きく発展することが期待できる。また，超高磁場勾配NMR顕微鏡の開発により1μm高分解能三次元画像化は可能かと考えられる。また，超高磁場勾配NMRの応用は極めて遅い拡散の解析になくてはならない方法となりつつある。一方，スピン拡散の応用によりナノスケールの三次元構造の画像化も近い将来可能となろう。このように見てゆくと，高分子NMR分光学はこれからも常緑樹として優れた方法として輝いていくことと思われる。

第13章 NMR

文　献

1) D.M.Grant and R.K.Harris(ed.), *Encyclopedia of NMR*, Vol.1-8(1996), Vol.9(Advance in NMR), John-Wiley, NewYork.(2002)
2) G.A.Webb, *Annual Report on NMR Spectroscopy*, Vol.1-45, Academic Press, London.(1970-2002)
3) I.Ando and T.Asakura(ed.), *Solid State NMR of Polymers*, p.1-1012, Elsevier Science, Amsterdam, (1998)
4) 安藤勲(編), 高分子の固体NMR, 講談社サイエンティフィク(1994)
5) H. Yasunaga, M.Kobayashi, S.Matsukawa, H.Kurosu and I.Ando, *Ann. Rept. NMR Spectroscopy*, **34**, 39(1997)
6) I.Ando, M.Kobayashi, M.Kanekiyo, S.Kuroki, S.Ando, S.Matsukawa, H.Kurosu, H.Yasunaga and S.Amiya, *Experimental Methods in Polymer Science*, p.261, John Wiley, NewYork, (1999)
7) I. Ando, M. Kobayashi, C. Zhao, Y. Yin and S. Kuroki, *Encyclopedia of NMR*, p.770, John-Wiley, NewYork, Vol.9(Advance in NMR), (2002)
8) H. Ohta, I.Ando, S. Fujishige and K.Kubota, *J.Polymer Sci., Polymer Phys.*, **29**, 963(1991)
9) N.Tanaka, S.Matsukawa, H.Kurosu and I. Ando, *Polymer*, **39**, 4703(1998)
10) J. G. Powles and J. H. Strange, *Proc.Phys.Soc.*, **82**, 6(1963)
11) P. Mansfield, *Phys.Rev.* **137**, A361(1965)
12) M.Kanekiyo, M.Kobayashi, I.Ando, H. Kurosu, T. Ishii and S.Amiya, *J.Mol.Struct.*, **447**, 49 (1998)
13) M. Kanekiyo, M. Kobayashi, I. Ando, H. Kurosu and S.Amiya, *Macromolecules*, **33**, 7671 (2000)
14) M. Kobayashi, I. Ando, T. Ishii and S. Amiya, *Macromolecules*, **28**, 6677(1995)
15) M. Kobayashi, M. Kanekiyo and I. Ando, *Polymer Gels and Networks*, **6**, 425(1998)
16) M. Kobayashi, M. Kanekiyo and I. Ando, *Polymer Gels and Networks*, **6**, 347(1998)
17) H.Y. Carr and E.M.Purcell, *Phys.Rev.*, **94**, 630(1954)
18) S. Meiboom and D. Gill, *Rev.Sci.Instr.*, **29**, 688(1958)
19) T. Fujito, K. Deguchi, Ohuchi, M.Imanari and M. Albright, The 20th NMR Meeting, Tokyo, 68(1981)
20) H.Yasunaga and I. Ando, *J. Mol. Structure*, **301**, 129(1993)
21) M. Kobayashi, M. Kanekiyo, I. Ando and S.Amiya, *Polymer Gels and Networks*, **6**, 425(1998)
22) T. Terao, S. Maeda and A.Saika, *Macromolecules*, **16**, 1535(1998)
23) E. L. Hahn, *Phys.Rev.*, **80**, 580(1950)
24) E. O. Stejskal and E. J. Tanner, *J.Chem.Phys.*, **42**, 288(1965)
25) T. Nose, *Ann.Rep.NMR Spectrosc.*, **27**, 217(1993)
26) W. S. Price, *Ann.Rep.NMR Spectrosc.*, **27**, 217(1993)
27) P.T.Callaghan, "Principles of Nuclear Magnetic Resonance Microscopy", Claredon Press: Oxford, England, (1991)
28) Y.Yamane, M.Kobayashi, S.Kuroki and I.Ando, *Macromolecules*, **34**, 5961(2001)

29) 長田義仁, 梶原莞爾(編), ゲルハンドブック, エヌ・ティー・エス社, p.293(1997)
30) S. Matsukawa and I.Ando, *Macromolecules*, **29**, 7136(1996)
31) Y.Yamane, M. Matsui, H. Kimura, S.Kuroki and I.Ando, *Macromolecules*, **36**, 5655(2003)
32) H.Yasunaga, H. Kurosu and I. Ando, *Macromolecules*, **25**, 6505(1992)
33) T. Shibuya, H.Yasunaga, H.Kurosu and I. Ando, *Macromolecules*, **28**, 4377(1995)
34) H. Kurosu, T. Shibuya, H.Yasunaga and I. Ando, *Polymer J.*, **28**, 80(1996)
35) A.Yamazaki, Y. Hotta, H. Kurosu and I. Ando, *Polymer*, **28**, 2082(1997)
36) A.Yamazaki, Y.Hotta, H. Kurosu and I. Ando, *Polymer*, **39**, 1511(1998)
37) Y. Hotta, T. Shibuya, H.Yasunaga, H. Kurosu and I. Ando, *Polymer Gels and Networks*, **6**, 1 (1998)
38) A.Yamazaki, Y.Hotta, H. KurosuandI. Ando, *J. Mol. Structure*, **554**, 47(2000)
39) I.Ando, S.Yokota, A. Sasaki, S.Koizumi, Y.Yamane, H. Kimura and S.Kuroki, 機能材料, **22**, 33(2002)
40) 小泉聡, 山根祐治, 兼清真人, 黒木重樹, 安藤勲, 西川幸広, 陣内浩司, 第52回高分子学会高分子討論会予稿集, 山口, IIIQ02(2003)

《CMCテクニカルライブラリー》発行にあたって

弊社は、1961年創立以来、多くの技術レポートを発行してまいりました。これらの多くは、その時代の最先端情報を企業や研究機関などの法人に提供することを目的としたもので、価格も一般の理工書に比べて遥かに高価なものでした。

一方、ある時代に最先端であった技術も、実用化され、応用展開されるにあたって普及期、成熟期を迎えていきます。ところが、最先端の時代に一流の研究者によって書かれたレポートの内容は、時代を経ても当該技術を学ぶ技術書、理工書としていささかも遜色のないことを、多くの方々が指摘されています。

弊社では過去に発行した技術レポートを個人向けの廉価な普及版《CMCテクニカルライブラリー》として発行することとしました。このシリーズが、21世紀の科学技術の発展にいささかでも貢献できれば幸いです。

2000年12月

株式会社　シーエムシー出版

高分子ゲルの動向
―つくる・つかう・みる―
(B0892)

2004年 4月30日　初　版　第1刷発行
2009年10月20日　普及版　第1刷発行

監　修　柴山　充弘，梶原　莞爾　　Printed in Japan
発行者　辻　　賢司
発行所　株式会社　シーエムシー出版
　　　　東京都千代田区内神田1-13-1　豊島屋ビル
　　　　電話 03 (3293) 2061
　　　　http://www.cmcbooks.co.jp

〔印刷　倉敷印刷株式会社〕　　© M. Shibayama, K. Kajiwara, 2009

定価はカバーに表示してあります。
落丁・乱丁本はお取替えいたします。

ISBN978-4-7813-0129-7 C3043 ¥4800E

本書の内容の一部あるいは全部を無断で複写（コピー）することは、法律で認められた場合を除き、著作者および出版社の権利の侵害になります。

CMCテクニカルライブラリーのご案内

ゴム材料ナノコンポジット化と配合技術
編集／鞠谷信三／西敏夫／山口幸一／秋葉光雄
ISBN978-4-7813-0087-0　　B879
A5判・323頁　本体4,600円+税（〒380円）
初版2003年7月　普及版2009年6月

構成および内容：【配合設計】HNBR／加硫系薬剤／シランカップリング剤／白色フィラー／不溶性硫黄／カーボンブラック／シリカ・カーボン複合フィラー／難燃剤（EVA 他）／相溶化剤／加工助剤 他【ゴム系ナノコンポジットの材料】ゾル－ゲル法／動的架橋型熱可塑性エラストマー／医療材料／耐熱性／配合と金型設計／接着／TPE 他
執筆者：妹尾政宜／竹村泰彦／細谷 潔 他19名

有機エレクトロニクス・フォトニクス材料・デバイス
―21世紀の情報産業を支える技術―
監修／長村利彦
ISBN978-4-7813-0086-3　　B878
A5判・371頁　本体5,200円+税（〒380円）
初版2003年9月　普及版2009年6月

構成および内容：【材料】光学材料（含フッ素ポリイミド 他）／電子材料（アモルファス分子材料／カーボンナノチューブ 他）【プロセス・評価】配向・配列制御／微細加工【機能・基盤】変換／伝送／記録／変調・演算／蓄積・貯蔵（リチウム系二次電池）【新デバイス】pn接合有機太陽電池／燃料電池／有機ELディスプレイ用発光材料 他
執筆者：城田靖彦／和田善玄／安藤慎治 他35名

タッチパネル―開発技術の進展―
監修／三谷雄二
ISBN978-4-7813-0085-6　　B877
A5判・181頁　本体2,600円+税（〒380円）
初版2004年12月　普及版2009年6月

構成および内容：光学式／赤外線イメージセンサー方式／超音波表面弾性波方式／SAW方式／静電容量式／電磁誘導方式デジタイザ／抵抗膜式／スピーカー一体型／携帯端末向けフィルム／タッチパネル用印刷インキ／抵抗膜式タッチパネルの評価方法と装置／凹凸テクスチャ感を表現する静電触感ディスプレイ／画面特性とキーボードレイアウト
執筆者：伊勢有一／大久保諭隆／齊藤典生 他17名

高分子の架橋・分解技術
-グリーンケミストリーへの取組み-
監修／角岡正弘／白井正充
ISBN978-4-7813-0084-9　　B876
A5判・299頁　本体4,200円+税（〒380円）
初版2004年6月　普及版2009年5月

構成および内容：【基礎と応用】架橋剤と架橋反応（フェノール樹脂 他）／架橋構造の解析（紫外線硬化樹脂／フォトレジスト用感光剤）／機能性高分子の合成（可逆的架橋／光架橋・熱分解系）【機能性材料開発の最近動向】熱を利用した架橋反応／UV硬化システム／電子線・放射線利用／リサイクルおよび機能性材料合成のための分解反応 他
執筆者：松本 昭／石倉慎一／合屋文明 他28名

バイオプロセスシステム
-効率よく利用するための基礎と応用-
編集／清水 浩
ISBN978-4-7813-0083-2　　B875
A5判・309頁　本体4,400円+税（〒380円）
初版2002年11月　普及版2009年5月

構成および内容：現状と展開（ファジィ推論／遺伝アルゴリズム 他）／バイオプロセス操作と培養装置（酸素移動現象と微生物反応の関わり）／計測技術（プロセス変数／物質濃度 他）／モデル化・最適化（遺伝子ネットワークモデリング）／培養プロセス制御（流加培養 他）／代謝工学（代謝フラックス解析 他）／応用（嗜好食品品質評価／医用工学 他）
執筆者：吉田敏臣／滝口 昇／岡本正宏 他22名

導電性高分子の応用展開
監修／小林征男
ISBN978-4-7813-0082-5　　B874
A5判・334頁　本体4,600円+税（〒380円）
初版2004年4月　普及版2009年5月

構成および内容：【開発】電気伝導／パターン形成法／有機ELデバイス【応用】線路形素子／二次電池／湿式太陽電池／有機半導体／熱電変換機能／アクチュエータ／防食被覆／調光ガラス／電気防止材料／ポリマー薄膜トランジスタ 他【特許】出願動向／欧米における開発動向／ポリマー薄膜フィルムトランジスタ／新世代太陽電池 他
執筆者：中川善嗣／大森 裕／深海 隆 他18名

バイオエネルギーの技術と応用
監修／柳下立夫
ISBN978-4-7813-0079-5　　B873
A5判・285頁　本体4,000円+税（〒380円）
初版2003年10月　普及版2009年4月

構成および内容：【熱化学的変換技術】ガス化技術／バイオディーゼル【生物化学的変換技術】メタン発酵／エタノール発酵【応用】石炭・木質バイオマス混焼技術／廃材を使った熱電供給の発電所／コージェネレーションシステム／木質バイオマス-ペレット製造／焼酎副産物リサイクル設備／自動車用燃料製造装置／バイオマス発電の海外展開
執筆者：田中忠良／松村幸彦／美濃輪智朗 他35名

キチン・キトサン開発技術
監修／平野茂博
ISBN978-4-7813-0065-8　　B872
A5判・284頁　本体4,200円+税（〒380円）
初版2004年3月　普及版2009年4月

構成および内容：分子構造（βキチンの成層化合物形成）／溶媒／分解／化学修飾／酵素（キトサナーゼ／アロサミジン）／遺伝子（海洋細菌のキチン分解機構）／バイオ農林業（人工樹皮：キチンによる樹木皮組織の創傷治癒）／医薬・医療／食（ガン細胞障害活性テスト）／化粧品／工業（無電解めっき用前処理剤／生分解性高分子複合材料）他
執筆者：金成正和／奥山健二／斎藤幸恵 他36名

※ 書籍をご購入の際は、最寄りの書店にご注文いただくか、
㈱シーエムシー出版のホームページ（http://www.cmcbooks.co.jp/）にてお申し込み下さい。